Aufmerksamkeit und Wachsamkeit

Vigilanzkulturen / Cultures of Vigilance

Herausgegeben vom / Edited by
Sonderforschungsbereich 1369
Ludwig-Maximilians-Universität München

Wissenschaftlicher Beirat
Erdmute Alber, Peter Burschel, Thomas Duve, Rivke Jaffe,
Isabel Karremann, Christian Kiening und Nicole Reinhardt

Band / Volume 8

Aufmerksamkeit und Wachsamkeit

Praktiken und Semantiken in der mittelalterlichen Literatur und Frömmigkeit

Hrsg. von Magdalena Butz, Beate Kellner, Susanne Reichlin und Agnes Rugel

DE GRUYTER

Gefördert durch die Deutsche Forschungsgemeinschaft (DFG) – Projektnummer 394775490 – SFB 1369

ISBN 978-3-11-116782-4
e-ISBN (PDF) 978-3-11-132013-7
ISBN (EPUB) 978-3-11-132032-8
ISSN 2749-8913
DOI https://doi.org/10.1515/9783111320137

Library of Congress Control Number: 2024933442

Bibliografische Information der Deutschen Nationalbibliothek
Die Deutsche Nationalbibliothek verzeichnet diese Publikation in der Deutschen Nationalbibliografie; detaillierte bibliografische Daten sind im Internet über http://dnb.dnb.de abrufbar.

Coverabbildung: *Das gute und das schlechte Gebet*, Holzschnitt um 1430, ehemals Graphische Sammlung, München, heute verschollen.
Printing and binding: CPI books GmbH, Leck

www.degruyter.com

Inhalt

Beate Kellner und Susanne Reichlin

Aufmerksamkeit und Wachsamkeit. Praktiken und Semantiken in der mittelalterlichen Literatur und Frömmigkeit

In einer Predigt, die dem Thema der Überwachung des Herzens (Sermo LXXXII: *De custodia cordis*) gewidmet ist,[1] ruft Bernhard von Clairvaux im 12. Jahrhundert mit den Worten von Prv 4,23 auf: „Omni custodia serva cor tuum, quia ex ipso vita procedit." „Mit aller Wachsamkeit hüte dein Herz; denn von ihm geht das Leben aus" (*De custodia cordis*, Absatz 1). Unter der Voraussetzung einer Dichotomie von Leib und Herz soll damit unterstrichen werden, dass man sich nicht um den Leib kümmern soll, denn Menschen, die diesen wie eine gute Burg („bonum castellum", Absatz 2) bewachten, würden sich, wie es heißt, lediglich wertlosem Mist zuwenden („Sterquilinium vile", Absatz 2). Indem die für das Alte Testament zentrale anthropologische Vorstellung vom Herz aus Prv 4,23 auf das christliche Verständnis von Seele übertragen wird, macht Bernhard deutlich, dass sie es ist, die recht eigentlich behütet werden soll. Dies leitet er aus einer Auslegung von Gal 6,8 ab, die er mit Prv 4,23 kombiniert, wenn er unterstellt, es sei, als wollte Paulus hier sagen: „colendum, custodiendum magis animae castrum, quoniam aeterna ex ipso vita procedit". „Man muß die Seelenburg noch mehr umsorgen und bewachen, denn von ihr geht ewiges Leben aus" (Absatz 2). Der Aspekt des ewigen Lebens, mit dem sich die christliche Hoffnung auf die Erfüllung des Menschen im Jenseits verbindet, wird auf diese Weise in den Horizont von Prv 4,23 gestellt.

Die Burg der Seele zu bewachen, erweist sich jedoch als keine einfache Aufgabe, denn, so heißt es in der Predigt weiter, sie liegt im Feindesland und wird von allen Seiten angegriffen („castrum istud in terra inimicorum situm undique impugnatur", Absatz 2). Deshalb muss sie mit aller Wachsamkeit und sorgfältigen Aufmerksamkeit befestigt werden („muniendum [est]", Absatz 2), und zwar oben und unten, vorne und hinten, rechts und links. Von unten drohen nämlich die Begierden des Fleisches („concupiscentia carnis", Absatz 2), die gegen die Seele kämpfen, von oben das Gericht Gottes („imminet iudicium Dei", Absatz 2), hinten steht die todbringende Lust, die aus der Erinnerung an bereits begangene Sünden hervorgeht („mortifera delectatio, quae oritur ex recordatione praeteritorum peccatorum", Absatz 2), von vorne drängen die Versuchungen und Ablenkungen heran („instantia tentationum",

---

1 Vgl. Bernhard von Clairvaux, *Sämtliche Werke*, Bd. 9, S. 664–667, Sermo LXXXII. Die Hervorhebungen von Schriftzitaten in der Ausgabe werden im Folgenden nicht wiedergegeben.

Absatz 2), links und rechts rücken Beunruhigungen und Bedrohungen durch Mitmenschen und Mitbrüder heran (Absatz 2).

Mit den Begrifflichkeiten *custodire, custodia* (wachen, Wachsamkeit), *colere* (pflegen, behüten) und *vigilans sollicitudo* (wachsame und aufmerksame Sorgfalt), *inquietudo* (Beunruhigung) und *tentatio* (Versuchung) wird die Semantik von Wachsamkeit und Aufmerksamkeit respektive Ablenkung breit entfaltet und über die variierenden Wiederholungen intensiviert. Zugleich verbindet sich dies über die räumliche Metapher von der Seele als Burg mit dem Vokabular von Bedrohung, Befestigung, Angriff und Kampf, was sich etwa in *imminere* (drohend hereinragen, bedrohen), *instare* (bedrängen, bedrohen), *munire* (befestigen), *impugnare* (angreifen, bestürmen) und *militare* (Kriegsdienst leisten, kämpfen) manifestiert. Die Konstellation ist also komplex: Die Gefahren gehen von den Begierden und sündhaften Neigungen aus, aber auch Gott und die Mitbrüder erscheinen als Instanzen der Bedrohung. So gewinnt man den Eindruck, dass die Seele sich gegen übermächtige Bedrohungen von überall her rüsten muss, um auch nur irgendeine Chance auf das ewige Heil zu haben. Denkt man von den Wirkungen der Predigt her, so ist sie nicht nur darauf angelegt, die Gläubigen und Hörer der Predigt zur Wachsamkeit zu ermahnen, sondern auch darauf, sie zutiefst zu erschrecken, indem sie ihnen die beinahe ausweglose Lage der Seele vor Augen führt.

Doch ausgehend von dieser mit aller Drastik ausgemalten Situation der Seele in der Welt versäumt es die Predigt nicht, darzulegen, wie man diese mit der Härte der Zucht („rigor disciplinae", Absatz 3) verteidigen kann: Um die Aufmerksamkeit auf Gott zu richten, statt in den Versuchungen und Ablenkungen vom Heil zu versinken, wird erstens empfohlen, die Sünden im Hier und Jetzt zu bekennen, um so das Gericht im persönlichen Bekenntnis schon vor dem Gericht Gottes vorzunehmen und sich bereits zu Lebzeiten der Sühne zu unterziehen. Gegen die Lust, die aus der Erinnerung an die vergangenen Sünden entspringt, wird zweitens zu häufigem Lesen in der Heiligen Schrift geraten, gegen den Ansturm der Versuchungen hilft drittens, so heißt es, das Gebet. Gegen den Neid, den Eifer und die Beunruhigung durch die Mitbrüder gilt es viertens tugendhaftes Verhalten zu zeigen (Absatz 3).

Bernhard von Clairvaux nähert sich dem Thema der Lenkung der Aufmerksamkeit auf Gott *ex negativo*, indem er zur Bewachung von Herz und Seele und zur Abwehr von Versuchungen und Ablenkungen aufruft. Die Wachsamkeit gegenüber Sünden und die aufmerksame Hinwendung zu Gott gehen so Hand in Hand. Eine Vielzahl geistlicher Texte verschiedener Gattungen, zu denken ist an Traktate, aber ebenso an Predigten, geistliche Lyrik sowie paränetische und katechetische Texte in lateinischer Sprache und in den Volkssprachen, werden nicht müde zu beschreiben, wie die Gläubigen ihre Aufmerksamkeit (*attentio*) auf Gott hin richten sollen, statt sie an die Belange der irdischen Welt zu verschwenden und sich in sündhaften

Gedanken und Vorstellungen zu verirren (*distractio*).[2] Insbesondere auch durch die im Mittelalter breit tradierten Lebensbeschreibungen der spätantiken Wüstenväter wissen die Gläubigen, dass Wachsamkeit nicht nur gegenüber sündhaften Regungen, sondern auch bei der Hinwendung zu Gott geboten ist. In einer Vielzahl von Episoden beschreiben die *Vitaspatrum* und verwandte Texte, wie durch Einflüsterungen des Teufels, Dämonen oder herumirrende Gedanken (*evagatio mentis*) Gebet oder Andacht gestört werden.[3]

Die Beispiele verdeutlichen, dass der Aufmerksamkeit eine Selektion vorangeht: Da nicht alles zugleich aufmerksam betrachtet werden kann, muss ein Objekt (mental oder materiell) ausgewählt werden, das Aufmerksamkeit verdient. Doch je länger die Aufmerksamkeit fokussiert wird, umso eher drängt das, was nicht ausgewählt worden ist, zurück in den Fokus der Betrachtung. Deshalb haben Aufmerksamkeitsanstrengungen meist eine zweifache Stoßrichtung:[4] Auf der einen Seite geht es um Fokussierung und Konzentration, auf der anderen Seite muss all das abgewehrt werden, was auch Aufmerksamkeit beanspruchen könnte, aber um der Konzentration willen ausgeblendet werden soll.[5] Die Wachsamkeit gegenüber potenziellen Ablenkungen ist so der Aufmerksamkeit inhärent. Während jedoch Aufmerksamkeit auf etwas physisch oder mental Präsentes gerichtet ist, ist Wachsamkeit auf Zukünftiges und Latentes (eine drohende Gefahr oder eine sich eröffnende Chance) bezogen.

In den wenigen bereits zitierten Stellen wurde zudem deutlich, dass Aufmerksamkeit und Wachsamkeit keineswegs nur kognitive, sondern immer auch körperliche und soziale Prozesse sind.[6] Aufmerksamkeit und Wachsamkeit finden in sozialen Konstellationen statt (Gottesdienst, Tischgebet oder, unter aktiver Ausschließung von Sozialität, in der Zelle, Einsiedelei). Sie werden durch bestimmte

---

2 Grundlegend dazu von Moos, *Attentio*. Einen Überblick über das entsprechende Material in den theologischen Diskursen des Mittelalters bietet Vernay, Attention, Sp. 1058–1065. Zur volkssprachlichen Semantik von *ahten, betrahten, andaht* oder *hôrchen* vgl. Thali, *andacht* und *betrachtung*, sowie Haustein im vorliegenden Band. Zur lateinischen Semantik vgl. Gzella in diesem Band.
3 Graiver, *Asceticism of the mind*, S. 96–162. Zur *Vitaspatrum* siehe unten, Anm. 28.
4 Prägnant dazu: Graiver, *Asceticism of the mind*, S. 115, die von „concentration and suppression" spricht. Vgl. mit weiterer Literatur: Phillips/Marno, Attention. Neumann, Aufmerksamkeit, macht deutlich, dass die Frage, ob die Seele mehrere Inhalte zugleich aufmerksam wahrnehmen kann, seit der Antike diskutiert wird.
5 Diese potenziellen Objekte der Aufmerksamkeit werden aber nicht etwa vollständig ausgeblendet, sondern an den Horizont verschoben; vgl. Hahn, Aufmerksamkeit, S. 26.
6 So auch: Jones, Poetic Vigil, S. 131–137; Brendecke, Geschichte der Aufmerksamkeit, S. 18; zur sozialen Dimension der Aufmerksamkeit vgl. Tomasello, Joint Attention. Vgl. dagegen zur wahrnehmungsphysiologischen und phänomenologischen Tradition Neumann, Aufmerksamkeit; Hahn, Aufmerksamkeit, S. 29.

Körperhaltungen oder Gesten gestaltet und befördert: das Sitzen am Schreibtisch, das Niederknien beim Gebet, das Abnehmen der Kopfbedeckung.[7] Dabei werden meist bestimmte Sinnesorgane (Ohr, Auge, Nase) gezielter adressiert als andere,[8] auch wenn die ideale Aufmerksamkeit oder Wachsamkeit als etwas dargestellt wird, das den ganzen Menschen gleichermaßen in Besitz nimmt. Auch die Gefahren der Ablenkung sind keineswegs nur mental, sondern häufig körperlich oder sozial: Nicht selten lenken fleischliche Begierden, Trägheit oder Mitmenschen den Gläubigen von der Andacht ab.[9]

In Bernhards Predigt über die beiden im figurativen Sinn betrachteten Füße des Herrn und die drei geheimnisvollen Salböle (Sermo XC: *De duobus Domini figurativis pedibus et tribus mysticis unguentis*) wird die Hinkehr zu Gott deshalb auch als Stufenprozess dargestellt.[10] Die beiden Füße Gottes werden im allegorischen Sinne als „misericordia et iudicium" (Absatz 1) verstanden. Um sich Gott anzunähern, salbt die sündige Seele, die von der göttlichen Barmherzigkeit und Gerechtigkeit durchwandert wird, die Füße Gottes. Als erste Hinwendung zu Gott wird die Zerknirschung des demütigen Herzens (*compunctio*) im reumütigen Gedenken an seine Sünden im Bild des ersten Salböls gefasst (Absatz 1). Es erinnert an jenes Öl, mit dem Jesus in Betanien kurz vor seinem Einzug in Jerusalem von Maria gesalbt worden ist (vgl. Io 12,3). Seine Anwendung zeigt, dass der Sünder bereit ist, umzukehren und Buße zu tun.

Mag dieses Öl auch kostbar sein, so ist es doch im Vergleich mit dem zweiten Öl als billig und wertlos zu betrachten. Die *devotio* als Hingabe an Gott in der Erinnerung an dessen Wohltaten erscheint nämlich als noch kostbareres Salböl und damit als zweite und höhere Form der Hinwendung zu Gott. Der Unterschied in der Wertigkeit der beiden Salböle und damit auch der jeweiligen Formen der Hinkehr zu Gott wird mit zwei Zitaten aus den Psalmen zum Ausdruck gebracht. Während Gott ein zerknirschtes und demütiges Herz („cor contritum et humiliatum") lediglich nicht verschmäht (Ps 50,19), schätzt er den Lobpreis höher (Ps 49,23; Absatz 1). Gelangt der Mensch auf diese Stufe, ist er frei, leer für Gott („vacare Deo", Absatz 3) und befindet sich so sehr in einem Zustand der Hingabe an Gott und der Gnade Gottes, dass man mit Recht glauben könnte, er salbe das Haupt Christi („tantaeque devotionis sit et gratiae, ut merito credatur ungere caput Christi", Absatz 3), wie

---

7 Vgl. mit weiterer Literatur: Lentes, ‚Andacht' und ‚Gebärde', sowie den Beitrag von Kranemann in diesem Band.

8 Von Moos, *Attentio*, S. 266.

9 Vgl. z. B. die entsprechenden Exempla bei Caesarius, *Dialogus*, IV,27–IV,38, sowie Butz, Gebetshaltung.

10 Vgl. Bernhard von Clairvaux, *Sämtliche Werke*, Bd. 9, S. 694–703, Sermo XC. Auch hier verweisen die Zahlen in Klammern auf die jeweiligen Abschnitte der Predigt.

Bernhard betont. Auf diese Weise gelingt es dem Menschen, in heiliger Ruhe, mit Danksagung und Ergötzen in der göttlichen Schau zu verharren („persistens iugiter in sancta quiete et gratiarum actione et divinae delectatione contemplationis", Absatz 3). Das dritte und wertvollste Salböl wird schließlich als dasjenige angesehen, mit dem die Frauen am Grab Jesus salben wollten (Mc 16,1). Da sie den auferstandenen Christus nicht mehr vorfanden, soll das letztgenannte Öl den Gliedern seiner Kirche zukommen, um sie zu erlösen (Absatz 5).

Zu diesem höchsten Ziel der Erlösung durch die Gnade Gottes über Reue und Zerknirschung der Sünder sowie *delectatio* und *contemplatio* des Menschen in Gott wollen die geistlichen Texte anleiten. Sie schulen die Sünder, wie sie sich mehr und mehr von der Welt und ihren Versuchungen abwenden und ihre Aufmerksamkeit auf Gott hin richten können. Dies wird häufig und so auch in Bernhards Predigt vom vierfachen Fortschritt (Sermo CIII: *De quattuor profectibus electorum*)[11] als Prozess in Form eines Stufenwegs reflektiert: „Quattuor gradibus distinguitur omnis electorum profectus" (Absatz 1). Über das Stufenmodell lassen sich Grade der Aufmerksamkeit für Gott differenzieren, zugleich erfolgt eine zeitliche Strukturierung und Rhythmisierung des Prozesses der Vervollkommnung. Die erste Stufe des Aufstiegs besteht in der Verabscheuung eines Lebens gemäß den Verlockungen des Fleisches (Abschnitt 1), die zweite in der Hinwendung zum gerechten und guten Handeln, was mit Gehorsam, dem Bemühen um Enthaltsamkeit und der Strenge der Zucht einhergeht (Abschnitt 2). Auf der dritten Stufe wird der auf dem Heilsweg fortgeschrittene Gläubige zunehmend aufmerksam für Gott und ist bestrebt, dem zu gefallen, dem er sich empfohlen hat („sollicitus est et quaerit quomodo placeat ei cui se probavit", Abschnitt 3). Damit gelingt es ihm, das Gute stets in der Orientierung auf Gott hin zu tun („Facit quidquid boni facit, ut soli placeat suo Conditori", Abschnitt 3).

Auf der vierten Stufe intensiviert sich dies noch einmal, indem der Gläubige nicht mehr handelt, um Gott zu gefallen, sondern umgekehrt, weil er selbst an Gott Gefallen findet („Hoc autem fit, quando iam operatur, non ut ipse Deo placeat, quod utique in tertio gradu fecerat, sed quia placet ei Deus", Abschnitt 4). Daher versucht er nicht mehr, Gottes Willen zu seinem eigenen herabzubeugen, sondern seinen Willen zu Gott aufzurichten, denn auf diese Weise findet er Ruhe in allen Dingen: „Hic enim requiescit in omnibus, cui per omnia placet Deus, qui non Dei voluntatem ad suam curvare, sed suam ad Dei didicit erigere" (Abschnitt 4). Dieses Ruhen in Gott kann der Mensch in seiner sündigen Gebrochenheit im irdischen Dasein allerdings nicht aus eigener Kraft, durch Übung, Zucht und Enthaltsamkeit erreichen, sondern es wird ihm als Geschenk Gottes zuteil (Abschnitt 4).

---

11 Vgl. Bernhard von Clairvaux, *Sämtliche Werke*, Bd. 9, S. 762–769, Sermo CIII.

Bernhards Predigt verdeutlicht ein für viele geistliche Texte zentrales Spannungsfeld von spirituellen Techniken und Übungen des Menschen auf der einen Seite und der Gnade Gottes auf der anderen. Während in der Moderne Aufmerksamkeit meist als insuffiziente Fähigkeit des Einzelnen konzipiert wird,[12] ist es im vormodernen christlichen Kontext immer auch ein Geschenk Gottes. Damit ist die Frage nach der historisch-kulturellen Formung von Aufmerksamkeit und Wachsamkeit aufgeworfen, der in diesem Sammelband genauer nachgegangen werden soll: Wie und worauf werden Aufmerksamkeit und Wachsamkeit in historisch spezifischen Konstellationen orientiert? Welchen überindividuellen Zielen dienen sie und auf welche Weise?[13]

Ausgehend von den besprochenen Textpassagen können die kulturelle Prägung und überindividuelle Lenkung von Aufmerksamkeit und Wachsamkeit auf drei Ebenen angesiedelt werden. *Erstens* auf der Ebene der Sprachbilder, Metaphern, Allegorien und Semantiken: Bernhard metaphorisiert die verschiedenen Modi der Hinwendung zu Gott als Salbung, die *contemplatio* als Stufenweg und deren höchste Stufe als das Ruhen in Gott. Mentale Wachsamkeit gegenüber sündhaften Regungen und abirrenden Gedanken wird als physische Bewachung einer Burg allegorisiert. Im Sammelband wird darüber hinaus dargelegt, wie das Gewissen als Haus, Buch, Spiegel oder Magen, die Seele als Zelle präsentiert wird.[14] Diese Sprachbilder ermöglichen eine differenzierte Selbstbeobachtung, die der Selbstbeherrschung und Selbstkontrolle dienen. Da in den Sprachbildern aber christliche Vorgaben und Prioritätensetzungen enthalten sind, wird Innerlichkeit so nicht bloß verbildlicht, sondern auf eine kulturell spezifische Weise geformt.[15]

Die kulturelle Prägung von Aufmerksamkeits- und Wachsamkeitspraktiken geschieht *zweitens* durch gemeinschaftliche Praktiken und Rituale, durch geistliche Übungen und Unterricht sowie durch in Texten und Bildern präsentierte Vorbilder.[16] Auch scheinbar unwillkürliche Aufmerksamkeits- und Wachsamkeitsformen sind so kulturell vorgeformt. Die in der Moderne immer wieder vorgeschlagene Unterscheidung von willkürlicher und unwillkürlicher Aufmerksamkeit ist deshalb wenig hilfreich.[17] Sie wird in der christlichen Frömmigkeit zudem auch da-

---

12 Brendecke, Geschichte der Aufmerksamkeit, S. 17 f.

13 Im SFB 1369 „Vigilanzkulturen", in dessen Rahmen dieser Band entstanden ist, sprechen wir von Vigilanz, wenn Wachsamkeit an überindividuelle Ziele geknüpft wird. Vgl. dazu Brendecke, Attention and Vigilance; vgl. dazu auch Petersen und Schnyder in diesem Band.

14 Vgl. die Beiträge von Breitenstein und Stutz in diesem Band.

15 Vgl. dazu Hahn, Identität und Selbstthematisierung, sowie mit weiterer Literatur: Kellner/ Reichlin, Wachsame Selbst- und Fremdbeobachtung, S. 8 f.

16 Assmann, Einleitung, S. 17.

17 Hagner, History of Attention, S. 680.

durch unterlaufen, dass ideale *contemplatio* nicht die Leistung des Einzelnen, sondern Gnadenerweis ist. Produktiver ist es, nach den historisch-spezifischen Kulturtechniken, Medien und Räumen zu fragen, die Aufmerksamkeit und Wachsamkeit in der mittelalterlichen Frömmigkeitskultur prägen: In welche räumlichen Arrangements ist die aufmerksame Hinwendung zu Gott eingebettet? Handelt es sich um eine individuelle oder eine kollektive Andacht? Gibt es Bilder oder Texte, Klänge, Lieder oder Gesten, die den Prozess der aufmerksamen Hinwendung zu Gott steuern?[18]

Aufmerksamkeit und Wachsamkeit werden *drittens* über kirchliche Vorgaben und Pflichten auf überindividuelle Ziele hin orientiert. In der gerade zitierten Predigt Bernhards wird die *contemplatio* erst möglich, wenn die Gläubigen Zucht und Gehorsam ausüben und sich nach Zerknirschung und Reue dem Bußsakrament unterziehen. Die wachsame Selbstbeobachtung der Gläubigen wird durch den Priester als Beichtvater, durch Klostervorsteher, Mitbrüder und Schwestern in den Orden befördert und begleitet. Diese Ämter, Rituale und Strukturen ermöglichen aber auch Disziplinierung und Überwachung. Historisch bemerkenswert ist, wie eng in den meisten Quellen Selbst- und Fremdbeobachtung, institutionalisierte Wachsamkeit und individuelle Aufmerksamkeit ineinander verwoben sind.[19]

Wichtige Impulse für die Aufmerksamkeitslenkung in Andacht und Gebet gehen im 12. Jahrhundert von der Denktradition der Viktoriner aus, als deren geistiger Gründervater Hugo von St. Victor gelten kann. Er differenziert mit der *lectio* als dem Lesen in der Heiligen Schrift und sodann mit *meditatio, oratio, operatio* und *contemplatio* fünf Stufen des spirituellen Aufstiegs zu Gott, die eine logische Abfolge bilden, aber auch untereinander verbunden sind.[20] In seiner Schrift *De meditatione*, in der er sich der *meditatio* als intensivem Nachdenken über die Schöpfung, die Heilige Schrift und das Verhalten der Menschen widmet, wird deutlich, wie komplex und hochgradig strukturiert der gesamte Prozess der Konzentration auf Gott gefasst ist.[21] Die Richtlinien, die hier besonders zur *meditatio* über das moralische Verhalten gegeben werden und genau reflektieren, wie die Bewegungen, die im Herzen der Menschen entstehen, zu erforschen und zu bewerten sind, spiegeln, wie differenziert die Einsicht in die Introspektion und Selbstprüfung im 12. Jahrhundert ist. Nirgends verliert Hugo sein Ziel aus den Augen: Es geht ihm um die Ausrichtung

---

18 Vgl. dazu Lentes, ‚Andacht' und ‚Gebärde', Butz, Gebetshaltung, sowie die Beiträge von Hamm, Kranemann und Schmidt in diesem Band.

19 Vgl. zum Forschungsstand: Butz/Kellner/Reichlin/Rugel (Hrsg.), *Sündenbekenntnis, Reue und Beichte*, vgl. darin auch besonders die Einleitung von Kellner/Reichlin, Wachsame Selbst- und Fremdbeobachtung. Vgl. auch den Beitrag von Butz in diesem Band.

20 Vgl. dazu Fulton Brown, *Oratio*/Prayer, S. 170 f.

21 Vgl. Hugues de Saint-Victor, *Six Opuscules Spirituels*, S. 44–59.

des ganzen Lebens auf Gott hin. Insofern dient die *meditatio* vor allem dazu, das durch Nachdenken und Erkenntnis erworbene Wissen moralisch und spirituell zu nutzen und den Geist beziehungsweise die Seele auf die *oratio* und die *contemplatio* als Schau Gottes vorzubereiten. Damit man sich affektiv im Gebet Gott zuwenden kann, muss sich der Geist vorab durch *meditatio* üben (III. Absätze 1–8).

Als Ausgangspunkt des Gebets wird daher in *De virtute orandi*[22] erneut die *meditatio* über das menschliche Elend (*miseria*) und Gottes Barmherzigkeit (*misericordia*) empfohlen (Absätze 1–4). Die beharrliche *meditatio* führt zu einem Wissen (*scientia*), das Reue (*compunctio*) hervorruft. Nur aus der Reue und Zerknirschung des Herzens im Schmerz heraus kann sich dann die Hinwendung zu Gott in der Andacht des Gebets, der *devotio*, ergeben: „Deuotio est pius et humilis affectus in Deum, qui ex compunctione generatur" (Absatz 5). Die *devotio* beruht einerseits auf der Demut als dem Bewusstsein der eigenen Schwäche und Schlechtigkeit und andererseits auf der Hoffnung, dem Glauben und der Liebe als dem Bewusstsein des Erbarmens Gottes (Absatz 5). Unter den Gebetsarten, die Hugo differenziert, nimmt die *supplicatio* einen gewichtigen Platz ein. Eine Steigerungsform des Betens in Form des Buß- und Bittgebets, eben jener *supplicatio* (Absatz 7), ist die *pura oratio*, bei der sich der Geist des Betenden so sehr in der *devotio* ergeht, dass er vergisst, ein konkretes Anliegen, eine Bitte vorzubringen, weshalb Hugo sie als die höchste Form der *supplicatio* versteht. Er begründet dies damit, dass er ihr die vollkommene Liebe zuspricht: „pura oratio perfectum amorem habet" (Absatz 7). Der Betende genießt diese Liebe (*perfrui*), und das Gebet geht im Liebesaffekt auf. Hier schlägt die gerichtete Aufmerksamkeit in die intransitive Form der Versenkung um, diese erscheint als Steigerung und Überwindung der transitiven Aufmerksamkeit.[23] Auf dieser Stufe sind weder Bitten nötig noch eine *narratio*, wenige Worte genügen, die Rede gerät zum Jubilus (Absatz 7).[24]

Ohnehin weiß Gott immer schon, was wir wollen, bevor wir uns überhaupt äußern. Denkt man diesen Gedanken zu Ende, sind Worte unnötig, was beten *ad absurdum* zu führen droht, und dennoch sind sie auch wieder wichtig, denn sie zeigen die Liebe zu Gott und rufen diese hervor (Absatz 11). Hugo differenziert daher verschiedene Arten des Gebets, die in unterschiedlicher Weise auf *narratio*, auf Worte und Wortarten, auf die in der Heiligen Schrift vorgeformten Worte und auch auf ihre rhetorische Ausgestaltung und ihren rhetorischen Schmuck zurück-

---

22 Feiss u. a. (Hrsg.), *L'œuvre de Hugues de Saint-Victor* 1, S. 126–160. Vgl. dazu auch die englische Übersetzung: Hugh of St Victor, *On the Power of Prayer*.

23 Vgl. zur Unterscheidung von transitiver und intransitiver Aufmerksamkeit: Marno, *Holy attention*, S. 10, S. 96–122; Alford, *Poetic attention*, S. 25–52, S. 151–166. Vgl. zum Phänomen den Beitrag von Störmer-Caysa in diesem Band.

24 Vgl. dazu auch Largier, Art of Prayer.

greifen. Indem er die rhetorischen Aspekte aus der klassischen Form der *oratio* in seiner Schrift *De virtute orandi* auf eine ganz spezifische Form der *oratio*, nämlich das Gebet, überträgt, werden auch die ästhetischen Komponenten bedeutsam.[25]

Die präsentierten Predigten und Traktate zeigen, wie individuelle Aufmerksamkeit trotz der Monotonie des Betens oder der *meditatio* über eine längere Zeit hinweg durchgehalten werden können.[26] Sie schlagen dafür eine graduelle Intensivierung und sukzessive Fokussierung vor. Bei näherer Betrachtung erweist sich das auch als kontrollierte Abwechslung, da verschiedene Themen (Reue, Gehorsam, Gnade) oder verschiedene Modi der Andacht variiert werden. Darüber hinaus arbeiten die Texte mit einer dialektischen Intensitätssteigerung, bei der die aufmerksame Konzentration durch einen als göttlich verstandenen Impuls transformiert wird: Ist die Andacht oder das Gebet davor transitiv auf ein Objekt (Bitte, heilsgeschichtliche Station) gerichtet, geschieht durch den göttlichen Impuls eine Entfokussierung oder Entleerung, die als Versenkung (*pura oratio*) oder gar mystische Überformung durch Gott erlebt wird.[27]

Im Gegenzug zu diesen auf Intensitätssteigerungen und religiöse Virtuosität setzenden Praktiken wirft eine kurze Episode im *Väterbuch*, der ersten mittelhochdeutschen Versübertragung der *Vitaspatrum*,[28] die Frage nach dem richtigen Verhältnis von Beten und Arbeiten beziehungsweise *vita activa* und *vita contemplativa* auf. Zu Lucius, einem der vielen vorbildlichen Eremiten, kommt eine Gruppe von Brüdern, die sich *betere* – also die Betenden – nennen.[29] Lucius fragt sie, welches Handwerk sie ausüben („Welh amt ir wirket mit der hant", V. 21170). Die Brüder antworten, dass sie nur beten, da Paulus gefordert habe: „sine intermissione orate" (1 Th 5,17; vgl. V. 21174–21180). Als sie zugeben, dass sie gleichwohl essen und

---

25 Vgl. die Einleitung von Feiss in Hugh of St Victor, *On the Power of Prayer*, S. 322–325, S. 329, mit Hinweisen auf die Tradition.

26 Vgl. zu dieser Problemkonstellation Brendecke/Reichlin, Zeiten der Wachsamkeit.

27 Marno, *Holy attention*, S. 10, S. 97–120. Dass die körperliche Überlastung und Erschöpfung zu dieser Praxis dazugehören, beschreibt Jones, Poetic Vigil, S. 134 f., S. 149–154.

28 Die *Vitaspatrum* geht auf eine Vitensammlung frühchristlicher Eremiten zurück, die in Spätantike und Mittelalter vielfältig um weitere Textgattungen (Apophtegmata, Exempla usf.) erweitert worden ist. Die hier interessierende Textstelle findet sich in den *Verba Seniorum:* Rosweyde (Hrsg.), *Verba Seniorum*, Libellus 12, Sp. 942A–942C. Vgl. zur Entstehung der Sammlung und ihrer lateinischen Überlieferung: Schulz-Flügel, Entstehung; Batlle, *Adhortationes Sanctorum Patrum*. Vgl. zum *Väterbuch*, das um 1300 entsteht: Traulsen, *Heiligkeit und Gemeinschaft*. Das *Väterbuch* wird zitiert nach Reissenberger (Hrsg.), *Väterbuch*.

29 In der lateinischen Fassung der *Verba Seniorum* ist von *Euchitae* die Rede vgl. Rosweyde (Hrsg.), *Verba Seniorum*, Sp. 942A. Zu der auch ‚Messalianer' genannten Gruppierung, die mit dem Häretiketikett belegt wurde, siehe Emmenegger, Streit, S. 127–129.

schlafen, wirft Lucius ihnen vor, das Gebet zu unterbrechen. Die Brüder schweigen beschämt („Vor schamen musten sie gedagen", V. 21194).

Lucius belehrt die Gruppe und die Rezipierenden nun darüber, wie er das Paulinische Gebot einhält: Er arbeite den ganzen Tag „Mit vlize, so ich beste mac" (V. 21204). Doch während er arbeite, bete „Min munt, min herze und al min sin" (V. 21206). Von dem Geld, das er damit verdiene, gebe er jeden Abend einem „armen" zwei Pfennige, damit Gott ihn beim Schlafen oder Essen nicht vergesse (V. 21209– 21214). Er schließt: „Alsus wirt von Gotes gift / An mir vollenbrahte die schrift" (V. 21215 f.).

Wie in den davor besprochenen Predigten und Traktaten wird auch hier betont, dass das vollkommene Beten nur als Geschenk (*gift*) Gottes möglich ist. Gleichwohl hat dieses vollkommene Gebet eine ganz andere Gestalt als bei Bernhard oder Hugo. Es geht nicht um eine sukzessive Steigerung und Orientierung der Aufmerksamkeit auf Gott hin, sondern um die Durchdringung alltäglicher Handlungen mit dem Gebet. Mund, Herz und Geist (*sin*) sind auf Gott ausgerichtet und dennoch können die Hände ihr Handwerk *mit vlize* verrichten. Das alltägliche Tun wird nicht als Ablenkung und Entfernung von Gott – und damit auch nicht als Gefahr – dargestellt, sondern es wird gefordert, es mit der Ausrichtung auf Gott zu durchdringen. Anders als in 1 Cor 10,31[30], einer Stelle, die zur Erklärung von 1 Th 5,17 häufiger herangezogen wird,[31] differenziert Lucius zwischen Handwerk und körperlichen Bedürfnissen. Beim Schlafen oder Essen könne nicht auch noch gebetet werden. Dafür bedürfe es einer anderen Lösung, die in seinem Fall das Almosen ist. Während in der lateinischen Fassung der Empfänger des Almosens für Lucius betet,[32] misstraut das *Väterbuch* dem stellvertretenden Beten und greift zu einer offeneren Formulierung: „Durch Got, uf sulh gedinge / Daz er min niht virgesse" (V. 21212 f.). Lucius gibt das Almosen für Gott in der Hoffnung hin, dass dieser auch dann bei ihm ist, wenn sein Geist sich nicht aktiv Gott zuwendet.

Mit der Forderung „Betet ohne Unterlass" (1 Th 5,17) stellt sich das auch in den anderen Texten aufgeworfene Problem, wie individuelle Aufmerksamkeit auf Dauer gestellt werden kann, in verschärfter Form. Ist ein Gebet, ist die aufmerksame Hinwendung zu Gott überhaupt denkbar, wenn keine einzige Unterbrechung mehr möglich ist? Die Lucius-Episode im *Väterbuch* löst das Problem durch Habi-

---

30 1 Cor 10,31: „sive ergo manducatis sive bibitis vel aliud quid facitis omnia in gloriam Dei facite" [„Ob ihr nun esst oder trinkt oder was ihr auch tut, das tut alles zu Gottes Ehre"].

31 So u. a. St Thomas Aquinas, *Summa theologiae*, IIᵃ-IIae q. 83 a. 14; vgl. zur Auslegungsgeschichte von 1 Th 5,17 Emmenegger, Streit, S. 119–139; Hausammann, *Annäherungen*, S. 104–112.

32 Rosweyde (Hrsg.), *Verba Seniorum*, Sp. 942C: „Qui acceperit illos duos denarios, orat pro me tempore quo ego manduco vel dormio". Analog argumentiert Abba Lukios auch schon in der griechischen Fassung: Irinea (Übers.), *Gerontikon*, Nr. 1288, S. 432.

tualisierung. Die Verknüpfung von Gebet und Handwerk, ohne dass die Aufmerksamkeit für das eine beim anderen fehlt, ist möglich, weil sie täglich neu vollzogen wird und so das Tun des Menschen durchdringt.

Das *Väterbuch* handelt insgesamt von einer Vielzahl religiöser Virtuosen, die durch intensive und lang andauernde Konzentration, Wachsamkeit und Ausdauer ihren Nachfolgern ein Vorbild sind, auch wenn die Schwächen menschlicher Aufmerksamkeit ebenfalls dargestellt werden.[33] Die Lucius-Episode weicht allerdings von diesem Muster ab. Sie präsentiert keine gesteigerte Konzentration, sondern zeigt, dass auch Unterbrechungen und Entlastung von der Anspannung nötig sind. Zugleich warnt sie vor Selbstüberschätzung, wenn man sich der eigenen spirituellen Virtuosität, Ausdauer und Aufmerksamkeit allzu sehr rühmt. Die Episode präsentiert so gegenläufig zum Modell der Intensitätssteigerung ein komplementäres Modell der Hinwendung zu Gott, das nicht auf Steigerung, sondern auf Habitualisierung und Durchdringung aller Lebensvollzüge setzt. Diese beiden Modelle müssen sich keineswegs ausschließen, doch ist es bemerkenswert, dass ein vormoderner Text sie so klar miteinander kontrastiert.

Am *Väterbuch* zeigt sich darüber hinaus, wie auch narrative Texte zu geistlichen Übungen anleiten, diese reflektieren und diskutieren können. Durch den kalkulierten Bruch mit vorgängigen Erzählmustern irritiert die Lucius-Episode innerhalb des *Väterbuchs* und weckt Interesse. Damit ist die abschließende Frage aufgeworfen, womit Texte Aufmerksamkeit auf sich selbst lenken. Strukturelle und formale, rhetorische und mediale (Layout) Mittel kommen dabei gewöhnlich zum Einsatz.[34] Solche (im weitesten Sinne) ästhetischen Prozesse der Aufmerksamkeitslenkung können die religiösen Aufmerksamkeitsanstrengungen verstärken, können sie aber auch untergraben. Dann stellt sich die Frage, ob die Aufmerksamkeit der Rezipierenden allenfalls von textexternen Instanzen und Glaubenswahrheiten abgelenkt und auf den Rhythmus, den Reim oder die Sprachartistik hin orientiert wird? Wird dies am historischen Einzelfall untersucht, ist zu bedenken, dass sich diese beiden Richtungen der Aufmerksamkeit nur analytisch, nicht aber im Vollzug der Rezeption unterscheiden lassen.

Der vorliegende Band widmet sich den skizzierten Problemhorizonten auf vielschichtige Weise. Indem sich die beiden ersten Beiträge mit dem Vokabular zur Aufmerksamkeit und Wachsamkeit beschäftigen, legen sie wichtige Grundsteine. Holger Gzella betrachtet das Wortmaterial der Aufmerksamkeit in der biblischen Sprache des Alten Testaments und seine lateinischen Wiedergaben. Zwar gibt es im gesamten Alten Testament keine explizite Definition von ‚Aufmerksamkeit', den-

---

33 Graiver, Asceticism of the mind, S. 163.
34 Vgl. dazu Alford, *Poetic attention*, S. 1–25; Marno, *Holy attention*, S. 1–39.

noch entwickelt sich, wie der Beitrag zeigt, eine differenzierte, noch kaum erforschte Terminologie zu diesem Phänomen in der Weisheitsliteratur, der Apokalyptik und dem Gebet. Da die biblisch-hebräischen Begrifflichkeiten für ‚aufmerksam sein‘ und ‚nachsinnen‘ in den verwandten altorientalischen Sprachen keine Parallelen haben, kann man davon ausgehen, dass es sich hier um spezifische Entwicklungen im Alten Israel und im Frühjudentum handelt. Wirkungsgeschichtlich entscheidend ist, dass sich das hebräische Vokabular für Aufmerksamkeit über die lateinische Vulgata in der Westkirche verbreitete. So wird das im alttestamentlichen hebräischen Corpus in der Poesie recht verbreitete Lexem für ‚aufmerken‘ im Sinne von gespanntem Hören meist mit lateinisch *attendere* oder *intendere*, aber auch mit *auscultare* oder *audire* oder mit *aspicere, considerare, contemplari* oder *oboedire* wiedergegeben. Die in der hebräischen Sprache des Gebets vorhandenen Wörter für die aktive Versenkung und das Nachsinnen laufen im Lateinischen, das insgesamt weniger nuanciert ist und stärker vereinheitlicht, zumeist in *meditari* und *contemplari* zusammen.

Komplementär dazu untersucht Jens Haustein die Wortgeschichte von *achtsam, wachsam* und *aufmerksam* im Mittel- und Frühneuhochdeutschen. Es zeigt sich, dass die Lemmata *wachsam(-keit)* und *aufmerksam(-keit)* erst in der Frühen Neuzeit belegt sind. Das Adjektiv *wachsam* mit seiner Grundbedeutung ‚munter‘ und ‚nicht schlafend‘ umfasst auch die Semantik von ‚achtsam, aufmerksam, bedachtsam‘. Adjektiv und Substantiv *aufmerksam(-keit)* gehen der Wortbildung nach auf ein Verb *aufmerken* zurück und sind im Sinne von ‚konzentriert auf etwas achten‘ und ‚gespannt zuhören‘ bezeugt. Von Interesse ist, dass die meisten frühneuzeitlichen Belege Bedeutungen zeigen, die in religiöse Kontexte weisen. Das Lemma *achtsam(-keit)* ist vermutlich aus dem Verb *achten* entstanden. Es fällt auf, dass *achtsam* im 14. und 15. Jahrhundert (fast) ausschließlich in seiner Negation als *unachtsam* belegt ist. Stets bezieht sich dieses vor allem im mystischen Kontext auf den gefährlichen Zustand der Gottesferne, vor dem als schwerwiegendes sündhaftes Verhalten und unzulässige Nachlässigkeit gegenüber Gott gewarnt wird. ‚Achtsamkeit‘ als positive Haltung im Hinblick auf Gott lässt sich erst im 16. Jahrhundert nachweisen. Der Beitrag erläutert nicht nur Schlüsselbegriffe der Thematik des Bandes, sondern gibt auch einen wichtigen Anstoß zu weiteren wortgeschichtlichen Studien zu Begrifflichkeiten der Aufmerksamkeit und Achtsamkeit in der mittelhochdeutschen und frühneuzeitlichen Literatur.

Aufbauend auf den grundlegenden Beiträgen von Holger Gzella und Jens Haustein gelingt es Christoph Petersen zu zeigen, wie Wachsamkeit aus einem menschlichen Verhaltensmuster, das auch bei Tieren zu beobachten ist, zu einem kulturellen Phänomen werden konnte. Unter dieser Fragestellung konzentriert sich der Beitrag auf den Weckruf des Apostels Paulus im Römerbrief (Rm 13,11–14), mit dem dieser aus der Erwartung des nahen Weltendes und göttlichen Gerichts heraus ermahnt, zu einer Lebensweise im Glauben an Christus zu erwachen. Ausgehend von der Interpretation der zentralen Stelle des Römerbriefs geht der Beitrag besonders auf die enorme Wirkungsgeschichte dieser und vergleichbarer Passagen des Neuen Testaments ein. Individualisierungen und Spiritualisierungen zeigen sich schon in den Kommentaren der Patristik, die den Weckruf nicht mehr nur auf die Vorstellung von der unmittelbar bevorstehenden Parusie bezogen. Dies bereitete den Boden für zahlreiche Adaptationen in der religiösen Literatur des Mittelalters. Hier konnte sich die christliche Vorstellung des Weckrufs nicht nur mit antiken Traditionen verbinden, sondern sie wurde etwa in der volkssprachlichen deutschen Literatur auch auf andere Diskursfelder wie die Liebeslyrik oder Zeit- und Gesellschaftskritik übertragen.

Eine ähnlich große systematische und historische Breite zeigt der Beitrag von André Schnyder. Er setzt zum einen bei dem Aufruf zur Wachsamkeit nach Mt 25,13 an, der aus der Tatsache abgeleitet wird, dass niemand den Tag und die Stunde der Wiederkehr des Herrn kenne. In den großen Endzeitreden des Matthäusevangeliums wird immer wieder betont, dass Vigilanz in jedem Augenblick der Gegenwart verlangt ist, denn im Blick auf die Zukunft gilt, dass es zu spät sein wird, sein Verhalten noch zu verändern, wenn der Gerichtstermin bereits angebrochen ist. Im Kontext eschatologischer Vorstellungen konzentriert sich André Schnyder zum anderen auf die Figur des Antichrist. Sie entsteht aus dem urkirchlichen Glauben an die baldige Wiederkehr Christi, denn im Hinblick darauf gilt es, sich vor möglichen Gegenkräften und deren Täuschungen zu schützen, was ein kritisches Bewusstsein für die Unterscheidung von Wahrheit und Lüge erfordert und die Aufmerksamkeit auf bestimmte Personen als Widersacher lenkt. Die Frage nach dem Wann der Parusie bekommt über die Figur des Antichrist eine neue Antwort, denn es wird gesagt, sie werde dann eintreten, wenn dessen Wirken überwunden ist. Insofern stellt das Erscheinen des Antichrist vor dem Jüngsten Gericht für die wachsamen Gläubigen einen wichtigen Orientierungspunkt in der Heilsgeschichte dar. In ähnlicher Weise gilt dies auch für die fünfzehn Zeichen vor dem Jüngsten Gericht, deren Genese und Geschichte noch kaum erforscht ist.

Auf die Zeit zwischen 1400 und 1521 bezieht sich der ebenfalls weit gespannte Beitrag von Berndt Hamm, der sich der Dynamik religiöser Aufmerksamkeitslenkung unter den Aspekten von Seelsorge, Andacht und Gewissen widmet und Reformbestrebungen in Theologie und Frömmigkeit in den Blick nimmt. Im Sinne eines Aufrufs zu konzentrierter und wachsamer Aufmerksamkeit richtet sich Seelsorge im 15. Jahrhundert darauf, zu einem gottesfürchtigen Leben und zur Reue im Sterben anzuleiten. Die Konzentration des Menschen in der Andacht gilt zudem als unverzichtbare Bedingung der Sorge um das Heil. Ganz in diesem Sinne soll der Mensch als Vorbereitung auf das Jenseits alle geistlichen Verrichtungen wie Messehören, Kniebeugen, Beten und Singen sowie Beichten und Wallfahren mit Andacht erfüllen, worin er durch Texte und Bilder unterstützt werden kann. Stets bleibt die Liebe und Gnade Gottes die Grundbedingung für die Vermeidung von bloß scheinhafter Frömmigkeit. Dass es zwischen Gerson und Luther nicht um bloß veräußerlichte Formen von Frömmigkeit geht, zeigt besonders auch die Dominanz des Gewissensthemas.

Die folgenden Beiträge von Jonathan Stutz, Mirko Breitenstein, Magdalena Butz, Uta Störmer-Caysa, Christian Schmidt und Benedikt Kranemann konzentrieren sich auf Fallbeispiele und verschiedene Genres. Jonathan Stutz betrachtet einen Brief des Wilhelm von Saint-Thierry an die Kartäuser von Mont-Dieu, in dem es um den Aufstieg zu Gott in der Zelle geht. Hier kommt das von den Kartäuserklöstern im Rahmen der monastischen Reformbewegungen des 12. Jahrhunderts vertretene Ideal der eremitischen Askese besonders deutlich zum Ausdruck. Indem Wilhelm die Reflexionen über den Aufstieg der Mönche zu Gott in der Zelle mit Hinweisen zur praktischen Verwirklichung dieses Ziels verknüpft, wird deutlich, dass die monastische Vigilanz vor allem darauf ausgerichtet ist, die Zelle nicht als Gefängnis und Ort der Vereinsamung wahrzunehmen, sondern als Spiegelung des Gewissens, in der die Seele ihre Aufmerksamkeit ohne äußere Reize ganz auf sich richten kann. Auf diese Weise könne, so glaubt Wilhelm, die mit der Körperlichkeit der Menschen verbundene Neigung zur Sünde mit ihren Limitationen zur Askese überwunden werden. Im Gegenzug werde die Kommunikation mit Gott so intensiviert, dass die Zelle zum ‚Heiligtum‘ der Mönche werden kann. Besonders im Hinblick auf die weniger in der Askese erfahrenen Mönche wird jedoch auch mit allem Nachdruck vor Ablenkungen gewarnt, die sich bei übermäßigem Beten und durch die Reizüberflutung mit Phantasmen in der Abgeschiedenheit einstellen können.

Passend zu dem Beitrag von Jonathan Stutz befasst sich Mirko Breitenstein mit den geistlichen Zielen menschlicher Aufmerksamkeit im ebenfalls aus dem 12. Jahrhundert stammenden, äußerst wirkmächtigen Traktat *Vom inneren Haus*. Der Text betont, dass innere und äußere Aufmerksamkeit stets in einem Wechselverhältnis zueinander stehen, denn alle Bemühungen zur Fokussierung auf Gott laufen unabdingbar Gefahr, durch Ablenkungen konterkariert zu werden. So hat jeder Einzelne immer wieder gegen das Vergnügen zu kämpfen, das aus der Erinnerung an vergangene Sünden und die dabei empfundene Lust erwächst. In diesem Sinne bietet der Text wie der Brief Wilhelms von Saint-Thierry praktische Anweisungen zum rechten Leben. Im Zentrum stehen die Reflexionen zum Gewissen, das nicht nur als Instrument der Lenkung menschlicher Aufmerksamkeit stilisiert wird, sondern auch als Instanz im Menschen, der als Ort der Selbsterkenntnis besondere Relevanz für das Heil zugesprochen wird. Es wird zum Beobachter des Menschen, der, was er sieht, genauestens aufzuzeichnen pflegt. Insofern sind die Reflexionen über das Gewissen im Traktat *Vom inneren Haus* auf das Engste mit der Beichtpraxis verknüpft und geben musterhafte Anleitungen dafür.

Auch im Beitrag von Magdalena Butz, der am Beispiel eines unter Bertholds von Regensburg Namen überlieferten Textes auf die Predigtliteratur ausgreift, geraten Ermahnungen zur Wachsamkeit im Kontext von Beichte und Buße in den Blick. Ausgehend vom Diskurs um den idealen Beichtvater untersucht der Beitrag, wie die Predigt *Von der ûzsetzikeit* angehende Seelsorger einerseits zur Wachsamkeit gegenüber den Gläubigen, andererseits aber zur Aneignung und rechten Anwendung von Wissen aus dem Bereich der Sündenkasuistik ermahnt. Erst durch die Kombination dieser beiden Kompetenzen kann der Priester sündhaftes Verhalten identifizieren, je nach Art und Schweregrad klassifizieren sowie heilsame Gegenmaßnahmen treffen. Dadurch wird das Unterscheidungswissen des Beichtvaters, wie Magdalena Butz zeigen kann, auf das Engste mit seiner Aufgabe, über die Seelen der Gläubigen zu wachen, sie zu schützen und ihnen den Weg zum Heil zu weisen, verschränkt. Bei der Analyse der Wachsamkeitsappelle des Prediger-Ichs zeigt sich zugleich, dass die Predigt auch darauf abzielt, potenzielle Sünderinnen und Sünder zur Wachsamkeit gegenüber sich selbst und anderen anzuleiten.

Uta Störmer-Caysa geht auf das mystische Gedicht *Von der tiefen minne* ein und nutzt die Möglichkeit, das Verhältnis von Wachsamkeit und religiöser Haltung in der Mystik von hier aus systematisch zu beleuchten. Sie zeigt zunächst, wie stark der mystische Text diskursiv mit der Erbauungsliteratur des späten Mittelalters verbunden ist, in der die Wachsamkeitsthematik in wechselnder Metaphorik eine große Rolle spielt. Über die Vorstellung, sich in Acht zu nehmen und sich selbst zu beobachten, ist die Semantik von Aufmerksamkeit und Wachsamkeit auch im mystischen Gedicht präsent. Die beiden Leitbegriffe des Gedichts, *abegescheidenheit* und *lâzen*, können aus der Eckhart-Tradition verstanden werden, denn *abegescheidenheit* bedeutet, sich von der Welt abzulösen und dadurch Freiheit gegenüber den Dingen dieser Welt zu erlangen, und *lâzen* meint, nicht nur Tätigkeiten aufzugeben, sondern sogar das eigene Ich mit all seinen Impulsen und Neigungen. Auch die Vorstellung der *huote* als Aufseherin des Geistes ist bei Eckhart im Sinne der Selbstkontrolle relevant, was wiederum einen Vergleich mit dem mystischen Gedicht eröffnet. Erst vor dem Hintergrund dieses Kontexts, Erbauungsliteratur und Eckhart-Tradition, lässt sich das mystische Gedicht in seiner Semantik von Liebe, tiefem Nachsinnen, Selbsterkenntnis und Gotteserkenntnis besser verstehen und in seiner Spezifik auch gegen die Radikalität Eckhart'scher Vorstellungen und Leitbegriffe profilieren.

Während mit dem Beitrag von Uta Störmer-Caysa die Mystik ins Spiel kommt, konzentriert sich Christian Schmidt auf die Frage nach der Aufmerksamkeit in der satirischen Verserzählung *Der Ring* des spätmittelalterlichen Autors Heinrich Wittenwiler. Die Gesamtdeutung dieses Werkes und die Frage nach dem Verhältnis zwischen lehrhaften Partien und bäurischer Handlung sind in der Forschung nach wie vor umstritten. Christian Schmidt bereichert die Diskussion, indem er Bezügen des Textes zur spätmittelalterlichen Frömmigkeitskultur nachgeht. Als Ausgangspunkt wählt er eine Episode, in der Bertschi Triefnas, der Protagonist, im Kontext einer Katechese ein *Vater unser*, ein *Ave Maria* und ein *Glaubensbekenntnis* aufsagen muss. Bertschi verfehlt, so Christian Schmidt, die Texte, weil er sie in einer Weise präsentiert, die dem in der Frömmigkeitskultur geforderten Niveau von Andacht als Bündelung der Aufmerksamkeit auf Gott hin nicht nachzukommen vermag. Das mechanistische Herunterspulen der Gebete in der Performanz durch Bertschi widerspricht nämlich dem Ideal des langsamen Betens, das in geistlichen Texten immer wieder empfohlen wird. Statt sich auf das Beten zu konzentrieren, richtet der Protagonist seine Aufmerksamkeit gänzlich auf das Ziel seiner sinnlichen Begierden. Der Text zeigt auf diese Weise die Konkurrenz verschiedener Logiken der Aufmerksamkeit.

Benedikt Kranemanns Beitrag, der sich mit der Frage nach Praktiken der Aufmerksamkeit in kleinen Liturgiken des 19. Jahrhunderts beschäftigt, beschließt den Band. Während innere und äußere Aufmerksamkeit in liturgischen Feiern als unumstößliche Voraussetzung der Gläubigen für den Nachvollzug der Messe und die Erlangung des Heils verlangt werden, ist die Liturgiegeschichte doch voll von Beispielen, die zeigen, wie leicht sich das Kirchenvolk im Gottesdienst ablenken ließ. Störungen wie Schwätzen, Klappern und Verlassen des Gottesdienstes vor dem Schluss sind reich bezeugt. Demgegenüber geben die Liturgiken Anweisungen im Hinblick auf die Frage, wie man sich während des Gottesdienstes konzentrieren, aber auch schon vorher darauf einstimmen kann. So rufen die Glocken zur Liturgie, erinnern an Gebetszeiten und läuten auch im Innenraum der Kirche an entscheidenden Stellen der Messfeier, was durch die Lichtführung im Kirchenraum oder mithilfe von brennenden Kerzen und Musik noch zusätzlich unterstrichen werden kann. Verschiedene Gebetshaltungen wie das Niederknien und Stehen, das Falten der Hände, das Handauflegen, das Klopfen an die Brust sollen die innere Andacht der Gläubigen ebenfalls stützen und äußerlich zum Ausdruck bringen. Benedikt Kranemann kann luzide zeigen, dass die Aufmerksamkeitslenkung im Gottesdienst nach den kleinen Liturgiken des 19. Jahrhunderts über verbale und non-verbale Praktiken erfolgen soll, in deren Zusammenhang die Körperpraxis mit Sehen, Hören und Riechen entscheidend ist.

* * *

Die Beiträge gehen auf die Münchener Tagung ‚Praktiken und Semantiken der Aufmerksamkeit in der mittelalterlichen Literatur und Frömmigkeit' vom 7.–9. April 2022 zurück. Diese wurde von der Arbeitsgruppe ‚Ablenkung und Aufmerksamkeit' im Rahmen des SFB 1369 ‚Vigilanzkulturen' veranstaltet. Die Herausgeberinnen danken der DFG für die finanziellen Mittel zur Durchführung der Tagung und zur Herstellung des vorliegenden Bandes sowie Christine Kraft, Tobias Schimpfle, Tobias Schmid und Susanne Weber für redaktionelle Unterstützung. Zu danken ist auch den Mitgliedern der von Susanne Reichlin und Magdalena Butz geleiteten SFB-Arbeitsgruppe ,Ablenkung und Aufmerksamkeit', in deren Kontext eine Fülle geistlicher Texte zur Vorbereitung der Tagung gemeinsam gelesen und gewinnbringend diskutiert wurde.

Literaturverzeichnis

Primärliteratur

Bernhard von Clairvaux: *Sämtliche Werke. Lateinisch/deutsch.* Bd. 9. Hrsg. von Gerhard B. Winkler. Innsbruck 1998.

Caesarius von Heisterbach: *Dialogus miraculorum / Dialog über die Wunder.* 5 Bde. Eingel. von Horst Schneider, übers. und komm. von dems. und Nikolaus Nösges (Fontes Christiani 86). Turnhout 2009.

Feiss, Hugh B. u. a. (Hrsg.): *L'œuvre de Hugues de Saint-Victor.* 1: *De institutione novitiorum. De virtute orandi. De laude caritatis. De arrha animae.* Texte latin par Hugo B. Feiss, et Patrice Sicard. Traduction française par Dominique Poirel, Henri-Maria Rochais et Patrice Sicard. Introductions, notes et appendices par Dominique Poirel (Sous la règle de Saint Augustin 3). Turnhout 1997.

Hugh of St Victor: *On the Power of Prayer.* Introduction and Translation by Feiss, Hugh OSB. In: Evans, Christopher P. (Hrsg.): *Writings on the Spiritual Life. A Selection of Works of Hugh, Adam, Achard, Richard, Walter, and Godfrey of St Victor* (Victorine Texts in Translation 4). Turnhout 2013, S. 315–347.

Hugues de Saint-Victor: *Six Opuscules Spirituels. La Méditation. La Parole de Dieu. La réalité de l'Amour. Ce qu'il faut aimer vraiment. Les cinq Septénaires. Les sept Dons de l'Esprit-Saint.* Introduction, Texte Critique, Traduction et Notes. Hrsg. von Roger Baron (Sources Chrétiennes 155). Paris 1969.

Irinea, Mönchin (Übers.): *Das große Gerontikon. Die Sprüche der heiligen Wüstenväter, thematische Sammlung.* Aus dem Griechischen ins Deutsche übers. Nauen 2009.

Reissenberger, Karl (Hrsg.): *Das Väterbuch aus der Leipziger, Hildesheimer und Strassburger Handschrift* (Deutsche Texte des Mittelalters 22). Berlin 1914.

Rosweyde, Heribert (Hrsg.): *Verba Seniorum.* In: *Vitae Patrum* [...]. Bd. 1 (Patrologia Latina 73). Paris 1849, Sp. 851–1066.

St Thomas Aquinas: *Summa theologiæ.* Vol. 39: *Religion and worship (2a2œ. 80–91).* Latin text, English translation, Introductions, Notes, & Glossaries. Additional Appendices by Ceslaus Veleck O.P. Hrsg. von Kevin D. O'Rourke O.P. London u. a. 1964.

[*Vulgata*] *Biblia Sacra iuxta vulgatam versionem.* Recensuit et brevi apparatu critico instruxit. Hrsg. von Robert Weber und Roger Gryson. Stuttgart ^{5}2007.

Sekundärliteratur

Alford, Lucy: *Forms of poetic attention.* Berlin/Boston 2020.

Assmann, Aleida: Einleitung. In: Assmann, Aleida/Assmann, Jan (Hrsg.): *Aufmerksamkeiten* (Archäologie der literarischen Kommunikation 7). München 2001, S. 11–23.

Batlle, Columba M.: *Die „Adhortationes Sanctorum Patrum" („Verba Seniorum") im lateinischen Mittelalter. Überlieferung, Fortleben und Wirkung* (Beiträge zur Geschichte des alten Mönchtums und des Benediktinertums 31). Münster 1972.

Brendecke, Arndt/Reichlin, Susanne: Zeiten der Wachsamkeit. Eine Einleitung. In: Brendecke, Arndt/Reichlin, Susanne (Hrsg.): *Zeiten der Wachsamkeit* (Vigilanzkulturen 1). Berlin/Boston 2022, S. 1–11.

Brendecke, Arndt: Attention and Vigilance as Subjects of Historiography. An Introductory Essay. In: *Special Issue of Storia della Storiografia: The History and Cultures of Vigilance. Historicizing the Role of Private Attention in Society* 74 (2018), S. 17–27.

Brendecke, Arndt: Überlegungen zu einer Geschichte der Aufmerksamkeit. In: *Mitteilungen des Sonderforschungsbereichs 1369* 1 (2023), S. 17–23.

Butz, Magdalena: *das auffmercken in dem gebete ist dreierley.* Gebetshaltung und Aufmerksamkeit in der *Hymelstrasz* des Stephan von Landskron. In: *Poetica* 54 (2023), S. 47–75.

Butz, Magdalena/Kellner, Beate/Reichlin, Susanne/Rugel, Agnes (Hrsg.): *Sündenbekenntnis, Reue und Beichte. Konstellationen der Selbstbeobachtung und Fremdbeobachtung in der mittelalterlichen volkssprachlichen Literatur* (Zeitschrift für deutsche Philologie. Sonderheft 141). Berlin 2022.

Emmenegger, Gregor: Der Streit um das immerwährende Gebet. „Beten ohne Unterlass" bei den Kirchenvätern und im frühen Mönchtum. In: Delgado, Mariano/Leppin, Volker (Hrsg.): *Homo orans. Das Gebet im Christentum und in anderen Religionen* (Studien zur christlichen Religions- und Kulturgeschichte 30). Basel 2022, S. 119–140.

Fulton Brown, Rachel: *Oratio*/Prayer. In: Hollywood, Amy/Beckman, Patricia Zimmerman (Hrsg.): *The Cambridge companion to Christian mysticism* (Cambridge companions to religion). Cambridge 2012, S. 167–177.

Graiver, Inbar: *Asceticism of the mind. Forms of attention and self-transformation in late antique monasticism* (Pontifical Institute of Mediaeval Studies. Studies and texts 213). Toronto, ON 2018.

Hagner, Michael: Toward a History of Attention in Culture and Science. In: *Modern Language Notes* 118.3 (2003), S. 670–687.

Hahn, Alois: Aufmerksamkeit. In: Assmann, Aleida/Assmann, Jan (Hrsg.): *Aufmerksamkeiten* (Archäologie der literarischen Kommunikation 7). München 2001, S. 25–56.

Hahn, Alois: Identität und Selbstthematisierung. In: Hahn, Alois/Kapp, Volker (Hrsg.): *Selbstthematisierung und Selbstzeugnis: Bekenntnis und Geständnis* (suhrkamp taschenbuch wissenschaft 643). Frankfurt am Main 1987, S. 9–24.

Hausammann, Susanne: *Annäherungen. Das Zeugnis der altkirchlichen und byzantinischen Väter von der Erkenntnis Gottes.* Göttingen 2016.

Jones, Ewan: Poetic Vigil, Rhythmical Vigilance. In: Brendecke, Arndt/Reichlin, Susanne (Hrsg.): *Zeiten der Wachsamkeit* (Vigilanzkulturen 1). Berlin/Boston 2022, S. 131–156.

Kellner, Beate/Reichlin, Susanne: Wachsame Selbst- und Fremdbeobachtung im Rahmen von Sündenbekenntnis, Reue und Beichte. Eine Einleitung. In: Butz, Magdalena/Kellner, Beate/Reichlin, Susanne/Rugel, Agnes (Hrsg.): *Sündenbekenntnis, Reue und Beichte. Konstellationen der Selbstbeobachtung und Fremdbeobachtung in der mittelalterlichen volkssprachlichen Literatur* (Zeitschrift für deutsche Philologie. Sonderheft 141). Berlin 2022, S. 1–50.

Largier, Niklaus: The Art of Prayer. Conversions of Interiority and Exteriority in Medieval Contemplative Practice. In: Campe, Rüdiger/Weber, Julia (Hrsg.): *Rethinking Emotion Interiority and Exteriority in Premodern, Modern, and Contemporary Thought* (Interdisciplinary German cultural studies 15). Berlin/Boston 2014, S. 58–71.

Lentes, Thomas: ‚Andacht‘ und ‚Gebärde‘. Das religiöse Ausdrucksverhalten. In: Ders.: *Soweit das Auge reicht: Frömmigkeit und Visualität vom Frühmittelalter bis zur Reformation.* Hrsg. von Ganz, David/Meier, Esther/Wegmann, Susanne. Berlin 2022, S. 333–366.

Marno, David: *Death be not proud. The art of holy attention* (Class 200. New Studies in Religion). Chicago 2016.

Neumann, Odmar: Aufmerksamkeit. In: *Historisches Wörterbuch der Philosophie online.* Basel 2017, https://doi.org/10.24894/HWPh.326 [letzter Zugriff: 15.12.2023].

Phillips, Natalie M./Marno, David: Attention. In: Greene, Roland u.a. (Hrsg.): *The Princeton encyclopedia of poetry and poetics.* Princeton/Oxford 2012, Sp. 98–99.

Schulz-Flügel, Eva: Zur Entstehung der Corpora *Vitae Patrum.* In: Livingstone, Elizabeth A. (Hrsg.): *Papers presented to the 10th International Conference on Patristic Studies held in Oxford 1987* (Studia Patristica 20). Leuven 1989, S. 289–300.

Thali, Johanna: *andacht* und *betrachtung.* Zur Semantik zweier Leitvokabeln der spätmittelalterlichen Frömmigkeitskultur. In: Hasebrink, Burkhard/Bernhardt, Susanne/Früh, Imke (Hrsg.): *Semantik der Gelassenheit. Generierung, Etablierung, Transformation* (Historische Semantik 17). Göttingen 2012, S. 226–267.

Tomasello, Michael: Joint Attention as Social Cognition. In: Moore, Chris/Dunham, Philip J. (Hrsg.): *Joint Attention. Its Origins and Role in Development.* With a Foreword by Bruner, Jerome. Hillsdale, NJ u.a. 1995, S. 103–130.

Traulsen, Johannes: *Heiligkeit und Gemeinschaft. Studien zur Rezeption spätantiker Asketenlegenden im „Väterbuch"* (Hermaea. N.F. 143). Berlin/Boston 2017.

Vernay, Robert: Attention. In: *Dictionnaire de la Spiritualité ascétique et mystique. Doctrine et histoire.* Fondé par Viller, Marcel SJ u.a. Bd. 1. Paris 1937, Sp. 1058–1077.

Von Moos, Peter: *Attentio est quaedam sollicitudo.* Die religiöse, ethische und politische Dimension der Aufmerksamkeit im Mittelalter. In: Ders.: *Gesammelte Studien zum Mittelalter.* Hrsg. von Melville, Gert. Bd. 2: *Rhetorik, Kommunikation und Medialität* (Geschichte: Forschung und Wissenschaft 15). Berlin 2006, S. 265–306.

Holger Gzella

Das Vokabular der Aufmerksamkeit in der biblisch-hebräischen Gebetssprache und seine lateinische Wiedergabe

1 Die hebräischen Begriffe für ‚aufmerksam sein‘

Nirgendwo im Alten Testament findet man eine klare Definition des Phänomens ‚Aufmerksamkeit‘, etwa als Willensakt oder als psychische Disposition, wie sie seit der spätantiken Philosophie immer wieder unternommen worden ist. Gleichwohl hat sich dafür im Laufe der tausendjährigen Entstehungszeit der Texte eine verhältnismäßig feste, bisher allerdings noch gar nicht als Gegenstand eigenen Rechts erforschte Begrifflichkeit etabliert. Sie wurde in der lateinischen Übersetzung des Hieronymus, der Vulgata, stärker vereinheitlicht und lieferte sodann der liturgischen Idiomatik der Westkirche zentrale Vokabeln wie *adtendere* (oder *attendere*, ältere Vulgata-Kodizes neigen aber zur nicht-assimilierten Form),[1] *contemplari* und *meditari.* Da die biblisch-hebräische Terminologie für ‚aufmerksam sein‘ und ‚nachsinnen‘ in ihrer spezifischen Ausprägung auch in den verwandten Sprachen wie dem Aramäischen, dem Arabischen oder dem Akkadischen kein direktes Äquivalent hat und bei einigen überaus häufigen Wörtern selbst die Etymologie dunkel bleibt, ist das geprägte Vokabular offensichtlich aus einer eigenständigen Entwicklung der literarischen Überlieferung des Alten Israel und des Frühjudentums hervorgegangen. Bei allen Parallelen in Form, Ausdrucksweise und konzeptuellen Voraussetzungen in Texten der kulturellen Umwelt führt es also nicht bloß eine gemein-altorientalische Gebetssprache fort.[2]

Als normales Wort für ‚aufmerken‘ dient im Biblisch-Hebräischen die Verbalwurzel *qšb*, in der Vulgata meist mit *adtendere* oder *intendere*, seltener mit *auscultare* oder *audire* wiedergegeben,[3] vereinzelt und abhängig vom Kontext aber

---

1 Vgl. Plater/White, *Grammar,* § 61.

2 Die einschlägigen Wörterbuchartikel von Mosis, qšb, und Schottroff, qšb, geben in Ermangelung einer erschöpfenden Darstellung des gesamten Wortfeldes eine nützliche Zusammenfassung, wie das zentrale Verb ‚aufmerken‘ im Hebräischen gebraucht wird.

3 Der Unterschied zwischen *audire* und *auscultare* dürfte rein stilistisch sein, weil *auscultare* im Lichte seiner Häufigkeit in der römischen Komödie und zugleich seines Fehlens in der klassischen Prosa als das volkstümlichere Wort wahrgenommen wurde: Linderbauer (Hrsg.), *Regula,* S. 93 (mit weiterer Literatur). Daher seine Verbreitung im Romanischen wie italienisch *ascoltare,* französisch *écouter* und dergleichen.

auch mit *aspicere, considerare, contemplari* oder *oboedire*. Sie meint im sogenannten Kausativstamm das gespannte Hören, gehört mit 55 Belegen, davon 46 als
Verb, zu den häufigeren Lexemen im gesamten alttestamentlichen Corpus und
begegnet vornehmlich in Poesie, nur ganz vereinzelt in förmlicher Prosa.[4] Die
Person oder, öfter, die Sache, auf die sich die Aufmerksamkeit richtet, wird üblicherweise mit einem Präpositionalausdruck bezeichnet, in sehr wenigen Fällen als
direktes Objekt konstruiert. Trotz unklarer Herkunft zeigt die häufige Verbindung
mit den Synonymen *šm‘* ‚hören‘ und *’zn* ‚zu Ohren nehmen‘ im selben Zusammenhang und das sporadische Vorkommen mit einem Geräusch als direktem Objekt (wie beispielsweise Posaunenschall in Jer 6,17), dass dieses Verb primär mit
dem Gehörsinn assoziiert wurde.[5] Es ist zwar nicht auf Gebetskontexte beschränkt,
doch je acht Belege im Sprüchebuch als Bestandteil eines Aufrufs an die Zuhörer, zu
lauschen und zu lernen, und weitere acht im Psalter für das Hören Gottes auf die
Stimme des Beters bilden zwei klare Schwerpunkte im Gebrauch. Von den übrigen
entfallen mehr als zwei Drittel auf die Propheten und beziehen sich ebenfalls
überwiegend auf das andächtige menschliche Hören auf Gottes Anweisung, genau
wie die kleine Handvoll Verwendungen in thematisch verwandten erzählenden
Passagen (1 Sam 15,22; Neh 9,34; 2 Chr 20,15 und 33,10). Damit gehört das Lexem

---

4 In semitischen Sprachen wie dem Hebräischen erfolgt die Wortbildung durch Ableitungen von
einer normalerweise gleichbleibenden, meist dreikonsonantigen oder wenigstens einem dreikonsonantigen Schema angeglichenen Wurzel mit einem abstrakten Bedeutungskern wie eben *qšb*, die
aber so nie vorkommt. Erst durch einen inneren Vokalwechsel und teils durch Prä- und Suffixe
entstehen aus solchen übergeordneten Wurzeln auf eine überwiegend vorhersehbare Weise nominale und verbale Stämme, an die dann weitere Bildeelemente wie zum Beispiel Genus-, Numerus-
und Personenendungen herantreten.

5 Da die von Kopf, Etymologien, S. 201f., vorgeschlagene Verbindung mit arabischem *qabasa* ‚Feuer
entnehmen, lernen‘ lautgesetzlich nicht annähernd plausibel ist und die wenigen Vorkommen des
Verbs *qšb* in späten aramäischen Texten der jüdischen Traditionsliteratur bei gänzlich fehlenden
älteren Belegen am besten als Entlehnungen aus dem Hebräischen erklärt werden, dürfte diese
Wurzel eine lexikalische Isoglosse des Hebräischen sein. Deshalb ist weiterhin unklar, weshalb das
Verb mit Ausnahme des in einem ganz ähnlichen Sinne verwendeten Grundstammes in Jes 32,3, wo
freilich nicht eine Person, sondern die Ohren das Subjekt sind (womöglich der entscheidende Unterschied, wie bereits Duhm, *Jesaia*, S. 234, vermutet hatte), sonst nur im Kausativstamm begegnet.
Man könnte allenfalls annehmen, dass der Grundstamm ursprünglich eine Bedeutung wie ‚aufgerichtet sein (vom Ohr)‘ gehabt habe und der Kausativstamm für ‚aufmerken‘ daraus über ‚das Ohr
aufrichten‘ (was von Menschen anders als etwa von den empfindsamen Eseln nur metaphorisch
gesagt werden kann) zu erklären sei; so der etymologisch zwar irrige, der Semantik nach aber
durchaus überzeugende Vorschlag von Böttcher, *Aehrenlese*, S. 125, Nr. 687 (akzeptiert von Delitzsch,
Jesaja, S. 244, Anm. 1). Nach bewährter Methode kommt den Wörtern, mit denen zusammen ein
etymologisch völlig dunkles Verb im Parallelismus verwendet wird, die Hauptrolle bei der Bestimmung der genaueren Bedeutung zu.

zweifellos der gehobenen, wenn nicht gar der feierlichen Sprache an. Das gute Dutzend Belege aus den hebräischen Schriftrollen von Qumran, darunter ein paar Prophetenzitate, fällt, soweit ein Kontext überhaupt noch zu ermitteln ist, völlig in den im älteren Schrifttum vorgezeichneten Bereich.[6]

Vom Verb abgeleitet sind einige seltene nominale Bildungen, einmal das Substantiv *qæšæḇ* ‚Aufmerksamkeit' (1 Kön 18,29; 2 Kön 4,31; zweimal in Jes 21,7) und zum anderen die beiden anscheinend bedeutungsgleichen und nur aus späterer Texten bekannten Adjektive *qaššāḇ* (Neh 1,6.11) sowie *qaššūḇ* (Ps 130,2; 2 Chr 6,40 und 7,15) ‚aufmerksam'. Auch hier ist der Bezug zur auditiven Wahrnehmung unverändert deutlich, denn *qæšæḇ* erscheint stets im Zusammenhang mit einem Geräusch und *qaššāḇ* wie auch *qaššūḇ* bezeichnen an allen Stellen das zugängliche Ohr Gottes im Kontext einer Bitte. Sie gehören also im Gegensatz zu Verb und Nomen ausdrücklich zur Idiomatik des Betens und mögen ausweislich ihrer erst vergleichsweise späten Bezeugung, das heißt frühestens im vierten Jahrhundert vor Christus, eine sekundäre Erweiterung des Wortschatzes in spezifisch religiöser Sprache darstellen.[7]

In rhetorischer Steigerung kann das Substantiv das wurzelverwandte Verb adverbial modifizieren, so wie in Jes 21,7 einem Späher aufgetragen wird: „und er soll aufmerken mit Aufmerksamkeit, mit größter Aufmerksamkeit".[8] Weil nun im selben Vers von Streitwagen und Zugtieren die Rede ist, die man üblicherweise hört, bevor man sie sieht, schimmert auch hier die normale Bedeutung der Wurzel durch. Dagegen löst die Vulgata die Paronomasie mithilfe der Verwendung von Synonymen auf, sodass die Wahrnehmung weniger eng ans Gehör gebunden ist als im ursprünglichen Text: „et contemplatus est diligenter multo intuitu" (dass im Lateinischen für die modal gebrauchte Verbform des Hebräischen – wie öfter in vergleichbaren Fällen – ein Perfekt steht, hat für die Semantik der Begriffe keine Bedeutung). Ein solches weiteres Verständnis im Sinne von ‚achten auf' ist durch die häufige Wiedergabe des Verbs in der griechischen Septuaginta mit *prosechein* oder *prosechesthai* neben der eigentlich nächstliegenden mit *akouein* und seinen Komposita vorgeprägt, doch die Assoziation mit der Schau, *intuitus*, an dieser Stelle geht

---

6 Weyler, qšb, hat sie versammelt.

7 Ein weiteres Argument dafür ist, dass die Klasse der Adjektive mit langem mittleren Konsonanten und Vokalfolge /a–ū/ wie *qaššūḇ* meist jüngere Bildungen enthält, siehe Bauer/Leander, *Grammatik*, S. 480.

8 Die doppelte, asyndetische Näherbestimmung „Aufmerksamkeit, größte Aufmerksamkeit" wird schon von manchen älteren Auslegern als Textfehler durch Dittographie betrachtet (so auch etwa noch von Mosis, qšb, Sp. 198), aber eine Streichung des letzten Wortes „ist Willkür", wie Dillmann, *Jesaia*, S. 192, zutreffend bemerkt. Duhm, *Jesaia*, S. 153, weist mit Recht auf die gleiche Konstruktion mit anderen Worten in Jes 28,21b hin, weshalb eine Änderung des Textes unnötig sei.

über das dokumentierte semantische Spektrum der Wurzel im Originaltext hinaus.[9] Ebenso wird der Unterschied zwischen der punktuellen Bedeutung ,aufmerken‘ und der durativen ,andächtig sein‘ erst in der Variation der Vulgata von *adtendere* und *contemplari* beim selben Lexem *qšb* greifbar.

Doch auch im Hebräischen selbst können neben dem Hören einige Begriffe des Sehens eine aufmerksame Haltung bezeichnen. Hier zeigen sich allerdings feiner differenzierte genretypische Konventionen. Das Alltagsverb *rī* ,sehen‘ dient bei Kohelet als Schlüsselwort für einen empirischen Zugang zur Wirklichkeit im Kontrast zum Hören auf das Erfahrungswissen in der traditionellen Weisheit; mit anderer Rektion beschreibt es in den apokalyptischen Gesichten des Danielbuches das intensive, teilnehmende Zuschauen des Visionärs. Indes kommen die spezifischeren Synonyme *nbṭ* ,aufblicken, anblicken‘ und *ṣpī* ,spähen‘ weder in der Weisheit noch in der Apokalyptik, sondern in Gebetskontexten vor und kennzeichnen dort in erster Linie die Zugewandtheit von Gott und Beter. Durch die vereinheitlichende Wiedergabe dieser drei verschiedenen Lexeme mit *contemplari* (das übrigens auch für das im Hebräischen nicht mit der gleichen übertragenen Nuance bezeugte Verb *tūr* ,auskundschaften‘ verwendet wird) hat die Vulgata der spätantiken und mittelalterlichen religiösen Idiomatik ein stärker standardisiertes Vokabular des Gebets und der Betrachtung hinterlassen.

Neben der Aufmerksamkeit, wie sie durch allgemeine oder spezifische Verben teils des Sehens, teils des Hörens bezeichnet wird, kennt speziell die hebräische Gebetssprache zwei Begriffe für die aktive Versenkung, nämlich *hgī* ,nachsinnen‘ und das seltenere, aber vermutlich weitgehend synonyme *śīḥ* ,nachdenken‘, beide wiederum mit sporadisch belegten nominalen Bildungen. Ursprünglich dürfte damit, wie es schon die Etymologie vermuten lässt und sodann das weitere Verwendungsspektrum bestätigt, ein Murmeln oder ein Singsang gemeint sein, der sich in Gebetskontexten auf Gott und seine Weisungen sowie seine Heilstaten bezieht. Mit *meditari* verwendet die Vulgata hierfür an vielen Stellen ebenfalls ein gemeinsames Äquivalent, das in der späteren Rezeption über das ursprünglich gemeinte rituelle Nachsprechen einzelner Gebetsworte mit halblauter Stimme hinaus auch die mehr assoziativen Aspekte der stillen Meditation stärker in den Vordergrund rücken konnte.

Mithin kommt das Phänomen der Aufmerksamkeit im Alten Testament hauptsächlich in drei unterschiedlichen Bereichen vor: der lehrhaften Unterweisung in der Weisheitsliteratur, der um das Verstehen ringenden Betrachtung rät-

---

9 Mosis, qšb, Sp. 205, sieht darin ein Indiz dafür, dass schon *qšb* nicht ,hören‘, sondern allgemeiner ,achten auf‘ bedeute, aber die Verbindung mit dem Gehörsinn ist im Hebräischen gleichwohl dominant.

selhafter Visionen in der Apokalyptik und der Hinwendung zum offenen Ohr Gottes im Gebet. Alle drei Verwendungssituationen sind mit verschiedenen Wahrnehmungen und Regungen verbunden, nämlich dem Zuhören, dem Anschauen und dem Nachsinnen. Sie kennen ihre je eigenen terminologischen sowie teils auch anderen sprachlichen Mittel, wenngleich einzelne Überschneidungen zwischen diesen Gattungen durchaus vorkommen. Die formalen Grenzen verschwimmen etwa bei der wie eine Unterweisung gestalteten Aufschlüsselung der Symbolik innerhalb einer Vision durch einen *angelus interpres*, der wie ein Weisheitslehrer auftritt, oder in weisheitlichen Psalmen, bei denen Unterweisung und Gebet zusammenfallen. Angleichungen im Vokabular in der lateinischen Wiedergabe der Vulgata nivellieren diese Unterschiede des hebräischen Urtextes aber zu einem Teil und schaffen für ursprünglich divergente Betrachtungssituationen einen gemeinsamen Wortschatz des Gebets. Trotzdem empfiehlt es sich, jeden dieser drei Bereiche getrennt zu untersuchen.

2 Vom aufmerksamen Zuhören zum Hinschauen in der Weisheit

Die Verwendung des Verbs *qšb* ‚aufmerken' in der traditionellen Weisheitsliteratur schließt sich eng an seinen nicht unmittelbar religiös konnotierten Gebrauch an, wie er außer in Warnungen vor dem Hören auf falsche Ratgeber (Spr 17,4 und 29,12, dort mit *oboedire* und *audire* übersetzt)[10] zwar nur an wenigen, ebenfalls poetischen Stellen des Alten Testaments bezeugt ist: im positiven Sinne das Lauschen der Freunde auf die Stimme der Geliebten (Hld 8,13), im neutralen das Beobachten menschlichen Verhaltens (Jer 8,6) und im negativen das Aushorchen einer anderen Person, um ihr aus den eigenen Worten einen Strick zu drehen (Jer 18,18;[11] gleich im folgenden Vers ergänzt um die Bitte an Gott, bei diesem Ränkespiel ebenfalls genau zuzuhören). Er könnte jedoch eine Entsprechung auf einer Tonscherbe mit einer Wirtschaftsurkunde aus dem Verwaltungssitz Samarien haben, nördlich von Jerusalem gelegen, aus dem letzten Drittel des achten vorchristlichen Jahrhunderts. Dort scheint der mutmaßliche Imperativ „Merk auf" (oder „Merkt auf") eine unmittelbar

---

10 Gemeint ist wohl nicht einfach nur ‚hören', sondern nach der ansprechenden Beobachtung von Ehrlich, *Randglossen*, S. 95, „begierig lauschen".
11 Mit der griechischen Fassung wird die im Kontext sinnlose Negation im überlieferten hebräischen Text zu tilgen sein.

folgende Anweisung über die Zuteilung von Getreide einzuleiten. Wenn Lesung und Deutung stimmen, wäre dies das älteste datierbare Vorkommen der Wurzel *qšb*.[12]

Alle acht Belege, die in den kanonischen Weisheitsbüchern begegnen, entstammen den Sprüchen Salomos; der eine aus dem deuterokanonischen Sirachbuch, 3,29, schließt sich eng daran an. In den Sprüchen bildet der Aufruf, den zu griffigen Maximen im dichterischen Parallelismus der Glieder komprimierten Ratschlägen für ein zugleich kluges und integres Verhalten im täglichen Leben aufmerksam zuzuhören, ein wiederkehrendes Motiv. Entstanden ist die zeitlose Sammlung in mehreren Phasen, vielleicht zwischen dem siebten und dem vierten vorchristlichen Jahrhundert. Obwohl sie vermutlich ursprünglich in der Ausbildung königlicher Beamter zum Einsatz kam, um in einem höfischen Umfeld, das hohe Ansprüche an das menschliche Miteinander stellte, Orientierung zu bieten (deshalb waren sie noch in der Frühen Neuzeit als Schultext ausgesprochen beliebt), ist ihr Vokabular ganz von Mündlichkeit bestimmt; Begriffe des Schreibens oder Zeichnens fehlen. Darin dürfte sich eine Didaktik widerspiegeln, deren Grundlage das Vortragen, Auswendiglernen und Anwenden von Lerninhalten ohne weitere textuelle oder visuelle Hilfsmittel bildete.[13]

Aus demselben Grund rang der Lehrer offenbar regelmäßig um die Aufmerksamkeit seiner Schüler und versuchte, sich mit wiederholten Aufforderungen, die in leichten Abwandlungen verschiedene Begriffe des Aufmerkens, Lauschens und Verstehens kombinieren, Gehör zu verschaffen. Wenn in dem oben erwähnten Wirtschaftsostrakon aus Samaria tatsächlich „Merk(t) auf" zu lesen ist, könnte man eine Verbindung ziehen zwischen der sogenannten ‚Lehreröffnungsformel' in der weisheitlichen, zunächst primär an Hofbeamte gerichteten Unterweisung und der inschriftlich dokumentierten Amts- und Verwaltungssprache. Dem widerspricht keineswegs die verbreitete Ansicht, dass die Sammlung im Spiegel ihrer Durchsichtigkeit auf die göttliche Weltordnung möglicherweise schon von Anfang an theologisch grundiert war. Auch die Adressaten des Sprüchebuches werden mit eingestreuten Formelversen nach identischem Muster, die in der Endfassung regelmäßig neue Sinnabschnitte eröffnen, immer wieder angehalten, den Worten einer Autoritätsperson genau zu folgen und sich diese verstehend anzueignen:

---

12 Der Text ist mit Übersetzung und Kommentar gut aufbereitet in Renz, *Inschriften*, S. 136–139; es geht um das letzte Wort der zweiten Zeile. Weil aber das *q* in *hqšb* (oder *hqšbw*) nicht zweifelsfrei zu lesen und die Abtrennung der Wörter strittig ist, mag es sich auch um ein ganz anderes Verb handeln.

13 Ein Schulkontext wird für das Sprüchebuch in der Forschung weitgehend angenommen, mehr dazu etwa bei Krispenz, *Spruchkompositionen*, S. 15–23. Allerdings gibt es für zugrundeliegende didaktische Techniken und Überzeugungen kein unabhängiges Vergleichsmaterial, weil diese üblicherweise aus den einschlägigen Stellen des Sprüchebuches selber erhoben werden.

„Mein Sohn, höre aufmerksam meine Weisheit, neige dein Ohr meiner Kenntnis" (Spr 5,1), in der Vulgata: „fili mi adtende sapientiam meam et prudentiae meae inclina aurem tuam".

So taucht das Verb mit fast dem gleichen Wortlaut auch in Spr 2,2, 4,1.20 sowie 7,24 auf, wobei die Variation nur im Gebrauch verschiedener Synonyme für ‚Weisheit' oder ‚Kenntnis' und der ‚Worte' des Sprechers als Ziel der Aufmerksamkeit und zwischen ‚Ohr' und ‚Herz' als ihrer Quelle besteht. Die lateinische Wiedergabe schwankt zwischen *adtendere* (4,1; 5,1; 7,24), *audire* (2,2) und *auscultare* (4,20); im Parallelismus mit *šm*‛ ‚hören', das im Lateinischen als *audire* erscheint, bevorzugt sie an beiden Stellen das zwar generell gleichbedeutende, aber spezifischere *adtendere* (4,1 und 7,24) und bezeugt damit das Gespür des Übersetzers für Nuancen bei hebräischen Wortpaaren. Doch erschöpft sich der Zweck der Häufung sinnverwandter Begriffe und Ausdrücke im Hebräischen nicht in rein rhetorischem Schmuck, sondern dürfte die zum Erwerb von Weisheit nötige Anstrengung und Konzentration abbilden.[14] In lateinischer Gestalt haben weisheitliche Höraufrufe sodann die Sprache der monastischen Unterweisung bestimmt: die *Benediktsregel* beginnt mit einer Anspielung auf Spr 4,20.[15]

Überboten werden die Zurufe des Lehrers durch die drohend ausgestreckte Hand der personifizierten Weisheit selbst (Spr 1,24), die zu missachten ins Verderben führt. Die Vulgata assimiliert das negierte *qšb* des hebräischen Textes dem Kontext und wählt als Wiedergabe *aspicere* ‚anschauen', wohl weil man eine Geste nun einmal sieht und nicht hört. Der Höraufruf am Ende der ersten Rede Elihus im Buch Hiob (33,31) imitiert mit einem vergleichbaren Gebrauch des Imperativs von *qšb* diese typische Wendung der traditionellen Spruchweisheit. In einem ganz analogen Wortlaut, jedoch ohne *qšb*, erscheint in den Sprüchen einmal auch die Verbindung „das Herz auf etwas setzen", in der Vulgata: „inclina aurem tuam et audi verba sapientium, adpone autem cor ad doctrinam meam" (Spr 22,17).[16] Diese Formulierung greift offenbar das alte weisheitliche Bild des ‚hörenden Herzens' als Metapher des aufmerksamen Zuhörens und verstehenden Aneignens auf. Der biblische *locus classicus* dafür ist Salomos Bitte um Weisheit (1 Kön 3,9; in Gottes Antwort in Vers 12 wird das ‚hörende Herz' als „weises und verständiges Herz"

---

14 So treffend bemerkt von Toy, *Proverbs*, S. 32, zu Spr 2,1–4.

15 Linderbauer (Hrsg.), *Regula*, S. 34, mit dem Kommentar auf S. 93.

16 Wie Sæbø, *Sprüche*, S. 280, anhand verschiedener Details beobachtet hat, dürfte auch die vom Gewohnten etwas stärker abweichende Formulierung genau wie die folgenden Maximen aus einer anderen Redaktionsschicht stammen und leitet möglicherweise sogar absichtsvoll Material fremder Herkunft ein, nämlich aus dem ägyptischen Weisheitsbuch des Amenemope.

paraphrasiert), der Ausdruck selber hat aber schon Vorbilder in der viel älteren ägyptischen Weisheit.[17]

Durch die zumindest implizite theologische Sublimierung des aufmerksamen Zuhörens berührt sich das Sprüchebuch, jedenfalls in seiner Endgestalt, mit der Verwendung desselben Verbs *qšb* in zwei der drei großen und ein paar der kleineren Propheten; mehr als die Hälfte dieser Stellen entstammt Proto- und Deuterojesaja. Der Prophet beansprucht regelmäßig und oft am Beginn zusammenhängender Einheiten mit gleichartigen Formulierungen Aufmerksamkeit für die Botschaft Gottes (Jes 10,30; 28,23; 34,1; 49,1; 54,1; Hos 5,1; Mi 1,2; ähnlich Jer 23,18); teils begegnet das Wort im Zitat der Rede Gottes selbst (Jes 42,23; 48,18; Jer 6,10.19). Negiert bezeichnet dasselbe Verb in Sacharja zweimal das Nicht-gehorchen-Wollen des verstockten Volkes (1,4; 7,11). Besonders das erste Vorkommen von *qšb* im Sprüchebuch überhaupt (1,24), in der Mahnrede der personifizierten Weisheit, weist ganz genaue Übereinstimmungen mit den Drohworten aus einer breiten prophetischen Überlieferung auf.[18]

An der älteren Spruchweisheit arbeitete sich wohl um die Mitte des dritten Jahrhunderts vor Christus der Prediger Kohelet ab. Der enge Zusammenhang zwischen Tun und Ergehen, den das Sprüchebuch immer wieder betont (so beispielsweise sehr pointiert in 22,8 f.: „Wer Unrecht sät, erntet Unheil ... Wer gütig blickt, empfängt Segen"), war brüchig geworden. Der Grund dafür liegt wohl nicht zuletzt in der Unberechenbarkeit der politischen Verhältnisse sowie in den einschneidenden wirtschaftlichen Veränderungen der hellenistischen Zeit nach Einführung des ptolemäischen Steuerwesens und der Verarmung größerer Teile der Bevölkerung. Unter einem solchen Eindruck konnte man offenbar nicht mehr unmittelbar einsehen, warum ein persönlich integrer Mensch zwangsläufig florieren und ein Verbrecher untergehen sollte. Kohelet, hinter dem man in der Vergangenheit wegen der Vorliebe für Begriffe wie ‚Gewinn' und ‚Kalkulation' einen Angehörigen der kaufmännischen Oberschicht vermutet hat, kommt zum Schluss: „et ecce universa vanitas" (1,14 f.).[19] Der Konflikt beim Prediger zwischen dem Vertrauen auf die

---

17 Brunner, *Herz*, S. 3–5 (mit einem wichtigen Nachtrag zur Erstveröffentlichung seiner Notiz von 1954), hat diese Übereinstimmung prägnant nachgewiesen und eine direkte Parallele in einem Text aus dem vierzehnten Jahrhundert v. Chr. ans Licht gebracht.

18 Sæbø, *Sprüche*, S. 50, führt dazu eine Reihe deutlicher Belege an, man vergleiche Jer 7,24–28, 9,13, 25,7 und 32,33 sowie Jes 65,2 und 66,4. Auch Boecker, *Redeformen*, S. 83 f. (mit weiterer Literatur), vermutet den Ursprung des prophetischen Höraufrufes in der weisheitlichen Lehreröffnungsformel.

19 Das Motiv wird ausführlich behandelt von Seow, *Ecclesiastes*, S. 21–36. Die frühe Datierung Kohelets zwischen der zweiten Hälfte des fünften und der ersten des vierten Jahrhunderts v. Chr., die der Kommentator daraus gewinnen will, hat sich aber in der Forschung nicht durchsetzen können. Köhlmoos, *Kohelet*, S. 71, führt die wichtigsten Argumente mit weiterer Bibliographie für

Richtigkeit des Traditionswissens mit seinen Sinnsprüchen und der Skepsis im Lichte eines empirischen, merkantiler Nüchternheit verwandten Weltzugangs steht in der Forschung außer Frage.[20] Jedoch wurde dabei noch nicht hinreichend berücksichtigt, dass die beiden epistemischen Grundhaltungen des Vertrauens und des Zweifels überdies zwei recht verschiedenen Formen der Aufmerksamkeit entsprechen, nämlich einerseits dem andächtigen Zuhören zu Füßen des erfahrenen Lehrers und andererseits dem kritischen Beobachten mit eigenen Augen.

Diesen Perspektivenwechsel bestätigt der Sprachgebrauch, denn in Kohelet kommt der formelhafte Höraufruf genauso wenig vor wie Formen des Verbs *qšb*, das im Sprüchebuch eng damit assoziiert ist, aber zumindest im Hebräischen eben keine direkte Verbindung mit dem Sehen hat. Folglich begegnet beim Prediger das ‚Hören‘, ausgedrückt durch das deutlich weniger spezifische Allerweltsverb *šmʿ*, lediglich im allgemeinen Sinne (1,8; 4,13.17; 7,5.21; 9,16.17). An die Stelle des Höraufrufs tritt stattdessen der nicht weniger formelhafte Verweis auf die eigene Empirie mit dem Schlüsselwort *rʾī* ‚sehen‘. In der Vulgata wird es meist mit *videre* übersetzt, teils auch – ohne erkennbaren Unterschied im Original und wohl primär aus Gründen der Abwechslung – mit *considerare* (4,7; 7,13[14]; 8,9), *contemplari* (2,12; 4,4) und *intellegere* (8,17) und damit zur ‚Betrachtung‘ präzisiert. Die charakteristische Formulierung lautet: „Ich sah alle Werke, die getan wurden unter der Sonne" (1,14), im Lateinischen „vidi quae fiunt cuncta sub sole"; sie wird oft und mit allenfalls leichten Abwandlungen wiederholt (2,3; 3,16; 4,1.7.15; 5,12; 6,1; 8,9.17; 9,11.13; 10,5). ‚Unter der Sonne‘ ist bei Kohelet ein fester und innerhalb des Alten Testaments idiosynkratischer Ausdruck für die sinnlich erfahrbare Welt.[21] Ziel der Aufmerksamkeit in seinem Werk ist also die selbständige Beobachtung. Doch das Verb *rʾī* gehört im Gegensatz zu *qšb* zur Alltagssprache – der Prediger raunt somit keine Geheimnisse, sondern formuliert schlicht und klar wie Robert Spaemann.

3 Teilnehmende Betrachtung in der apokalyptischen Visionsliteratur

Eine Neubewertung des genauen Hinschauens findet sich aber nicht nur in dem empirischen Weltzugang Kohelets, sondern auch in den Geschichtskonzeptionen

---

den weitgehenden Konsens zur Abfassung im späten dritten oder vielleicht frühen zweiten Jahrhundert an.

20 Kaiser, Sinnkrise, etwa hat ihn auf den Punkt gebracht (dort S. 5, im Nachdruck S. 93, mit Anm. 16, auch knapp zu Verbindungen mit der Handelswelt).

21 Laut Seow, *Ecclesiastes*, S. 113 f., sind damit „experiences in the realm of the living" gemeint.

der frühen Apokalyptik. Sie gewannen etwa zur gleichen Zeit an Gestalt, im Übergang vom dritten zum zweiten vorchristlichen Jahrhundert, und entwickelten aus Themen und Motiven der prophetischen Tradition zusammenhängende Großvisionen. Nicht mehr isolierte Bilder zur Veranschaulichung einzelner, konkreter Botschaften Gottes sind deren Inhalt, sondern verschlüsselte Szenen gewaltigen Ausmaßes, die wie durch einen Riss in der Wirklichkeit Einblicke in die transzendenten Kräfte hinter der imperialen Politik verleihen sollten. Vergleichbar der Skepsis des Predigers gingen sie aus der Erfahrung von Krisenzeiten hervor, suchten aber Sinn und Trost in einer genau berechneten Periodisierung weltlicher Herrschaft, die zwingend auf ihr Ende und den Anbruch des Gottesreiches zueilt. Aus der blühenden apokalyptischen Literatur der Zeit haben mehrere Ausgestaltungen eines linearen Schemas vier sukzessiver Weltreiche in hebräischer und teils in aramäischer Sprache Eingang ins Buch Daniel gefunden. Nach umfangreicher Redaktion wurde es um 164 vor Christus abgeschlossen.[22]

Nun enthalten die Traumberichte des Danielbuches aber nicht bloß detaillierte Schilderungen der Gesichte des Visionärs, sondern auch der Beobachtung in ihrem Verlauf selbst. Hieran zeigt sich ein neues Verständnis von Aufmerksamkeit. Denn die Schau führt nicht nur zum Erfassen einer bestimmten Botschaft, die es zu verkünden gilt, ohne dass der Person des Verkünders ein besonderes Interesse zukommt, wie in der klassischen Prophetie, oder zu einem realistischen Blick auf die Verhältnisse der erfahrbaren Welt, wie bei Kohelet: Vielmehr wird der Prozess des Sehens zu einem Gegenstand eigenen Rechts. Zu diesem Zweck beschreiben verschiedene lexikalische und syntaktische Mittel die subjektive Wahrnehmung des Visionsempfängers und seine physischen Reaktionen. Das intensive Bemühen um Einsicht in verborgene Zusammenhänge wird dadurch als geistige wie körperliche Anstrengung dargestellt. In der Vision vom Kampf zwischen einem Widder und einem Ziegenbock als Repräsentanten dämonischer Imperien im achten Kapitel des Danielbuches kommen die verschiedenen Möglichkeiten des hebräischen Verbalsystems für eine differenzierte Erzähltechnik wirkungsvoll zum Einsatz. Als hauptsächliches Verb dient wiederum *rʾ* ‚sehen‘, in der lateinischen Fassung dieser Passage durchgehend *videre:*[23]

> (2) Und ich betrachtete die Vision und in meiner Betrachtung war ich in der Festung Susa, die in der Provinz Elam liegt, und ich betrachtete die Vision und war am Ufer des Kanals Ulai. (3) Und ich blickte auf und sah und da! Ein Widder stand vor dem Kanal [...] (4) Ich war also

---

22 Über die grundlegenden literatur- und religionsgeschichtlichen Fragen sowie die Entstehung des Danielbuches informiert auf gut zugängliche Weise Collins, *Imagination.*
23 Gzella, *Battle,* behandelt den Visionsbericht mit Einschluss der antiken Übersetzungen ausführlicher.

dabei, den Widder anzusehen, wie er mit seinen Hörnern stieß [...] (5) Und ich war ins Nachsinnen vertieft (oder: Und ich bemühte mich zu verstehen) und da! Der Ziegenbock war von Westen herangekommen [...] (6) und er kam zu dem Widder, dem zweigehörnten, den ich am Kanal stehen gesehen hatte, und rannte mit dem Wüten seiner Kraft auf ihn zu. (7) Und ich schaute dabei zu, wie er sich dem Widder näherte [...] (Dan 8,2–7).

Zwar ist in der hebraistischen Forschung seit jeher umstritten, welche semantischen Nuancen im Gesamtkonnex von Tempus, Aspekt und Modalität die einzelnen Konjugationen in einem spezifischen Zusammenhang bezeichnen.[24] Doch der Wechsel der verschiedenen Verbalkategorien selbst verrät schon die nicht-vordergründige Darstellung. Zuerst stellt sich in Versen 2 bis 3 mittels dreier Verben im normalen Erzähltempus der Prosa, dem sogenannten *imperfectum consecutivum*, in seiner Funktion vergleichbar dem griechischen Aorist oder dem lateinischen Perfekt, das diese Form in der Vulgata wiedergibt, der Blick scharf: „Und ich betrachtete ... und ich blickte auf (wörtlich: erhob die Augen) und sah". Die Wiederholung „und ich betrachtete die Vision" in Vers 2 könnte durch eine Dittographie im Laufe der Textüberlieferung entstanden sein, aber das hat auf die narrative Analyse keinen Einfluss. Sodann unterbricht der Wechsel zu einem asyndetisch angeschlossenen ‚Perfekt' am Beginn von Vers 4 die Erzählsequenz. Dieses wird in althebräischer Kunstprosa nicht für ein folgendes Ereignis einer Handlungskette verwendet, sondern für einen Erzählerkommentar (in der Übersetzung oben behelfsweise mit dem Adverb ‚also' angedeutet), das heißt, der Visionär tritt aus der narrativen Schilderung heraus.

Am Beginn von Vers 5 folgt eine periphrastische Konstruktion, also eine finite Form des Verbs ‚sein' mit einem Partizip des Vollverbs, die ähnlich der ‚rheinischen Verlaufsform' im Deutschen oder den *continuous forms* im Englischen eine Handlung in ihrem Verlauf ausdrückt und im Lateinischen passenderweise als Imperfekt „intellegebam" erscheint. Dabei kann das durative ‚ich war am Verstehen' auch eine konative Schattierung annehmen: ‚ich bemühte mich um Verständnis'.[25] Im Mittelpunkt steht hier deshalb der Visionär als betrachtendes Subjekt. Während er noch in seiner Betrachtung versunken ist, erscheint ihm ein Ziegenbock. Dessen Handlungen werden in Vers 6 wie in Versen 2 und 3 wieder mit der üblichen Narrativform geschildert, wobei das ‚Perfekt' im Nebensatz („den ich gesehen hatte") erneut auf den Betrachter zurückverweist. Um dessen Wahrnehmung geht es wiederum in Vers 7, der die *imperfecta consecutiva* und damit die Erzählsequenz von Vers 6 mit einem syndetisch angeschlossenen ‚Perfekt' unterbricht (das der

---

24 Eine kurze Synthese der Ansichten des Autors mit entsprechenden Beispielen kann man nachlesen in Gzella, Probleme.

25 Näheres zu diesem Phänomen findet sich bei Gzella, Non-Progressive, S. 82 f. und S. 87.

lateinische Text auslässt). Anschließend beschreibt der Erzähler in den Versen 8 bis 12 den Kampf der beiden Tiere und scheint dadurch so in den Bann gezogen, dass weitere Verweise auf das eigene Sehen ausbleiben. Die Auslegung der Vision durch den Erzengel Gabriel (Verse 15 bis 26, nach einem Intermezzo mit dem Dialog zweier Engel in Versen 13 und 14 über die Bedeutung des Gesichts) nimmt die Form einer lehrhaften Unterweisung an, weshalb dort nicht das Verb *rʾ* ‚sehen' verwendet wird, sondern *šmʿ* ‚hören' (Vers 16) und *bīn* ‚erklären, verstehen' (Verse 16 und 17).

Zusätzlich zu einem im Vergleich zu Visionsberichten der Prophetie innovativen Gebrauch der Verbformen akzentuieren in dieser Passage weitere Mittel die subjektive Sicht auf das Geschehen. In Vers 2 regiert das Verb *rʾ* ‚sehen' nicht wie meist ein direktes Objekt, sondern einen Präpositionalausdruck mit dem Nomen ‚Vision'. So wird im Hebräischen das intensive oder mit einer persönlichen Anteilnahme begleitete Schauen ausgedrückt.[26] Zudem ist der Ziegenbock in Vers 5 mit dem bestimmten Artikel versehen, obwohl er zuvor noch gar nicht genannt worden und bislang nur dem Visionär selbst bekannt war. Auch werden die einzelnen Bilder durch Konstruktionen mit dem Präsentativmarker „und siehe" und folgendem Partizip als unmittelbare Sinneseindrücke geschildert, was die Vulgata durch Übersetzung der hebräischen Partizipien mit lateinischen Imperfekten reproduziert, und der Zustand des Visionärs in Vers 18 vor seiner Erleuchtung als eine Art Trance beschrieben.[27] Als Klimax der persönlichen Ergriffenheit berichtet Daniel am Ende über seine Ermattung und Erschütterung: „Und ich, Daniel, war erschöpft und lag einige Tage krank. Dann stand ich auf und tat das Werk des Königs, doch die Vision verstörte mich, und es gab keinen, der verstand" (Dan 8,27).

Der Visionär berichtet den Inhalt seines Traumgesichtes nicht in Form einer linearen Erzählung, sondern kommt stets auf das eigene Sehen zurück, unterbricht mit anderen Verbformen die narrative Sequenz und ergänzt den Inhalt des Geschauten um Eindrücke seines persönlichen Zustands. Er ist damit nicht wie frühere Propheten nur Empfänger einer Offenbarungsbotschaft, sondern zugleich Prototyp des Deuters, der sich selber mit dem größten geistigen und körperlichen Einsatz in die Ergründung der Geheimnisse versenkt. Die auf Aramäisch verfassten Visionen wie besonders der Koloss auf tönernen Füßen im zweiten Kapitel und die vier Mischwesen aus dem Meer im siebten bedienen sich durchaus ähnlicher Stilmittel, um die Versenkung und Empfindungen des gebannten Zuschauers ausdrücklich zu machen, nämlich der periphrastischen Konstruktion (die es im Aramäischen ebenfalls gibt) zur Kennzeichnung durativer Sachverhalte und Präsentativpartikeln zur Aufmerksamkeitsleitung. Freilich standen dem Schreiber dort

---

26 Die einschlägige Literatur hat Malessa, *Untersuchungen*, S. 112–127, aufgearbeitet.
27 Gianto, Notes, hat die Wiedergabe sinnlicher Wahrnehmung in Daniel 8 eingehend analysiert.

wegen des einfacher strukturierten Verbalsystems im Aramäischen des Alten Testaments nicht so fein differenzierte Erzählformen wie im Hebräischen zu Gebote.[28]

Woher diese Aufwertung des Sehens und das gewachsene Interesse an der Beobachtung in der jüdischen Literatur in hellenistischer Zeit kommt, muss noch untersucht werden. Der Kontakt mit griechischer Philosophie, Literatur und bildender Kunst mag durchaus Anstöße dazu gegeben haben. Denn dass es ohne den Gesichtssinn keine Theorien über die Natur gäbe, hat Platon im *Timaeus* festgestellt (47a); seit Homer finden sich bei Dichtern und Prosaschriftstellern zudem immer wieder sogenannte *Ekphraseis*, also ausführliche Bildbeschreibungen; und die Monumentalarchitektur mit ihren Tempeln, Statuen und öffentlichen Gebäuden in den griechischen Städten des hellenistischen Palästina bot dem Auge gewiss erheblich mehr Anregungen als die kümmerlichen Überreste aus vorrömischer Zeit heute erahnen lassen.[29] Sollten also die anatomisch detaillierte Schilderung der Statue im Traum vom Koloss auf tönernen Füßen (Dan 2,31–35) oder das Loblied auf Saras Schönheit in einer Genesis-Bearbeitung aus Qumran ganz nach dem Muster griechischer Beschreibungen von Kunstwerken (1Q20 XX,2–8) neuen Sehgewohnheiten verpflichtet sein? Wie dem auch sei – ohne den Nachweis konkreter Einflüsse wären solche Überlegungen eher Gegenstand eines kulturgeschichtlichen Essays als einer philologischen Detailstudie.

4 Aufmerksamkeit Gottes und menschliches Nachsinnen im Gebet

Der dritte hauptsächliche Kontext, in dem das Motiv der Aufmerksamkeit begegnet, das persönliche Gebet, kennt im hebräischen Original von allen das differenzierteste Vokabular. Weil die Introspektion, die Unterscheidung der Geister und das Hören auf die Stimme des Gewissens erst in der christlichen Rezeption systematisch entfaltet wurden, bezieht sich das Aufmerken hier auf Gott selber. Die aus der traditionellen Spruchweisheit und den Propheten bekannte Wurzel *qšb* begegnet in solchen Kontexten also durchgehend in der Bitte, von Gott gehört zu werden. Dieser Verwendung liegt vermutlich das Gesuch um Anhörung im Recht zugrunde, das auch eine Stelle der als Rechtsstreit ausgestalteten Verteidigung Hiobs vor seinen

---

28 Für eine knappe Synopse siehe Gzella, ḥzī, Sp. 260 f.

29 Viel Material aus schriftlichen Quellen ist zusammengestellt bei Wilpert/Zenker, Auge, und Graf, Ekphrasis. Wie sich die Baudenkmäler einem fiktiven Reisenden um die Mitte des dritten vorchristlichen Jahrhunderts dargestellt haben könnten, versucht Kuhnen, Israel, S. 16–23, zu rekonstruieren.

Freunden nachbildet: „Hört doch meinen Rechtsbeweis, auf das Plädoyer meiner Lippen merkt auf!", in der Vulgata: „audite ergo correptiones meas et iudicium labiorum meorum adtendite" (Hiob 13,6).

In religiöser Rede, die ja oft an den juristischen Sprachgebrauch anknüpft, wurde die analog formulierte Bitte um Anhörung des Gebets zum Stilmerkmal der individuellen Klage (Ps 5,3; 17[Vulgata 16],1; 55[54],3; 61[60],2; 86[85],6; 142[141],7), die Erwähnung der Erhörung mithin zu einem festen Ausdruck des Dankes (Ps 10,17[Vulgata 9,38]; 66[65],19).[30] Wie im Sprüchebuch erscheint *qšb* regelmäßig im Parallelismus mit *šmʿ* ‚hören' und *'zn* ‚zu Ohren nehmen'. Ein Beispiel: „Höre, Herr, Gerechtigkeit, merk auf mein Rufen, nimm zu Ohren mein Gebet auf Lippen ohne Falschheit" (Ps 17[16],1). In der Vulgata nach der griechischen Fassung lautet das: „Exaudi Domine iustitiam meam, intende deprecationem meam, auribus percipe orationem meam non in labiis dolosis", und nach der hebräischen: „Audi Deus iustum, intende deprecationem meam, auribus percipe orationem meam absque labiis mendacii". Die beiden lateinischen Fassungen des Psalters, der ältere *liber Psalmorum iuxta Septuaginta emendatus* (auf der Grundlage einer bestehenden Übersetzung und nach dem Text des Origenes verbessert) und der jüngere *iuxta Hebraicum translatus* (die eigene Neuübersetzung von Hieronymus), bezeugen jedoch in der Wortwahl zuweilen kleine Unterschiede.

Bei der Wiedergabe des Verbs *qšb* in Bittgebeten bevorzugt zumal die ältere Übersetzung *iuxta Septuaginta* anstelle von *adtendere* wie an den meisten Stellen des Sprüchebuchs das Synonym *intendere* (Ps 5,3, der Halbvers fehlt in der Wiedergabe aus dem Hebräischen; 17[16],1; 55[54],3, dort in der Fassung *iuxta Hebraicum* stattdessen *adtendere*; 61[60],2; 86[85],6; 142[141],7; an den letzten beiden Stellen *iuxta Hebraicum* aber das volkstümlichere *auscultare*), beim Dank für erhörte Bitten haben beide *audire* (Ps 10,17[9,38]) und *adtendere* (66[65],19). Einen Sonderfall bildet der aus der Eröffnung des Stundengebets der lateinischen Kirche bekannte Vers „Deus in adiutorium meum intende, Domine ad adiuvandum me festina" (Ps 70[69],2). Das Brevier folgt dabei der Wiedergabe *iuxta Septuaginta*, die sich im Laufe der Zeit als maßgeblicher lateinischer Psaltertext für den liturgischen Gebrauch bis zu den offiziellen vatikanischen Bemühungen um eine Revision im zwanzigsten Jahrhundert (inoffizielle lateinische Psalter erschienen zwischendurch immer wieder) durchgesetzt hat. Hier hat der lateinische Übersetzer das Verb im ersten Halbvers hinzugefügt, während im hebräischen Urtext der Imperativ ‚eile doch' am Satzende beide Teile regiert. Die Septuaginta hat das Verb ‚eilen' aber wie an einigen anderen Stellen mit *prosechein* übersetzt. Weil *prosechein* sonst meist

---

30 Die unterschiedliche Zählung kommt daher, dass die Vulgata, wie zuvor schon die Septuaginta, Psalmen 9 und 10 der späteren hebräischen Überlieferung zu einem einzigen Text zusammenfasst.

für ‚aufmerken' verwendet wird, hat die Vulgata ‚aufmerken' aus dem Griechischen und ‚eilen' aus dem Hebräischen kombiniert und das Apokoinu also durch zwei vollständige Verbalsätze ersetzt. Die Fassung *iuxta Hebraicum* ist an dieser Stelle wörtlicher: „Deus ut liberes me, Domine ut auxilieris mihi festina".

Obwohl die Verben *adtendere* und *intendere* einander semantisch durchaus nahe sind, steht im Psalter *iuxta Septuaginta* bei der Bitte um Gehör im Gebet somit öfter ein anderes lateinisches Gegenstück für *qšb* als sonst in der Vulgata. Falls die Wahl bewusst erfolgte, könnte der Grund darin liegen, dass *intendere* in lateinischer Prosa bei transitiver Konstruktion häufig eine konkrete Handlungsabsicht impliziert (beispielsweise bei Cicero, *Ad Atticum*, VIII,15,1: „fugam intendis"),[31] während *adtendere* das konzentrierte Zuhören (wie bei Livius X,4,9), Beobachten (Cicero, *Partitiones oratoriae*, 56) und Untersuchen (Cicero, *De officiis*, III,35) meint.[32] Möglicherweise antizipiert die Verwendung des Verbs *intendere* in den persönlichen Gebeten der älteren lateinischen Fassung des Psalters das Eingreifen Gottes, auch weil das übliche Äquivalent von *qšb* in der Septuaginta, *prosechein*, mitunter für andere hebräische Ausdrücke für ‚zusehen, dass etwas (nicht) passiert' stehen kann.[33] Die hier geforderte Bedeutung ‚beachten, berücksichtigen' mit direktem Objekt für den Gegenstand der Aufmerksamkeit weicht zwar von der üblichen klassisch-lateinischen Konstruktion von *intendere* ab. Denn man würde dafür eher (*animum*) *adtendere* (so etwa bei Cicero, *Ad Atticum*, XV,26,4; Sallust, *Bellum Iugurthinum*, 88,2) oder *animum* (oder *cogitationes*, *sensus* und dergleichen) *intendere* ‚den Sinn richten auf' mit dem Ziel im Akkusativ nach der Präposition *ad* oder *in* oder im Dativ erwarten (beispielsweise Cicero, *Lucullus*, 30; Sallust, *Bellum Iugurthinum*, 20,1 und 43,2; Livius XXIII,33,1 und XL,5,2; Quintilian X,23). Sie ist aber in kaiserzeitlicher Gebrauchsprosa vereinzelt belegt und geht daher nicht unbedingt auf den Einfluss des hebräischen Verbs zurück.[34]

Gebete außerhalb des Psalters sind exakt im selben Stil abgefasst, sowohl bei der Bitte (Jer 18,19; Dan 9,19) als auch im Bericht über die Erhörung (Mal 3,16). Hier verwendet die Vulgata allerdings einheitlich *adtendere*. Die Präferenz für *adtendere*

---

31 Shackleton Bailey, *Letters*, S. 355, zeigt, dass diese Formulierung tadelloses Latein ist. Ungewöhnlich wäre der Ausfall des Objekts *animum* in der Konstruktion mit Dativ „den Sinn auf etwas richten": Wölfflin, Minucius Felix, S. 474.

32 Vretska, *Coniuratione*, S. 81 f. und S. 587, bemerkt zu den entsprechenden Adjektiven bei Sallust, dass *intentus* ‚angespannt' auch bei einer anstrengenden Tätigkeit stehen könne, *adtentus* ‚aufmerksam' ursprünglich aus der Rhetorik komme.

33 Die Belege verzeichnet Muraoka, *Lexicon*, S. 594, s.v., Punkt 3.

34 Plater/White, *Grammar*, § 85, betrachten diese Bedeutungsschattierung als Neologismus der Vulgata, doch eine vergleichbare Verwendung begegnet schon im ersten nachchristlichen Jahrhundert bei Frontin, *De aquaeductu urbis Romae* 105,4: „diligenter intendat mensurarum quas supra diximus modum" – „er achte sorgfältig auf die Größe der oben genannten Maße".

an den Stellen, die Hieronymus direkt aus dem Hebräischen übersetzte und nicht bereits in einer älteren Version vorfand, könnte damit zu tun haben, dass *adtendere* mit der Zeit im volkssprachlichen Latein auch die aus dem Romanischen bekannte Nuance ‚sich um etwas kümmern‘ annahm.[35] Die Paraphrase des finiten Verbs *qšb* ‚aufmerken‘ durch ein wurzelverwandtes Adjektiv mit einer modalen Form des Hilfsverbs ‚sein‘, also „Lass dein Ohr aufmerksam sein" (*qaššāḇ* in Neh 1,6.11, synonymes *qaššūḇ* in Ps 130[129],2 sowie in 2 Chr 6,40 mit der bejahenden Antwort Gottes in 7,15) ist ein Merkmal der jüngeren Sprachform, aber offenbar gleichbedeutend. Wiederum gebraucht die Vulgata für beide Adjektive unterschiedliche Synonyme, in diesem Fall ganze fünf verschiedene: „auris auscultans" (Neh 1,6), „auris adtendens" (1,11), „aures intentae" (2 Chr 6,40), „aures erectae" (7,15) und „aures intendentes" (Ps 130[129],2).[36] Hier zeigt sich besonders deutlich dieselbe Vorliebe für *variatio*, die Hieronymus auch bei den klassischen Schriftstellern schätzte.[37]

Wenngleich die Wurzel *qšb*, wie eingangs bemerkt, eine lexikalische Besonderheit des Hebräischen im Vergleich zu den übrigen semitischen Sprachen ist, gehört das Motiv vom aufmerksam hörenden Ohr Gottes zum Gemeingut altorientalischer Religionen. Das beweisen nicht zuletzt Darstellungen von Göttern mit übergroßen Ohren auf ägyptischen Tempelstelen.[38] In der Polemik gegen Götzenbilder beschränkte sich allerdings das Vermögen, auf Bitten achtzugeben, auf den Gott Israels im Gegensatz zu anderen wie dem Baal; anhand des Substantivs *qæšæḇ* ‚Aufmerksamkeit‘ spitzt 1 Kön 18,29 diesen Kontrast zu.

Dagegen wird die Konzentration des Beters auf Gott nur in Ausnahmefällen erwähnt, vermutlich deshalb, weil man sie nun einmal voraussetzen konnte. Wo das geschieht, steht aber in der Gebetssprache nie die Wurzel *qšb*, sondern ein Verb des Sehens. Belegt sind *ṣpī* ‚spähen‘ in „Am Morgen will ich mich dir zuwenden und Ausschau halten" (Ps 5,4), im lateinischen Text (dort Vers 5): „mane adstabo tibi et videbo" (*iuxta Septuaginta*) und „mane praeparabor ad te et te contemplabor" (*iuxta*

---

35 Inschriftliche Belege im Zusammenhang mit der Fürsorge für Kinder (mithin schon ganz wie zum Beispiel *attendere ai bambini* im Italienischen) notiert Rönsch, *Beiträge*, S. 9. Dagegen wurde *intendere* in Texten des vierten Jahrhunderts öfter für ‚anschauen‘ verwendet: Rönsch, *Beiträge*, S. 58.

36 Im Gegensatz zu *ōta epēkoa* in der Septuaginta zu 2 Chr 6,40 und 7,15, die an die *theoi epēkooi* der griechischen Religion erinnern (vgl. Weinreich, Gebet, S. 367), scheinen das aber keine geprägten Begriffe zu sein. Die Differenz zwischen dem Singular *auris* und dem Plural *aures* gibt die hebräische Vorlage wieder.

37 Dazu prägnant und mit weiterer Literatur Zilverberg, Vetus Latina, S. 98 f. (der mit Recht die bei Hieronymus positiv konnotierte *variatio* von der negativ besetzten *varietas* unterscheidet).

38 Guglielmi, Bedeutung; einige Abbildungen sind auch abgedruckt in Hossfeld/Zenger, *Psalmen 101–150*, S. 578–580.

Hebraicum), sowie *nbṭ* ‚betrachten' in „Über deine Anordnung will ich nachdenken und will betrachten deine Wege" (Ps 119[118],15), im Wortlaut der Vulgata: „in mandatis tuis exercebor et considerabo vias tuas" (*iuxta Septuaginta*) und „in praeceptis tuis meditabor et contemplabor semitas tuas" (*iuxta Hebraicum*); ähnlich in Versen 23 und 148. Das zweite Verb, *nbṭ*, wird aber auch für Gott verwendet, der vom Himmel aus auf die Welt blickt (Ps 102[101],20, 2 Chr 16,9 und öfter, im Lateinischen – bei der ersten Stelle allerdings nur in der Fassung *iuxta Hebraicum*, die andere hat *aspicere* – ebenfalls *contemplari*).[39] Durch die Wiedergabe mehrerer hebräischer Verben des Sehens, nämlich *rʔ* (so, wie bereits erwähnt, zweimal in Kohelet: 2,12 und 4,4), *ṣpʔ* und *nbṭ*, sowie einmal (Jes 21,7) *qšb* mit demselben lateinischen Lexem avanciert *contemplari* bei Hieronymus zu einem Standardbegriff des Gebets und der Betrachtung.

Solche Aussagen sind aber selten; in der alttestamentlichen Gebetssprache führt die innere Sammlung und Hinwendung zu Gott nicht zum Schauen, sondern zum Nachsinnen und halblauten Vor-sich-hin-Sprechen. Es wird mit den hebräischen Verben *hgʔ* und *śîḥ* bezeichnet. Bei *hgʔ* erlauben sowohl der allgemeine Sprachgebrauch als die Etymologie eine recht präzise Bestimmung der Bedeutung. Weil nämlich das Verb einerseits mit Tauben (Jes 38,14 und 59,11) und andererseits mit der menschlichen Zunge (Spr 8,7; Hiob 27,4; Ps 35[34],28; 71[70],24) oder dem Mund der Weisen (Ps 37[36],30) als Subjekt begegnet, dürfte es ein leises Murmeln meinen, das man als dem Gurren von Tauben ähnlich empfand. Die Bedeutung der zugehörigen Nomina und der Kognate in verwandten Sprachen stützt diese Schlussfolgerung.[40] Bei *śîḥ* liegen die Dinge weniger offen zutage, aber der Parallelismus mit Verben des Singens (Ps 104[103],33 f.; 105[104],2) setzt ebenfalls eine wie auch immer geartete Artikulation voraus. Weil das Wort überdies mit einem Subjekt im Zustand des Nachdenkens (Gen 24,63)[41] oder der betenden Versenkung (Ps 119[118],15, neben *nbṭ* ‚betrachten') begegnet, liegt die Vermutung nahe, dass man dabei an einen leisen Singsang dachte.[42] Doch keines der beiden Verben gehört

---

39 In den Bitten an Gott, auf den Beter zu blicken, in Ps 13[12],4 und 80[79],15 wird aber der Imperativ desselben Verbs mit *respicere* wiedergegeben, in Ps 13[12],4 *iuxta Hebraicum* mit *converti*. *Respicere* steht auch für das weniger spezifische Verb *rʔ* ‚sehen' in den zwar nicht-imperativischen, allerdings sonst ähnlichen Formulierungen in Ps 113[112],6 und Klgl 3,50.

40 Beispielsweise ‚lesen, rezitieren' im Mandäisch-Aramäischen oder ‚buchstabieren' (wie beim Schreibenlernen) sowie ‚verspotten, Schmähgedichte verfassen' im Arabischen.

41 Die Form dort wird aber teils auch anders gedeutet. Müller, Wurzel, S. 368, etwa nennt verschiedene Hypothesen aus der älteren Literatur. Doch übersetzt die Vulgata hier ebenfalls mit *meditari*.

42 Indes ist das „laute, enthusiastische bzw. emotionsgeladene Reden" des Gotteslobes, der Klage, des Spottes und der „leidenschaftlich vorgetragenen Unterweisung", das Müller, Wurzel, als die eigentliche Bedeutung des Verbs vermutet, aus seinem Gebrauch nicht abzuleiten. Klage – in der

zu den primär kognitiven Begriffen, denn selbst die ausgefeilte Synonymik der Termini des Wissens und Erkennens im Sprüchebuch und anderen Weisheitstexten kennt sie nicht. In späteren Weisheitspsalmen scheint die Bedeutung von *hgī* und *śīḥ* so gut wie identisch: Das erste Verb steht in Ps 1,2 für das Nachsinnen über die Tora, das zweite häufig in Ps 119[118]; in Ps 77[76],13 sowie Ps 143[142],5 sind beide sogar im Parallelismus verbunden.

Nicht zuletzt die gleichen Verwendungskontexte von *hgī* und *śīḥ* dürften zu der Wiedergabe mit oft demselben lateinischen Äquivalent *meditari* für beide in der Vulgata geführt haben (übrigens mit dem Ergebnis, dass in Jes 38,14 und 59,11 von „meditierenden Tauben" die Rede ist!), ausgenommen Ps 77[76],13, wo vermutlich aus Gründen der Variation nach *meditari* für *hgī* im zweiten Halbvers *exerceri* ‚sich üben' (*iuxta Septuaginta*) und *loqui* ‚reden' (*iuxta Hebraicum*) für *śīḥ* steht, was die Übersetzung folgender Psalmen auch ohne diesen Parallelismus zum Teil beeinflusst haben dürfte;[43] ebenso in Ps 143[142],5 *iuxta Hebraicum* (hier jedoch scheut die Fassung nach der Septuaginta nicht das wiederholte *meditari*). Mit *meditari* hat der Übersetzer jedenfalls eine vorzügliche Wahl getroffen, weil der lateinische Begriff neben der gängigen Bedeutung ‚planen, nachdenken, erwägen, konzipieren, auf etwas sinnen' (wie, um nur ein Beispiel aus vielen zu nennen, bei Horaz, *Satiren* I,9,2: „nescio quid meditans nugarum, totus in illis") und dergleichen auch für das Vor-sich-hin-Sprechen einer bestimmten Formel sowie für das Repetieren eines Musikstücks oder das Einüben einer Sache verwendet wird.[44] Damit kommt es der Nuance ‚murmeln' von *hgī* und der mutmaßlichen ‚im Singsang sprechen' von *śīḥ* durchaus nahe. In der Verwendung für das Auswendiglernen der Psalmen und

---

Gestalt eines Seufzens, wie es wohl auch in Hiob 7,13 gemeint ist – und Unterweisung kann man auch leise vortragen, zumal der Mund der Weisen nach Ps 37[36],30 gerade nicht deklamiert wie ein eitler Oberlehrer, sondern murmelt. Der Spott in Ps 69[68],13 muss zudem kein schallendes Hohngelächter sein, sondern lässt sich mit gleicher, wenn nicht sogar größerer Plausibilität als ‚Getuschel' der Leute auf der Straße wie in 2 Kön 9,11 verstehen (dann handelt es sich bei den Spottliedern der Zecher in der zweiten Vershälfte nicht um einen synonymen, sondern um einen komplementären Parallelismus). Und dass schließlich der Jubel des Gotteslobes sehr wohl in ein leises, sinnendes Murmeln münden kann, zeigt die Verwendung von *hgī* in Ps 35[34],28 und 71[70],24; auch Hossfeld/Zenger, *Psalmen 51–100*, S. 299 f., deuten im Kommentar zur letzten Stelle das Lob korrekt als ein „permanentes Vor-sich-hin-Sprechen, wie es Ps 1,2 für die Tora vorsieht".

43 Bei Ps 119[118] hat die Fassung *iuxta Septuaginta* in Versen 15, 23, 27, 48 und 78 für *śīḥ* gleichfalls *exerceri* und nur im letzten Vorkommen in Vers 148 *meditari*, die *iuxta Hebraicum* in Versen 27, 48 und 78 *loqui* und sonst *meditari*.

44 Der ehrgeizige Konsulatsbewerber Cicero bekam von seinem Bruder Quintus in dessen *Commentariolum petitionis*, Abschnitt 2, die Empfehlung, sich durch beständiges Einreden derselben Formel zu motivieren: „meditandum est: novus sum, consulatum peto, Roma est" – das könnte auch aus einem modernen Managementratgeber stammen. Dasselbe Verb kann in der Rhetorik auch für das Memorieren von Reden verwendet werden, so bei Cicero, *De oratore*, I,260.

ihres Gesanges in der monastischen Diktion setzt sich zugleich der ältere lateinische Sprachgebrauch fort.[45]

Der eigentliche Inhalt des Nachsinnens geht aus den Psalmentexten nicht klar hervor. Die Konstruktion des Verbs erlaubt aber eine Unterscheidung zwischen ‚intransitiver Versenkung' und ‚gerichteter Meditation'. In Ps 63[62],7 ist Gott selber Gegenstand der immerwährenden Versenkung des Beters: „Wenn ich auf der Schlafstatt an dich gedacht habe, sinne ich während der Wachen über dich nach". Ob das Sinnen sich zur Erinnerung an Ereignisse der Heilsgeschichte, an die eigene Biographie oder an auswendig gelernte Texte der religiösen Überlieferung verdichtet,[46] wird nicht gesagt. Doch die beiden Fassungen des Psalms in der Vulgata bereiteten durch die Wiedergabe des ursprünglich wie in Ri 7,19 rein profanen hebräischen Zeitbegriffs ‚Nachtwachen' mit *matutinae* und *vigiliae* einer neuen Kontextualisierung dieser Versenkung in der christlichen Liturgie des Nachtoffiziums und in der asketischen Praxis den Weg:[47] „si memor fui tui super stratum meum, in matutinis meditabar in te" (*iuxta Septuaginta*) und „recordans tui in cubili meo, per singulas vigilias meditabor tibi" (*iuxta Hebraicum*).

Bei der gerichteten Meditation dagegen ‚ruminiert' der Beter ausdrücklich das Handeln Gottes, wie in Ps 77[76],13: „Ich werde nachsinnen über all deine Taten und deine Machterweise erwägen" („et meditabor in omnibus operibus tuis, et in adinventionibus tuis exercebor" nach der griechischen sowie „et meditabor in omni opere tuo, et in adinventiones tuas loquar" nach der hebräischen Fassung; die Wiedergabe der Synonyme wurde oben bereits kurz kommentiert). Ganz analog der Trost in großer Bedrängnis in Ps 143[142],5: „Ich habe gedacht an Tage seit jeher, habe nachgesonnen über all deine Taten und erwäge deine Werke" (einmal „memor fui dierum antiquorum, meditatus sum in omnibus operibus tuis, in factis manuum tuarum meditabar" und zum anderen „recordabar dierum antiquorum, meditabar omnia opera tua, facta manuum tuarum loquebar"). Die Gerechtigkeit Gottes als Inhalt des Nachsinnens in Ps 35[34],28 und 71[70],24, im Lateinischen jeweils for-

---

45 Wie bereits Linderbauer (Hrsg.), *Regula*, S. 228, in seinem philologischen Kommentar zur *Benediktsregel* gut beobachtet hat. Auch die anderen frühen lateinischen Mönchsregeln verwenden *meditari* und *meditatio* für ein ähnlich breites Spektrum verschiedener geistiger Beschäftigungen; eine detaillierte Übersicht der relevanten Stellen findet sich bei Kasch, *Vokabular*, S. 266–271.

46 An diese Möglichkeiten denken etwa Hossfeld/Zenger, *Psalmen 51–100*, S. 198.

47 In der *Benediktsregel* aus dem sechsten Jahrhundert sind beide schon als liturgische Termini fest etabliert: Linderbauer (Hrsg.), *Regula*, S. 228 und S. 230. Dem substantivischen Gebrauch geht wohl der adjektivische voraus (*matutinae* ist also vermutlich aus *matutinae orationes* mit Ellipse des Substantivs entstanden), wie Kasch, *Vokabular*, S. 61–66 und S. 83–88, besonders S. 63, aus ihrer Analyse der älteren monastischen Diktion schließt.

melhaft mit „lingua mea meditabitur iustitiam tuam" wiedergegeben, dürfte sich ebenfalls auf die göttlichen Heilstaten beziehen.

Unklar ist, ob bei der Vergegenwärtigung heilsgeschichtlicher Stationen und der Erfahrungen von Rettung im eigenen Leben ausformulierte Texte wie in der christlichen Tradition beim Rosenkranz oder beim Herzensgebet gemurmelt wurden. Das Gebot, immerfort und in jeder Körperhaltung über das monotheistische Credo zu reden und es der folgenden Generation zu vermitteln (Dtn 6,7 und 11,19 mit Bezug auf den Wortlaut des Gebets in 6,4f.), ließe sich zum Vergleich heranziehen. Die Vulgata hat die Formulierung konsequenterweise der Gebetssprache assimiliert, indem sie das hebräische Verb *dbr* ‚reden' an beiden Stellen ebenfalls mit *meditari* wiedergibt.

Just diesem Prinzip des Buches Deuteronomium tragen die Torapsalmen 1, 19[18] und 119[118] Rechnung, indem sie das mosaische Gesetz zum hauptsächlichen Inhalt der Meditation erheben. Als programmatische Eröffnung des ganzen Psalters fasst Ps 1,1 f. das immerwährende Nachsinnen über die göttliche Weisung als Quelle der Frömmigkeit zusammen und konkretisiert damit den Inhalt des Verbs *hgī*: „Wohl dem, der nicht wandelt im Rat der Frevler und den Weg der Sünder nicht betritt und nicht im Rat der Spötter sitzt, sondern seine Freude hat an der Weisung des Herrn und über seine Weisung nachsinnt Tag und Nacht (in beiden Vulgata-Fassungen mit identischem Wortlaut wiedergegeben: „et in lege eius meditabitur die ac nocte")." Auch das von derselben Wurzel abgeleitete Substantiv *higgāyōn* ‚Erwägung' in Ps 19[18],15 bezieht sich im Kontext der vorangehenden Verse ausdrücklich auf das Gesetz Gottes. Leitmotivisch wiederholt schließlich Ps 119[118], der große Torapsalm, mit dem Synonym *śīḥ* das Rezitieren und Betrachten der göttlichen Anordnungen (Verse 15, 23, 27, 48, 78 und 148), analog dazu das deverbale Nomen *śīḥā* (Verse 97 und 99). Somit wird der Psalter als Gebetbuch der Tora als Gesetzbuch angenähert, was in einem noch späteren Redaktionsstadium dann auch zu dessen Einteilung in fünf Bücher führt. Weil man in Palästina wie auch sonst in der Antike ohnehin generell noch nicht lautlos las,[48] passen Verben des Murmelns bestens zu einem Nachsinnen über Schrifttexte.

Dadurch bildet der Gebrauch der Begriffe des aufmerksamen Nachsinnens in der Gebetssprache zugleich die weitergehende Textualisierung der Religion im biblischen Judentum ab. Mit der Entstehung der Schriftautorität löste seit etwa 400 vor Christus die ortsungebundene Versenkung in heilige Texte als primärer Ausdruck religiösen Selbstverständnisses tempelzentrierte Formen der Frömmigkeit

---

48 Mehr dazu bei Gnilka, *Prudentiana*, Bd. III, S. 93 f. (Nachtrag Nr. 57).

immer stärker ab.[49] Hinweise auf die religiöse Betrachtung konkreter Schriften, die auch explizit als solche bezeichnet werden, finden sich aber nur ganz selten und ausschließlich in späten Teilen des Alten Testaments. Die Anweisung, „dieses Buch des Gesetzes" Tag und Nacht zu betrachten in Jos 1,8 (*hgī*, in der Vulgata wieder *meditari*), stammt aus der deuteronomistischen Bearbeitung des Buches Josua und hat möglicherweise die Formulierung für Ps 1,2 geliefert. Auf ein privates Studium des Propheten Jeremia bezieht sich dagegen Daniel in der Weissagung über die Zeit der Verwüstung Jerusalems (Dan 9,2; gemeint sind die „siebzig Wochen" in Jer 25,11 und 29,10). Hier ist jedoch nicht die Rede von ‚nachsinnen', sondern von ‚verstehen' (hebräisch *bīn*, lateinisch *intellegere*): „Ich, Daniel, verstand in den Büchern die Zahl der Jahre („intellexi in libris numerum annorum"), die das Wort des Herrn an den Propheten Jeremia waren". Genau wie später in der christlichen Tradition der Schriftbetrachtung ist dieses Studium aber verbunden mit einem – in Ausdrucksweise und Gedankengang wiederum ganz deuteronomistisch geprägten – Gebet (Verse 3 bis 19).

5 Zusammenfassung

Das Thema der Aufmerksamkeit wird im Alten Testament vornehmlich in drei verschiedenen Kontexten entfaltet: dem Höraufruf der traditionellen Spruchweisheit und der Propheten, dem Kohelet die Empirie der eigenen Beobachtung gegenüberstellt; den rätselhaften Visionen der Apokalyptik, bei denen im Unterschied zur prophetischen Schau die Wirkung der Gesichte auf den Betrachter zum Gegenstand des Interesses avanciert; und dem Gebet, das von Gott aufmerksames Zuhören erbittet und ihm Nachsinnen über sein Handeln und seine Weisungen zusagt. Diese drei Kontexte kennen ihre je eigenen lexikalischen und syntaktischen Konventionen. Mit der Verwendung übergeordneter Begriffe wie *adtendere, contemplari* und *meditari* hat die lateinische Bibelübersetzung zu einem stärker einheitlichen Vokabular beigetragen und ursprünglich verschiedene Situationen wie Unterweisung und persönliches Gebet einander angenähert.

---

49 Markl, Media, hat den zugrundeliegenden Prozess jüngst aus medientheoretischer Perspektive untersucht.

Literaturverzeichnis

Bauer, Hans/Leander, Pontus: *Historische Grammatik der hebräischen Sprache des Alten Testamentes.* Halle an der Saale 1922.

Boecker, Hans Jochen: *Redeformen des Rechtslebens im Alten Testament* (Wissenschaftliche Monographien zum Alten und Neuen Testament 14). Neukirchen-Vluyn [2]1970.

Böttcher, Friedrich: *Neue exegetisch-kritische Aehrenlese zum Alten Testamente. Zweite Abtheilung.* Hrsg. von Mühlau, Ferdinand. Leipzig 1864.

Brunner, Hellmut: *Das hörende Herz. Kleine Schriften zur Religions- und Geistesgeschichte Ägyptens.* Hrsg. von Röllig, Wolfgang (Orbis biblicus et orientalis 80). Fribourg/Göttingen 1988.

Collins, John J.: *The Apocalyptic Imagination. An Introduction to Jewish Apocalyptic Literature.* Grand Rapids [3]2016.

Delitzsch, Friedrich: *Jesaja.* Leipzig [3]1879.

Dillmann, August: *Jesaia.* Leipzig [5]1890.

Duhm, Bernhard: *Das Buch Jesaia.* Göttingen [5]1968.

Ehrlich, Arnold B.: *Randglossen zur hebräischen Bibel. Textkritisches, Sprachliches und Sachliches.* Bd. 6. Leipzig 1913.

Gianto, Agustinus: Some Notes on Evidentiality in Biblical Hebrew. In: Ders. (Hrsg.): *Biblical and Oriental Essays in Memory of William L. Moran* (Biblica et orientalia 48). Rom 2005, S. 133–153.

Gnilka, Christian: *Prudentiana.* Bd. III: *Supplementum.* München/Leipzig 2003.

Graf, Fritz: Ekphrasis: Die Entstehung der Gattung in der Antike. In: Boehm, Gottfried/Pfotenhauer, Helmut (Hrsg.): *Beschreibungskunst – Kunstbeschreibung. Ekphrasis von der Antike bis zur Gegenwart* (Bild und Text). München 1995, S. 143–156.

Guglielmi, Waltraud: Zur Bedeutung von Symbolen der Persönlichen Frömmigkeit: die verschiedenen ägyptischen Stelen mit farbigen Ohren und das Ka-Zeichen. In: *Zeitschrift für Ägyptische Sprache und Altertumskunde* 118 (1991), S. 116–127.

Gzella, Holger: *Cosmic Battle and Political Conflict. Studies in Verbal Syntax and Contextual Interpretation of Daniel 8* (Biblica et orientalia 47). Rom 2003.

Gzella, Holger: Probleme der Vermittlung hebräischer Verbalsyntax am Beispiel von 2 Sam 11–12. In: Diehl, Johannes F./Witte, Markus (Hrsg.): *Studien zur Hebräischen Bibel und ihrer Nachgeschichte. Beiträge der 32. Internationalen Ökumenischen Konferenz der Hebräischlehrenden, Frankfurt am Main 2009.* Waltrop 2011, S. 7–39.

Gzella, Holger: ḥzī. In: Ders. (Hrsg.): *Aramäisches Wörterbuch. Theologisches Wörterbuch zum Alten Testament.* Bd. 9. Stuttgart 2016, Sp. 258–262.

Gzella, Holger: Non-Progressive and Non-Habitual Uses of Imperfective Aspect in Ancient Hebrew. In: Witte, Markus/Puvaneswaran, Brinthanan (Hrsg.): *Tempus und Aspekt in den alten Sprachen / Tense and Aspect in Ancient Languages.* Waltrop 2021, S. 71–90.

Hossfeld, Frank-Lothar/Zenger, Erich: *Psalmen 51–100* (Herders theologischer Kommentar zum Alten Testament 26). Freiburg im Breisgau/Basel/Wien [3]2007.

Hossfeld, Frank-Lothar/Zenger, Erich: *Psalmen 101–150* (Herders theologischer Kommentar zum Alten Testament 27). Freiburg im Breisgau/Basel/Wien 2008.

Kaiser, Otto: Die Sinnkrise bei Kohelet. In: Müller, Gotthold (Hrsg.): *Rechtfertigung, Realismus, Universalismus in biblischer Sicht. Festschrift Adolf Köberle.* Darmstadt 1978, S. 3–21. Nachdruck in: Kaiser, Otto: *Der Mensch unter dem Schicksal. Studien zur Geschichte, Theologie und Gegenwartsbedeutung der Weisheit* (Beihefte zur Zeitschrift für die alttestamentliche Wissenschaft 161). Berlin/New York 1985, S. 91–109.

Kasch, Elisabeth: *Das liturgische Vokabular der frühen lateinischen Mönchsregeln* (Regulae Benedicti Studia. Supplementa 1). Hildesheim 1974.

Köhlmoos, Melanie: *Kohelet. Der Prediger Salomo. Das Alte Testament Deutsch 16/5* (Das Alte Testament deutsch. Neubearbeitungen Neues Göttinger Bibelwerk 016). Göttingen 2015.

Kopf, Lothar: Arabische Etymologien und Parallelen zum Bibelwörterbuch. In: *Vetus Testamentum* 8 (1958), S. 161–215.

Krispenz, Jutta: *Spruchkompositionen im Buch Proverbia* (Europäische Hochschulschriften. Reihe 23: Theologie 349). Frankfurt am Main 1989.

Kuhnen, Hans-Peter: Israel unmittelbar vor und nach Alexander dem Großen. Geschichtlicher Wandel und archäologischer Befund. In: Alkier, Stefan/Witte, Markus (Hrsg.): *Die Griechen und das antike Israel. Interdisziplinäre Studien zur Religions- und Kulturgeschichte des Heiligen Landes* (Orbis biblicus et orientalis 201). Fribourg/Göttingen 2004, S. 1–27.

Linderbauer, Benno (Hrsg.): Benedikt von Nursia: *S. Benedicti regula monachorum.* Metten 1922.

Malessa, Michael: *Untersuchungen zur verbalen Valenz im biblischen Hebräisch* (Studia Semitica Neerlandica 49). Assen 2006.

Markl, Dominik: Media, Migration, and the Emergence of Scriptural Authority: In: *Zeitschrift für Theologie und Philosophie* 143 (2021), S. 261–283.

Mosis, Rudolf: qšb. In: Fabry, Heinz-Josef/Ringgren, Helmer (Hrsg.): *Theologisches Wörterbuch zum Alten Testament.* Bd. 7. Stuttgart 1993, Sp. 197–205.

Müller, Hans-Peter: Die hebräische Wurzel שׁיח. In: *Vetus Testamentum* 19 (1969), S. 361–371.

Muraoka, Takamitsu: *A Greek-English Lexicon of the Septuagint.* Löwen/Paris/Walpole 2009.

Plater, William Edward/White, Henry Julian: *A Grammar of the Vulgate. An Introduction to the Study of the Latinity of the Vulgate Bible.* Oxford 1926.

Renz, Johannes: *Die althebräischen Inschriften.* Teil 1: *Text und Kommentar* (Handbuch der althebräischen Epigraphik 1). Darmstadt 1995.

Rönsch, Hermann: *Semasiologische Beiträge zum lateinischen Wörterbuch.* III. Heft: *Verba.* Leipzig 1889.

Sæbø, Magne: *Sprüche. Das Alte Testament Deutsch 16/1* (Das Alte Testament deutsch 16,1). Göttingen 2012.

Schottroff, Willy: qšb. In: Jenni, Ernst/Westermann, Claus (Hrsg.): *Theologisches Handwörterbuch zum Alten Testament.* Bd. 2. Gütersloh ⁵1995, Sp. 684–689.

Seow, Choon-Leong: *Ecclesiastes.* A New Translation with Introduction and Commentary (The Anchor Bible 18,C). New Haven 1997.

Shackleton Bailey, David Roy: *Cicero's Letters to Atticus.* Bd. 4 (Cambridge classical texts and commentaries 6). Cambridge 1968.

Toy, Crawford H.: *A Critical and Exegetical Commentary on the Book of Proverbs* (The international critical commentary on the Holy Scriptures of the Old and New Testaments 17). Edinburgh 1899.

Vretska, Karl: *C. Sallustius Crispus. De Catilinae coniuratione* (Wissenschaftliche Kommentare zu griechischen und lateinischen Schriftstellern). Heidelberg 1976

Weinreich, Otto: Gebet und Wunder. Zwei Abhandlungen zur Religions- und Literaturgeschichte. In: Focke, Friedrich u. a. (Hrsg.): *Genethliakon Wilhelm Schmid zum siebzigsten Geburtstag am 24. Februar 1929* (Tübinger Beiträge zur Altertumswissenschaft 5). Stuttgart 1929, S. 169–464. Nachdruck in: Weinreich, Otto: *Religionsgeschichtliche Studien.* Darmstadt 1968, S. 1–298.

Weyler, Tobias: qšb. In: Fabry, Heinz-Josef/Dahmen, Ulrich (Hrsg.): *Theologisches Wörterbuch zu den Qumrantexten.* Bd. 3. Stuttgart 2016, Sp. 570–572.

Wilpert, Paul/Zenker, Sibylla: Auge. In: Klauser, Theodor (Hrsg.): *Reallexikon für Antike und Christentum.* Bd. 1. Stuttgart 1950, Sp. 957–969.

Wölfflin, Eduard: Minucius Felix. Ein Beitrag zur Kenntnis des afrikanischen Lateins. In: *Archiv für lateinische Lexikographie und Grammatik mit Einschluss des älteren Mittellateins* 7 (1892), S. 467–484.

Zilverberg, Kevin: Von der Vetus Latina zu den Übersetzungen von Hieronymus: Kontinuität und Wandel im Sprachlichen. In: Hoffman, Roland (Hrsg.): *Lingua Vulgata. Eine linguistische Einführung in das Studium der lateinischen Bibel* (Studienbücher zur lateinischen Linguistik 5). Hamburg 2023, S. 87–108.

Jens Haustein

achtsam, *wachsam* und auch *aufmerksam* – Beobachtungen zur Wortgeschichte im Mittel- und Frühneuhochdeutschen

Von Beobachtungen zur historischen Semantik einzelner Begriffe darf man sich nicht zu viel für die je gegenwärtige Bedeutung erwarten. Beobachtungen dieser Art geben allenfalls Aufschluss über die Entstehung von Begriffen und ihre Verwendungsweisen im Verlauf der Sprachgeschichte. Sie ermöglichen uns also einen Blick in den historischen Raum hinter der aktuellen Bedeutung, einen Blick auf Veränderungen, Neubildungen, aber auch auf Bedeutungsverluste.[1] In diesem Sinne sind die folgenden Ausführungen zu verstehen, die sich auf die drei Adjektive *achtsam*, *wachsam* und *aufmerksam*, ihre Verneinungen sowie ihre Substantivbildungen konzentrieren. Die beiden ersten Begriffe sind Leitwörter des germanistisch-mediävistischen Teilprojekts (‚Wachsamkeit und Achtsamkeit. Literarische Dynamiken von Selbstbeobachtung und Fremdbeobachtung in mittelalterlicher deutschsprachiger Lyrik‘) innerhalb des SFB 1369 ‚Vigilanzkulturen‘;[2] der dritte bezieht sich auf den Workshop ‚Praktiken und Semantiken der Aufmerksamkeit in der mittelalterlichen Literatur und Frömmigkeit‘, der vom 7.–9. April 2022 in München stattfand und dessen Beiträge dieser Band versammelt. Die immer wieder virulente Frage, ob es Vorstellungen und Konzepte in der Vergangenheit gegeben haben kann, ohne dass wir in der Lage sind, entsprechende Begrifflichkeiten historisch nachzuweisen, ist keine Frage, die die historische Semantik allein beantworten kann, sondern sie bedarf auch der hermeneutischen Anstrengung und Begründung.[3]

---

1 Vgl. dazu Fritz, *Historische Semantik*, S. 2: „Die Geschichte der Bedeutung sprachlicher Ausdrücke ist ein wichtiger Teil der Geschichte von Lebensformen. Der Gebrauch sprachlicher Ausdrücke ist eingebettet in das Handeln der Menschen und hängt deshalb eng zusammen mit Aspekten der geistigen Tätigkeit, der sozialen Struktur, der Kultur und der Mentalität"; vgl. auch Fritz, Theorie des Sprachwandels, S. 860–874.

2 S. dazu jetzt Butz/Kellner/Reichlin/Rugel (Hrsg.): *Sündenbekenntnis, Reue und Beichte*, bes. die Einleitung von Kellner/Reichlin, Wachsame Selbst- und Fremdbeobachtung.

3 Die folgenden Ausführungen beziehen sich auf der Basis des bisherigen lexikographischen Befundes ausschließlich auf Prosatexte des 14. und 15. Jahrhunderts.

1 Wortbildung

Allen drei Adjektiven ist gemeinsam, dass sie *-sam*-Ableitungen sind. Mittelhochdeutsch *-sam* setzt germanisch **sama* (,passend, geneigt') fort, das vorher in gotisch *sama* und althochdeutsch *samo* auftritt.[4] „Die Adjektiva auf *-sam* weisen daher anfänglich auf das einem Grundwort Entsprechende hin, um weiterhin namentlich Charaktereigenschaften, Fähigkeiten, Neigungen zu bezeichnen."[5] Sie können sich auf Substantive beziehen (z. B. *sittsam*) oder auf Verben (z. B. *enthaltsam*), auch ein Bezug auf ein Adjektiv ist möglich (z. B. *langsam*), aber eher selten.[6] Allgemein wird davon ausgegangen, dass die Desubstantiva älter sind als die Deverbativa, allerdings gibt es auch schon frühe Deverbativa.[7] Wilmanns demonstriert diesen Umstand am Adjektiv althochdeutsch *hôrsam*, mittelhochdeutsch *gihôrsam*, dem offenbar kein nachweisbares Substantiv zugrunde liegt und das deshalb als altes Deverbativum gelten muss.[8] Er fährt dann allerdings fort: „Andere [Adjektive, J.H.] gestatten zugleich die Beziehung auf ein Verbum und ein Substantivum". Als ein Beispiel nennt er auch explizit *unahtsam* (zu *ahte* oder *ahten*, s. dazu unten).[9] Anschließend verweist er auf neuhochdeutsche Bildungen, „die als verbale Ableitungen empfunden werden und anzusehen sind"[10], und in diesem Zusammenhang auch auf *achtsam* und *wachsam*.

An diese *-sam*-Bildungen trat bei Substantivierung ein auf *-ic/-ec* + *-heit* zurückgehendes *-keit* an, das auch Adjektive auf *-bar* oder *-lich* substantivieren konnte.[11] Dieser Prozess fand offenbar zeitlich gestaffelt statt: „Zunächst ist *-keit* [im Mhd., J.H.] nur nach *-ig* belegt. Ab ²13 nimmt *-keit* deutlich zu und findet sich in ¹14 verstärkt auch nach *-bar, -sam* und *-lich*."[12]

---

4 Vgl. dazu Henzen, *Deutsche Wortbildung*, § 134 (S. 205).

5 Henzen, *Deutsche Wortbildung*, § 134 (S. 205); vgl. ferner Klein/Solms/Wegera, *Mittelhochdeutsche Grammatik*, § A 141 (S. 335).

6 Klein/Solms/Wegera, *Mittelhochdeutsche Grammatik*, § A 141 (S. 335): „Die wenigen Deadjektiva werden isosemantisch mit ihrer jeweiligen Basis verwendet".

7 Dazu auch Henzen, *Deutsche Wortbildung*, § 134 (S. 206): „Zu den alten denominativen Bildungen mit *-sam* kommen später mit Vorliebe deverbative hinzu [...]."

8 Wilmanns, *Deutsche Grammatik*, § 373 (S. 494).

9 Wilmanns, *Deutsche Grammatik*, § 373 (S. 495).

10 Ebd.

11 Henzen, *Deutsche Wortbildung*, § 121 (S. 189).

12 Klein/Solms/Wegera, *Mittelhochdeutsche Grammatik*, § S 107 (S. 89).

2 *wachsam(-keit)*

Die Bemerkungen zu *wachsam(-keit)* und *aufmerksam(-keit)* fallen deshalb kurz aus, da beide Lemmata im Mittelhochdeutschen nicht belegt sind.[13] Für *wachsam* ist das mit Blick auf die ausgestorbene Nebenform *wachtsam* zu differenzieren. *wachtsam*, in der Bedeutung ‚aufmerksam gegenüber drohenden Gefahren oder auch zum eigenen Vorteil, sorgsam, eifrig'[14], ist zuerst bei Hans Sachs belegt: „der elter sohn ist [...] ob dem hausgesind munter und wachtsam". Das im 17. Jahrhundert im Süddeutschen häufig belegte Lemma „erlischt"[15] im 18. Jahrhundert offenbar vollständig unter dem von Luther bevorzugten Lemma *Wache* statt *Wacht*.[16] Die Lemmata *Wachtsamheit* und *Wachtsamkeit* sind nur spärlich belegt.

Das Adjektiv *wachsam*, das auf das Nomen *Wache* zurückgeht, „später aber vom sprachgefühl zum verbum *wachen* gestellt"[17] wurde, tritt erst im zweiten Viertel des 17. Jahrhunderts auf. Es begegnet mit zwei unterschiedlichen Bedeutungen: 1. ‚wacker, munter, nicht schläfrig sein' (vgl. auch *Wachehalten, Wachmannschaft* u. ä.) und 2. ‚achtsam, aufmerksam, bedachtsam'. Nach Pfeifer ist Bedeutung 1 gegenüber 2 älter.[18] Für die erste Bedeutung scheint der früheste Beleg von 1642 zu stammen: „nichts seinen schlaff verstöret, / als dasz zuweilen ihn ein süsser traum bethöret, / darvon er wachsamb wird", für die zweite führt das DWB neben einigen Belegen aus dem 17. Jahrhundert vor allem solche aus dem 18. an. *Wachsamkeit* ist für beide Bedeutungen des Adjektivs belegt.[19]

---

13 Für das Folgende gilt grundsätzlich: Alle Äußerungen zu Belegzeit und Belegdichte gründen auf dem Material, das die einschlägigen Wörterbücher zur Verfügung stellen und das nur vereinzelt durch Zufallsfunde zu *unahtsam(-keit)* ergänzt werden konnte. Die Validität dieses Beitrags reicht mithin nur so weit wie die der Wörterbücher. – Zitate aus DWB und [2]DWB werden in deren Form gegeben. Ich verwende folgende Abkürzungen: AWB (*Althochdeutsches Wörterbuch*, 1968 ff.), MWB (*Mittelhochdeutsches Wörterbuch*, 2013 ff.), BMZ (*Mittelhochdeutsches Wörterbuch*, 1854–1866), Lexer (*Mittelhochdeutsches Handwörterbuch*, 1872–1878), DWB (*Deutsches Wörterbuch von Jacob Grimm und Wilhelm Grimm*, 1854–1971), [2]DWB (*Deutsches Wörterbuch von Jacob Grimm und Wilhelm Grimm, Neubearbeitung*, 1983 ff.), FWB (*Frühneuhochdeutsches Wörterbuch*, 1989 ff.) und ‚Findebuch' (*Findebuch zum mittelhochdeutschen Wortschatz*, 1992), alle anderen Hilfsmittel sind an Ort und Stelle nachgewiesen.
14 DWB 13, Sp. 199 f.
15 DWB 13, Sp. 199.
16 Pfeifer, „*Wacht*". In: Pfeifer (Hrsg.), *Etymologisches Wörterbuch*, Bd. 3, S. 1926, https://www.dwds. de/wb/etymwb/Wacht [letzter Zugriff: 01.12.2022]. Unter dieser Adresse sind auch die anderen, im Folgenden erwähnten Artikel Pfeifers, die hier nicht einzeln nachgewiesen werden, zu finden.
17 DWB 13, Sp. 71.
18 Pfeifer (Hrsg.), *Etymologisches Wörterbuch*, Bd. 3, S. 1925.
19 DWB 13, Sp. 73 f.

3 *aufmerksam(-keit)*

Das [2]DWB[20] belegt das Adjektiv wie auch das Substantiv wiederum in zweierlei Bedeutungen und wiederum erst aus dem 17. bzw. dem 18. Jahrhundert. Bedeutung 1 wird angegeben mit ‚(konzentriert) auf etwas, jmdn. achtend' und belegt etwa mit „höret zu mit aufmerksamen ohren" (1671), 2 mit ‚besorgt, höflich, zuvorkommend' und mit „nun kind, du hast 'nen aufmerksamen vater. / um dich von deinem trübsinn abzubringen, / ersann er dir ein plötzlich freundenfest" (1797).

Wortbildungsgeschichtlich liegt bei *aufmerksam* allerdings ein etwas anderer Fall vor, da das Lemma auf ein Partikelverb *aufmerken* zurückgehen dürfte, das aber im Mittelhochdeutschen noch nicht belegt ist. *merken* begegnet in dieser Zeit in der Regel transitiv (selten intransitiv) oder mit Nebensatz sowie mit Präpositionen wie *an, bî, durch* und *in*.[21] Das FWB[22] – wie auch mit leicht differierenden Bedeutungsangaben das [2]DWB – kennt für das Verb *aufmerken* drei Bedeutungsnuancen: 1. ‚etw. schriftlich festhalten' (Belege aus dem 16. Jahrhundert), 2. ‚etw. aufmerksam wahrnehmen, beobachten' (mit Belegen aus dem 15. und 16. Jahrhundert) und 3. ‚sich geistig, psychisch, mit seinen religiösen Kräften jm. / etw. zuwenden, zukehren'. Gerade die Bedeutungen 2 und 3 führen vielfach in religiöse Kontexte. Zu 2 sei ein Beleg aus der Zeit um 1480 zitiert: „got dem herren alle wegen din gebet vff opfferende mit flissigem vff mercken der wort", zu 3 einer aus der Zeit um 1475: „sy auffmerckend den geysten der irrsale". Zu *aufmerksam* gibt es im FWB hingegen nur einen einzigen Beleg aus dem Jahr 1698, das Lemma *Aufmerksamkeit* existiert nicht.[23]

4 *achtsam(-keit)*

Das Lemma stellt den im Kontext dieses Beitrags sowohl wortgeschichtlich wie konzeptuell interessantesten Fall dar. Noch das [2]DWB schreibt zu *achtsam* wie analog zu *Achtsamkeit:* „später bezeugt als *unachtsamkeit*"[24]. Es mag auf den ersten Blick verwunderlich erscheinen, dass eine *un*-Ableitung eher bezeugt sein soll als der positive Ausdruck. Solche (wenigen) Fälle scheint es aber gegeben zu haben. Die

---

20 [2]DWB 3, Sp. 615–617.
21 Zu *merken* mit der Präposition *ûf* vgl. BMZ II/1, 66a, Z. 28–32, mit einem unklaren Fall.
22 FWB 2, Sp. 557 f.
23 Die Belege im [2]DWB bestätigen diese Tendenz und stammen aus vergleichbarer Zeit.
24 [2]DWB 1, Sp. 1405, bzw. ebd. zu *achtsam:* „später bezeugt als *unachtsam*, das bereits mhd. belegt ist".

Wortbildungsgrammatik führt im Zusammenhang mit den substantivischen *un*-Bildungen Folgendes aus: „Einen Sonderfall stellen Bildungen dar, deren adjektivische Basis nicht nachweisbar ist und die auf ein Verb zurückzuführen sind (z. B. *unerforschbäre*). Sofern das BA [Basisadjektiv, J.H.] tatsächlich im Mhd. nicht existierte und nicht nur zufällig nicht belegt ist, wären hier kombinatorische Wortbildungen anzunehmen, bei denen ein Adj. durch Suffigierung von einer verbalen Basis abgeleitet und zugleich negiert wurde. Die Präfigierung muss dabei gleichwohl als der letzte Wortbildungsschritt angenommen werden, da *un-* keine Verben präfigiert".[25] Das würde nun aber bedeuten, dass es in unserem Fall zunächst eine nicht nachweisbare adjektivische *sam*-Ableitung vom Verb *achten*[26] gegeben haben muss, die dann zum Substantiv suffigiert und anschließend durch eine Präfigierung zu Un-acht-sam-keit negiert wurde.[27] Nach Ausweis von [2]DWB (sowie älterer Wörterbücher) ist aber *Achtsamkeit* erst spät, später jedenfalls als *Unachtsamkeit*, belegt, also gewissermaßen aus dem zeitlichen Vorfeld verschwunden.

4.1 Heinrich Seuse

Dieser Befund wird nun aber durch das ‚Findebuch'[28] relativiert, in dem auf das Lemma *achtsamecheit* aus der vierten Predigt Heinrich Seuses (1295/97–1366) hingewiesen wird, das zwar vorher schon durch das Glossar Bihlmeyers[29] zugänglich war, aber nicht in die Lexikographie Eingang gefunden hat. Seuses Lemma ist also noch keine *-keit*-Ableitung *strictu sensu*, da er das Substantiv in diesem Fall auf die ältere Weise mit *ec + heit* bildet; indirekt wird so aber auch die adjektivische *-sam*-

---

25 Klein/Solms/Wegera, *Mittelhochdeutsche Grammatik*, § A 31 (S. 265).

26 Dem schon ahd. Verb liegt seinerseits das Substantiv *ahta* stF. zugrunde (vgl. AWB 1, Sp. 72, und Lloyd/Springer, *Etymologisches Wörterbuch des Althochdeutschen*, Sp. 116–120); vgl. ferner Pfeifer (Hrsg.), *Etymologisches Wörterbuch*, Bd. 1, S. 13 f., und Öhmann, Kleinere Beiträge, S. 512–519, spez. S. 517–519; ferner [2]DWB 1, Sp. 1384–1389. Konstruiert wird das Verb im Mittelhochdeutschen mit Objekt oder Nebensatz, nicht aber absolut. Wenn Burghart Wachinger den Oswald-Vers Kl. 118, Str. 1, V. 1 f. „Wol auf und wacht, acht, ser betracht / [...] eur fräveleiche sünde" mit „Nun auf, erwacht, seid achtsam und bedenkt genau [...] euer freches Sündenleben" (Wachinger [Hrsg.], *Deutsche Lyrik*, S. 604 bzw. 605) übersetzt, stellt das einen nicht unbedenklichen Modernismus dar, da *sünde* Objekt auch zum Verb *acht* ist; zur Stelle auch Kellner/Reichlin, Wachsame Selbst- und Fremdbeobachtung, S. 43–45, mit weiterer Literatur.

27 Wie spielerisch-produktiv *un*-Ableitungen aufgefasst und verwendet werden konnten, zeigt die *Renner*-Stelle V. 9199–9223 (Ehrismann [Hrsg.], *Der Renner*, Bd. 1), auf die mich Kurt Gärtner aufmerksam gemacht hat.

28 ‚Findebuch', S. 7, der Beleg jetzt auch in MWB 1, Sp. 136.

29 Seuse, *Deutsche Schriften*, S. 560.

Ableitung bezeugt, die ja dieser Substantivierung vorangegangen sein muss, (bislang) aber nicht belegt ist. Seuse fordert in seiner Predigt, dass wir „eyn grundelois lazen"[30] anstreben sollen, dass dieses aber Übung und Wiederholung voraussetzt. „Also laze eyn mensche sich aber und aber, so kann he iz und geloist iz alliz", um dann resignierend hinzuzufügen: „Nu ingebrichet uns niet dan vlizez und achtsamecheit".[31] Es geht also, und das dürfte für das Folgende nicht unerheblich sein, nicht um etwas, das wir anwenden sollen, das in unserer Verfügungsmacht steht, sondern um etwas, das wir nicht (!) haben und das uns fehlt. Die (doppelte) Negation ist hier gewissermaßen in das Verb *gebrechen* (‚fehlen, mangeln') verlegt, das häufig, zum Beispiel bei Eckhart, mit einer unterstützenden Negation gebraucht wird.[32]

Diesem einzigen positiven Ausdruck steht eine längere Reihe von sowohl adjektivischen wie substantivischen Negierungen gegenüber, die, das sei schon hier gesagt, sämtlich aus demselben religionsgeschichtlichen und geographischen Raum stammen, dem auch Seuses *achtsamecheit* zugehört.

4.2 Johannes Tauler

Der mittelhochdeutsche Begriff *unahtsamkeit*[33] begegnet zuerst in den Predigten Johannes Taulers (um 1300–1361)[34] und dort auffällig gehäuft und stets im Kontext einer Warnung vor drohender Gottesferne. In der Predigt 49 (*Transite ad me omnes qui concupiscitis me*) geht es um die Hindernisse, die der Gottesgeburt im Wege stehen: „Och das der mensche nút belibe mit tragheit und unachtsamkeit und uf sinem eigenen gemache und uf dunkel krankheit".[35] In der *gût lere und ein heilige manunge* (Nr. 58) warnt er die jugendlichen Zuhörer (*kinder*) mit mehreren *un*-Bildungen vor den Erscheinungsformen der äußeren Welt: „Das sint alles abgôtte, die bilde der dinge und eigen lust und eigen willikeit [...]. Dis ist vermessenheit, ungelossenheit, unachtsamkeit und unflis aller gôtlicher dingen".[36] Und in der Predigt 77 (*Qui michi ministrat, me sequatur*) werden diejenigen gewarnt, die sich in

---

30 Seuse, *Deutsche Schriften*, S. 534,7.

31 Seuse, *Deutsche Schriften*, S. 535,25–27. – Seuse kennt daneben durchaus Substantive auf -*keit* wie *einvaltikeit* oder *gegenwurtikeit*.

32 S. dazu MWB 2, Sp. 176,33–39; s. etwa das vergleichbar konstruierte Eckhart-Beispiel „uns engebrichet nihtes dan eines wâren glouben" (Sp. 176,36 f.).

33 Vgl. dazu DWB 11,3, Sp. 104–107; dort auch Hinweise auf vergleichbare Verwendungszusammenhänge bei Luther. Der Frage, ob Luther das Wort aus seiner Beschäftigung mit Taulers Predigten her kannte, wäre nachzugehen; s. aber auch den Abschnitt zum *Frankfurter.*

34 Vgl. Vetter (Hrsg.), *Predigten Taulers.*

35 Vetter (Hrsg.), *Predigten Taulers*, S. 221,9 f.

36 Vetter (Hrsg.), *Predigten Taulers*, S. 275,19–22.

falscher Gelassenheit wähnen: „sú wenent von in selber es si eine gelossenheit, und es ist ein rechte unrůchsam unahtsamkeit".[37] Aber auch das negierte Adjektiv verwendet Tauler, wenn auch nur einmal: In der Predigt 36 (*Erant appropinquantes ad Jhesum*) unterscheidet er vier Sorten von Sündern. Die ersten leben dauerhaft in Todsünden. Wenn sie eine Messe hören sollen, „so stont sú also springlichen, und duncket sú gar zů lang. Dise sint Gottes unahtsam und aller tugentlicher dinge also verre also es Got und sin ere anget".[38] – Im DWB heißt es zur Verwendungsweise von *Unachtsamkeit*, dass durch das Wort ein warnender Hinweis auf Nachlässigkeit gegeben sei – „aber milde ausgedrückt".[39] Davon kann jedoch bei Tauler keine Rede sein. *unahtsamkeit* führt uns in ein *unrůchsames*[40], hektisches, der Welt zugewandtes Leben, das der Konzentration auf Gott ermangelt, ja zu dieser nicht fähig ist. Die größten Sünder sind Gottes *unahtsam*. Die Vorstellung, dass es ein achtsames Leben geben könne, eine Achtsamkeit, die der Konzentration auf Gott förderlich sei, diese Vorstellung liegt offenbar nicht im Horizont der Taulerschen wie wohl der mittelhochdeutschen Sprachverwendungsmöglichkeiten überhaupt. Diese Vorstellung scheint dann – und offenbar auch zuerst – Luther entwickelt zu haben, wenn er Tauler entsprechend ‚umformuliert': „wo das hertz also achtsam ... ist ..., da frucht volgen wird".[41] Dass aber eine gewisse Notwendigkeit bestand, zu *unahtsam* einen positiven Gegenbegriff zu entwickeln, wird das Beispiel *Schürebrand* zeigen.

---

37 Vetter (Hrsg.), *Predigten Taulers*, S. 416,15 f.; weitere Stellen S. 123,2 und 422,15.
38 Vetter (Hrsg.), *Predigten Taulers*, S. 131,25–27; für diesen Beitrag spielt die zweite Bedeutung des Adjektivs ‚gering, unansehnlich, unscheinbar' keine Rolle; s. dazu DWB 11,3, Sp. 102, mit Belegen ab dem 15. Jahrhundert.
39 DWB 11,3, Sp. 104.
40 Übrigens eine weitere *sam*-haltige Neubildung Taulers!
41 ²DWB 1, Sp. 1406; auch das FWB 1, Sp. 576, hat zum Lemma *achtsam* nur einen Beleg und ebenfalls einen von Luther: „Wo das hertz also achtsam, bestendig und ausgefeget [gereinigt] ist, das ist: ein reines und feines hertz". – Zu Luthers theologischer Beschäftigung mit Tauler s. Leppin, *Fremde Reformation*, spez. S. 22–26, sowie den wichtigen Beitrag von Reichmann-Lobenstein, Mystische Wurzeln, S. 27–54, bes. S. 31, 36 und 39 zu *achtsamkeit*. – Luther hat wohl 1516 den Augsburger Tauler-Druck von 1508 durchgearbeitet; seine Randnotizen sind in Bd. 9 der Weimarer Luther-Ausgabe gedruckt; s. aber auch den Abschnitt zum *Frankfurter*; zu Luthers zahlreichen (!) *unachtsam*-Belegen in allen möglichen Verwendungsweisen und mit unterschiedlichen Bedeutungen s. DWB 11,3, Sp. 99–104.

4.3 Rulman Merswin und sein Umfeld

Für den Zusammenhang dieses Beitrags ist die vieldiskutierte Frage weitgehend gleichgültig, wer die Texte und Briefe des *Briefbuchs*[42] verfasst hat – ob nur Rulman Merswin (1307–1382) oder, was wahrscheinlicher ist, mehrere Autoren. Wichtiger ist, dass die Begriffe *unahtsam* und *unahtsamkeit* im Umfeld von Merswin eine beachtliche Karriere gemacht haben, *ahtsam(-keit)* hingegen offenbar nicht begegnet. In der Regel steht *unahtsam* in Genitiv-Konstruktionen, die anzeigen, wem gegenüber oder im Hinblick auf was der Betreffende *unahtsam* ist. In der Rahmengeschichte, die die Vorgeschichte der Gottesfreunde berichtet, sind zwei von ihnen beim Papst in Rom und tragen ihm die göttliche Botschaft vor, die Gebresten der Welt zu heilen: „nu waz der bobest darnach der göttelichen botschaft unahtsam und volgete ir nút und starp in demselben iore".[43] In Brief 1 berichtet Rulman, dass er und der Gottesfreund unabhängig voneinander ein und denselben Traum gehabt haben, in dem sie aufgefordert wurden, ein Kloster zu gründen; angesichts der großen Zahl vorhandener Klöster haben sie diese Aufforderung jedoch verworfen: „also verwurffent wir öch diesen tröm und worent sin gar alzůmole unahtsam".[44] Oder: Diejenigen, die den Auftrag erhalten, sich um das Grüne Wörth als ‚Pfleger' zu kümmern, „múgent es von Gotte vúr eine sunder gobe nemen, der sú nit unahtsam sin súllent".[45] In der Rahmengeschichte, die ja auch die Suche nach dem Gottesfreund schildert, wie in der *Letzten Ermahnung Rulman Merswins* begegnet das Substantiv *unahtsamkeit* allein viermal, einmal im auch im *Schürebrand* aufgegriffenen Vergleich mit den törichten Jungfrauen (Mt 25,1–13) und ihrer „slafheit"[46],

---

42 Vgl. Lauper (Hrsg.), *Briefbuch*, zur Verfasserfrage S. 49–61, mit Hinweisen auch auf Nikolaus von Löwen; vgl. auch Krusenbaum-Verheugen, *Untersuchungen*, bes. S. 1–28, und schon früher Steer, *Merswin, Rulman*, Sp. 420–442, spez. Sp. 437, mit Hinweisen auf ältere Arbeiten (Schmidt, Denifle, Strauch). – Das *Briefbuch* steht hier im Vordergrund, weil es durch die Neuedition Laupers elektronisch durchsuchbar ist. Zweifellos dürften sich weitere *unahtsam*-Belege in den an verschiedenen Stellen edierten Texten der sogenannten ‚Gottesfreundliteratur' (s. dazu die Quellenangaben bei Steer und Krusenbaum-Verheugen) finden. Dies gilt allerdings nicht für das *Fünfmannenbuch* und auch nicht für das *Büchlein von den Vier Jahren des anfangenden Lebens* (beide: Strauch [Hrsg.], *Merswins Vier anfangende Jahre. Des Gottesfreundes Fünfmannenbuch*) und ebenfalls nicht für *Sieben [...] Traktate und Lektionen* (Strauch [Hrsg], *Sieben unveröffentlichte Traktate*); zum *Buch von den Neun Felsen* s.u.

43 Lauper (Hrsg.), *Briefbuch*, S. 164,28 f.

44 Lauper (Hrsg.), *Briefbuch*, S. 233,8; ebenso S. 266,5.

45 Lauper (Hrsg.), *Briefbuch*, S. 306,24 f.

46 Lauper (Hrsg.), *Briefbuch*, S. 326,28.

dann als Warnung vor dem Verlust göttlicher Gnade, „obe wir es [das Schriftwort] von unahsamkeit verwerffen und nút glouben woltent".[47]

In der jetzt von Claudia Lingscheid[48] edierten Kurzfassung des *Buchs von den Neun Felsen*, das gegenüber der von Strauch[49] edierten Langfassung ihrer Auffassung nach sekundär ist, begegnet das Lemma im von Tauler beeinflussten Abschnitt zum achten Felsen: Um auf den achten Felsen zu gelangen, so die „antwurt", müsse der „mensch" seines Besitzes ledig werden oder „er muß es also haben, das er sein unachtsam sei, und das es im mer ein förderung sey denn ein hinderung zu got".[50]

Die Verwendung des Adjektivs wie des Substantivs im Kreis der sogenannten Gottesfreunde[51] kann also einen unmittelbaren oder mittelbaren Gottesbezug haben (*Gottes unahtsam* bzw. seiner Botschaft), es kann sich aber auch auf anderes wie einen Traum oder Besitz beziehen.

4.4 *Schürebrand*

Ebenfalls im *Briefbuch* (und anderswo) ist ein an zwei Klarissinnen gerichteter Traktat (spätes 14. Jahrhundert) überliefert, der diese (und damit auch andere geistliche Frauen) zu Gehorsam, zur Verachtung der Welt und zur Beachtung der Klosterregeln aufruft.[52] Der Text ist stark didaktisch ausgerichtet und auf Gegensätzen (gut – böse, innen – außen, Kloster – Welt usw.) aufgebaut. Auch wenn der unbekannte Verfasser, der sich selbst ‚Schürebrand' (‚schüre den Brand') nennt, Tauler und Seuse kannte und auch Schriften aus dem Umfeld des Grünen Wörths, ist wohl Ruh zuzustimmen, wenn er festhält, „daß die ‚Mystik' des ‚Sch.' nur lite-

---

47 Lauper (Hrsg.), *Briefbuch*, S. 334,27 f.; weitere Stellen für das Adjektiv S. 316,4 und 334,9 (*Gottes unahtsam*, vgl. oben den Abschnitt zu Tauler), für das Substantiv S. 326,22 und 334,22.

48 Lingscheid (Hrsg.), *Buch von den Neun Felsen.*

49 Strauch (Hrsg.), *Merswins Neun-Felsen-Buch.* Die Passage lautet in dieser Fassung: „wer zů dirre geselleschaft kumen wil der můs sin liplich gůt haben als obe er es nút unhette" (S. 120,2 f.). Allerdings fehlt die Seite im sogenannten Autograph durch Seitenverlust und ist „aus einer der älteren Kopien ersetzt" (Einleitung, S. V). Eine gläubige Hinwendung zu Gott drückt Merswin mit „ufgerihtet zů gotte" (S. 22,32) aus. Zu den *ûf*-Bildungen s. Klein/Solms/Wegera, *Mittelhochdeutsche Grammatik*, § V 134–142, bes. § V 137.

50 Lingscheid (Hrsg.), *Buch von den Neun Felsen*, S. 325,11–13, vgl. auch S. 161.

51 Zur Problematik des Begriffs s. Lingscheid (Hrsg.), *Buch von den Neun Felsen*, S. 4f., Anm. 5.

52 Zu allen Einzelheiten vgl. Ruh, *Schürebrand*, Sp. 876–880, und zur Person auch Lauper (Hrsg.), *Briefbuch*, S. 53. Der Text ist ebenfalls von Lauper ediert; ich zitiere aber wegen des wichtigen Glossars die ältere Edition von Strauch (Strauch [Hrsg.], *Schürebrand*, S. 1–82), die ebenfalls auf die Fassung des *Briefbuchs* zurückgeht.

rarische Verbrämung ist. Sie ist weder verstanden noch gar Erfahrung."[53] Allerdings hält Ruh auch fest – und das ist im Kontext dieses Beitrags ungleich wichtiger –, dass der *Schürebrand* „als Sprachdenkmal in seiner Gewandtheit und namentlich im Wortschatz [...] bemerkenswert"[54] ist: „Der ‚Sch.' übertrifft die Gottesfreundschriften in der Vielfalt des Ausdrucks, in neuen Zusammensetzungen, in der Bildhaftigkeit."[55] Vor diesem Hintergrund wäre es verwunderlich, hätte sich der Verfasser die relative Neubildung *unahtsam*, die er aus Seuse, Tauler oder Schriften rund um Rulman Merswin kennen konnte, entgehen lassen, ja, er zeigt geradezu ein Faible für diese. Wie oben schon angedeutet, verwendet er den Ausdruck im Zusammenhang mit den fünf „wise[n]" und den fünf „dorehten" Jungfrauen: Letztere „worent dorehte und worent der ampellen und des oleies unahtsam".[56] Sie werden anschließend mit den „witsweiffigen jungfrouwen" verglichen, „die ihres eigenen willen sint und in der welte iren niderlos und ire wonunge haben wellent".[57] An anderer Stelle begegnet das Lemma in der Verbindung mit „trege".[58] Auch das Substantiv wurde in diesem Text verwendet, so wenn der Verfasser die Adressatinnen zu „unahtsamkeit alles liplichen trostes"[59], zur Abwehr aller weltlichen Bequemlichkeit, auffordert. Er geht sogar noch einen Schritt weiter und verwendet (wohl als erster) das Adjektiv in adverbialer Form: Er warnt die Angesprochenen davor, dass sie nicht etwa „die grosse gnode gottes so gar unahtsamkliche" unter ihre „fůsse trettent", denn schließlich sei dieses Leben „kurtz und unsicher".[60] Und es sind die „swermůtikeit" und die „abelessikeit" (Nachlässigkeit), die die Klosterfrauen „unahtsamcliche der grossen gewinnigen frühte und der edeln gemeinschaft hindern woltent".[61]

Der Text hält im Kontext dieses Beitrages noch eine weitere Überraschung parat. Wie gesagt, ist er geradezu über Gegensätze aufgebaut, was sich auf der Wortebene in einer großen Zahl von *un*-Bildungen ausdrückt, denen zumeist der positive Ausdruck als Gegenbegriff zur Seite steht.[62] Aber *ahtsam* gehörte offenkundig nicht zu den Wortverwendungsmöglichkeiten des Verfassers. Gleichwohl findet er gewissermaßen im ‚Sinnbezirk' (Jost Trier) von *ahtsam* ein anderes Wort:

---

53 Ruh, *Schürebrand*, Sp. 878.
54 Ruh, *Schürebrand*, Sp. 880.
55 Ebd.
56 Die naheliegende, gegenteilige Formulierung, dass die fünf klugen Jungfrauen des Öles *ahtsam* gewesen seien, begegnet nicht.
57 Strauch (Hrsg.), *Schürebrand*, S. 6,28–7,3.
58 Strauch (Hrsg.), *Schürebrand*, S. 47,20.
59 Strauch (Hrsg.), *Schürebrand*, S. 48,28.
60 Strauch (Hrsg.), *Schürebrand*, S. 27,18–21.
61 Strauch (Hrsg.), *Schürebrand*, S. 32,13–15.
62 S. dazu das Glossar bei Strauch (Hrsg.), *Schürebrand*, S. 77 f.

behůtsam bzw. *behůtsamclich* und *behůtsamkeit*. Für das Adjektiv und das Substantiv führt das ²DWB jeweils Stellen aus unserem Text als Erstbeleg an[63], für das Adverb gibt es einen einzigen früheren Beleg – aus einer Tauler-Predigt: „Der mensche [...] sol die sorge Gotte befelhen, und sine werk sol er tůn vil behůtsamklich und in stillin und sol bi im selber bliben".[64] Wie dem auch sei, ob der Verfasser des *Schürebrand* das Wort von Tauler her kannte oder selbst darauf gekommen ist, es ist auch dieses eines der Wörter, die wir der deutschen Mystik in ihrem Bemühen verdanken, für bislang Unausgedrücktes und Ungesagtes Ausdrücke und Sagbares zu finden. Wenn der Verfasser des *Schürebrand* von einem „ernsthaft[en] behůtsam[en] leben" spricht oder seine Adressatinnen auffordert, Gott dankbar zu sein, dass er sie zu „solicher fruhtberer behůtsamkeit gerůffet het"[65], dann sind wir vielleicht willens, an beiden Stellen – unter Ausblendung einer adhortativen Tonfärbung – neuhochdeutsch *achtsam* bzw. *Achtsamkeit* zu lesen. Das aber auch zu formulieren, blieb dann dem 16. Jahrhundert und Luther vorbehalten.

4.5 *Der Frankfurter / Theologia deutsch*

Auch der unbekannte Verfasser[66] der schon von Luther 1516 teilweise und dann vollständig 1518 herausgegebenen und von ihm so genannten *Theologia deutsch*, die wohl noch im 14. Jahrhundert entstanden ist, zeigt ein erkennbares Interesse am

---

63 ²DWB 4, Sp. 708 bzw. Sp. 709; das Wörterbuch paraphrasiert beide Begriffe u.a. sogar mit ‚achtsam' bzw. ‚Achtsamkeit'! – Eine Wortbildungsvariante zu mhd. *behuotsamkeit* findet sich in drei Briefen Heinrichs von Nördlingen an Margaretha Ebner bzw. Elsbeth Scheppach (weder Heinrich noch Margaretha kennen in den Briefen bzw. in der *Offenbarung* [un-]ahtsam[-keit]). 1345 schreibt Heinrich an Margaretha, dass ihr in der Hinwendung zu Gott „behutigkeit sel und hertz und sinne und alles gelider" gegeben sei (Strauch, *Margaretha Ebner und Heinrich von Nördlingen*, S. 245,86 f.; die beiden anderen Belege S. 264,4 [„in behüttigkeit der sinne", 1348/1349] und S. 279,14 f. [„dar umb sint [sollt] ir in ewer behutikeit haben alle ewer sinne und sunderlich ewere wort", 1345]). Die Bedeutung dürfte hier weniger, wie im *Schürebrand*, auf ein auf sich selbst Gerichtetsein zielen als auf religiöse Selbstbeherrschung und Affektkontrolle. Das Lemma ist lexikographisch nur randständig nachgewiesen: Im FWB 3, Sp. 839, gibt es zwar das Lemma ‚behütigkeit', aber ohne die drei Belege und nur mit einem Verweis auf Fischer, *Schwäbisches Wörterbuch*, Bd. 1, Sp. 785, wo die drei Stellen aufgeführt sind. Das Adjektiv *behutig* (mhd. *behuotic*), das Heinrich in einem Brief von 1347/1348 verwendet, in dem er auch Tauler, Seuse und Merswin erwähnt, ist bisher nirgends nachgewiesen (Andacht macht „got furchtendi, diemutigů hertzen, weisz, fürsichtig, ernsthaftig, behutig, getrulich, got meinendi und meinen in allen dingen", S. 263 f.,93–95).
64 Vetter (Hrsg.), *Predigten Taulers*, S. 178,25–27.
65 Strauch (Hrsg.), *Merswins Neun-Felsen-Buch*, S. 8,19 und 7,12 f.
66 Vgl. von Hinten, *Der Frankfurter (Theologia Deutsch)*, Sp. 802–808, bes. Sp. 803, sowie Wegener, *Frankfurter / Theologia deutsch*, S. 12.

Lemma *unahtsam*[67], das er, auch wenn nördlicher wirkend, wohl den bislang genannten Autoren und Schriften verdankt. Denn unabhängig von der Frage, ob man den Text für eine Summe der deutschen Mystik hält oder eher, wie jetzt in subtiler Weise Lydia Wegener, seine theologische Eigenständigkeit betont, so führen doch gedankliche Parallelen, Überlieferungszusammenhänge und Namensnennungen auf die Schriften Seuses, Taulers und auch Merswins.[68]

Der sich im Prolog Gottesfreund nennende Autor, der wie der Verfasser des *Schürebrand* in den Oppositionen von wahrer und falscher Freiheit, von wahrem und falschem Licht, wahrer und falscher Liebe[69] argumentiert, gebraucht *unahtsam*(*-keit*) gerade in solchen Zusammenhängen: „Kurtzlich, wo das ware licht ist, da ist war, gerecht leben, das got werd vnd lib ist. [...] Aber da das falsch licht ist, do wirt man vnachtsam Cristus leben vnd aller togent, sunder was der natur beqwem vnd lustig ist, das wirt da gesucht vnnd gemeynet".[70] In der Gegenüberstellung von wahrer und falscher Freiheit heißt es über Letztere: Wer dieser nachgeht und sich nicht um seine Sünden bekümmert, lebt ein Leben, in dem man „alles vnachtsam vnd ruchlos" sei und man lebt dann ein Leben „yn der czeit".[71] Im Kontext der Vorstellung vom richtigen oder falschen Weg heißt es: „Sich, nu merke, ab man yn vngeordneter freiheit vnd ledikeit vnd vnachtsamkeit, [...] ab man also den rechten wegk ader czu der rechten thur yn gehe ader nicht. Diß vnachtsamkeit ist nicht yn Cristo geweßen, sie ist auch nicht yn keynem seynem waren nochvolger".[72]

4.6 *Das liecht der gotheit*

Abschließend sei noch auf einen wohl etwas jüngeren Beleg hingewiesen, der die Herkunft des Lemmas *unahtsam*(*-keit*) aus der Sprache der südwestdeutsch-ale-

---

67 Der positive Begriff begegnet nicht.

68 Nur der Vollständigkeit halber sei gesagt, dass Eckhart das Wort *unahtsam*(*-keit*) nicht kennt. – Schon Luther hat ja bekanntlich die Nähe des *Frankfurters* zu Tauler betont (s. von Hinten, *Der Frankfurter [Theologia Deutsch]*, Sp. 806), dazu auch Wegener, *Frankfurter / Theologia deutsch*, s. Register unter Tauler. Zu den Überlieferungsparallelen s. Wegener, *Frankfurter / Theologia deutsch*, S. 19–23 (mit älterer Literatur), zu theologischen Parallelen zu Schriften Merswins s. Wegeners Register.

69 Von Hinten, *Der Frankfurter (Theologia Deutsch)*, Sp. 805.

70 Von Hinten (Hrsg.), *Der Franckforter (Theologia Deutsch)*, S. 130,118–125; ferner S. 130,126.

71 Von Hinten (Hrsg.), *Der Franckforter (Theologia Deutsch)*, S. 147,108 f.; ebenfalls bezogen auf die falsche Freiheit S. 111,16; *unahtsam* ferner S. 114,3; S. 119,19 (Konjektur).

72 Von Hinten (Hrsg.), *Der Franckforter (Theologia Deutsch)*, S. 149,35–39; S. 153,97 f. heißt es: Der Mensch solle sich davor hüten, „yn eyn torecht, vngeordnete freiheit vnd yn unachtsamkeit" zu gehen, da diese „eym waren, gotlichen leben czumal fremde vnd verre" sind.

mannischen Mystik bestätigt. In Mechthilds von Magdeburg in der zweiten Hälfte des 13. Jahrhunderts entstandenem *Fließenden Licht der Gottheit* heißt es im Zusammenhang der „kleinen súnden": „Das hindert geistliche lúte allermeist an rehter vollekomenheit, das si der kleinen súnden also wenig ahtent".[73] Bekanntlich ist Mechthilds Werk im Umfeld Heinrichs von Nördlingen ins Oberdeutsche übertragen worden; diese Version wurde dann ihrerseits ins Lateinische übersetzt.[74] Zum Thema der kleinen Sünden heißt es dort: „Perfeccionem religiosorum ualde diminuit incuria et estimacio modica uenalium peccatorum".[75] Der Hinweis Mechthilds auf einen möglichen Hinderungsgrund für die Vollkommenheit wird mit dem Verweis auf die *incuria* gewissermaßen auf den Begriff gebracht, der in der deutschen Übertragung des *liechtes der gotheit* als *unahtsamkeit* wiedergegeben wird: „Die volkommenheit der geistlichen mindert fast die vnachtsamkeyt vnd die kleine achtŭng der dåglichen sünde".[76]

5 Ausblick

Von den drei Leitbegriffen des eingangs genannten Forschungsprojekts hat, sieht man von *wachtsam* bei Sachs ab, nur einer eine vormoderne Wortgeschichte, nämlich *unahtsam*.[77] Geht man davon aus, dass es *ahtsam* gegeben haben muss, worauf Prinzipien der Wortbildung wie auch der Seuse-Beleg hinweisen, ist es umso erstaunlicher, dass das Lemma im Grunde nur in negierter Form überliefert

---

73 Neumann (Hrsg.), *Mechthild von Magdeburg: ‚Das fließende Licht der Gottheit‘*, V,33,3 f. Mechthild kannte offenbar nur das Verb *ahten.*

74 S. dazu jetzt: Nemes/Senne/Hellgardt (Hrsg.), *Mechthild von Magdeburg: ‚Lux divinitatis‘*, bes. S. XIXf., zur Basler Handschrift (Rb) mit der lateinischen Übersetzung, S. XXXII–XXXVI.

75 Nemes/Senne/Hellgardt (Hrsg.), *Mechthild von Magdeburg: ‚Lux divinitatis‘*, S. 358,2 f.

76 Nemes/Senne/Hellgardt (Hrsg.), *Mechthild von Magdeburg: ‚Lux divinitatis‘*, S. 359,2 f. Die deutsche Übertragung ist ausschließlich in einer alemannischen Handschrift (früher Wolhusen, heute Luzern, Sigle Rw), die auf 1516/1517 datiert wird, erhalten, zu ihr Nemes/Senne/Hellgardt (Hrsg.), *Mechthild von Magdeburg: ‚Lux divinitatis‘*, S. XXXVI–XLI. Nur am Rande sei darauf hingewiesen, dass selbst noch in der frühneuhochdeutschen Lexikographie das Lexem *incuria* nur vereinzelt mit *unahtsamkeit* übersetzt wird. Alternativen sind: *sunder sorge, unsorgsamkeit, ruchlosigkeit, versumung* oder *varlessigkeit* u. ä. (vgl. dazu Diefenbach, *Glossarium latino-germanicum*, S. 293).

77 Zweifelsohne dürfte es weitere Belege für *unahtsam(-keit)* im Kontext der geistlichen Literatur des 14. und 15. Jahrhunderts aus dem südwestdeutsch-alemannischen Raum geben. Nur der (vorläufigen) Vollständigkeit halber seien noch zwei Belege genannt, die durch das ‚Findebuch‘ lexikographisch nachgewiesen sind. In einem Gnaden-Traktat einer St. Galler Handschrift (auch) mit Tauler-Predigten heißt es „Der maiste schade zŭ der gnåde ist, daz die sele der gnåden vmachtsam ist, vnd da von kumet vndankberkait vnd tråghait, vnd in dem wirt die gnåde verlorn, wån gnåde sol billichen die fliehen, die ir vnachtsam sint" (vgl. Steer, *Scholastische Gnadenlehre*, S. 131,121–123).

ist. Es dient in der Regel der Mahnung und der Warnung vor Gottesferne oder sündhafter Nachlässigkeit. Offenbar war die Vorstellung dominant, dass man, ist man *unahtsam*, von etwas abgezogen wird, diejenige jedoch, dass man mithilfe von Achtsamkeit seine Gedanken (und Gefühle) auf etwas konzentriert ausrichten kann, scheint es vor dem 16. Jahrhundert nicht gegeben zu haben. Zudem ist davon auszugehen, dass *unahtsam(-keit)* im 14. und 15. Jahrhundert kein allgemein adhortativer Begriff theologischer oder geistlicher Schriftstellerei gewesen ist, da er vor allem in südwestdeutsch-alemannischen Schriften[78] begegnet, die gerade Konzepte einer (mystisch geprägten) Gottesnähe entwickeln wollen und in diesem Zusammenhang vor all dem warnen, was diesem Bestreben entgegenstehen könnte – was auch für den Seuse-Beleg gilt, der ja nur im lexikographischen Sinne ein positiver ist. Dass aus Achtsamkeit mit Blick auf Gott auch Frucht entstehen und dass es überhaupt ein achtsames Herz geben könne, das formulieren zu können, bleibt dem 16. Jahrhundert – und Luther – vorbehalten.[79]

Der weitgehend negative Befund dieses Beitrags braucht das Projekt mit seinen Leitbegriffen und Fragestellungen nicht weiter zu beunruhigen. Auch wenn das, was wir unter ,Achtsamkeit', ,Aufmerksamkeit' und ,Wachsamkeit' in religiösen Kontexten verstehen, im Mittelhochdeutschen (noch) nicht auf den Begriff gebracht worden ist oder nur negativ formuliert werden konnte, spricht das nicht grundsätzlich gegen die Existenz der entsprechenden Konzepte in der Vormoderne.[80] Vor diesem Hintergrund lohnt vielleicht die Frage, welche Begriffe aus dem ,Sinnbezirk' von ,achtsam' dessen Bedeutungsspektrum in mittelhochdeutscher geistlicher Literatur übernehmen konnten (adjektivisch: *behuotsam* [s. o.], *bescheiden, diemüetic, gedanchaft, gewarsam, sorcsam* oder verbal: *zuo sich selber kêren*[81], *sîn selbes [mit ernste] war nemen*[82], *zuo sich selber luogen*[83] u. ä.). Dieser Frage, aber auch jener

---

78 S. dazu Anm. 68 mit dem Hinweis auf Meister Eckhart. Auch der seine Übersetzung ausführlich kommentierende und mit Mahnungen und Warnungen nicht geizende Österreichische Bibelübersetzer des 14. Jahrhunderts kennt das Lemma – in welcher Form auch immer – nicht (ich danke für eine entsprechende Überprüfung des ,Psalmenkommentars' Domenic Peter [Augsburg], eine Durchsicht des *Alttestamentlichen* wie des *Evangelienwerks* [soweit dieses mir zugänglich war] ergab ebenfalls keinen positiven Befund).

79 Die Erinnerung an die Herkunft von sowohl ,Achtsamkeit' wie von ,Unachtsamkeit' aus geistlicher Prosa scheint allerdings „im 17. jh. [...] zu verblassen", vgl. DWB 11,3, Sp. 104. Dieser Umstand bildet die (frühe) Voraussetzung für die Karriere des Begriffs im 20. Jahrhundert.

80 So ist etwa der Begriff *erbûwen* oder *erbûwunge* ebenfalls kaum und erst spät belegt, was nicht bedeutet, dass es keine (belehrende und bessernde) Literatur der geistlichen Erbauung gegeben hat; vgl. dazu Haustein, *lêren* und *bezzern*, S. 41–52.

81 Strauch, *Margarete Ebner und Heinrich von Nördlingen*, S. 262,45 (1347/1348), S. 265,24 (1348/1349).

82 So im vierten der von Strauch veröffentlichten sieben Traktate, vgl. dazu Strauch (Hrsg.), *Sieben unveröffentlichte Traktate*, S. 55,14 f., auch S. 56,32.

weiter nachzugehen, welche Begriffe des ‚Sinnbezirks' in der geistlichen Lyrik, dem Forschungsfeld des Projektes, Verwendung gefunden haben und welche Ausdrucksmöglichkeiten lyrischem Sprechen dort eigen sind, hieße freilich einen neuen Beitrag zu beginnen.

Literaturverzeichnis

Primärliteratur

Ehrismann, Gustav (Hrsg.): *Der Renner von Hugo von Trimberg.* Mit einem Nachwort und Ergänzungen von Günther Schweikle. 4 Bde. (Deutsche Neudrucke. Reihe Texte des Mittelalters). Berlin 1970.

Heinrich Seuse: *Deutsche Schriften.* Im Auftrag der Württembergischen Kommission für Landesgeschichte hrsg. von Karl Bihlmeyer. Stuttgart 1907.

Lauper, Stephan: *Das ‚Briefbuch' der Strassburger Johanniterkommende Zum Grünen Wörth. Untersuchungen und Edition* (Scrinium Friburgense 53). Wiesbaden 2021.

Lingscheid, Claudia: *Das ‚Buch von den Neun Felsen'. Überlieferung und Textgeschichte mit einer kritischen Edition der oberdeutschen Kurzfassung* (Kulturtopographie des alemannischen Raums 10). Berlin/Boston 2019.

Nemes, Balázs J./Senne, Elke/Hellgardt, Ernst (Hrsg.): *Mechthild von Magdeburg: ‚Lux divinitatis' – ‚Das liecht der gotheit'. Der lateinisch-frühneuhochdeutsche Überlieferungszweig des ‚Fließenden Lichts der Gottheit'. Synoptische Ausgabe.* Berlin/Boston 2019.

Neumann, Hans (Hrsg.): *Mechthild von Magdeburg ‚Das fließende Licht der Gottheit'. Nach der Einsiedler Handschrift in kritischem Vergleich mit der gesamten Überlieferung.* Bd. 1 (Münchener Texte und Untersuchungen zur deutschen Literatur des Mittelalters 100). München/Zürich 1990.

Strauch, Philipp (Hrsg.): *Merswins Neun-Felsen-Buch. (Das sogenannte Autograph)* (Schriften aus der Gottesfreund-Literatur 3 / Altdeutsche Textbibliothek 27). Halle an der Saale 1929.

Strauch, Philipp (Hrsg.): *Merswins Vier anfangende Jahre. Des Gottesfreundes Fünfmannenbuch. (Die sogenannten Autographa)* (Schriften aus der Gottesfreund-Literatur 2 / Altdeutsche Textbibliothek 23). Halle an der Saale 1927.

Strauch, Philipp (Hrsg.): *Sieben bisher unveröffentlichte Traktate und Lektionen* (Schriften aus der Gottesfreundliteratur 1 / Altdeutsche Textbibliothek 22). Halle an der Saale 1927.

Strauch, Philipp: *Schürebrand. Ein Traktat aus dem Kreise der Straßburger Gottesfreunde. In: Studien zur deutschen Philologie. Festgabe der Germanistischen Abteilung der 47. Versammlung Deutscher Philologen und Schulmänner in Halle.* Zur Begrüßung dargebracht von Philipp Strauch, Arnold E. Berger und Franz Saran. Halle an der Saale 1903, S. 1–82.

Vetter, Ferdinand (Hrsg.): *Die Predigten Taulers. Aus der Engelberger und der Freiburger Handschrift sowie aus Schmidts Abschriften der ehemaligen Straßburger Handschriften* (Deutsche Texte des Mittelalters 11). Berlin 1910.

Von Hinten, Wolfgang (Hrsg.): *Der Franckforter (Theologia Deutsch). Kritische Textausgabe* (Münchener Texte und Untersuchungen zur deutschen Literatur des Mittelalters 78). München/Zürich 1982.

---

83 Strauch (Hrsg.), *Sieben unveröffentlichte Traktate,* S. 55,15.

Wachinger, Burghart (Hrsg.): *Deutsche Lyrik des späten Mittelalters* (Bibliothek des Mittelalters 22 / Bibliothek deutscher Klassiker 191). Frankfurt am Main 2006.

Sekundärliteratur

Althochdeutsches Wörterbuch. Auf Grund der von Elias von Steinmeyer hinterlassenen Sammlungen im Auftrag der Sächsischen Akademie der Wissenschaften zu Leipzig bearb. und hrsg. von Karg-Gasterstädt, Elisabeth/Frings, Theodor. Berlin 1968 ff.

Butz, Magdalena/Kellner, Beate/Reichlin, Susanne/Rugel, Agnes (Hrsg.): *Sündenbekenntnis, Reue und Beichte. Konstellationen der Selbstbeobachtung und Fremdbeobachtung in der mittelalterlichen volkssprachlichen Literatur* (Zeitschrift für deutsche Philologie. Sonderheft 141). Berlin 2022.

Diefenbach, Lorenz: *Glossarium latino-germanicum mediae et infimae aetatis.* Frankfurt am Main 1857.

Fischer, Hermann: *Schwäbisches Wörterbuch.* Auf Grund der von Adelbert v. Keller begonnenen Sammlungen und mit Unterstützung des Württembergischen Staates bearb. von Fischer, Hermann. 6 Bde. Tübingen 1904–1936.

Fritz, Gerd: Ansätze zu einer Theorie des Sprachwandels auf lexikalischer Ebene. In: Besch, Werner/Betten, Anne/Reichmann, Oskar/Sonderegger, Stefan (Hrsg.): *Sprachgeschichte. Ein Handbuch zur Geschichte der deutschen Sprache und ihrer Erforschung* (Handbücher zur Sprach- und Kommunikationswissenschaft 2). Berlin/New York ²1998, S. 860–874.

Fritz, Gerd: *Einführung in die historische Semantik* (Germanistische Arbeitshefte 42). Tübingen 2005.

Frühneuhochdeutsches Wörterbuch. Hrsg. im Auftrag der Akademie der Wissenschaften zu Göttingen von Anderson, Robert R./Goebel, Ulrich/Reichmann, Oskar. Berlin/New York 1989 ff.

Gärtner, Kurt/Gerhardt, Christoph/Jaehrling, Jürgen/Plate, Ralf/Röll, Walter/Timm, Erika (Hrsg.): *Findebuch zum mittelhochdeutschen Wortschatz. Mit rückläufigem Index.* Stuttgart 1992.

Grimm, Jacob/Grimm, Wilhelm: *Deutsches Wörterbuch.* 17 Bde. in 33 Teilbdn. Leipzig 1854–1971.

Grimm, Jacob/Grimm, Wilhelm: *Deutsches Wörterbuch. Neubearbeitung (A-F).* Teilw. hrsg. von der Deutschen Akademie der Wissenschaften zu Berlin in Zusammenarbeit mit der Akademie der Wissenschaften zu Göttingen. Teilw. hrsg. von der Berlin-Brandenburgischen Akademie der Wissenschaften und der Akademie der Wissenschaften zu Göttingen. Leipzig 1983 ff.

Haustein, Jens: *lêren* und *bezzern.* Zur historischen Semantik von *erbûwen* und Verwandtem im Spätmittelalter. In: Köbele, Susanne/Notz, Claudio (Hrsg.): *Die Versuchung der schönen Form. Spannungen in ‚Erbauungs‘-Konzepten des Mittelalters* (Historische Semantik 30). Göttingen 2019, S. 41–52.

Henzen, Walter: *Deutsche Wortbildung* (Sammlung kurzer Grammatiken germanischer Dialekte. B: Ergänzungsreihe 5). Tübingen ³1965.

Kellner, Beate/Reichlin, Susanne: Wachsame Selbst- und Fremdbeobachtung im Rahmen von Sündenbekenntnis, Reue und Beichte. Eine Einleitung. In: Butz, Magdalena/Kellner, Beate/Reichlin, Susanne/Rugel, Agnes (Hrsg.): *Sündenbekenntnis, Reue und Beichte. Konstellationen der Selbstbeobachtung und Fremdbeobachtung in der mittelalterlichen volkssprachlichen Literatur* (Zeitschrift für deutsche Philologie. Sonderheft 141). Berlin 2022, S. 1–50.

Klein, Thomas/Solms, Hans-Joachim/Wegera, Klaus-Peter: *Mittelhochdeutsche Grammatik. Teil III: Wortbildung.* Tübingen 2009.

Krusenbaum-Verheugen, Christiane: *Figuren der Referenz. Untersuchungen zur Überlieferung und Komposition der ‚Gottesfreundliteratur‘ in der Straßburger Johanniterkomturei zum ‚Grünen Wörth‘* (Bibliotheca Germanica 58). Tübingen/Basel 2013.

Leppin, Volker: *Die fremde Reformation. Luthers mystische Wurzeln.* München 2016.

Lexer, Matthias: *Mittelhochdeutsches Handwörterbuch: zugleich als Supplement und alphabetischer Index zum mittelhochdeutschen Wörterbuche von Benecke-Müller-Zarncke.* 3 Bde., Leipzig 1872–1878.

Lloyd, Albert L./Springer, Otto: *Etymologisches Wörterbuch des Althochdeutschen.* Bd. 1. Göttingen 1988.

Mittelhochdeutsches Wörterbuch. Bd. 1 hrsg. von Gärtner, Kurt/Grubmüller, Klaus/Stackmann, Karl. Ab Bd. 2 hrsg. von Gärtner, Kurt/Grubmüller, Klaus/Haustein, Jens. Stuttgart 2013 ff.

Mittelhochdeutsches Wörterbuch. Mit Benutzung des Nachlasses von Georg Friedrich Benecke ausgearbeitet von Müller, Wilhelm/Zarncke, Friedrich. 3 Bde. in 4 Teilbdn. Leipzig 1854–1866.

Öhmann, Emil: Kleinere Beiträge zum deutschen Wörterbuch XIII. In: *Neophilologische Mitteilungen* 66 (1965), S. 512–519.

Pfeifer, Wolfgang (Hrsg.): *Etymologisches Wörterbuch des Deutschen.* Erarbeitet von einem Autorenkollektiv des Zentralinstituts für Sprachwissenschaft unter der Leitung von Pfeifer, Wolfgang. 3 Bde. Berlin 1989.

Reichmann-Lobenstein, Anja: Mystische Wurzeln in Luthers Sprache. In: Habermann, Mechthild (Hrsg.): *Sprache, Reformation, Konfessionalisierung* (Jahrbuch für germanistische Sprachgeschichte 9). Berlin/Boston 2018, S. 27–54.

Ruh, Kurt: *Schürebrand.* In: Ruh, Kurt u. a. (Hrsg.): *Die deutsche Literatur des Mittelalters. Verfasserlexikon.* 2., völlig neu bearb. Auflage. Bd. 8. Berlin 1992, Sp. 876–880.

Steer, Georg: Merswin, Rulman. In: Ruh, Kurt u. a. (Hrsg.): *Die deutsche Literatur des Mittelalters. Verfasserlexikon.* 2., völlig neu bearb. Auflage. Bd. 6. Berlin 1987, Sp. 420–442.

Steer, Georg: *Scholastische Gnadenlehre in mittelhochdeutscher Sprache* (Münchener Texte und Untersuchungen zur deutschen Literatur des Mittelalters 14). München 1966.

Strauch, Philipp: *Margaretha Ebner und Heinrich von Nördlingen. Ein Beitrag zur Geschichte der deutschen Mystik.* Freiburg im Breisgau/Tübingen 1882.

von Hinten, Wolfgang: *Der Frankfurter (Theologia Deutsch).* In: Ruh, Kurt u. a. (Hrsg.): *Die deutsche Literatur des Mittelalters. Verfasserlexikon.* 2., völlig neu bearb. Auflage. Bd. 2. Berlin 1980, Sp. 802–808.

Wegener, Lydia: *Der ‚Frankfurter‘ / ‚Theologia deutsch‘. Spielräume und Grenzen des Sagbaren* (Frühe Neuzeit 201). Berlin/Boston 2016.

Wilmanns, Wilhelm: *Deutsche Grammatik. Gotisch, Alt-, Mittel- und Neuhochdeutsch. 2. Abt.: Wortbildung.* Berlin/Leipzig ²1930.

Christoph Petersen

Wie Wachsamkeit ein Kulturmuster wird. Zur Wirkungsgeschichte des paulinischen Weckrufs *Römer* 13,11–14

Wachsamkeit ist zunächst ein Muster menschlichen Verhaltens, eine konditionierte, auf bestimmte Reize der Lebenswelt instinktiv reagierende innere Haltung, die man etwa als eine „attentio animi" begreifen kann, als eine ‚Anspannung' jener ‚Seelenkraft', deren Regungen auch bei Tieren zu beobachten sind.[1] Wachsamkeit gehört also zunächst in den Bereich animalischer und deshalb auch menschlicher Ethologie. Zu einem Phänomen menschlicher Kultur, in dem das ethologische Muster bewusst gestaltet, reguliert und transformiert, zu neuer Relevanz gebracht und diskursiv verhandelt würde, müsste Wachsamkeit deshalb erst werden. Wenn in dem Sonderforschungsbereich, aus dem dieser Band hervorgegangen ist, Wachsamkeit als ein solches kulturelles Phänomen untersucht wird,[2] dann ist in diesem Rahmen auch nach den Wegen zu fragen, auf denen Wachsamkeit aus dem ethologischen zu einem kulturellen Muster werden kann. Ins Blickfeld gerückt wird damit eine „Koppelung" von Wachsamkeitsethos und -kultur,[3] die generativer Art ist. In diesem Feld vermag eine historische Literaturwissenschaft wie die mediävistische vielleicht weniger die gesellschaftlichen Antriebskräfte, Dynamiken und Zwecke aufzuspüren, die den generativen Zusammenhang zwischen Ethos und Kultur soziologisch erklären,[4] als vielmehr die gedanklichen Operationen und Prozesse zu rekonstruieren, mittels derer der Mensch das Verhaltensmuster in ein Kulturmuster *Wachsamkeit* überführen kann. Eine solche Rekonstruktion werde ich hier versuchen.

Dabei werde ich besonders auf solche Operationen und Prozesse abzielen, die eine generative Koppelung von menschlichen Verhaltens- und Kulturmustern möglicherweise auch in anderen Fällen beschreiben können. *Wachsamkeit* soll ein Beispiel in einem weiter und grundsätzlicher gefassten Rahmen sein: Beispiel dafür,

---

1 Zitat: Cicero, *De Oratore*, II,35,150 (hier der *vigilantia* beigeordnet). Die antike Anthropologie in aristotelischer Tradition weist den *animus* dem Menschen gemeinsam mit den (höher entwickelten) Tieren zu, ‚bei denen wir nicht nur körperliche, sondern auch gewisse seelische Regungen sehen' („in quibus non corporum solum [...], sed etiam animorum [...] motus quosdam videmus", Cicero, *De finibus*, V,38); erst die im *animus* lokalisierte *ratio* unterscheide den Menschen kategorisch vom Tier (ebd.).

2 Programmatisch: Brendecke, Vigilanzkulturen.

3 Brendecke, Vigilanzkulturen, S. 16.

4 Vgl. hierzu Brendecke, Arrangements.

wie der Mensch aus Mustern seines natürlichen Verhaltens Kultur hervorbringt. Der Zielhorizont meines Versuchs ist also allgemeine Kulturentstehung. Diese wird hiermit zum Gegenstand nicht von anthropologischer oder psychologischer Theorie (Aristoteles, Nietzsche, Freud u. a.), sondern von literaturgeschichtlich rekonstruktiver Beobachtung.[5]

Mein Beispiel ist derjenige *Weckruf*, der in der abendländischen Kultur die vielleicht größte Wirkungsgeschichte besitzt: der Aufruf, vor dem endzeitlichen Seelengericht Christi zu einer asketischen Lebensweise zu *erwachen*, den der Apostel Paulus in seinem wohl im Winter 55/56 geschriebenen Brief an die Christengemeinde in Rom gerichtet hat als paränetischen Abschluss seiner allgemeinen Anweisungen an die Gemeinde (Röm 13,11–14).[6] Ich werde zunächst zeigen, wie das ethologische Muster *Wachsamkeit* im Sprechakt des *Römerbrief*-Weckrufs gedanklich und sprachlich vergegenständlicht sowie textualisiert worden ist und wie das Muster dann in der Exegese dieses Textes von seiner ursprünglichen lebensweltlichen Aktualität entbunden und zu überzeitlicher Geltung gebracht worden ist (1). Anschließend werde ich beschreiben, wie der Weckruf auf die Aktualität anderer Lebenssituationen neu angewandt, also lebensweltlich angeeignet werden konnte und wie in solcher Aneignung auch eine variable imaginäre Besetzbarkeit des Wachsamkeitsmusters zum Ausdruck kommt (2). Dann werde ich an mehreren Adaptationen des paulinischen Weckrufs zeigen, wie das Muster an andere kulturelle Diskurse und Traditionen anschlussfähig geworden (3) und wie es schließlich selbst in andere Diskursfelder übertragen worden ist (4). Insgesamt werden sich die vier Punkte nicht nur zur Geschichte einer Kulturalisierung des Ethos der Wachsamkeit, sondern auch zu einem Vorschlag für ein heuristisches Modell fügen, mit dem allgemein die Kulturerzeugung des Menschen auf Muster seines natürlichen Verhaltens zurückgeführt werden kann (5).

1 Vergegenständlichung und Entaktualisierung des ethologischen Musters

Der Weckruf des Paulus im 13. Kapitel seines *Römerbriefs* lautet so:[7]

---

5 Ich greife damit die Bemühungen um eine *biopoetische* Ausrichtung der Kulturanthropologie auf; vgl. hierzu besonders Zymner/Engel (Hrsg.), *Anthropologie*; Eibl, *Animal*; Eibl/Mellmann/Zymner (Hrsg.), *Rücken*; Eibl, *Kultur.*

6 Zu Thematik, Aufbau und historischem Abfassungskontext vgl. konzis Balz, Römerbrief.

7 Ich zitiere das *Neue Testament* nach Nestle-Aland, *Novum Testamentum*; das *Alte Testament* ebenfalls in seiner griechischen Version nach der *Septuaginta*; die Bibelübersetzungen nach der

[11]Καὶ τοῦτο εἰδότες τὸν καιρόν, ὅτι ὥρα ἤδη ὑμᾶς ἐξ ὕπνου ἐγερθῆναι, νῦν γὰρ ἐγγύτερον ἡμῶν ἡ σωτηρία ἢ ὅτε ἐπιστεύσαμεν. [12]ἡ νὺξ προέκοψεν, ἡ δὲ ἡμέρα ἤγγικεν. ἀποθώμεθα οὖν τὰ ἔργα τοῦ σκότους, ἐνδυσώμεθα [δὲ] τὰ ὅπλα τοῦ φωτός. [13]ὡς ἐν ἡμέρᾳ εὐσχημόνως περιπατήσωμεν, μὴ κώμοις καὶ μέθαις, μὴ κοίταις καὶ ἀσελγείαις, μὴ ἔριδι καὶ ζήλῳ, [14]ἀλλ' ἐνδύσασθε τὸν κύριον Ἰησοῦν Χριστὸν καὶ τῆς σαρκὸς πρόνοιαν μὴ ποιεῖσθε εἰς ἐπιθυμίας.

[[11]Und das tut, weil ihr die Zeit erkannt habt, dass die Stunde da ist, aufzustehen vom Schlaf, denn unser Heil ist jetzt näher als zu der Zeit, da wir gläubig wurden. [12]Die Nacht ist vorgerückt, der Tag ist nahe herbeigekommen. So lasst uns ablegen die Werke der Finsternis und anlegen die Waffen des Lichts. [13]Lasst uns ehrbar leben wie am Tage, nicht in Fressen und Saufen, nicht in Unzucht und Ausschweifung, nicht in Hader und Neid; [14]sondern zieht an den Herrn Jesus Christus und sorgt für den Leib nicht so, dass ihr den Begierden verfallt.]

Es ist ein Appell an die Gemeindemitglieder, erstens zu erkennen, dass der Zeitpunkt herangerückt ist, an dem der *Tag*, das heißt das mit der endzeitlichen Parusie Christi kommende Heil, unmittelbar bevorsteht (11 f.), und zweitens die eigene Lebensweise auf das mit der Parusie bevorstehende Menschheitsgericht auszurichten, das heißt ein Leben in körperlicher Askese und gemeindlicher Harmonie zu führen (13 f.). Die Dringlichkeit dieses Appells zu richtiger Lebensführung ist aus einer besonderen lebensweltlichen Aktualität abgeleitet: aus der nahe bevorstehenden Wiederkunft Christi als des göttlichen Richters über das diesseitige und das jenseitige Leben der Menschen. Paulus und seine Adressaten haben die Parusie Christi wohl in der Tat als unmittelbar, jedenfalls zur eigenen Lebenszeit bevorstehend erwartet, sodass der paränetische Appell auf ein lebensweltliches *Jetzt* gerichtet war, dessen hochgradige Aktualität Paulus mit dem Wort „καιρός" ‚höchste Zeit, Vollendungs- oder Entscheidungszeit' angezeigt hat, das die Bedeutung der „ὥρα" ‚Stunde' noch zuspitzt und ihre Dringlichkeit verschärft.[8] Durch diese Betonung der zeitlichen Aktualität und Dringlichkeit rekurriert der Appell auf das natürliche menschliche Verhalten von *Aufwachen* und *Wachsamkeit* als unmittelbarer Reaktion auf einen handlungsfordernden Reiz der Lebenswelt. Der Appell macht das Verhaltensmuster zu seinem gedanklichen und sprachlichen Gegenstand; das ethologische Muster ist im paulinischen Weckruf nicht nur bewusst und reflexiv, sondern auch zum Objekt einer gedanklichen Handhabung geworden. Diese gedankliche und im Weckruf sprachlich artikulierte Objektivierung darf als initiale Operation einer Kulturalisierung des ethologischen Musters festgehalten werden.

---

aktuellen *Lutherbibel*, zum *Alten Testament* mit eigener Anpassung an den Wortlaut der *Septuaginta*. Alle anderen Übersetzungen in diesem Beitrag sind meine.

8 Zum biblischen Gebrauch von καιρός vgl. Kittel (Hrsg.), *Wörterbuch*, S. 456–463, zur Stelle S. 461; zur Frage der genauen zeitlichen Dimension von Paulus' Endzeiterwartung Erlemann, *Naherwartung*, S. 193–196.

Die weiteren Schritte und Erscheinungsweisen dieser Kulturalisierung setzen dann voraus, dass die sprachliche Äußerung, in der das Ethos vergegenständlicht ist, über ihre unmittelbare Aktualität hinaus Bestand und Gültigkeit erfährt, dass die sprachliche Äußerung, mit einem Wort, die Qualität eines Textes erhält. Eine solche Textualisierung des paulinischen Weckrufs ist aber nicht allein und nicht erst dadurch gegeben, dass er sich in einem Brief befindet, der zweifellos als ein Text verfasst und gelesen, verbreitet und durch die Zeiten überliefert, mit Autorität versehen und kanonisiert worden ist. Relevant dafür, dass die im paulinischen Weckruf objektivierte Wachsamkeit als ein kulturelles Muster weiter ausgeprägt und wirksam werden konnte, ist vielmehr die Tatsache, dass bereits dem sprachlichen Akt des Weckrufs an sich (unabhängig von seinem Briefkontext) eine Textqualität eingeschrieben ist, und zwar vor allem mittels der im Weckruf verwendeten Bildlichkeit.

Paulus hat den Weckruf in ein Feld von Metaphern gestellt, das die Opposition von *Verdammnis* und *Heil* verbildlicht: dunkel–hell, Nacht–Tag, der „καιρός" des Tagesanbruchs, dazu die ‚Werke der Finsternis' („τὰ ἔργα τοῦ σκότους") und die ‚Waffen des Lichts' („τὰ ὅπλα τοῦ φωτός"). Das Metaphernfeld verankert die sprachliche Vergegenständlichung des Wachsamkeitsethos, den Aufruf zum ‚Erwachen aus dem Schlaf' („ἐξ ὕπνου ἐγερθῆναι"), nicht nur in einem Vorstellungsbereich, der seine Plausibilität und paränetische Funktion unterstützt, sondern auch in einer seinen Adressaten „vertraute[n] Tradition", in der die Metaphorik etabliert war und aus der Paulus sie übernommen hat.[9] Denn die Dunkel–Hell/ Nacht–Tag-Metaphorik für die Opposition von *Verdammnis* und *Heil* zitiert er aus der jüdischen Vorstellungswelt, insbesondere ihrer Apokalyptik, in der die Bildlichkeit althergebracht war. Im engsten sachlichen Zusammenhang steht das Metaphernfeld des *Römerbrief*-Weckrufs mit der Prophezeiung des Jesaia von der Ankunft des Gottesheils über Jerusalem (Jes 60,1–3):

[1]Φωτίζου φωτίζου, Ιερουσαλημ, ἥκει γάρ σου τὸ φῶς, καὶ ἡ δόξα κυρίου ἐπὶ σὲ ἀνατέταλκεν. [2]ἰδοὺ σκότος καὶ γνόφος καλύψει γῆν ἐπ᾽ ἔθνη· ἐπὶ δὲ σὲ φανήσεται κύριος, καὶ ἡ δόξα αὐτοῦ ἐπὶ σὲ ὀφθήσεται. [3]καὶ πορεύσονται βασιλεῖς τῷ φωτί σου καὶ ἔθνη τῇ λαμπρότητί σου.

[[1]Leuchte, leuchte, Jerusalem, denn dein Licht kommt, und die Herrlichkeit des Herrn geht auf über dir! [2]Siehe, Finsternis und Dunkel über den Völkern werden das Erdreich verhüllen; aber über dir scheint der Herr auf, und seine Herrlichkeit wird sichtbar werden über dir. [3]Und Könige werden zu deinem Lichte ziehen und die Völker zu dem, welches über dir aufgeht.]

---

9 Zitat: Käsemann, *Römer*, S. 349; vgl. Theobald, *Römerbrief*, S. 109, sowie jüngst Levin, *Vigilate*; eine Liste alt- und neutestamentlicher Belegstellen der Dunkel–Hell-Metaphorik bei Schnyder, *Tagelied*, S. 777.

Seinen Antityp erhielt dieses Bild später in der *Johannesoffenbarung* bei der Beschreibung des Himmlischen Jerusalem (Off 21,23–25):

[23]καὶ ἡ πόλις οὐ χρείαν ἔχει τοῦ ἡλίου οὐδὲ τῆς σελήνης ἵνα φαίνωσιν αὐτῇ, ἡ γὰρ δόξα τοῦ θεοῦ ἐφώτισεν αὐτήν, καὶ ὁ λύχνος αὐτῆς τὸ ἀρνίον. [24]καὶ περιπατήσουσιν τὰ ἔθνη διὰ τοῦ φωτὸς αὐτῆς, καὶ οἱ βασιλεῖς τῆς γῆς φέρουσιν τὴν δόξαν αὐτῶν εἰς αὐτήν, [25]καὶ οἱ πυλῶνες αὐτῆς οὐ μὴ κλεισθῶσιν ἡμέρας, νὺξ γὰρ οὐκ ἔσται ἐκεῖ.

[[23]Und die Stadt bedarf keiner Sonne noch des Mondes, dass sie ihr scheinen; denn die Herrlichkeit Gottes erleuchtet sie, und ihre Leuchte ist das Lamm. [24]Und die Völker werden wandeln in ihrem Licht; und die Könige auf Erden werden ihre Herrlichkeit in sie bringen. [25]Und ihre Tore werden nicht verschlossen am Tage; denn da wird keine Nacht sein.]

Im Unterschied zur Prophezeiung Jesu von seiner endzeitlichen Wiederkunft in den Evangelien (Mt 24,32–44; Mk 13,28–37; Lk 21,34–36), auf deren vorgängige Jesus-Überlieferung Paulus seine Parusie-Erwartung sicher gegründet hat, verbindet der *Römerbrief*-Weckruf die Ankündigung der bevorstehenden Parusie mit der Metaphorik der sündenverhafteten Nacht und des heilbringenden Tages. Paulus verankert die Prophezeiung Jesu im traditionellen Bildbereich der jüdischen Apokalyptik und stellt damit auch seinen eigenen Weckruf in diese Tradition.[10] Er stellt seinen Appell an das Wachsamkeitsethos in eine Sprach- und Vorstellungstradition, durch die der aktuelle Sprechakt an einem prägnanten und in zeitlicher Dauer etablierten Bildgebrauch partizipiert. Dem Sprechakt des Wachsamkeitsappells ist in seinem Bildgebrauch eine Dauerhaftigkeit eingeschrieben, also die Qualität, die aus einer sprachlichen Äußerung einen Text werden lässt.[11]

Verstärkt wird das dadurch, dass Paulus sich darin auch wiederholt hat. Denn bereits in seinem früheren Brief an die Gemeinde in Thessaloniki (1 Thess 5,1–11) ist die Aufforderung zur richtigen Lebensführung mit der Dunkel–Hell-Metaphorik verbunden – dem Leben ‚in der Finsternis‘ („ἐν σκότει") bzw. den ‚Kindern des Lichts‘ („υἱοὶ φωτός") – und der Perspektive der bevorstehenden Wiederkunft Christi unterstellt. Während hier aber die Paränese und mit ihr die der Gemeinde verbleibende, in den pluralischen „χρόνοι" und „καιροί" (5,1) ausgedehnte Zeitspanne bis zur Wiederkunft im Vordergrund stehen, ist im wohl anderthalb Jahrzehnte später geschriebenen *Römerbrief* die Aktualität der Parusie, sind der eine

---

10 Vgl. zu den zitierten Stellen auch Jes 9,2; 58,8.10; 60,19 sowie dann das *Johannesevangelium*, speziell das Jesus-Wort Joh 8,12 mit der paulinischen Opposition von „φῶς" und „σκοτία": ‚Ich bin das Licht der Welt. Wer mir nachfolgt, der wird nicht wandeln in der Finsternis, sondern wird das Licht des Lebens haben‘ („ἐγώ εἰμι τὸ φῶς τοῦ κόσμου· ὁ ἀκολουθῶν ἐμοὶ οὐ μὴ περιπατήσῃ ἐν τῇ σκοτίᾳ, ἀλλ' ἕξει τὸ φῶς τῆς ζωῆς").

11 Unabhängig von seiner medialen, etwa mündlichen Verfasstheit, vgl. Ehlich, Funktion, S. 18–20.

„καιρός" als logisch einziges „unanschaulich in der Mitte gelegenes Jetzt!"[12] und mit ihm die zeitliche Dringlichkeit des Weckrufs besonders akzentuiert. Die lebensweltlichen Situationen, in die Paulus seine Weckrufe hineingesprochen hatte, waren veränderlich; die wiederholte Metaphorik hingegen unterstellte diese Veränderlichkeit einer verbindenden Konstanz. So ist die Metaphorik auch im späteren, sich paulinisch gebenden *Epheserbrief* verwendet worden, erneut im Rahmen eines Weckrufs zur richtigen Lebensführung, bei dem aber die eschatologische Perspektive wieder in den Hintergrund getreten ist (Eph 5,8–20). Im Brief-Corpus, das dem Paulus zugeschrieben ist, hat die Dunkel–Hell-Metaphorik ein Beziehungsgewebe ausgebildet, das an einem aus der jüdischen Apokalyptik übernommenen, aber auch weit darüber hinaus reichenden Text partizipiert. Die sprachliche Äußerung des Weckrufs ist dadurch, dass sie mit diesem Beziehungsgewebe verbunden ist, zu einem Teil jenes Textes gemacht worden, ist ihrerseits selbst textualisiert.[13]

Es ist deutlich, dass ich den Begriff ,Text' hier in einem weiter gefassten Verständnis gebrauche. Für die Fragestellung, wie der Mensch sich aus seinen natürlichen Verhaltensmustern Kultur erschafft, scheint es mir hilfreich zu sein, den Begriff in dem weiten Rahmen des Konzepts von ,Kultur als Text' zu verstehen: von Kultur als einem auf Dauer gestellten und in seiner Dauer veränderlichen Ensemble von Gegenständen und Vergegenständlichungen, die als Zeichen verstanden und mit Bedeutungen versehen werden.[14] In diesem kultursemiotischen Konzept erfährt der Begriff ,Text' sein denkbar weitestes Verständnis. Er bietet damit aber zugleich die Möglichkeit, der methodischen Schwierigkeit, das Ensemble kultureller Gegenstände als ein solches – also in seinen Zusammenhängen, Strukturen, Bedeutungen, auch Ursprüngen, Verbindungen, Divergenzen usw. – plausibel zu beschreiben, mit einer Handhabe zu begegnen: mit den analytischen und hermeneutischen Verfahren der Textwissenschaften im traditionellen, engen Verständnis. Im Rahmen dieses dialektischen Zusammenhangs von weit gefasstem Textbegriff

---

12 Barth, *Römer*, S. 665.

13 Ich verzichte darauf, Ähnliches auch an anderen im paulinischen Weckruf gebrauchten Bildern zu verfolgen, etwa an der Metapher der ,Waffen Christi', die (und den) die Adressaten des *Römerbriefs* sich ,anziehen' sollten (siehe oben), eine Metapher, die Paulus wohl aus dem frühchristlichen Taufritus übernommen hat (vgl. Gal 3,27, außerdem Kol 3,9 f.; Ortkemper, *Leben*, S. 141, Käsemann, *Römer*, S. 350). Das im *Thessalonicherbrief* genannte Motiv des nächtlichen Diebes (1 Thess 5,2.4) stammt vielleicht aus einer proto-evangelischen Jesus-Überlieferung, wie sie auch in Mt 24,43 aufbewahrt ist.

14 Verwiesen sei hierfür nur auf den klassischen Sammelband von Bachmann-Medick (Hrsg.), *Kultur* (in der zweiten Auflage mit einem Zusatzbeitrag zum Textualitätsbegriff). Inspiriert wurde das Konzept von *Kultur als Text* von der hermeneutischen Ethnologie, besonders von Geertz, *Beschreibung*.

im Gegenstandsbereich und eng gefasstem Begriff in der Methodik können die Text-, speziell Literaturwissenschaften Modelle zum Verständnis menschlicher Kultur erarbeiten, die von anderen damit befassten Disziplinen aufgegriffen werden können.[15] Die Vergegenständlichung und Textualisierung des Verhaltensmusters *Wachsamkeit* im Weckruf des *Römerbriefs*[16] sowie die weiteren Operationen und Prozesse seiner Kulturalisierung, die ich im Folgenden beschreibe, vermögen an einer solchen Arbeit vielleicht mitzuwirken.

Ein Prozess im Rahmen der Kulturalisierung des Wachsamkeitsmusters, der von dessen Textualisierung im *Römerbrief*-Weckruf ausgeht, kommt in der Exegese des *Römerbriefs* zum Tragen, in der das Reiz-Reaktionsschema des menschlichen Verhaltensmusters aufgegeben und ersetzt wird: Das Ethos wird von seiner ursprünglichen, von Paulus besonders dringlich gemachten lebensweltlichen Aktualität – als *Reaktion* auf den *Reiz* der imminenten Parusie – entkoppelt und mit dem Anspruch überzeitlicher Geltung ausgestattet.

Schon im post-paulinischen *Epheserbrief* (siehe oben) deutet sich an, dass das anhaltende Ausbleiben der Parusie Christi sich in der christlichen Religion und Theologie allmählich zu einem „Sachverhalt"[17] kristallisierte, der Strategien mit sich brachte, die Dringlichkeit des paulinischen Appells zur richtigen Lebensführung neu zu begründen. Die frühchristliche Naherwartung der Parusie als eine spezifische ‚Zeit der Wachsamkeit'[18] wurde abgelöst von einer Endzeiterwartung, deren zeitliche Unbestimmtheit es notwendig und möglich machte, die Dringlichkeit des Weckrufs von der Aktualität eines weltzeitlichen καιρός zu entkoppeln. Stattdessen wurde er nun der Lebenszeit des einzelnen Menschen zugeordnet: An die Stelle der paulinischen Naherwartung traten die an keine Zeitspezifik gebundene Individualisierung und Spiritualisierung des Weckrufs.[19] Das Licht, das die Finsternis vertreibt, konnte dann nicht mehr nur der endzeitliche Weltenrichter, sondern auch jeder einzelne Christ sein, der die ‚Werke der Finsternis' nicht voll-

---

15 So scheint mir etwa das in der Wissenssoziologie angedachte Konzept der ‚kommunikativen Gattungen', in denen der Wissenshaushalt einer sozialen Gruppe (Gesellschaft) gespeichert und kommuniziert wird (vgl. Luckmann, Grundformen; Luckmann, Gattungen), an den weit gefassten Textbegriff anschließbar zu sein.

16 Das gilt auch für den Weckruf im *Thessalonicherbrief*. Beide Varianten des paulinischen Weckrufs müssen in meinem Zusammenhang nicht kategorisch auseinandergehalten werden. Bei den unten zu besprechenden literarischen Adaptationen des Weckrufs ist im Einzelfall auch nicht eindeutig zu entscheiden, welche Variante rezipiert worden ist. Die deutlich prägnantere, weil den Konnex von lebensweltlichem Reiz und ethologischer Reaktion zuspitzende Variante bietet der *Römerbrief*.

17 Käsemann, Grundsätzliches, S. 53.

18 Vgl. Brendecke/Reichlin, Zeiten.

19 Erlemann, *Naherwartung*, S. 364f.

bringt, sondern ‚aufdeckt‘ und ans Licht bringt (Eph 5,11); der Einzelne ist es nun individuell und jederzeit, der ‚erwachen‘ möge, auf dass Christus ihn ‚erleuchte‘: „ἔγειρε [...], καὶ ἐπιφαύσει σοι ὁ Χριστός" (5,14).

In aller Klarheit wird der paulinische Weckruf für solche Individualisierung und Spiritualisierung im *Römerbrief*-Kommentar des Origenes von Alexandria aus der ersten Hälfte des 3. Jahrhunderts, überliefert in der lateinischen Bearbeitung durch Rufinus von Aquileia aus dem späteren 4. Jahrhundert, geöffnet. Auch Origenes-Rufinus gehen davon aus, dass Paulus den lebensweltlich unmittelbaren Zeitbezug als wichtigste Begründung für die Dringlichkeit seiner Paränese benutzt hatte: ‚Er führt als Grund das große Drängen der Zeit an, die in allem das Entscheidende ist‘ („introducit [...] perurgentem temporis rationem, quod est in rebus omnibus summum", *Commentarii*, S. 110 zu Röm 13,11). Denn für die Seele des Menschen sei es entscheidend, nicht nur gottgefällig zu handeln, sondern dies auch ‚zur rechten Zeit‘ zu tun („tempore opportuno", ebd.). In der *Römerbrief*-Stelle sei diese Zeit der nahe ‚Tag der Erkenntnis‘ (ebd. zu Röm 13,12). Dessen Heraufkunft wird anschließend auf zweifache Art ausgelegt: als ‚eine allgemeine für alle‘ und als eine ‚spezielle für jeden einzelnen‘ („et generalem omnibus et unicuique specialem", S. 112). Die ‚allgemeine‘ Art des Verständnisses ist, wie Origenes-Rufinus erläutern, das endzeitliche Weltgericht, die ‚Vollendung der Weltzeit‘ („consummatio[] saeculi"). Die ‚spezielle‘ Art aber sei ‚auf jeden einzelnen‘ („per singulos") gemünzt:

> Et nobis enim si Christus in corde sit, diem nobis facit; si ignorantias nostras scientiae ratio fuget et indignos actus declinantes pia quaeque et honesta sectemur, in luce sumus positi et quasi in die honeste ambulamus. (ebd.)

> [Denn auch wenn Christus in unserem Herzen ist, bringt er uns den Tag; wenn das vernünftige Wissen unsere Unwissenheit vertreibt, wir den unwürdigen Werken aus dem Wege gehen und allem nachstreben, was gottgefällig und ehrenvoll ist, sind wir ins Licht gestellt und wandeln ehrenvoll sozusagen bei Tage.]

Der entscheidende ‚Tag der Erkenntnis‘ ist also nicht nur der Jüngste Tag der Welt, sondern auch der Zeitpunkt, an dem der Einzelne ‚Christus ins Herz nimmt‘ und sich damit einer gottgefälligen Lebensführung zuwendet, weil Christus nämlich identisch sei mit ‚Weisheit, Gerechtigkeit, Heiligwerdung, Wahrheit und aller Tugendhaftigkeit‘ („Christum sapientiam esse et iustitiam et sanctificationem et veritatem et omnes simul virtutes", S. 114, nach 1 Kor 1,30). Das gottgefällige Leben ist nicht mehr nur, wie bei Paulus, Vorbereitung auf den weltzeitlichen καιρός vor dem allgemeinen Gericht, sondern auch Resultat einer *Erleuchtung* durch die innerliche Hinwendung des Einzelnen zum Erlöser.

Origenes' zweites, von der ursprünglichen Aktualität des Weckrufs entkoppeltes Verständnis des *Römerbrief*-Weckrufs hat in der Auslegungsgeschichte weit gewirkt. Auch Abaelard deutete in seinem *Römerbrief*-Kommentar die Nacht–Tag-Metaphorik als individuelles Unwissen und Wissen um das Seelenheil („Nox ignorantia salutis est, dies cognitio vel illuminatio", *Expositio*, S. 784 zu Röm 13,12) und konnte deshalb mehr als ein Jahrtausend nach Paulus auch dessen *Wir* umstandslos auf sich selbst und seine Adressaten übertragen (ebd. passim). Der paulinische Weckruf besitzt in seinem individualisierten und spiritualisierten Verständnis eine Gültigkeit, die der zeitlichen Unbestimmbarkeit des endzeitlichen Gerichts angepasst ist.[20] So stand auch für Luther in seiner Wittenberger *Römerbrief*-Vorlesung von 1515/16 – ihrerseits auch so etwas wie ein weltgeschichtlicher καιρός, in dem Luther seine spätere Rechtfertigungslehre dämmerte – ‚zweifellos' fest, dass Paulus hier von einem spirituellen Schlaf rede, in dem der Geist sich befindet, wenn er sündhaft handelt („Non est dubium, quin [...] de spirituali somno loquatur, quo dormit spiritus, quando in peccatis agit", *Vorlesung*, S. 348 zu Röm 13,11); und Luther stellt extra klar („Notandum est"), dass dies über die Christen gesprochen sei – alle Christen, auch die seiner Gegenwart –, die in christlicher Lebensführung ‚lau' seien („de Christianis tepide agentibus", ebd.). Das künftige Weltgericht ist hier gar nicht mehr der entscheidende Orientierungspunkt. Die exegetische Entkoppelung des *Römerbrief*-Weckrufs von der endzeitlichen Naherwartung des Paulus mündet in eine Begründung der paulinischen Paränese durch den jederzeitigen Rückbezug auf das, was das Christsein einstmals begründet hatte, die Erlösungstat Christi am Kreuz. Wachsamkeit als Metapher für die richtige christliche Lebensführung im *Römerbrief* ist zu einem Sprach- und Denkmuster geworden, das von diesem Ursprung her zeitlos gültig ist.

2 Lebensweltliche Aneignung und imaginäre Besetzbarkeit

Das bietet auch die Möglichkeit, das Muster in unterschiedlichen lebensweltlichen Situationen mit je neuer Aktualität aufzuladen. Luther hatte seine Studenten in der *Römerbrief*-Vorlesung nebenbei darauf hingewiesen, dass der paulinische Weckruf jener Text ist, durch den der heilige Augustinus bekehrt worden sei: „Iste est textus,

---

20 Eine solche Anpassung liegt wohl auch der Verwendung des *Römerbrief*-Weckrufs in der Adventsliturgie zugrunde: Die Erwartung der Parusie des Weltenrichters wird in der liturgischen Zeit mit der reaktualisierten Erwartung der Menschwerdung des Erlösers verbunden. Vgl. dazu Reichlin, Wachen, bes. S. 44–48; zum liturgiegeschichtlichen Hintergrund Croce, Adventsliturgie.

ex quo conversus est b. Augustinus" (*Vorlesung*, S. 354 zu Röm 13,13). Die Formulierung „ex quo" ‚aus dem heraus' mag dabei vielleicht jenen speziellen Situationsentwurf dieser Bekehrung widerspiegeln, den Augustin in seinen *Confessiones* um das Jahr 400 schildert. Denn die berühmte Stelle handelt davon, dass Augustins endgültige Hinwendung zu einer asketischen, allein dem christlichen Glauben gewidmeten Lebensführung in der Tat ‚aus' dem *Römerbrief*-Weckruf ‚heraus' bewirkt worden sei. Im Zentrum der Erzählung von Augustins Bekehrung steht eine Aneignung des paulinischen Weckrufs, eine Anwendung des Appells, zur richtigen Lebensführung zu *erwachen*, auf das eigene Leben. Aufschlussreich ist dabei, dass in Augustins Erzählung von dieser Aneignung die Zufälligkeit des entscheidenden Moments einer deutlichen kulturellen Steuerung folgt und im Rahmen dieser Steuerung auch der Weckruf als ein kulturelles Muster greifbar wird.

Im achten Buch der *Confessiones* schildert Augustin seine Hinwendung zur christlich-asketischen Lebensführung als einen Kampf mit sich selbst, der dem Plan einer über mehrere Etappen geführten emotionalen Zuspitzung folgt (vgl. *Bekenntnisse* VIII,5,12; 9,21–10,24; 11,25; 11,27). Unmittelbar vor dem Entscheidungsmoment, auf den dieser Plan gerichtet ist, versetzt sich die autobiographische Stimme zurück in eine Situation höchster Zerknirschung („contritio cordis", 12,29). Unter einem Feigenbaum zu Boden geworfen und in Tränen aufgelöst – dem bußfertigen ‚Opfer', das Gott ‚genehm ist' („acceptabile sacrificium tuum", 12,28) –, wendet Augustin sich an Gott mit der Bitte, ihn aus der eigenen Entscheidungslosigkeit endlich zu erlösen:

> ‚Et tu, domine, usquequo? Usquequo, domine, irasceris in finem? [...] Quamdiu, quamdiu ‚cras et cras'? Quare non modo? Quare non hac hora finis turpitudinis meae?' (ebd.)

> [‚Und du, Herr, bis wann denn noch, bis wann denn noch, Herr, wirst du schlussendlich zürnen? [...] Wie lange, wie lange das ‚morgen und immer morgen'? Warum nicht jetzt? Warum nicht in dieser Stunde das Ende meines schändlichen Lebens?']

Der rhetorisch ausgefeilte Klageruf ist mit Zitaten gerüstet. Der immerwährende Aufschub auf ‚morgen und morgen' ist Widerhall einer Stelle des römischen Satirikers Persius,[21] und der Feigenbaum ist ein Artgenosse des von Jesus verfluchten und daraufhin verdorrten Feigenbaumes, der in den Evangelien als Beispiel herhalten muss für Jesu Lehre: „Und alles, was ihr bittet im Gebet: so ihr glaubt, werdet ihr's empfangen" (Mt 21,22). Letzteres erfüllt sich jedenfalls dann an Augustin (12,29). Angeregt durch den Singsang ‚Nimm und lies!' („Tolle lege! Tolle lege!") eines Kindes im Nachbarhaus schlägt er den bereitliegenden Codex der Paulus-Briefe auf und legt den Finger zufällig auf die Paränese von Röm 13,13 f. Und diese

---

21 Vgl. Augustinus, *Bekenntnisse*, Kommentar, S. 886: Persius, *Saturae* V, V. 66–69.

Mahnung, ‚als wäre sie für ihn gesprochen‘ („tamquam sibi diceretur", ebd.), erlöst ihn aus der Entscheidungslosigkeit: ‚Wie wenn ein Licht der Ruhe in mein Herz gedrungen wäre, wurden alle Finsternisse des Zweifels zerstreut‘ („quasi luce securitatis infusa cordi meo omnes dubitationis tenebrae diffugerunt", ebd.).

Augustin hat die Zufälligkeit der erzählten Situation in einen literarischen Verweiszusammenhang eingebettet. In Erfüllung der biblischen Feigenbaum-Lehre wird das Leben des mit der heidnisch-römischen Literatur (Persius, wie Cicero III,4,7 f.) imprägnierten Intellektuellen aus der ‚Finsternis‘ der ‚Schande‘ ins ‚Licht‘ des christlichen Heils gewendet durch den *Römerbrief*-Weckruf. Augustin erzählt den Moment seines *Erwachens* zur asketischen Lebensführung als eine spontane Aneignung des paulinischen Weckrufs und markiert zugleich, dass die Spontaneität dieser Aneignung eingebettet ist in eine überindividuelle und über die aktuelle Situation hinausreichende kulturgeschichtliche Normenverschiebung – schlagworthaft: von Persius zu Paulus.[22] In der Erzählung von Augustins *Erwachen* spiegelt sich, dass der *Römerbrief*-Weckruf als ein kulturelles Muster verfügbar geworden ist: Er steht bereit, zum Bestandteil nicht nur einer individuellen Lebensgeschichte, sondern auch einer kulturgeschichtlichen Epochenmarkierung gemacht zu werden.

Dabei spielt es in meinem Zusammenhang gar keine Rolle, ob das erzählte Ereignis sich auch so zugetragen hat, realweltlich *wahr* gewesen ist.[23] Für den Prozess einer Kulturalisierung des menschlichen Verhaltensmusters *Wachsamkeit* ist vielmehr wichtig, dass das Verhalten nicht mehr als natürliche Gegebenheit behandelt wird, sondern als Gegenstand der (gleichviel, ob realen oder fiktiven) Aneignung einer reflektierten Zuschreibung unterzogen wird: Dem Verhaltensmuster, das im *Römerbrief*-Weckruf gedanklich und sprachlich vergegenständlicht, als Text auf Dauer gestellt und in der Rezeption von seiner ursprünglichen Aktualität entkoppelt worden ist, wird nun eine Angemessenheit, Kongruenz, Sinnhaftigkeit, Autorität usw. attestiert, die es ermöglicht und rechtfertigt, das Muster auf eine neue lebensweltliche Situation zu übertragen. In der Aneignung des Musters *Wachsamkeit* zeigt sich so nicht nur, dass es verfügbar, sondern auch, dass es besetzbar geworden ist mit arbiträren Bedeutungen und von diesen evozierten Vorstellungen.

---

22 Zu dieser Einbettung gehört auch, dass Augustin die Metaphorik des *Römerbrief*-Weckrufs bereits ins Vorfeld des Entscheidungsmoments übertragen hat: In seiner Entscheidungslosigkeit vergleicht er sich mit einem aus dem Schlaf Kommenden, der das endgültige Erwachen immer weiter aufschieben will (VIII,5,12); und über das Wort *excitare* verknüpft er seine Bitte an Gott, alle Menschen *aufzuwecken* (4,9), mit seinem früheren philosophischen *Erwachen* aufgrund der Lektüre von Ciceros *Hortensius* (III,4,8, wiederholt in VIII,7,17).

23 Zur Diskussion vgl. Engberg, *Exarsi.*

Deutlicher wird das in Francesco Petrarcas nicht minder berühmter Adaptation von Augustins *Erwachen* im Briefbericht seiner Besteigung des Mont Ventoux von 1336. Petrarca überträgt Augustins Verfahren des Schriftorakels auf die eigene lebensweltliche Situation der Bergwanderung (*Besteigung* 26–32) und macht den Vorgang dieser Übertragung auch kenntlich, indem er dabei auf die *Confessiones* und das dortige *Römerbrief*-Zitat verweist (30). Und obendrein macht er klar, dass das Verfahren auch schon bei Augustin auf einer Übertragung beruht, weil dasselbe Verfahren, wie Augustin ebenso vermerkt hatte (*Bekenntnisse* VIII,12,29), bereits in der Antonius-Vita des Athanasius erzählt ist, als Moment von Antonius' Entscheidung für das Eremitendasein (*Besteigung* 31).[24] Petrarcas Zwiespalt, der durch das Schriftorakel entschieden wird, stimmt dabei weder mit dem des Antonius (Teilhabe an oder Rückzug aus der Welt) noch mit dem des Augustin (weltliche oder asketische Lebensführung) überein, sondern besteht zwischen der Bewunderung („mirari") für die Schönheiten der äußeren, vom Mont Ventoux überschaubaren Welt und der Ausrichtung der Seele ‚auf Höheres' („ad altiora", 26). Und das Schriftwort, das ihm die entscheidende Erkenntnis in diesem Zwiespalt bringt, als wäre es ‚für mich und keinen anderen gesagt' („michi et non alteri dictum", 30), entspricht der Situation, in der dieser Zwiespalt zur Sprache gebracht wird, detailgenau: Es ist Augustins Bemerkung darüber, dass die Menschen in der Bewunderung („admirari") für Berge (wie nördlich des Ventoux), Meere (wie bei Marseille) und Flüsse (wie die Rhône) sich selbst aufgeben („relinquunt se ipsos", 27, *Bekenntnisse* X,8,15). Wieder ganz unabhängig davon, ob Petrarca dieses Orakel tatsächlich erlebt oder inwiefern er es in der Brieferzählung stilisiert hat, reflektiert seine Adaptation von Augustins Bekehrungsereignis, dass die Aneignung des paulinischen Weckrufs auch dort darauf basiert, dass ihm eine Kongruenz mit einer eigenen aktuellen Lebenssituation und eine Sinnhaftigkeit für sie zugeschrieben wird. In seiner Aneignung erweist sich, dass das ethologische Muster *Wachsamkeit* als Kulturmuster nicht nur lebensweltlich verfügbar, sondern auch unterschiedlich imaginär besetzbar geworden ist.

3 Ausbildung kultureller Synapsen

Indem Augustin sein paulinisches mit seinem ciceronischen Bekehrungserlebnis und den Appell an das *Jetzt* im *Römerbrief* mit dem Aufschub aufs *Morgen* in der

---

24 Die von Augustin und Petrarca zitierte Bibelstelle, die für Antonius entscheidend gewesen sein soll, ist die evangelische Aufforderung Jesu an den reichen Jüngling, all seinen Besitz aufzugeben und ihm nachzufolgen (Mt 19,21).

Persius-Satire zusammenbringt, setzt er den paulinischen Weckruf mit einem anderen Kulturbereich jenseits von christlicher Religion und Lebensführung in Beziehung. Auch darin kann das Beispiel verallgemeinert werden: In Augustins lebensweltlicher Aneignung des Weckrufs zeigt sich, dass das gedanklich und sprachlich vergegenständlichte Ethos der Wachsamkeit als Teil eines kulturellen Textes anschließbar wird an dessen andere Teile – auf sie beziehbar, mit ihnen harmonisierbar, von ihnen abgrenzbar usw. Im Folgenden gehe ich weiteren Äußerungsformen solch kultureller Anschlussfähigkeit des Wachsamkeitsmusters nach. Dabei bezeichne ich diese Fähigkeit mit dem neurologischen Begriff der Synapse, um in der Metapher zum Ausdruck zu bringen, dass die hier in Rede stehenden kulturellen Anschlüsse gewisse Sinnstiftungsprozesse einschließen, die beide Seiten der Anschlussbildung betreffen können, und dass die Anschlussbildung durch solche Sinnstiftungen auch motiviert sind. Die folgende Beispielreihe rekonstruiert drei kulturelle Synapsen, die das Wachsamkeitsmuster in poetischen Adaptationen des paulinischen Weckrufs ausgebildet hat, und zielt damit keineswegs auf Vollständigkeit. Die Reihe stammt aus dem Bereich religiöser Lyrik und endet mit einem geistlichen Tagelied, also demjenigen lyrischen Typus, für den das religiöse *Erwachen* thematisch überhaupt konstitutiv ist. Ich beginne mit dem Hymnus *Ales diei nuntius* (,Der gefiederte Herold des Tages') über den Hahnenschrei vor der Morgendämmerung, mit dem Augustins Zeitgenosse Aurelius Prudentius Clemens kurz nach 400 seine Hymnensammlung *Cathemerinon* eröffnet hat.

Der Titel des *Cathemerinon liber* lässt sich vielleicht als *Buch der Tagzeitenlieder* übersetzen. Doch die Sammlung enthält nicht nur Tagzeitenlieder im eigentlichen Sinne (Nr. 1–6: von der Morgendämmerung bis zum Zubettgehen), sondern gleichermaßen auch Lieder, die auf Zeiten des christlichen Lebens- und Jahreslaufs bezogen sind (Nr. 7–12: Fasten, Totenbestattung, das im Osterfestkreis kulminierende Erlösungswerk Christi, Weihnachten, Epiphanias). Die unterschiedlichen Strophenformen, die Prudentius dabei verwendet hat, zeigen an, dass sein Liederbuch insgesamt nicht für einen liturgischen Gebrauch und vielleicht nicht einmal primär für die individuelle Gebetspraxis bestimmt, sondern vor allem auf eine kulturell-formative Funktion ausgerichtet war: Der *Cathemerinon liber* arbeitet mittels einer lyrischen „Christianization of the everyday" an der poetischen Modellierung einer „Christian identity".[25] Diese ist aber im *Cathemerinon* nicht nur von ihrem christlichen Inhalt, sondern auch von dessen poetischer Gestaltung bestimmt. Denn die hier modellierte Identität des Christen beruht darauf, dass die christliche Glaubens- und Lebenswelt mit dem antiken Kulturkanon harmonisiert wird, mit der Sprach- und Bilderwelt der klassischen, heidnischen römischen

---

25 O'Daly, *Days*, S. 18 f.

Poesie. Die Exquisitheit der (wie bei fast allen Werken des Prudentius) griechischen Titelgebung zeigt dabei den Anspruch des Unterfangens an: Christentum in einer poetischen Gestalt, die an einer höchsten, von den Werken des Vergil und Horaz repräsentierten Norm orientiert ist.[26] Dass Prudentius diese kulturelle Orientierung im Hymnus *Ales diei nuntius* speziell an eine Adaptation des *Römerbrief*-Weckrufs geknüpft hat, lässt sich zunächst deutlicher profilieren über einen Vergleich mit demjenigen Morgendämmerungshymnus, der für Prudentius' *Ales diei nuntius* formal wie inhaltlich „das unmittelbare Muster" war: der Hymnus *Aeterne rerum conditor* (‚Ewiger Schöpfer der Welt') des Ambrosius von Mailand.[27] Die Übereinstimmungen mit diesem machen es besonders signifikant, dass Prudentius die Situation und Symbolik der Morgendämmerung mittels Rückführung auf den paulinischen Weckruf gedanklich und poetisch umgestaltet hat.

Der ambrosianische Morgendämmerungshymnus[28] fokussiert den konsolatorischen Aspekt von Tagesanbruch und Licht-Symbolik: Der vom Schöpfergott eingerichtete Tag-Nacht-Wechsel verringere die Gefahr von Überdruss („ut alleues fastidium", V. 4); der morgendliche Hahnenschrei gebe Orientierung auf nächtlichen Wegen („nocturna lux uiantibus", V. 7); der von ihm heraufgerufene Morgenstern befreie den Himmel von der Finsternis („soluit polum caligine", V. 10); durch ihn sammle der Seefahrer neue Kraft, beruhige sich das Meer („Hoc nauta uires colligit / pontique mitescunt freta", V. 13 f.); der Mensch schöpfe neue Hoffnung, Kranken kehre das Heil, Sündern das gläubige Vertrauen zurück („spes redit, / aegris salus refunditur, / [...] / lapsis fides reuertitur", V. 21–24). Und so wird auch der am Ende angerufene Erlösergott nicht als künftiger Weltenrichter, sondern als gegenwärtiger Helfer adressiert, welcher, entsprechend der Weckruf-Deutung seit dem *Epheserbrief* (siehe oben), der menschlichen Seele Licht einflößen und den Schlaf vertreiben („Tu lux refulge sensibus / mentisque somnum discute", V. 29 f.), überhaupt dem Sünder beistehen möge:

> Iesu, labantes respice
> et nos uidendo corrige;
> si respicis, lapsus cadunt
> fletuque culpa soluitur. (V. 25–28)

> [Jesu, schau auf uns Sündige / und bessere uns durch deine Aufsicht; / wenn du schaust, schwinden die Sünden / und Schuld wird mit Tränen reingewaschen.]

---

26 Zur sprachlichen Verankerung des *Ales*-Hymnus in der antiken Dichtungstradition vgl. van Assendelft, *Sol*, S. 59–91.

27 Zitat: Herzog, *Dichtkunst*, S. 65. Die Form des *Ales*-Hymnus ist die von Ambrosius erfundene, *ambrosianische* Hymnenstrophe (vier akatalektische jambische Dimeter); zu den inhaltlichen Entsprechungen vgl. Charlet, *Création*, S. 91–94; O'Daly, *Days*, S. 44–62.

28 Ambroise de Milan, *Hymnes*, S. 148–151, mit Stellenkommentar S. 152–175.

Im Sinne des letztzitierten Verses ist auch das vorher erwähnte Exempel des Petrus, dessen Schuld, die Verleugnungen Christi, mit dem Hahnenschrei weggewaschen worden sei („hoc ipse petra ecclesiae / canente culpam diluit", V. 15 f., zu Mt 26,69–74), in einem tröstenden Sinne zu verstehen: Die Reuetränen des Sünders (Mt 26,75) ermöglichen die Vergebung der Schuld, auch der schwersten. Für den betenden Christen ist dieses konsolatorische Angebot Gottes ein Ansporn, tatkräftig aufzustehen („Surgamus ergo strenue", V. 17) zu einem Tageswerk und Lebenswandel, mit denen er Gott preisen und sein Taufversprechen einlösen kann („te nostra uox primum sonet / et uota soluamus tibi", V. 31 f.).

Demgegenüber hat Prudentius in seinem Morgendämmerungshymnus[29] die Symbolik von Tagesanbruch und Hahnenschrei wieder auf den eschatologischen Weckruf des Paulus zurückgeführt: Der krähende Hahn sei Symbol des Weltenrichters („nostri figura iudicis", V. 16); so wie jener das nahe Tageslicht ankündige (V. 2), rufe dieser die Christen, indem er ihre Seelen aufweckt, zum ewigen Leben („nos excitator mentium / iam Christus ad uitam uocat", V. 3f.): ‚Wachet, ich bin schon ganz nah' („uigilate, iam sum proximus", V. 8); denn der Schlaf sei Symbol des ewigen Todes („Hic somnus [...] / est forma mortis perpetis", V. 25f.) und das Liegen und Schnarchen sei von den Sünden erzwungen („peccata [...] / cogunt iacere ac stertere", V. 27 f.); der Weckruf hingegen, der die Nähe des Richters und des ewigen Heils verkünde, gebe dem Menschen noch Gelegenheit zum rechtzeitigen Erwachen, zur Abkehr von den Sünden:

> ne somnus usque ad terminos
> uitae socordis opprimat
> pectus sepultum crimine
> et lucis oblitum suae. (V. 33–36)

> [damit nicht der Schlaf bis zum letzten Punkt / eines sorglosen Lebens die Seele belaste, / die in Schuld verstrickt ist / und ihr (Heils-)Licht vergessen hat.]

Deshalb mündet der Hymnus in sechs Strophen (V. 73–96), in denen die Paränese des *Römerbrief*-Weckrufs entfaltet ist, zu einer Variationsreihe von Zurückweisungen des *Schlafens* und Aufforderungen zum *Wachen*, denn

> Aurum, uoluptas, gaudium,
> opes, honores, prospera,
> quaecumque nos inflant mala,
> fit mane, nil sunt omnia. (V. 93–96)

---

29 Prudentius, *Carmina*, S. 5–8; zur Interpretation vgl. besonders Gnilka, Natursymbolik.

[Gold, Begierde, Genuss, / Reichtum, Ehre, Glück, / und was Übles alles uns mit Stolz aufbläst, / ist, wenn der Morgen anbricht, alles nichtig.]

Und mit dieser Erkenntnis wird schließlich Christus angerufen, der mit seiner Parusie den Schlaf und die Nacht ein für alle Mal beenden (V. 97 f.) und den heilsgeschichtlichen Bogen von Adams Sündenfall zum neuen Licht des Heils vollenden möge („tu solue peccatum uetus / nouumque lumen ingere", V. 99 f.).

Der prudentianische Morgendämmerungshymnus antwortet auf den ambrosianischen, indem er die konsolatorische Deutung und Funktionalisierung von Hahnenschrei und Tagesanbruch in den Hintergrund drängt zugunsten einer Rückwendung auf die eschatologische Deutung im *Römerbrief.* Das ist aber nicht nur eine exegetische oder glaubenspraktische Entscheidung gewesen. Denn Prudentius hat die Neuprofilierung des paulinischen Weckrufs mit einer Bildproduktion verbunden, in welcher der Weckruf an die Poetik der klassisch-römischen Lyrik angeschlossen wird, speziell an die Oden des Horaz.

Im Mittelteil des Hymnus (V. 37–72), zwischen Verkündigung und Paränese,[30] wird die Plausibilität der eschatologischen Deutung des Hahnenschreis mittels dreier Ereignisskizzen illustriert, die exegetische mit narrativen Komponenten verbinden: Zum Ersten würden die bösen Geister der Nacht, aufgeschreckt vom Hahnenschrei, wie man erzähle („Ferunt"), sich im Wissen darum verflüchtigen, dass der Ruf die nahe Ankunft Gottes bezeichne (V. 37–48);[31] zum Zweiten zeigten die Verleugnungen des Petrus vor dem Hahnenschrei, dass dieser das Ende allen Sündigens bringe („finemque peccandi ferat"), denn, wie man an Petrus' Reuetränen erkenne, habe er nach dem Hahnengesang aufgehört zu sündigen („cantuque galli cognito / peccare iustus destitit", V. 49–64);[32] und zum Dritten sei Christus selbst zur Zeit des Hahnenschreis aus der Totenwelt zurückgekehrt, wo er sich als mächtiger erwiesen habe als Tod, Tartarus und Nacht (V. 65–72). In ihrer Funktion, das Thema des Hymnus zu illustrieren, entsprechen die drei narrativen Skizzen den lyrischen *narrationes,* die Prudentius' klassisch-römisches Lyrikvorbild Horaz immer wieder in seinen Oden verwendet hat, besonders in den hymnischen: so etwa

---

30 Gliederung Gnilka, Natursymbolik, S. 431–433; etwas anders (ohne Relevanz für das Folgende) etwa Herzog, *Dichtkunst,* S. 64, oder O'Daly, *Days,* S. 44.

31 Auch dieses Motiv ist in Ambrosius' Morgendämmerungshymnus im konsolatorischen Sinne anders akzentuiert: Mit dem Hahnenschrei verlasse der Reigen der bösen Geister die Wege, auf denen er dem Menschen Schaden bringe („hoc omnis errorum chorus / vias nocendi deserit", V. 11 f.); das Böse werde also nicht mit dem eschatologischen Tagesanbruch endgültig aus der Welt geschafft, sondern setze vorerst nur tagsüber seine Hinterhalte aus. – Zu Quelle (Eph 6,11–13) und exegetischem Hintergrund der Prudentius-Passage vgl. van Assendelft, *Sol,* S. 75 f.

32 Zum Hintergrund vgl. van Assendelft, *Sol,* S. 77–80; Herzog, *Dichtkunst,* S. 62.

in einem Hymnus auf Merkur die Erzählungen von dessen Rinder- und Bogenraub an Apoll und seinem Geleit für Priamos zur Auslösung von Hektors Leichnam (I,10), in einem Hymnus auf Bacchus die Mythen von Ariadne, Pentheus und anderen (II,19) oder in einem Hymnus auf Apollo die Erinnerung an die von diesem gewährleistete Tötung Achills (IV,6); aber auch in anderen Liedern: etwa im Dank des Dichters an die Musen eine *narratio* der Gigantomachie (III,4), im Lob des einfachen Lebens an Maecenas den Mythos von Danae (III,16) oder in der Verfluchung einer untreuen Geliebten denjenigen von Europa (III,27).[33] Prudentius bedient sich mit seinen illustrativen Erzählskizzen einer poetischen Technik, über die seine Adaptation des paulinischen Weckrufs einem literarischen Vorbild angegliedert wird, mit der die christliche Glaubens- und Lebenswelt kulturell harmonisiert werden soll. Dem Weckruf wird eine Synapse angedichtet, die nicht religiöser, sondern, ähnlich wie bei Augustin, kulturgeschichtlicher und jetzt speziell poetologischer Art ist.[34]

In meinem zweiten Beispiel solcher Synapsenbildung ist der *Römerbrief*-Weckruf in einem ganz anderen kulturellen Diskurs rhetorisch-argumentativ funktionalisiert worden. Walther von der Vogelweide hat in seiner wohl 1201/02 gedichteten Sangspruchstrophe *Nû wachet! uns gêt zuo der tac* (Cormeau 10 IV; Lachmann 21,25) den Weckruf vor dem Jüngsten Gericht mit einer Zeit- und Gesellschaftskritik verbunden, die er in seiner Sangspruchlyrik auch sonst variationsreich übt. Der paulinische Weckruf erweist sich innerhalb der Strophe als anschlussfähig an eine soziale und politische Gegenwartsdiagnostik und innerhalb des Dichterœuvres als eine rhetorische Repertoirevariante, in der diese Diagnostik fakultativ entwickelt werden konnte.

Im Aufgesang der Strophe[35] macht Walther den „tac", zu dem der Eingangsvers wachruft, als den Jüngsten Tag kenntlich, vor dem die ganze Menschheit – „kristen, juden unde heiden" – zurecht „angest haben mac" und dessen bevorstehende „kunft" an vielerlei in der biblischen „schrift" prophezeiten „zeichen" abzulesen sei (V. 1–6). Und der letzte Vers der Strophe schließt diese Ankündigung ab, indem er den Weckruf des Eingangsverses wiederholt und seine zeitliche Dringlichkeit betont: „wol ûf! hie ist ze vil gelegen!" (V. 15) Unverkennbar ist Walthers Weckruf ein aus der eigenen Gegenwart gesprochenes Echo des paulinischen Weckrufs. Sachlich jedoch wird die Dringlichkeit des Rufs von Walther anders begründet als von Paulus. Nicht die körperlichen Verlockungen der Welt, von denen der Christ sich

---

33 Allgemein zum Einfluss der horazischen mythologischen *narrationes* auf den *Cathemerinon* vgl. Lühke, *Flaccus*, S. 203–207.

34 Nochmals anders als Ambrosius, der seine Hymnen primär für einen praktischen, liturgischen Gebrauch bestimmt hatte (vgl. Fontaines Einleitung in Ambroise de Milan, *Hymnes*, S. 28–62), stellt Prudentius mit dieser Synapsenbildung geradezu aus, dass er die christliche Hymnik *literarisiert*.

35 Walther von der Vogelweide, *Leich, Lieder, Sangsprüche*, S. 42.

angesichts der bevorstehenden Parusie des Weltenrichters abkehren solle, sondern die Auflösung der sozialen Ordnung, die den Menschen dem „himel" entfremdet, ist der im Abgesang der Strophe ausgemalte Zustand, aus dem das von Walther adressierte Publikum *erwachen* solle. Denn „untriuwe" habe „allenthalben" in der Welt ihren „sâmen" ausgestreut; „untriuwe" herrsche zwischen „vater" und „kinde", zwischen „bruoder" und „bruoder"; und auch der „geistlich orden" weise „uns" nicht, wie er „solte[]", den Weg „ze himel", sondern „triuget" (V. 8–13). Dabei ist dies keine Klage über die allfällige Schlechtigkeit der Welt, sondern eine aktuelle Zeitkritik, denn das Aufgehen der von der „untriuwe" gestreuten Saat vollziehe sich betontermaßen in der Gegenwart: „gewalt gêt ûf", und „reht vor gerihte swindet" (V. 14).[36] So wird der religiöse Weckruf eingesetzt, um eine Kritik an Walthers eigener sozialer Gegenwart mit eschatologischer Dringlichkeit aufzuladen. Der paulinische Weckruf wird in den rhetorischen Dienst eines Appells gestellt, der weniger religiöser als weltlicher Natur ist, nämlich der „triuwe" und dem „reht" auf Erden neue Geltung zu verschaffen.[37]

Die Strophenform, in die Walther die Kritik und den Appell gekleidet hat, ist von der Germanistik *Wiener Hofton* getauft worden. Thematisch ist dieser Ton aber weniger von Lob und Schelte des Wiener Herzogshofs bestimmt (Str. II, XII, XIV) als von einer facettenreichen Klage über den Verfall sozialer Werte und Handlungsnormen: Missverhältnis von Reichtum und Gottgefälligkeit (I), Heuchelei (III), Mangel an Mitmenschlichkeit (V), jugendliche Respektlosigkeit (IX, X), klerikale Machtanmaßung (XIII) und eine allgemeine Depravation der Welt (VIII). Mehrfach wird diesem Verfall eine biblische und christliche Orientierungsgröße gegenübergestellt (I, V, VI, VIII, IX, XIII); christliche Religion stellt insgesamt die Zufluchtsvorstellung für die Lebensunsicherheit des Sänger-Ichs bereit (XI, XV). Die Strophen über den Wiener Hof lassen sich mit dieser Klage entweder in laudativem Kontrast (XIV zu I u. a.) oder in tadelnder Parallele (XII zu X u. a.) kombinieren. Der mit eschatologischer Dringlichkeit aufgeladene Weckruf in Strophe IV erscheint in diesem Kontext als eine unter mehreren Varianten einer gedanklichen und rhetorischen Verbindung der waltherschen Sozialkritik mit ihrem religiösen Normgebungshorizont. Anschlussfähig ist der Weckruf damit auch über den *Wiener Hofton* hinaus, etwa an Walthers berühmte politische Zeitklage in der ersten *Reichston*-Strophe *Ich saz ûf eime steine* (Cormeau 2 I; Lachmann 8,4), deren Schlusspassage –

---

36 Ob die am Anfang dieses Zeitbildes erwähnte Sonnenfinsternis – „diu sunne hât ir schîn verkêret" (V. 7) –, indem sie nicht nur auf Mk 13,24, sondern vielleicht auch auf die reale Sonnenfinsternis am 27.11.1201 verwies, die Aktualität der Diagnose für Walthers Publikum noch unterstrichen haben mag, kann hier dahingestellt bleiben. Vgl. Schweikles Kommentar in: Walther von der Vogelweide, *Werke 1*, S. 462.
37 Ähnlich Schnyder, *Tagelied*, S. 583 f.

der Zusammenhang von „untriuwe", „gewalt" und schwindendem „reht", dazu das Motiv der „wege" (V. 20–23) – ihrerseits gleichfalls ein unverkennbares Echo in der Weckruf-Strophe besitzt. Der paulinische Weckruf erscheint als kulturelles Versatzstück, das, im Kontext christlicher Religiosität überliefert, einem sozialkritisch-politischen Diskurs verfügbar gemacht werden kann.

Mit dem mittelhochdeutschen Tagelied hatte Walthers Strophe nichts zu tun.[38] Doch in späteren Zeiten hat der paulinische Weckruf durchaus eine kulturelle Synapse auch mit dieser Subgattung des hoch- und spätmittelalterlichen Minnesangs ausgebildet, indem er nicht nur an die Tageliedtradition angeschlossen, sondern auch von ihrer Bildlichkeit beeinflusst worden ist. Mein Beispiel dafür ist Hans Sachs' geistliches Tagelied *Es ruft ein wachter faste* von 1518.[39]

Das Lied entfaltet in der ersten Strophe eine typische Situation des Minnesang-Tageliedes, die in den beiden folgenden Strophen religiös ausgelegt wird als Situation des in Sünde lebenden Christenmenschen angesichts seines nahen Todes. Die Tageliedsituation wird im Weckruf eines „wachter[s]" ausgemalt: Angesichts des von Osten heraufdämmernden Tages (erster Stollen, V. 1–5) möge der als „frembdter gaste" angeredete Liebhaber sich von seiner Geliebten trennen und sich heimlich „aus der purg" stehlen (zweiter Stollen, V. 6–10); denn wenn der Burg-„her", der die „hoch geporen" Geliebte sich selbst „erkoren" habe, erwache und die Liebenden ergreife, werde er sie „durch sein vrteil und scharpffes recht" verdammen und vom Burgfelsen „in das diffe dale" hinabstürzen; deshalb möge der Liebhaber sich und seine Geliebte „vor not" bewahren, also schnell „aus dem pett" weichen (Abgesang, V. 11–27). Die Auslegung dieser Situation wird in Form einer Paränese gegeben, die an den „mensch[en]" (Str. 2, V. 4) und „sunder" (Str. 3, V. 11 u. 20) gerichtet und durch ein wiederholtes „merck" (Str. 2, V. 4; Str. 3, V. 1 u. 15) emphatisch aufgeladen wird. Tageliedsituation und Auslegung sind dabei genau aufeinander abgestimmt: Der Liebhaber sei der menschliche „leibe", sein Schlaf dessen Verfallenheit an die „sunden", die Geliebte „die sele rein", welche Gott „nach dem pildnus sein" erschaffen habe, der Wächter die zur Sündenabkehr mahnende „vernunfft" und der anbrechende Tag der nahe „dot"; der Burgherr schließlich sei Gott und sein Schlaf dessen „parmherczikeite", die dem Sünder noch Zeit zu „rew peicht pus" lasse und damit auch die „zw versicht", noch „frolich von hinen" zu kommen, also Gottes Strafe zu entgehen (Str. 2). Letztere wird in der dritten Strophe ausgemalt: Sobald der Mensch sterbe, erwache Gott „mit der gerechtikeite" und stürze Leib und Seele, wenn er sie „peflecket" finde, „in den ewigen dot", aus dessen unvorstellbarer „pein"

---

38 Zur Diskussion darüber vgl. Schnyder, *Tagelied*, S. 268f.
39 Ellis (Hrsg.), *Meisterlieder*, S. 44–46; vgl. Hahn, *Es ruft*, und, an ihn anschließend, Probst, *Nu wache*, S. 129–144; zu den Gattungshorizonten Mohr, Tagelied, sowie Kochs, *Tagelied*, Schnyder, *Tagelied*.

der Schlussappell an den „sunder" folgt, sich aus „schlaff" und „sunden strick" zu befreien.

Der paulinische Weckruf erscheint hier in seiner aus der eschatologischen Perspektive gelösten Form (siehe oben): in seiner Dringlichkeit begründet mit dem individuellen Totengericht. Der Anschluss des Weckrufs an den Vorstellungs- und Motivhaushalt des Minnesang-Tageliedes zeigt sich dabei nicht nur im zitierten Bezug zwischen Tageliedsituation und ihrer Exegese, sondern auch innerhalb letzterer. Denn in der Auslegung begegnen weitere Bilder und Sprachwendungen, die in der Tageliedsituation der ersten Strophe nicht gebraucht waren, typischerweise aber einer solchen Situation oder der mittelalterlich-höfischen Literatur allgemein zuzuordnen sind: der Liebhaber als „der kune helde" (Str. 2, V. 1) und die Geliebte als „zarte[s] frewenlein" (V. 3) oder „freulein auserwelde" (V. 7), die menschliche Seele, die Gott „gar adelich erschaffen" habe (V. 10), und der Wächter, der „an der zinen" stehe (V. 11), vielleicht auch noch das „frolich[e]" Entgehen der Strafe (V. 24) und die „freud", die im literarischen Entwurf eines adeligen Gesellschaftsideals ein zentraler Wert ist, in der christlichen Hölle aber „gancz wilde", ‚unbekannt, fremd' sei (Str. 3, V. 12). Einzelne dieser in der feudaladeligen Literatur spezifisch geprägten Wörter und Wendungen mögen vielleicht auch eine religiöse Semantik besessen haben,[40] doch wird diese im Lied nicht explizit gemacht. So dokumentieren die Wörter und Wendungen vielmehr insgesamt, wie, ausgehend vom Anschluss des paulinischen Weckrufs an die Tageliedtradition, dieser Anschlussbereich weiter auf die christliche Sündenparänese übergreift und sie sprachlich wie gedanklich moduliert. Der Weckruf wird nicht nur an eine poetische Tradition angeschlossen, sondern durch diesen Anschluss auch selbst in Form, Formulierung und Bildgebung verändert. Die Synapsenbildung beeinflusst beide miteinander verbundenen kulturellen Objekte, das Tagelied wie den religiösen Weckruf.

Die drei in diesem Abschnitt besprochenen Erscheinungen kultureller Synapsenbildung – kulturgeschichtliche Kontextualisierung (Prudentius), Funktionalisierung für einen anderen Diskurs (Walther), Veränderung durch eine poetische Tradition (Sachs) – führen den paulinischen Weckruf als Teil eines umfassenden kulturellen Haushalts vor. Das ethologische Muster *Wachsamkeit* ist als Gegenstand des Weckrufs in diesen Haushalt integriert und steht damit in einem Austauschverhältnis mit anderen seiner Teile, das nach Bedarf, Möglichkeit und Zielsetzung unterschiedlich aufgerufen und ausgestaltet werden kann. Weitere solcher Synapsen ließen sich ergänzen. Stattdessen ist hier noch eine letzte Erscheinungsweise der Kulturalisierung des Wachsamkeitsethos anzusprechen, welche die Synapsenbildung voraussetzt: nach der kulturellen Anschließbarkeit des Musters nun seine

---

40 Hahn, *Es ruft*, S. 799 f.

Versetzbarkeit in andere Diskursfelder. Der paulinische Weckruf wurde im Laufe seiner Wirkungsgeschichte selbst zu einem Teil fremder Diskurse, indem seine Metaphorik neu interpretiert wurde. Meine Beispielreihe kann fortfahren mit Hans Sachs, nun im Dienst der lutherischen Reformation.

4 Diskursive Versetzung

In demselben Ton wie *Es ruft ein wachter faste* hat Sachs später ein weiteres Meisterlied gedichtet, das einen religiösen Weckruf zum Thema hat und in gleicher Struktur – einstrophiger Situationsentwurf mit zweistrophiger Auslegung – durchgeführt ist: *Wacht auf wacht auf es taget* von 1523.[41] Sachs hat den Ton der Lieder zuerst als „hohen dag weis" bezeichnet – wie üblich, nach seinem ersten in dem Ton gedichteten Lied *Mon kent den hohen dag* –, hat ihn später aber in „morgenweis" geändert und damit angezeigt, dass unter seinen insgesamt vier in dem Ton gedichteten Liedern speziell die beiden religiösen Weckruflieder charakteristisch für den Ton seien: Die „morgenweis" sei der Ton von Sachs' religiösen Weckrufen zur Morgendämmerung.[42] Dass der Dichter die beiden Lieder über die Bezeichnung für ihre formale Gleichheit auch einer gemeinsamen Thematik zugeordnet hat, darf man zur Rechtfertigung dafür nehmen, auch das Lied *Wacht auf wacht auf es taget* in den Rahmen einer Wirkungsgeschichte des paulinischen Weckrufs zu stellen.[43]

Denn der Wortlaut des Liedes selbst macht das nicht zwingend. Zwar sind zentrale Elemente jenes Weckrufs erneut vorhanden: Das einleitende „Wacht auf" wird mit dem nahen Licht des Tages begründet („Die morgenrot her zicket", V. 5); die „helle sun" (V. 10) bedeute „Cristus" (V. 30); der aufgehende Tag sei heilbringend („frewdenreich", V. 22) für die in der „sunde" der Nacht (V. 32) „irenden Schafe" der Christenheit (V. 23), welche nun „von dem schlaffe" erwachen möge (V. 24). Und auch die „nachtigal", die hier anstelle des Hahnes den Tag ankündigt (V. 2), sowie die wilden

---

41 Ellis (Hrsg.), *Studies*, S. 40–45; als religiöses Lied mit Tageliedelementen besprochen bei Schnyder, *Tagelied*, S. 402–410; vgl. auch Hahn, *Es ruft*, S. 793.

42 Vgl. Ellis (Hrsg.), *Studies*, S. 51. Die beiden anderen in diesem Ton gedichteten Sachs-Lieder haben den anbrechenden „morgen" nicht zum Thema; vgl. *RSM* 9, S. 21 f., Nr. [2]S 63b und 66b. Zu den zwei Tonbezeichnungen vgl. Rettelbach, *Variation*, S. 74 f.

43 Sachs' nachhaltiges Interesse an dem paulinischen Weckruf ist zudem durch das in Hans Folz' *Freiem Ton* gedichtete Lied *Pawlus spricht von der zeit vnd stund* dokumentiert, das er mit der Überschrift *Die warnung des jüngsten tags* 1547 in seinen Meisterliedsammlungen notiert hat (vgl. *RSM* 10, S. 218, Nr. [2]S 2313; Schnyder, *Tagelied*, S. 743). Laut *RSM* basiert das Lied, das mir nicht zugänglich war, auf 1 Thess 5,1–11; dem Inhaltsregest nach könnte es aber auch der Weckruf im *Römerbrief* sein (vgl. dazu oben, S. 69, Anm. 16).

Tiere, die hier „des tages lichte" ebenso „[f]urchten" (V. 19) wie die bösen Geister bei Ambrosius und Prudentius, lassen sich in die Tradition poetischer Adaptationen des paulinischen Weckrufs stellen. Doch zwei andere Charakteristika dieses Weckrufs, die in *Es ruft ein wachter faste* noch beibehalten sind, fehlen jetzt: das endzeitliche (oder auch individuelle) Seelengericht und die darauf ausgerichtete Paränese. An deren Funktionsstelle steht in *Wacht auf wacht auf es taget* die reformatorische Erneuerung der evangelischen „warheit" (V. 42 u. 68), welche die Christen aus der Unterdrückung durch das falsche, nächtliche Licht des Mondes, das heißt der „pepstlich [...] gepot vnd applas" (V. 52 f.) befreie: „Des manes schein sie achten nim [‚nicht mehr'] / Der sie hat lang gedricket" (V. 26 f.). Die Nachtigall sei nämlich, wie in den Auslegungsstrophen ausgeführt wird, „[v]on wittenberg her lutherus" (V. 36), der die Verfälschung der „cristlich ler" durch das Papsttum (V. 60 f.) gegen den Widerstand von dessen institutionellen Handlangern – „munich, hochschuel, stift" und „pischoff" (V. 70–72) – und publizistischen Apologeten von Johannes Eck bis Thomas Murner (V. 67) das Heil der „Ewangelisch ler" (V. 79) erneuere: „nur der vertraw in Cristi dot / Seliget vns alsamen" (V. 58 f.) – *sola fides*, der Kern der lutherischen Rechtfertigungslehre. Hans Sachs hat in *Wacht auf wacht auf es taget* den paulinischen Weckruf in den Dienst reformatorischer Publizistik und Polemik gestellt.[44]

Die Differenzen des Weckrufs in dem Meisterlied und im *Römerbrief* lassen sich als Begleiterscheinungen dieser Indienstnahme ansehen. Der paulinische Weckruf wird in *Wacht auf wacht auf es taget* erneut verändert, jetzt aber nicht nur in Formulierung und Bildgebung aufgrund einer kulturellen Synapsenbildung, sondern auch durch Ersetzung einzelner Elemente aufgrund einer Verschiebung in ein neues Diskursfeld: Das christliche Seelenheil ist Verhandlungssache nicht mehr zwischen Seelenrichter und Mensch, der deshalb zu richtiger Lebensweise *geweckt* werden muss, sondern zwischen den Parteien eines „Kempfen[s]" um eine religiöse und religionspolitische „warheit" (V. 68); der Weckruf zielt nicht mehr auf eine Veränderung der christlichen Lebensweise, sondern auf eine Parteinahme in diesem religionspolitischen Kampf. Der paulinische Weckruf ist nicht nur anschließbar an diesen Diskurs, sondern ist zu seinem Teil gemacht.

Ausdrücklich reflektiert und weiter forciert worden ist dies in dem Spruchgedicht *Die Wittembergisch Nachtigall*, das Sachs ebenfalls 1523 als reformatorische Streitschrift im Druck hat verbreiten lassen.[45] In dem Spruchgedicht ist der Inhalt von *Wacht auf wacht auf es taget* umgeformt und erheblich ausgeweitet worden vor allem zum Zwecke der Polemik gegen die Papstkirche und ihre Handlanger

---

44 Zu solcher Indienststellung seines Meistergesangs anderswo vgl. Dehnert, *Freiheit*.
45 Sachs, *Nachtigall*, zitiert nach dem dortigen Digitalisat des Drucks Bamberg 1523 (die Transkription ist nicht ganz zuverlässig).

und Apologeten.[46] Der Beginn des Gedichts, der inhaltlich dem ersten Stollen des Meisterliedes (V. 1–5) entspricht, stellt diese Unterstützung und Polemik weiterhin in die Tradition des religiösen Weckrufs:

> Wacht auff es nahent gen dem tag
> Ich hör singen im grünen hag
> Ein wunigkliche Nachtigall
> Ir stymm durchklinget perg vnd dal
> Die nacht neygt sich gen occident
> Der tag get auff von orient
> Die rotprünstige morgenröt
> Her durch die trüben wolcken göt (Bl. Aiij[r])

In dem so aufgerufenen Vorstellungsrahmen wird dann die Polemik gegen die Papstkirche entfaltet und vor allem in ihrer gesellschaftspolitischen Dimension akzentuiert. Polemisiert wird gegen die „tyranney" der Kirche (Bj[v]), welche ihre „mordstrick" (Bj[r]) zur Unterdrückung der Christenheit einsetze: Hurerei mit deren Kindern und Ehefrauen (ebd.), materielle Ausbeutung (Bij[r]–Biij[r]) und Kriegführung (Biij[r]) – „die schaff Christi" (Bij[v]) würden nichts anderes als „geschoren" (Bij[r]), „gemolcke[n]" (Bij[v]) und „gefressen" (Biij[r]). Die Christenheit erscheint geteilt an einer sozialen Frontlinie zwischen dem „geystliche[n] stat" (Bj[r]) und den „frummen leuten" (ebd.), den „armen pauren" (Bij[r]), dem „armen volcke" (Bij[v] u. Biij[r]), sodass auch die Skizze der Rechtfertigungslehre Luthers (Biiij[r]–Cj[v]) und des reformatorischen Kampfes (Cj[v]–Dij[v]) vor allem der Mobilisierung zu jener sozialen Konfrontation dient: „Lat euch kein tyranney abtreiben / Thůt bey dem wort gottes beleyben" (Dij[v]). Die Vorstellungswelt des religiösen Weckrufs ist in den Diskurs kirchenpolitischer Propaganda versetzt.

In der Vorrede zur *Wittembergisch Nachtigall* positioniert Sachs diese Propaganda ausführlich in dem aktuellen publizistischen Kampffeld. Als Luther begonnen habe, die Christenheit von „dem römischen joch" zu befreien (Bl. Aij[r]), indem er „wyder vil jrthumb vnd mißbreuch / des geistlichen regimentz" angeschrieben (ebd.) und „das heylig euangelium [...] wyder vmb clar vnuermischt / an den tag gegeben" habe (Aij[rv]), sei er vom Papst wiederholt „zů wyderrüffen gedrungen" worden, sei jedoch „almal / als ein vnuberwundner [...] unwyderrüfft beliben" (Aij[v]). Ebenso hätten sich „vil doctores gegen jm mit schreiben eingelegt", seien aber ebenfalls „siglos an jm wordenn", sodass „der römisch hauff" mittlerweile „an der vberwindung / mit disputiren / vnd schreyben" verzweifelt sei und sich darauf

---

46 Übersicht über die inhaltlichen Entsprechungen zwischen Meisterlied und Spruchgedicht bei Schnyder, *Tagelied*, S. 407. Zur konfessionspolemischen Funktion des Letzteren vgl. Prautzsch, Nachtigall.

verlegt habe, „mit schmehen / lestern / pan_nen_ / verpieten / verfolge_n_ / verbrennen / begweltigen" die Christenheit unter dem römischen Joch zu halten (ebd.). In dieser Situation wolle Sachs mit seinem Gedicht erstens „dem gemeine_n_ man" eine Unterweisung und Lehre über die in der Kontroverse stehende „gôtlich warheit" und „menschlichen luge_n_" geben, zweitens die Anhänger der lutherischen Lehre anhalten, Gott für die Offenbarung des Evangeliums „in dysen lesten geferliche_n_ zeyten" zu danken, und drittens die Verächter und Verfolger dieser Offenbarung auffordern, von dem „falschen vertrauen" in die menschliche Werkgerechtigkeit abzulassen und sich zu einer neuen Einigkeit der Christenheit bereitzufinden (ebd.). Seiner Vorrede nach hat der Druck der *Wittembergisch Nachtigall* den Zweck, im aktuellen kirchenpolitischen Kampffeld die Unterstützung für die lutherische Position zu mobilisieren. Der Weckruf ist ein aus dem religiösen Diskurs stammendes rhetorisches Mittel im Dienst dieser Mobilisierung.

Sachs' *Wittembergisch Nachtigall* war ein publizistischer Blitzerfolg[47] und avancierte zu seinem bekanntesten Werk, auch als der Dichter seit dem späteren 18. Jahrhundert wiederentdeckt wurde. Eine Neuausgabe erfuhr das Spruchgedicht 1846 durch Ottmar Schönhuth, einen protestantischen Pfarrer, deutschen Altertumskundler (unter anderem Herausgeber des *Nibelungenliedes* der Laßberg-Handschrift C im Jahre 1841) und Tübinger Bekannten von Ludwig Uhland und Eduard Mörike, dem Schönhuth die Neuausgabe der *Wittembergisch Nachtigall* auch gewidmet hat.[48] Die Ausgabe ist einerseits, wie das Titelblatt informiert, zur „Erinnerung" an den „theuren Glaubenshelden" Luther anlässlich seines 300. Todesjahres veranstaltet worden, weshalb im Anschluss an die *Nachtigall* (S. 5–28) auch Sachs' versifizierte *Klagred ob der Leych D. Martini Luthers* von 1547 (S. 29–32) abgedruckt und beides durch ein „Zum achtzehnten Februar", Luthers Todestag, von Schönhuth verfasstes Prologgedicht (S. 3f.) eingeleitet ist. Auch in diesem Gedicht wird der religiöse Weckruf erneuert, indem er sich nun an die wittenbergische Nachtigall selbst richtet – „Wach' auf, wach' auf, du Nachtigall!" –, die „[v]on Neuem" ihren Gesang „schmettern" lassen möge, denn: „Es dunkelt wieder überall", weil der „Glaube[] an den wahren Christ" ermattet sei. Dass Luther hier aber nicht nur als „Glaubensheld" beschworen werden soll, wird in Schönhuths Widmungsgedicht an Mörike (S. 2) deutlich. Dieser wird als Luthers Nachfahre angeredet, der aber weniger vom „Glaubensmuth" als vom „deutschen Sinn" des „Ahnherrn" beseelt sei; und im Attribut des *Deutschen* treffe er sich obendrein auch mit jenem „Sänger [...] aus deutschem Land", der vormals die beiden Luther-Enkomien gedichtet hat, sodass die

---

47 Sie ist im zweiten Halbjahr 1523 siebenmal gedruckt worden: *VD 16* S. 645–650 und ZV 13532, in Augsburg, Bamberg, Zwickau, Straßburg und Eilenburg.
48 Schönhuth (Hrsg.), *Nachtigall.*

„Festgabe" zum Gedenktag auch zurecht einem „vaterländischen Dichter" wie Mörike zugeeignet werden könne. Die Erinnerung an den protestantischen Glaubenshelden ist zugleich Zeugnis für einen deutsch-vaterländischen, die Dichter aus Vergangenheit und Gegenwart vereinenden „Sinn" und „Geist".

Schönhuths Neuausgabe von Sachs' *Wittembergisch Nachtigall* dokumentiert damit eine weitere Versetzung des religiösen Weckrufs in ein wiederum anderes Diskursfeld: die poetische, auf die geschichtliche Vergangenheit zurückgreifende Stiftung einer deutsch-nationalen Identität. Und auf dieser Grundlage ist der Weckruf dann noch ein weiteres, in meinem Durchgang letztes Mal versetzt worden in einen Text und Diskurs, in denen er bis heute fortlebt: die *Meistersinger von Nürnberg*, die Richard Wagner 1845 konzipiert, 1861 gedichtet und 1868 fertig komponiert hat. Der Weckruf findet sich hier integriert in einen Diskurs über Dichtung, in dem Religion der Vorstellungslieferant ist für eine metaphorische Sakralisierung der Kunst.[49]

In den *Meistersingern* wird der oben zitierte Anfang von Hans Sachs' *Wittembergisch Nachtigall* wortgleich als Huldigungsgesang verwendet, mit dem die Nürnberger ihren verehrten Schuster-Poeten auf der Festwiese begrüßen (V. 2663–2670), auf welcher der abschließende Sängerwettstreit zwischen Walter von Stoltzing und Sixtus Beckmesser um Eva Pogner ausgetragen werden wird. Doch nicht nur in seiner Funktionalisierung als Huldigung für seinen Autor („Heil Nürnbergs teurem Sachs!", V. 2672), auch inhaltlich ist das Textstück aus seinem reformationspolemischen Zusammenhang herausgelöst und stattdessen, beschränkt auf die Szenerie des Tagesanbruchs, neben das Werbungslied gestellt, das Stoltzing vorher unter Sachs' Anleitung verfertigt hat (V. 2093–2171) und dann auf der Festwiese variierend vollenden wird (V. 2827–2878): „Morgendlich leuchtend im rosigen Schein [...]". Dieses Werbungslied ist geprägt von einer säkularisierenden Anverwandlung religiöser Vorstellungen – „Eva im Paradies" (V. 2838) verschmilzt mit der „Muse des Parnaß" (V. 2857) in der geliebten Eva Pogner zu „Parnaß und Paradies" (V. 2878) – und spiegelt dadurch auch den Säkularisationsvorgang wider, der dem Weckruf aus der *Wittembergisch Nachtigall* in seinem Zitat in den *Meistersingern* widerfahren ist: Der vormals religiöse Weckruf steht wie in einem kulturellen Echoraum in wechselseitiger Beziehung mit Stoltzings Morgentraum-Weise (V. 2540) und ist gemeinsam mit ihr Zeugnis für eine die vaterländische Vergangenheit und Gegenwart vereinende Dichtkunst, die im Finale der *Meistersinger* in säkularisierender Metaphorik als „heil'ge deutsche Kunst" auf den Altar gestellt wird (V. 2939, auch dies mit Widerhall im Chor der Nürnberger V. 2946). Im Rahmen dieses

---

49 Wagner, *Dichtungen*, Tl. 3, S. 81–182. Zur Verankerung des Dichtungsdiskurses der *Meistersinger* in der Literatur von Klassik und Romantik vgl. Borchmeyer, *Theater*, S. 206–230.

Kunstdiskurses ist die weckende Nachtigall nun nicht mehr nur, wie beim historischen Hans Sachs, Ersatz für den Hahn der christlichen Morgenhymnik, sondern auch, gleichfalls in alter Tradition,[50] Metapher für den Künstler, genauer: für dessen allzeitige Aufgabe einer *morgendlichen* Erneuerung der Kunst.

5 Modellskizze: Kulturalisierung menschlicher Verhaltensmuster

Die Chronologie meiner Beispiele bis zum wagnerschen Nachhall der Wirkungsgeschichte des paulinischen Weckrufs ist für das kulturgeschichtliche Modell, das man den Beispielen ablesen kann, nicht in ihrer faktischen Geschichtlichkeit (nach dem Motto: ‚von der Antike in die Moderne‘), wohl aber logisch relevant. Die Kulturalisierung des Verhaltensmusters *Wachsamkeit*, wie ich sie hier rekonstruiert habe, setzte an einer gedanklichen Objektivierung des Musters an, die im *Römerbrief*-Weckruf nicht nur sprachlich artikuliert, sondern auch textuell verfestigt worden ist. Diese Textualisierung ermöglichte es in der Rezeption des Weckrufs, dass das von Paulus objektivierte Verhaltensmuster von seiner ursprünglichen lebensweltlichen Aktualität entkoppelt und mit überzeitlicher Geltung und Relevanz ausgestattet wurde, sodass es dann wiederum über die Zeiten hinweg einer je neuen lebensweltlichen Aktualität angepasst und individuell angeeignet werden konnte und kann. Solche Aneignungen implizieren Zuschreibungen von Angemessenheit, Plausibilität, Sinnhaftigkeit usw., durch die das Muster neuerlich vergegenständlicht wird, nun aber nicht als ein Muster natürlichen Verhaltens des Menschen, sondern auch als ein Muster der von ihm hervorgebrachten Kultur. Als Kulturmuster kann *Wachsamkeit* an andere kulturelle Diskurse angeschlossen und durch den Anschluss unterschiedlich kontextualisiert, umgestaltet, imaginär aufgeladen usw. werden (kulturelle Synapsenbildung). Und unter dieser Voraussetzung kann das Muster am Ende auch versetzt werden in andere Felder kultureller Diskurse, denen es originär und eigentlich nicht zugehört.

Verallgemeinernd lässt sich die Überführung des natürlichen Verhaltensmusters in ein Kulturmuster an den Operationen der gedanklichen Objektivierung, ihrer sprachlichen (oder sonst wie medialisierten) Artikulation, ihrer Textualisierung und ihrer damit verbundenen Entaktualisierung festmachen. Das so entstandene Kulturmuster wird dann wieder greifbar und weiter ausgeprägt in den Möglichkeiten seiner lebensweltlichen Reaktualisierung, seiner Synapsenbildung

---

50 Vgl. Pfeffer, *Philomel*; die klassischen Stellen der mittelhochdeutschen Dichtung auch bei Obermaier, *Nachtigallen*, S. 328–332.

mit anderen Kulturphänomenen und -diskursen und seines Transfers in deren Geltungs- und Funktionsbereiche. Damit ist das Kulturmuster schließlich auch offen dafür, mit möglichen anderen, heterogenen Mustern zu einer *Kultur der Wachsamkeit* kombiniert und verbunden zu werden. Sofern die genannten Operationen und Prozesse, die ich hier dem Fall des *Römerbrief*-Weckrufs und seiner Wirkungsgeschichte abgelesen habe, sich auf andere Fälle übertragen ließen (vielleicht ergänzt und modifiziert), wäre in ihnen ein heuristisches Modell zu greifen, mit dem die Kulturproduktion des Menschen auf seine ethologische Ausstattung zurückgeführt und durch eine rekonstruktive Beschreibung auch *erklärt* werden könnte. Wachsamkeit wäre dafür dann wegweisend gewesen.

Literaturverzeichnis

Primärliteratur

Abaelard: *Expositio in epistolam ad Romanos / Römerbriefkommentar.* 3. Tlbd. Übers. und eingel. von Rolf Peppermüller (Fontes Christiani 26,3). Freiburg im Breisgau u. a. 2000.

Ambroise de Milan: *Hymnes.* Texte établi, traduit et annoté sous la direction de Jacques Fontaine [...] (Patrimoines christianisme). Paris 1992.

Augustinus: *Bekenntnisse.* Lateinisch-deutsch. Eingel., übers. und erläutert von Joseph Bernhart. Mit einem Vorwort von Ernst Ludwig Grasmück (Insel Taschenbuch 1002). Frankfurt am Main/Leipzig 1987.

[Cicero] Marcus Tullius Cicero: *De finibus bonorum et malorum / Über die Ziele des menschlichen Handelns.* Hrsg., übers. und komm. von Olof Gigon und Laila Straume-Zimmermann (Sammlung Tusculum). München/Zürich 1988.

[Cicero] Marcus Tullius Cicero: *De oratore / Über den Redner.* Hrsg. und übers. von Theodor Nüßlein (Sammlung Tusculum). Düsseldorf 2007.

Ellis, Frances H. (Hrsg.): *The Early Meisterlieder of Hans Sachs.* Bloomington, IN 1974.

Ellis, Frances H. (Hrsg.): *Hans Sachs Studies I: Das walt got. A Meisterlied.* With Introduction, Commentary, and Bibliography (Indiana University publications. Humanities series 4). Bloomington, IN 1939.

[Horaz] Quintus Horatius Flaccus: *Oden und Epoden.* Hrsg. von Gerhard Fink (Sammlung Tusculum). Düsseldorf/Zürich 2002.

Luther, Martin: *Vorlesung über den Römerbrief 1515/16.* Lateinisch-deutsche Ausgabe. 2 Bde. Darmstadt 1960.

Lutherbibel. Bibeltext in der revidierten Fassung 2017. Hrsg. von der Evangelischen Kirche in Deutschland. Stuttgart 2017, https://www.die-bibel.de/bibeln/online-bibeln/lesen/LU17 [letzter Zugriff: 20.03.2023].

Nestle-Aland: *Novum Testamentum Graece.* 28., rev. Aufl. Hrsg. von Barbara Aland u. a. in Zusammenarbeit mit dem Institut für neutestamentliche Textforschung, Münster. Stuttgart 2012, https://www.die-bibel.de/bibeln/online-bibeln/lesen/NA28 [letzter Zugriff: 20.03.2023].

Origenes: *Commentarii in epistulam ad Romanos / Römerbriefkommentar.* Lateinisch-deutsch. Bd. 5: *Liber nonus, liber decimus / Neuntes und zehntes Buch.* Übers. und eingel. von Theresia Heither OSB (Fontes Christiani 2,5). Freiburg im Breisgau u. a. 1996.

Petrarca, Francesco: *Die Besteigung des Mont Ventoux.* Lateinisch-deutsch. Übers. und hrsg. von Kurt Steinmann. Bibliographisch ergänzte Ausgabe (Universal-Bibliothek 887). Stuttgart 1995.

[Prudentius] Aurelius Prudentius Clemens: *Carmina.* Hrsg. von Johan Bergman (Corpus Scriptorum Ecclesiasticorum Latinorum 61). Wien/Leipzig 1926.

Sachs, Hans: *Die Wittenbergisch Nachtigall.* Hrsg. und bearb. von Charlotte Hartmann. Wolfenbüttel 2015, http://diglib.hab.de/edoc/ed000238/start.htm [letzter Zugriff: 15.03.2023].

Schönhuth, Ottmar F. H. (Hrsg.): *Die Wittenbergisch Nachtigall, die man jetzt höret überall, samt der Klagred ob der Leich Doctor Martin Luthers, durch Hans Sachs zu Nürnberg.* Zur Erinnerung an den vor 300 Jahren aus der Welt geschiedenen theuren Glaubenshelden von Neuem ans Licht gestellt. Stuttgart 1846.

Septuaginta. Hrsg. von Alfred Rahlfs. 2., verb. Aufl. Hrsg. von Robert Hanhart. Stuttgart 2006, https://www.die-bibel.de/bibeln/online-bibeln/lesen/LXX [letzter Zugriff: 20.03.2023].

Wagner, Richard: *Gesammelte Dichtungen.* Hrsg. von Julius Knapp. Drei Teile in einem Bande. Leipzig [1914], Tl. 3, S. 81–182.

Walther von der Vogelweide: *Leich, Lieder, Sangsprüche.* 14., völlig neubearb. Aufl. der Ausgabe Karl Lachmanns [...] hrsg. von Christoph Cormeau. Berlin/New York 1996.

Walther von der Vogelweide, *Werke.* Bd 1: *Spruchlyrik.* Mhd./Nhd. Hrsg., übers. und komm. von Günther Schweikle (Universal-Bibliothek 819). Stuttgart 1994.

Sekundärliteratur

van Assendelft, Marion M.: *Sol ecce surgit igneus. A Commentary on the Morning and Evening Hymns of Prudentius (Cathemerinon 1, 2, 5 and 6).* Groningen 1976.

Bachmann-Medick, Doris (Hrsg.): *Kultur als Text. Die anthropologische Wende in der Literaturwissenschaft* (UTB 2565). Tübingen/Basel [2]2004.

Balz, Horst: Römerbrief. In: Balz, Horst u. a. (Hrsg.): *Theologische Realenzyklopädie.* Bd. 29. Berlin/New York 1998, S. 291–311.

Barth, Karl: *Der Römerbrief (Zweite Fassung) 1922.* Hrsg. von van der Kooi, Cornelis/Tolstaja, Katja (Karl Barth Gesamtausgabe). Zürich 2010.

Borchmeyer, Dieter: *Das Theater Richard Wagners. Idee – Dichtung – Wirkung.* Stuttgart [2]2013.

Brendecke, Arndt: Wachsame Arrangements. Zeitverläufe von Vigilanz in ethologischer, psychologischer und geisteswissenschaftlicher Forschung. In: Brendecke, Arndt/Reichlin, Susanne (Hrsg.): *Zeiten der Wachsamkeit* (Vigilanzkulturen 1). Berlin/Boston 2022, S. 13–35.

Brendecke, Arndt: Warum Vigilanzkulturen? Grundlagen, Herausforderungen und Ziele eines neuen Forschungsansatzes. In: *Mitteilungen des Sonderforschungsbereiches 1369* 1 (2020), S. 11–17, https://doi.org/10.5282/ubm/epub.73409 [letzter Zugriff: 19.03.2023].

Brendecke, Arndt/Reichlin, Susanne: Zeiten der Wachsamkeit. Eine Einleitung. In: Brendecke, Arndt/Reichlin, Susanne (Hrsg.): *Zeiten der Wachsamkeit* (Vigilanzkulturen 1). Berlin/Boston 2022, S. 1–11.

Charlet, Jean-Louis: *La Création Poétique dans le ‚Cathemerinon' de Prudence* (Collection d'Études Anciennes). Paris 1982.

Croce, Walter: Die Adventsliturgie im Lichte ihrer geschichtlichen Entwicklung. In: *Zeitschrift für katholische Theologie* 76 (1954), S. 257–296.

Dehnert, Uta: *Freiheit, Ordnung und Gemeinwohl. Reformatorische Einflüsse im Meisterlied von Hans Sachs* (Spätmittelalter, Humanismus, Reformation 102). Tübingen 2017.

Ehlich, Konrad: Funktion und Struktur schriftlicher Kommunikation. In: Günther, Hartmut/Ludwig, Otto (Hrsg.): *Schrift und Schriftlichkeit / Writing and Its Use. Ein interdisziplinäres Handbuch internationaler Forschung* (Handbücher zur Sprach- und Kommunikationswissenschaft 10). Berlin/New York 1994, Halbbd. 1, S. 18–41.

Eibl, Karl: *Animal Poeta.* Bausteine der biologischen Kultur- und Literaturtheorie (Poetogenesis). Paderborn 2004.

Eibl, Karl: *Kultur als Zwischenwelt.* Eine evolutionsbiologische Perspektive (Edition Unseld 20). Frankfurt am Main 2009.

Eibl, Karl/Mellmann, Katja/Zymner, Rüdiger (Hrsg.): *Im Rücken der Kulturen* (Poetogenesis 5). Paderborn 2007.

Engberg, Jakob: *Exarsi ad imitandum.* Augustine's Confessions – an Account, an Understanding, and a Process of Conversion Shaped by Tradition? In: Weitbrecht, Julia/Röcke, Werner/von Bernuth, Ruth (Hrsg.): *Zwischen Ereignis und Erzählung. Konversion als Medium der Selbstbeschreibung in Mittelalter und Früher Neuzeit* (Transformationen der Antike 39). Berlin/Boston 2016, S. 31–58.

Erlemann, Kurt: *Naherwartung und Parusieverzögerung im Neuen Testament. Ein Beitrag zur Frage religiöser Zeiterfahrung* (Texte und Arbeiten zum neutestamentlichen Zeitalter 17). Tübingen/Basel 1995.

Geertz, Clifford: *Dichte Beschreibung. Beiträge zum Verstehen kultureller Systeme.* Übers. von Luchesi, Brigitte/Bindemann, Rolf (suhrkamp taschenbuch wissenschaft 696). Frankfurt am Main [13]2015.

Gnilka, Christian: Die Natursymbolik in den Tagesliedern des Prudentius. In: Dassmann, Ernst (Hrsg.): *Pietas. Festschrift für Bernhard Kötting* (Jahrbuch für Antike und Christentum 8). Münster 1980, S. 411–446.

Hahn, Gerhard: ‚*Es ruft ein wachter faste*‘ oder ‚*Verachtet mir die Meister nicht!*‘ Beobachtungen zum geistlichen Tagelied des Hans Sachs. In: Janota, Johannes u. a. (Hrsg.): *Festschrift Walter Haug und Burghart Wachinger.* 2 Bde. Tübingen 1992, Bd. 2, S. 793–801.

Herzog, Reinhart: *Die allegorische Dichtkunst des Prudentius* (Zetemata 42). München 1966.

Käsemann, Ernst: *An die Römer* (Handbuch zum Neuen Testament 8a). Tübingen [4]1980.

Käsemann, Ernst: Grundsätzliches zur Interpretation von Römer 13. In: *Unter der Herrschaft Christi. Vorträge [...] gehalten auf der Tagung der Gesellschaft für evangelische Theologie im Oktober 1960 in Berlin-Spandau* (Beiträge zur evangelischen Theologie 32). München 1961, S. 37–55.

Kittel, Gerhard (Hrsg.): *Theologisches Wörterbuch zum Neuen Testament.* Bd. 3. Stuttgart 1938 [Reprint 1957].

Kochs, Theodor: *Das deutsche geistliche Tagelied* (Forschungen und Funde 22). Münster 1928.

Levin, Christoph: *Vigilate et orate.* Wachsamkeit als religiöse Grundhaltung anhand der Bibel. In: Butz, Magdalena/Grollmann, Felix/Mehltretter, Florian (Hrsg.): *Sprachen der Wachsamkeit* (Vigilanzkulturen 5). Berlin/Boston 2023, S. 9–25.

Luckmann, Thomas: Kommunikative Gattungen im kommunikativen *Haushalt* einer Gesellschaft. In: Smolka-Koerdt, Gisela u. a. (Hrsg.): *Der Ursprung von Literatur. Medien, Rollen, Kommunikationssituationen zwischen 1450 und 1650* (Materialität der Zeichen). München 1988, S. 279–288.

Luckmann, Thomas: Grundformen der gesellschaftlichen Vermittlung des Wissens: Kommunikative Gattungen. In: Ders.: *Lebenswelt, Identität und Gesellschaft. Schriften zur Wissens- und Protosoziologie.* Hrsg. von Dreher, Jochen (Erfahrung – Wissen – Imagination 13). Konstanz 2007, S. 272–293.

Lühke, Maria: *Christianorum Maro et Flaccus. Zur Vergil- und Horazrezeption des Prudentius* (Hypomnemata 141). Göttingen 2002.

Mohr, Jan: Tagelied. In: Kellner, Beate/Reichlin, Susanne/Rudolph, Alexander (Hrsg.): *Handbuch Minnesang*. Berlin/Boston 2021, S. 534–542.

Obermaier, Sabine: *Von Nachtigallen und Handwerkern. ‚Dichtung über Dichtung‘ in Minnesang und Sangspruchdichtung* (Hermaea N.F. 75). Tübingen 1995.

O'Daly, Gerard: *Days Linked by Song. Prudentius' Cathemerinon*. Oxford 2012.

Ortkemper, Franz-Josef: *Leben aus dem Glauben. Christliche Grundhaltungen nach Römer 12–13* (Neutestamentliche Abhandlungen N.F. 14). Münster 1980.

Pfeffer, Wendy: *The Change of the Philomel. The Nightingale in Medieval Literature* (American University Studies 14). New York u. a. 1985.

Prautzsch, Felix: Die Wittenbergisch Nachtigall gegen den Löwen in Rom. Lutherstilisierung, antirömische Invektiven und Reformation bei Hans Sachs. In: *Beiträge zur Geschichte der deutschen Sprache und Literatur* 143 (2021), S. 239–271.

Probst, Martina: *‚Nu wache ûf, sünder træge‘. Geistliche Tagelieder des 13. bis 16. Jahrhunderts. Analysen und Begriffsbestimmung* (Regensburger Beiträge zur deutschen Sprach- und Literaturwissenschaft B 71). Frankfurt am Main u. a. 1999.

Reichlin, Susanne: Wachen und Warten. Erwartungsstrukturen in der Oberaltaicher Adventspredigt Nr. 5. In: Brendecke, Arndt/Reichlin, Susanne (Hrsg.): *Zeiten der Wachsamkeit* (Vigilanzkulturen 1). Berlin/Boston 2022, S. 37–59.

Rettelbach, Johannes: *Variation – Derivation – Imitation. Untersuchungen zu den Tönen der Sangspruchdichter und Meistersinger* (Frühe Neuzeit 14). Tübingen 1993.

[*RSM*] Brunner, Horst/Wachinger, Burghart (Hrsg.): *Repertorium der Sangsprüche und Meisterlieder des 12. bis 18. Jahrhunderts*. Bd. 9–10. Tübingen 1986–1987.

Schnyder, André: *Das geistliche Tagelied des späten Mittelalters und der frühen Neuzeit. Textsammlung, Kommentar und Umrisse einer Gattungsgeschichte* (Bibliotheca Germanica 45). Tübingen/Basel 2004.

Theobald, Michael: *Römerbrief. Kapitel 12–16* (Stuttgarter Kleiner Kommentar. Neues Testament 6,2). Stuttgart 1993.

[*VD 16*] Bayerische Staatsbibliothek (Hrsg.): *Verzeichnis der im deutschen Sprachbereich erschienenen Drucke des 16. Jahrhunderts*. München 2006, https://www.bsb-muenchen.de/kompetenzzentren-und-landesweite-dienste/kompetenzzentren/vd-16/ [letzter Zugriff: 23.03.2023].

Zymner, Rüdiger/Engel, Manfred (Hrsg.): *Anthropologie der Literatur. Poetogene Strukturen und ästhetisch-soziale Handlungsfelder* (Poetogenesis). Paderborn 2004.

André Schnyder

Vigilate itaque quia nescitis diem neque horam (Mt 25,13). Eschatologische Wachsamkeit mit Blick auf den Antichrist und die *Quindecim Signa / Fünfzehn Zeichen vor dem Jüngsten Gericht* (QS/FZ)

0 Einführendes. Die Bedeutung der *Vigilanz* im Angesicht des kommenden Gerichts

Das im Titel zitierte, bei Matthäus überlieferte Jesus-Wort – es steht im Kontext der großen Gerichtsdarstellung an dort nicht unbedingt prominenter, nicht unbedingt textlogisch erwartbarer Stelle[1], ist aber dennoch unüberseh- und -hörbar, – nennt mit *vigilate* und *nescitis* (beides übrigens Anreden an eine Schar von Gläubigen) zwei zentrale Konzepte des Vigilanz-Projekts. Im vorliegenden Fall zielt demnach die Wachsamkeit auf ein Objekt (*dies et hora*), das nicht bekannt ist. Sie wird somit als Notbehelf bei einem nicht optimalen (was schon eine Beschönigung) Wissensstand empfohlen. Ihre Rechtfertigung bekommt die Wachsamkeit somit durch ein zwar vorhandenes, jedoch unzureichendes Wissen. Die Aufmerksamkeit wird im konkreten Fall – „dass ja, aber: wann?" – durch ein in der Zeit fixiertes Ereignis, das es nicht zu verfehlen gilt, gefordert: eine Terminfrage also. Der Kontext, die große Erzählung vom Ende der Zeit und dem universalen Gericht, begründet das fundamentale Interesse, das die Angesprochenen haben müssen, diesen Zeitpunkt zu erkennen und nicht zu verpassen. Dabei ist freilich ‚verpassen' kein sehr passender Ausdruck, denn aus den optischen und akustischen Signalen[2] beim Eintritt des Ereignisses erhellt ganz klar, dass dieser Moment eigentlich nicht zu verfehlen ist. Genau genommen geht es hier für die Vigilanz somit eher darum, sich im Voraus auf

---

1 Der Passus erscheint in der Parabel von den klugen und törichten Jungfrauen nach einem *Sprecher*wechsel (vom Bräutigam des Binnentextes zum Erzähler der Parabel?) oder allenfalls nach einem *Adressaten*wechsel (von den Jungfrauen zur Hörerschaft der Parabel?).

2 Vgl. „Sicut enim fulgur exit ab oriente et paret usque in occidente ita erit et adventus Filii hominis" und: „et mittet angelos suos cum tuba et voce magna" (*Mt* 24,27 und 31). Man beachte auch Vers 29, der das Verlöschen von Sonne, Mond und Sternen beschreibt; sie könnten optisch dem Blitzstrahl – im gängigen Sprachgebrauch bezeichnet fulgor einzig das Licht, nicht schon das Krachen (*tonitrus*) – Konkurrenz machen, werden nun aber „ausgeschaltet" sein.

die Traktanden dieser Gerichtsverhandlung vorzubereiten; gefordert ist somit eine ‚rückwärts' gewendete Vigilanz im Blick auf die Zukunft. Vigilanz ist somit, was nicht ausdrücklich gesagt, sich aber aus der Logik des Moments unabweisbar ergibt, von jetzt an, im *Hic et Nunc* gefordert, denn wenn einmal der Gerichtstermin angebrochen ist, wird es zu spät sein, um vorgängige Entscheidungen und Handlungen noch zu korrigieren, wenn sie sich als wenig angemessen, ja falsch erweisen.[3] Kurz: Vigilanz wird man sich hier janusköpfig vorstellen.

Der Kotext[4] der eigentlichen Gerichtsschilderung bei Matthäus beschreibt in einer Reihe von Parabeln präludierend das Ziel, auf das sich die geforderte Aufmerksamkeit zu richten hat: so etwa die Erfüllung der Pflichten eines guten Knechts (*Mt* 24,45–51), oder die Bereitschaft zur Teilnahme am Fest (*Mt* 25,1–13), auf die Forderung nach Diensttreue gepaart mit Eigeninitiave (*Mt* 25,14–29). In jedem der geschilderten Fälle geht es um Alles oder Nichts, um eine positive oder negative Sanktion von absoluter Schärfe, der Richter wird keinerlei Abwägung der Umstände vornehmen: „illic erit fletus et stridor dentium" (*Mt* 24,51, wiederholt *Mt* 25,30) und „clausa est ianua [...] nescio vos" (*Mt* 25,10–12). In der Schilderung des Urteilspruches (*Mt* 25,34–40 bzw. 41–45) werden diese parabelhaften Größen dann in die Forderungen einer am Wohl des Nächsten orientierten Ethik umgesetzt. Der Schlussvers – „et ibunt hii in supplicium aeternum iusti autem in vitam aeternam" – bringt das Urteil und damit das Objekt der geforderten Vigilanz in letztinstanzlicher Schärfe nochmals ins Wort.

1 Ursprünge und Genese der Antichrist-Figur

1.1 Die Parusie und ihre Hinderungen – eine Spurensuche im NT

Von „Spurensuche" ist für das Folgende deshalb die Rede, weil für die Bearbeitung unseres eigentlichen Themas weder Raum noch Notwendigkeit besteht, das dichte Geflecht von Parusie-Aussagen im vielschichtigen Ganzen des neutestamentlichen Kanons zu durchforschen und die kontextuellen und historischen Zusammenhänge umfassend zu erörtern. Vielmehr sollen einige für das Folgende wichtige Stellen

---

3 Petrus Damiani formuliert dies im Brief an Mönch Adam so: „[...] et diem iudicii sollicite praecavere, non parvus est fructus, in quo videlicet die, cui semel successerit, ultra non corruet et cui se res in sinistrum verterit, de caetero non consurget" (Reindel, Teil 3 S. 28,5–7).
4 Unterschieden wird der Kotext (Text mit Bezug auf andere Stellen im selben Text) vom Kontext (außertextliche Rahmenbedingungen irgendwelcher Art).

herausgegriffen und besprochen werden. – Bei *Matthäus*[5] geht unserem Titelzitat eine weitere Aussage voraus (24,36): „De die autem illa et hora nemo scit neque angeli caelorum nisi Pater solus".[6] Was auf den ersten Blick wie eine bloße Feststellung anmutet, erweist sich bei einem Blick auf andere Stellen[7] als die Setzung eines Tabus: Es ist den Gläubigen nicht gegeben, Zeit und Stunde zu wissen, und auch nicht, danach zu fragen. Damit gerät der Wille zur Vigilanz[8] in eine nochmals schwierigere Spannung: das Wann ist nicht nur unbekannt, sondern es darf gar nicht erfragt werden.

Die Urkirche in und – durch die Missionsreisen etwa des Paulus – schon bald außerhalb Jerusalems findet ihr glaubensmäßiges und emotionales Zentrum im Auferstandenen. Namentlich dessen Abschiedsreden haben die Hoffnung auf seine Wiederkehr angefacht. Die Frage nach dem Wann wird deshalb unabweisbar; dabei liegt hierin nicht zuletzt die Notwendigkeit eines Wahrheitsbeweises. Eine Stelle im zweiten *Thessalonikerbrief* (*II Th* 2,3–17) belegt, wie in Gemeinden der Urkirche

---

5 Dies soll den Blick auf die Frage nach der Komposition des Matthäus-Kapitels lenken; eine Gliederung bietet der einschlägige Artikel in bibelwissenschaft.de. Die Gerichtsrede im engsten Sinn (*Mt* 25,31–46) gehört in den weiteren Rahmen der Reden über die Endzeit (*Mt* 24,1–36). Dieses Konzept ist aus dem Horizont der urchristlichen Leser des Matthäus zu verstehen; für diese ist es wesentlich charakterisiert durch die Zerstörung des salomonischen Tempels (70 n. Chr.). Den nächstweiteren kotextuellen – man beachte die Differenzierung von ‚Kotext' und ‚Kontext' – Rahmen mag man in der Ankunft Jesu in Jerusalem sehen (*Mt* 21,1); dieser Erzählteil mündet in die Passionsgeschichte, gefolgt vom Auferstehungsbericht, Erscheinungen des Auferstandenen und dem Missionsbefehl (*Mt* 26,1–28,19).

6 In *Act* 1,6–8 findet sich eine weitere situativ variierte und inhaltlich präzisierte Formulierung des Frageverbots. Diesmal sind es die Jünger, die den Auferstandenen fragen: „Domine si in tempore hoc restitues regnum Israhel", worauf er antwortet „non est vestrum nosse tempora vel momenta quae Pater posuit in sua potestate".

7 Bei genauerem Hinsehen zeigt sich natürlich eine evidente christologische Problematik: Wieso kennt nicht einmal der Sohn Tag und Stunde? Thomas Malvenda hat in seinem Traktat *De Antichristo* (1647, Bd. 1 S. 123–127) aus vertieftem Studium der Auslegungsgeschichte nicht weniger als 7 Typen von Vorschlägen zur Lösung der Schwierigkeit definiert und mit zahlreichen Quellenverweisen illustriert – ein Monument hermeneutischen Scharfsinns (und auch der Rabulistik). Eine frühe Parallele zu dieser Diskussion bietet Petrus Comestor in seiner *Historia scolastica* (MPL 198,1611).

8 Bei Matthäus wird das zunächst unbestimmte Objekt der Wachsamkeit – der Moment der Rechenschaftslage vor dem Herrn – auf einer Ebene unterschiedlich ausführlicher Parabeln (Erwartung des Diebs durch den Hausherrn 24,43; Erwartung des Herrn durch die zwei Knechte 24,45–49; Erwartung des Bräutigams durch die Braut und ihre Begleiterinnen 25,1–12; Erwartung des Kreditgebers durch die Angestellten 25,14–30), dann – für die Gläubigen – auf einer real-eschatologischen Ebene (24,31–46) bestimmt.

über diesen Sachverhalt diskutiert wurde und wie Gemeindevorsteher darauf reagiert haben könnten.[9]

> 1 Rogamus autem vos, fratres, circa adventum Domini nostri Iesu Christi et nostram congregationem in ipsum, 2 ut non cito moveamini a sensu neque terreamini, neque per spiritum neque per verbum neque per epistulam tamquam per nos, quasi instet dies Domini. 3 Ne quis vos seducat ullo modo; quoniam, nisi venerit discessio primum, et revelatus fuerit homo iniquitatis, filius perditionis, 4 qui adversatur et extollitur supra omne, quod dicitur Deus aut quod colitur, ita ut in templo Dei sedeat, ostendens se quia sit Deus. 5 Non retinetis quod, cum adhuc essem apud vos, haec dicebam vobis? 6 Et nunc quid detineat scitis, ut ipse reveletur in suo tempore. 7 Nam mysterium iam operatur iniquitatis; tantum qui tenet nunc, donec de medio fiat. 8 Et tunc revelabitur ille iniquus, quem Dominus Iesus interficiet spiritu oris sui et destruet illustratione adventus sui, 9 eum, cuius est adventus secundum operationem Satanae in omni virtute et signis et prodigiis mendacibus 10 et in omni seductione iniquitatis his, qui pereunt, eo quod caritatem veritatis non receperunt, ut salvi fierent. 11 Et ideo mittit illis Deus operationem erroris, ut credant mendacio, 12 ut iudicentur omnes, qui non crediderunt veritati, sed consenserunt iniquitati. 13 Nos autem debemus gratias agere Deo semper pro vobis, fratres, dilecti a Domino, quod elegerit vos Deus primitias in salutem, in sanctificatione Spiritus et fide veritatis; 14 ad quod et vocavit vos per evangelium nostrum in acquisitionem gloriae Domini nostri Iesu Christi. 15 Itaque, fratres, state et tenete traditiones, quas didicistis sive per sermonem sive per epistulam nostram. 16 Ipse autem Dominus noster Iesus Christus et Deus Pater noster, qui dilexit nos et dedit consolationem aeternam et spem bonam in gratia, 17 consoletur corda vestra et confirmet in omni opere et sermone bono.[10]

Das Wissenstabu wird hier nun abgeschwächt, indem der Eintritt des erwarteten Ereignisses, der Parusie, in eine chronologische Abfolge – vorher/nachher[11] – gestellt wird. Vor der Parusie muss der „homo iniquitatis" enthüllt werden. Aus dem nüchternen Blick Unbeteiligter mag damit das Informationsdefizit nicht geringer geworden sein; ja die Anforderungen an die Vigilanz sind damit eher noch gestiegen, gilt es doch nun, sogar zwei Momente im Auge zu behalten: die Parusie und das vorgängige Auftreten des „Störefrieds" („homo peccati filius perditionis"). Gestiegen sind diese Anforderungen auch insofern, als es nun gilt, sich vor Täuschungen zu bewahren. Das ruft die Frage auf, wie man das Wahre von der Lüge unterscheiden könne. Vigilanz erweist sich somit als kritische Aufmerksamkeit auf Personen, Worte, Handlungen.

Nicht zu übersehen ist aber bei einem Vergleich der V. 2f. und 15, dass das geforderte Verhalten der Wachsamkeit eine Gratwanderung darstellt: Einerseits die

---

9 Diese Formulierung vereinfacht den aktuellen Forschungsstand zu Autorschaft, damit Entstehungszeit und Sitz im Leben des Briefs; vgl. dazu: Bull, *2. Thessalonicherbrief.*

10 Zitiert nach: https://www.vatican.va/archive/bible/nova_vulgata/documents/nova-vulgata_nt_epist-ii-thessalonicenses_lt.html.

11 Es drängt sich die Formel Antea/Postea-Effekt als bündige Formulierung auf.

Mahnung, das Verhalten „neque per spiritum neque per verbum neque per epistulam tamquam per nos" (V. 2 f.) bestimmen zu lassen, anderseits eine Forderung, die in gewisser Hinsicht auf das genaue Gegenteil hinauszulaufen scheint: „state et tenete traditiones, quas didicistis sive per sermonem sive per epistulam nostram". Den Unterschied macht offenbar ein inhaltliches Moment: die Unmittelbarkeit der Parusie. Sie wird vom Apostel verneint.

Vier Stellen im ersten und zweiten *Johannesbrief* führen uns weiter[12], indem sie diesem Störer einen prägnanten Namen verleihen; zitiert seien zur Veranschaulichung die ersten beiden dieser Stellen (*I Io* 2,18–22):[13]

18 Filioli, novissima hora est; et sicut audistis quia antichristus venit, ita nunc antichristi multi adsunt, unde cognoscimus quoniam novissima hora est. 19 Ex nobis prodierunt, sed non erant ex nobis, nam si fuissent ex nobis, permansissent nobiscum; sed ut manifestaretur quoniam illi omnes non sunt ex nobis. 20 Sed vos unctionem habetis a Sancto et scitis omnes. 21 Non scripsi vobis quasi nescientibus veritatem sed quasi scientibus eam, et quoniam omne mendacium ex veritate non est. 22 Quis est mendax, nisi is qui negat quoniam Iesus est Christus? Hic est antichristus, qui negat Patrem et Filium. 23 Omnis, qui negat Filium, nec Patrem habet; qui confitetur Filium, et Patrem habet. 24 Vos, quod audistis ab initio, in vobis permaneat; si in vobis permanserit, quod ab initio audistis, et vos in Filio et in Patre manebitis. 25 Et haec est repromissio, quam ipse pollicitus est nobis: vitam aeternam. 26 Haec scripsi vobis de eis, qui seducunt vos.

Ergänzend wird in *I Io* 4,2 f. hinzugefügt, dieser Antichrist sei bereits in der Welt, was die Nähe der Parusie impliziert: „2 In hoc cognoscitis Spiritum Dei: omnis spiritus, qui confitetur Iesum Christum in carne venisse, ex Deo est. Et omnis spiritus, qui non confitetur Iesum, ex Deo non est; et hoc est antichristi, quod audistis quoniam venit, et nunc iam in mundo est". – Die Bezeichnung Antichristus benennt prägnant, was an den zitierten Stellen an Erkennungszeichen geltend gemacht wird: ein Mensch, der falsche Lehren über Iesus predigt („qui negat [...] Iesus non est Christus"), sodann auch weitergehende Irrlehren verbreitet („qui negat [...] Patrem et Filium") In einem allgemeineren Sinne rückt hier schließlich das Faktum des Irr-Predigers und Pseudo-Propheten ins Zentrum; damit fällt der Blick auf Befunde im zeitgenössischen jüdischen Denken und – noch – weiter – auf religionsgeschichtliche Phänomene überhaupt.[14]

Unserem auf eschatologische Diskurse gerichteten Interesse kommt namentlich die Aussage entgegen, der Antichrist sei eine endzeitliche Erscheinung („novissima

---

12 Damit wird nicht unterstellt, dass der Autor (oder die Autoren) der drei Johannesbriefe, entstanden um 100 n. Chr., sich auch nur implizit (eine explizite Bezugnahme ist ohnehin nicht feststellbar) auf die Erörterungen in den Thessalonicherbriefen anspielen wollte.
13 Vgl. die Quellenangabe in Anm. 10.
14 Vgl. dazu TRE, Bd. 3 S. 20–24.

hora"); diese Verknüpfung wird für die Folgezeit sehr folgenreich sein. Indirekt beantwortet der zitierte V. 18 ja genau jene Frage, welche die Gemeindeglieder in Thessaloniki umgetrieben hatte: Wann kommt der Herr zurück? Hatte der *Thessalonicher-Brief* noch – die später[15] – bei *Matthäus* breit geschilderte Endzeit-Vorstellung mit Ruf des Erzengels und Posaunenschall knapp evoziert (*I Th* 4,16 f.), so verschiebt sich nun das Konstrukt; der Anbruch der Parusie rückt zum einen nach hinten – gewiss für die Parusie-Naherwartung[16] eine unwillkommene Botschaft; anderseits erhält die ungeduldig-angstvolle[17] Frage nach dem Wann eine, allerdings nur indirekte, Antwort: Sobald die Umtriebe des Antichrist erledigt sind.

Dies lässt sich durch einen Blick in den etwa um 90 n.Chr. anzusetzenden *Hebräerbrief* – Autor und Adressaten[18] sind unbekannt – noch deutlicher profilieren. Das Werk verfolgt wesentlich die Absicht, eine durch äußeren Druck und innere Ermüdung schwankende Gemeinde neu zu stärken. In der Schlusspartie (ab 10,19) liest man unter anderem:

19 Habentes itaque, fratres, fiduciam in introitum Sanctorum in sanguine Iesu, 20 quam initiavit nobis viam novam et viventem per velamen, id est carnem suam, 21 et sacerdotem magnum super domum Dei, 22 accedamus cum vero corde in plenitudine fidei, aspersi corda a conscientia mala et abluti corpus aqua munda; 23 teneamus spei confessionem indeclinabilem, fidelis enim est, qui repromisit; 24 et consideremus invicem in provocationem caritatis et bonorum operum, 25 non deserentes congregationem nostram, sicut est consuetudinis quibusdam, sed exhortantes, et tanto magis quanto videtis appropinquantem diem. 26 Voluntarie enim peccantibus nobis, post acceptam notitiam veritatis, iam non relinquitur pro peccatis hostia, 27 terribilis autem quaedam exspectatio iudicii, et ignis aemulatio, quae consumptura est adversarios. 28 Irritam quis faciens legem Moysis, sine ulla miseratione duobus vel tribus testibus moritur; 29 quanto deteriora putatis merebitur supplicia, qui Filium Dei conculcaverit et sanguinem testamenti communem duxerit, in quo sanctificatus est, et Spiritui gratiae contumeliam fecerit? 30 Scimus enim eum, qui dixit: „Mihi vindicta, ego retribuam"; et iterum: „Iudicabit Dominus populum suum". 31 Horrendum est incidere in manus Dei viventis. 32 Rememoramini autem pristinos dies, in quibus illuminati magnum certamen sustinuistis passionum, 33 in altero quidem opprobriis et tribulationibus spectaculum facti, in altero autem

---

15 Zur Erinnerung: Das nach Auffassung der heutigen Forschung etwa 80/90 n.Chr. geschriebene *Matthäus-Evangelium* ist etwa eine Generation jünger als die *Thessalonicher-Briefe.*

16 An der zitierten Stelle aus *I Th* 4,15 etwa wird mit einer Parusie zur Zeit der damals Lebenden gerechnet.

17 Etwa *I Th* 4,16–18 akzentuiert die Heilsgewissheit jener, die an Christus glauben, belegt also vorab deren Ungeduld. Indem aber schon früh auch betont wurde, dass der Glaube mit einem entsprechenden Lebenswandel einhergehen muss, konnte sich zugleich die Angst des Einzelnen etablieren, ob er denn im Gericht auch bestehen werde. Sie wird für die Geschichte des eschatologischen Diskurses bestimmend werden.

18 Die Alternative: adressiert an Judenchristen oder Heidenchristen? wird kontrovers diskutiert (vgl. den Artikel in Wikipedia und bei Bull).

> socii taliter conversantium effecti; 34 nam et vinctis compassi estis et rapinam bonorum vestrorum cum gaudio suscepistis, cognoscentes vos habere meliorem substantiam et manentem. 35 Nolite itaque abicere confidentiam vestram, quae magnam habet remunerationem; 36 patientia enim vobis necessaria est, ut voluntatem Dei facientes reportetis promissionem. 37 Adhuc enim modicum quantulum, qui venturus est, veniet et non tardabit. 38 Iustus autem meus ex fide vivet; quod si subtraxerit se, non sibi complacet in eo anima mea. 39 Nos autem non sumus subtractionis in perditionem, sed fidei in acquisitionem animae.[19]

Der Autor ruft seine Gemeinde hier nicht zur Wachsamkeit auf Zeichen, welche die Wiederkehr des Messias ankündigen, auf; auch ist nicht die Rede von einem Verbot, aus verständlicher Ungeduld heraus nach dem Wann zu fragen. Vielmehr ruft er zu ausdauernder Hoffnung und zu Vertrauen, Glauben („fides") in das von Oben gegebene Versprechen auf. Dieser Paränese[20] wird durch die Kombination zweier alttestamentarischer Prophetenstellen[21] Nachdruck verliehen, nämlich: *Hab* 2,2–4:

> 2 Et respondit mihi Dominus et dixit: „Scribe visum et explana eum super tabulas, ut percurrat, qui legerit eum. 3 Quia adhuc visus ad tempus constitutum, sed anhelat in finem et non mentietur; si moram fecerit, exspecta illum, quia veniens veniet et non tardabit. 4 Ecce languidus, in quo non est anima recta; iustus autem in fide sua vivet.

Und durch *Is* 26,20 f.:

> 20 Vade, populus meus, intra in cubicula tua, claude ostia tua super te, abscondere modicum ad momentum, donec pertranseat indignatio. 21 Ecce enim Dominus egredietur de loco suo, ut visitet iniquitatem habitatoris terrae contra eum; et revelabit terra sanguinem suum et non operiet ultra interfectos suos.

1.2 Die Parusie in der Dogmensetzung späterer Generationen

Was hier gestützt auf den Wortlaut einzelner Briefe aus dem sich erst konstituierenden Korpus der heiligen Schriften antizipierend (und damit den Horizont der ersten Leser und Hörer übersteigend) formuliert worden ist, soll nachfolgend anhand einiger Dokumente zur Dogma-Bildung des frühen Christentums illustriert werden. Sie betreffen den Teilbereich der Wiederkehr Christi als Richter über die Menschen am Ende der Zeit.

---

19 Vgl. die Quellenangabe in Anm. 10.
20 Strobel, *Verzögerungsproblem*, S. 79–84.
21 Zur zitierten Quelle vgl. Anm. 10.

So hielt das sog. *ältere Apostolicum* aus dem 2. Jh. fest: „inde venturus est iudicare vivos et mortuos".[22] Das *Nicaeno-Constantinopolitanum* statuierte im 4. Jh.: „et iterum venturus est cum gloria iudicare vivos et mortuos cuius regni non erit finis".[23] – Daneben begegnen unter den Symbola der frühen Kirche solche, welche die kompakte Formel des „iudicare vivos et mortuos" ausweiten und damit vereindeutigen; so die *Fides Damasi* des 4. Jh: „nos ab eo resuscitandos die novissima in hac carne, qua nunc vivimus, et habemus spem nos consecuturos ab ipso aut vitam aeternam praemium boni meriti aut poenam pro peccatis aeterni supplicii".[24] Auf derselben Linie der erweiternden Präzisierung liegt das vielleicht südgallische, jedenfalls westliche *Athanasianum:* „inde venturus est iudicare vivos et mortuos; ad cuius adventum omnes resurgere habent cum corporibus suis et reddituri sunt de factis propriis rationem: et qui bona egerunt, ibunt in vitam aeternam, qui vero mala, in ignem aeternum".[25]

Was zeigen diese Belege? Im Horizont der Gerichtserzählung aus *Matthäus* wird die Rechenschaftspflicht jedes einzelnen Gläubigen vor dem jenseitigen Richter über sein ganzes Tun (und nicht etwa einzig hinsichtlich der *caritas* gegenüber Notleidenden) zunehmend deutlicher. Nicht mehr Thema ist hingegen der Zeitpunkt dieser Rechenschaftslegung; die Parusienaherwartung, die sich auf *Mt* 24,34 („non praeteribit haec generatio donec omnia haec fiant") berufen konnte, ist aus dem Blickfeld der Dogmen verschwunden. Damit mochte sich – mindestens in der Optik jener, die eschatologisches Denken der Gläubigen als Unruhefaktor scheuten[26] – die Frage nach dem Wann erledigt haben; entsprechend hatte auch die Notwendigkeit, das Zögern des Herrn bei seiner Wiederkunft zu begründen, nämlich durch Widerstände, die vom „homo peccati filius perditionis" (*II Th* 2,3) bzw. vom „antichristus" (*I Io* 2,18) ausgingen, an Dringlichkeit verloren.

Aber diese Diskurse – die Frage nach dem Wann?, das Frageverbot oder der Versuch, die Frage des Aufschubs zu begründen – sind weiterhin in den Quellen aufgezeichnet, verfügbar und können somit immer erneut virulent werden.

---

22 Denzinger, *Enchiridion,* Nr. 1 f.

23 Denzinger, *Enchiridion,* Nr. 86.

24 Denzinger, *Enchiridion,* Nr. 16.

25 Denzinger, *Enchiridion,* Nr. 40.

26 Vgl. Landes, *Lest the Millenium,* etwa S. 157–159, 203 f. 205 f.

1.3 Der Antichrist: von dunklen Andeutungen zur zusammenhängenden Vita

Die wenigen über die Bezeichnung eindeutig zuzuordnenden Belege für die Antichrist-Figur aus den beiden *Johannesbriefen* sind vor dem Hintergrund vorchristlich-jüdischer Vorstellungen[27] zu sehen; diese wiederum lassen sich nicht von Traditionen der nicht-jüdischen Religionen des vorderen Orients lösen. – Geht man bei den *Johannesbriefen* und der *Apokalypse* von einer Verfasseridentität aus, dann wird man erwarten, in diesem Text auch den Antichrist in expliziter Benennung wieder zu finden; freilich ist dies nicht der Fall.[28] Vom biblischen Kanon her ist somit in den *Johannesbriefen* das letzte Wort gesagt – so scheint es mindestens. Wer so räsonniert, hat freilich die Rechnung ohne den exegetischen Scharfsinn und den Willen, auf exegetischem Weg Dunkles zu klären, gemacht.[29] Damit stellt sich die Frage nach der Rezeptionsgeschichte der Antichrist-Figur.[30] Sie soll nachfolgend punktuell anhand wichtiger Einzeltexte und mit Schwerpunktsetzung im 1. Jahrtausend berührt werden; dabei ist immer die Frage nach dem Auftreten und der Relevanz von Vigilanz-Diskursen leitend.

---

27 Für diese lassen sich gewisse Stellen des AT anführen: *Is* 14,12–23 oder *Dn* 8,9–14.

28 Der Autor des TRE-Artikels (*Antichrist*, Bd. 3 S. 23), Otto Böcher, Verfasser einer einschlägigen Arbeit von 1975, macht sich denn auch anheischig, in der Gegen-Trinität von Drache, erstem und zweitem Tier (*Apo* 12,18–13,10) den Antichrist im zweiten Tier zu finden. Man mag bei dieser und bei andern Parallel-Setzungen zweifelnd nach genauer Abgrenzung suchen und sich ebenfalls fragen, wieso denn Johannes „seinen" Antichrist aus den Briefen nicht auch in der Apokalypse auftreten lässt. Die von Böcher selber mehrfach eingeforderte möglichst klare Trennung der Antichrist-Figur und weiteren nur ähnlichen Figuren wird verfehlt, wenn es am angegebenen Ort heißt: „Das zweite Tier (Apo 13,11–18) wird als Propagandist des ersten Tieres gezeichnet; deshalb darf man auch in ihm eine antichristliche Gestalt erblicken."

29 Man vergleiche nur das Kapitel über die Auslegung von *Mt* 24,36 bei Malvenda (Anm. 7).

30 Eine solche monographische Gesamtdarstellung ist aktuell nicht verfügbar. Breit angelegte Artikel in Enzyklopädien füllen ersatzweise die Lücke: so TRE (Bd. 3 S. 20–50) und ⁴RGG (Bd. 1 S. 531–536), beide Werke auch online; ferner ein einschlägiger Artikel bei Wikipedia. Bei genauer Betrachtung fallen neben unterschiedlicher Datenfülle auch inhaltliche Differenzen auf, etwa bei der Frage, ob aus biblisch-jüdischen Quellen ein ‚Gegenmessias' aufzufinden sei. Hierher gehören ferner etwa Bemerkungen im Abschnitt III des RGG-Artikels zu dogmatischen Aspekten, die in Zeiten weitgehend erodierter konfessioneller Schranken (mindesten hinsichtlich axiologischer Beurteilung) eher erstaunlich anmuten. Im Folgenden kann derlei nicht erörtert werden.

1.3.1 Hippolytus von Rom

Der als Person nur undeutlich erscheinende Hippolytus[31] verfasst in griechischer Sprache die erste uns überlieferte ganz dem Thema gewidmete Schrift;[32] sie gliedert[33] sich in 67 kurze Abschnitte. Das Werk richtet sich gemäß dem Eröffnungsabschnitt an einen nicht näher bekannten (wohl fiktiven[34]) Theophilus, beruft sich für die Herkunft des Nachfolgenden auf „die heiligen Schriften", rechnet mit der Weiterverbreitung durch den Adressaten, will Theophilus zudem die Möglichkeit eigener Nachforschung eröffnen[35]. Bedeutsam scheint ferner die gleich anschließende Mahnung zu esoterischem Vorgehen: Die Lehren über den Antichrist sind einzig frommen Gläubigen zu eröffnen. Zwei folgende Kapitel sind den (biblischen) Propheten, genauer: ihrem Tun und Rang, gewidmet. Von Gott erleuchtet und durch ihn beauftragt, verkündeten sie den Menschen Zukünftiges; zwischen diesen und dem Propheten steht übrigens ein vermittelnder Ausleger.

> Wenn wir daher das, was von ihnen [den vom Logos erleuchteten Propheten] vorhergesagt worden ist, gut gelernt haben, so reden wir nicht aus unserer eigenen Erkenntniß, noch erlauben wir uns die vorherverkündigten alten Aussprüche durch neue zu ersetzen, wenn wir ihre Schriften erläutern und den Rechtgläubigen vorlesen. Da nun daraus ein für Beide gemeinsamer *Nutzen* entspringt: für den Vortragenden, daß er den seinem Gedächtniß anvertrauten Stoff recht auslegt, für den Zuhörer, daß er seinen Geist auf das Gesagte richte. Beiden aber auch die *Mühe* gemeinsam ist, dem Vortragenden, daß er mit Sicherheit vorträgt, dem Zuhörer, daß er das Gesagte gläubig aufnimmt [...] (S. 4 f., Hervorhebungen von A.S.)

Unschwer lässt sich eine solche Rezeptionsanweisung in den Horizont einer Vigilanz-Ethik einfügen, auch wenn dieser Aspekt bei Hippolytos nicht expliziert wird, sondern nur als Subtext mitläuft: Aufmerksamkeit ist gefordert von den erleuchteten Propheten, die nicht Eigenes, sondern Eingegebenes verkünden, Aufmerksamkeit dann von den Vermittlern, die das Prophetenwort unverfälscht weiterge-

---

31 Eine ausführliche Darstellung der Problemlage bei der Identifikation des Hippolytus und eine Besprechung der ihm zugeschriebenen Werke bei Moreschini, *Handbuch*, S. 122–133, ferner: Norelli, *L'antichristo*, S. 9–35.

32 Im Netz ist der BKV-Text in mehreren Formaten verfügbar; nachfolgend beziehen sich Seitenverweise auf das pdf; dieses enthält im Fließtext auch die originale Seitenzählung des Drucks von 1872. Norelli bietet einen zweisprachig griechisch-italienischen Text, dazu eine breit angelegte Einführung und Würdigung des Werks.

33 Gliederungsvorschläge: Gröne, *Buch über Christus*, Kommentarteil, S. 4–6 und Norelli, *L'antichristo*, S. 41 f.

34 So Norelli, *L'antichristo*, S. 158 f.

35 Abschnitt 2 setzt dann hier freilich eine Grenze, denn es gilt, das von Propheten Verkündete, mithin aus höherer Quelle Stammende, zu bewahren, ist es doch verbindlich.

ben, Aufmerksamkeit schließlich von den Adressaten, den Gläubigen; ihnen obliegt die aufmerksame Aufnahme und die Befolgung der Botschaft. Aufmerksamkeit ist ferner insofern gefordert, als es sich um esoterisches Wissen handelt; es ist vor jenen, die nicht zur Gruppe gehören, verborgen zu halten: achtsame Beobachtung sozialer Grenzen und achtsames Wahren der Zunge somit als Losung.

Abschnitt 5 (S. 6) wendet sich dem eigentlichen Thema, dem Antichrist, zu und umreißt in wenigen Zeilen Inhaltliches: seine Ankunft, Zeit und Umstände derselben, seine Abstammung, seine Taten, seine Bestrafung; diese markiert zugleich den Moment der „Herabkunft des Herrn vom Himmel" (S. 6) und damit den Beginn des Universalgerichts. Hippolytus verwendet zur Entwicklung seiner Erzählung die nahe liegende, durch eine doppelte Überlegung bestimmte Methode: So wie das Alte Testament Ankunft, Wesen und Taten des Messias verkündigt (wiewohl indirekt), so auch seinen Gegenspieler, den Antichrist; die Prophetie über jenen lässt sich in Umkehrung, gegenläufig, als Bericht über diesen verstehen. Ansatzpunkte für die Applikation dieser Methodik sind bei Hippolytus[36] Jakobs Weissagungen über seine zwölf Söhne (*Gn* 49), Stellen bei *Isaias* (10,12–17, 14,4–21), *Ezechiel* (28,2.11), dann *Daniel* (2 (Traum von der Statue) und 7 (Traum von den vier Tieren). Diese letzte Vorgabe führt zu einem nächsten hermeneutischen Schritt: Die Applikation des nur im verschleiernden Bild Gegebenen auf die Historie: Abfolge der Weltreiche, Meder, Perser, Griechen, die römische Jetztzeit, die Zerstörung Jerusalems – lauter Peripetien, an denen sich zuvor Prophezeites bestätigt habe und welche damit auch noch Ausstehendes bekräftigten. Historiographie und Zukunftsbericht gehen ineinander über. – In Abschnitt 29 tritt ein zeitweiliger Ebenenwechsel ein. Gewendet an Theophilus gesteht Hippolytus seine Scheu, das von den Propheten verhüllt Angekündigte, jetzt offen auszusprechen. Damit scheint eine Scharnierstelle bezeichnet; in der Folge rückt nun eine antirömische Deutung der Daniel-Vision (ergänzt mit Bezügen auf die *Apokalypse*) ins Zentrum. Sie wird begleitet durch Hinweise auf Momente der Erfüllung der Daniel-Vision, wie sie sich dem Hippolytus von seinem historischen Standpunkt her zeigten (Zerstörung Babylons). Noch steht zwar das verhasste Rom; doch ergibt sich in der Logik der Weltreichs-Lehre, dass Rom am Ende der Zeiten steht. So schließt sich dabei auch die Verbindung zum Antichrist, der eine eschatologische Figur ist, und es öffnet sich der Blick auf die zweite Parusie Christi. Wie die erste von Johannes dem Täufer angezeigt wurde, so die zweite von Henoch und Elias (Abschnitte 43–47). Die Schlusspartie (48–63) entfaltet den Bericht über die Taten des Antichrist; Hippolytus gewinnt hier sein Material für diese Erzählung zu wesentlichen Teilen aus *Isaias, Ezechiel, Ieremia,* gelegentlich aus der *Apokalypse* (Abschnitte 47 f., 61). Inhaltlich geht es um die

---

36 Das Folgende füllt die Kapitel 7–24.

Verfolgung der Christen, die Sammlung der Juden und die (vorgetäuschte) Wiederherstellung des jüdischen Reichs. Die Abschnitte 62–64 umkreisen das – nur undeutlich erfasste – Ende des Antichrist, den Weltbrand und den Beginn des Gerichts. Damit stellt sich von der Sache her erneut die Frage des Wann. Hippolytus verzichtet aber (anders als etwa Irenaeus)[37] auf jeden Versuch zur Berechnung der noch verbleibenden Zeit bis zum Ende; zwar wird mit *Dan* 12,11–13 eine genaue Chronologie in Tagen zitiert, doch ihr folgt mit *II Th* 2,3–14 die bekannte Einschärfung des Frageverbots (Abschnitt 66). Die (gekürzte) Wiedergabe von *Mt* 24,15–22 unterstreicht die Plötzlichkeit („qui in tecto non descendat tollere aliquid de domo sua…"), führt die Frage nach dem Wann letztlich ad absurdum. Nicht übersehen sei die in den Jesus-Worten eingebettete Aufforderung zur Vigilanz: „qui legit intellegat". Gedanklich lässt sie sich ergänzen durch „orate autem ut non fiat fuga vestra hieme vel sabbato" – statt Vigilanz als beobachtendes und rechnendes Planen somit der Gestus rückhaltloser Preisgabe an die höchste Macht im Zeichen der Hoffnung.

1.3.2 Augustinus

Mit dem Traktat des Hippolytus stehen wir am Beginn des 3. Jahrhunderts.[38] Halten wir als Zwischenbilanz auf unserem Weg durch die Rezeption der Antichrist-Figur fest, dass sie bei Hippolytus nunmehr in Umrissen deutlicher erscheint; Eckpunkte einer Vita werden sichtbar, doch fehlt dieser ein durchgängiger Faden ebenso wie Konkretheit in der Ausarbeitung: Eltern? Geburtsort? Werdegang? Für kommende Generationen bleibt folglich noch einiges zu tun. –

Die Frage nach dem Platz des Augustinus in der Rezeptionsgeschichte der Antichrist-Figur stellt uns vor das Riesengebirge des augustinischen Werks.[39] Vordringlichste Frage: Wo aufschlagen? Setzt man bei der wohl nächstliegenden Stelle, *De civitate Dei*, an und blättert Buch 20 über das Jüngste Gericht auf, dann versprechen vorab die Kapitelüberschriften 13, 19, 23 nähere Aufschlüsse; ein Rückverweis gleich am Anfang von Kapitel 13 führt zudem ins Kapitel 8 zurück. Augustinus erörtert dort, ausgehend von Apo 20,3 („post haec, oportet illum [draconem serpentem antiquum qui est diabolus et Satanas] solvi brevi tempore") den Sinn dieser zeitweiligen Befreiung des Bösen; für unsere Frage ergibt sich daraus al-

---

37 Norelli, *L'antichristo*, S. 261f.
38 Zur Datierung vgl. Norelli, *L'antichristo*, S. 40.
39 Bei Migne füllt es 16 Bände der Patrologia (32–47), in der Reduktion auf eine reine Titelliste im Augustinus-Lexikon immer noch 24 Seiten.

lerdings nicht mehr, als dass Augustinus den Antichrist umstandslos mit dem Teufel identifiziert – mindestens hier.

Kapitel 13 des 20. Buches handelt von der Frage, ob die in Apo 11 f. gegebene Dauer von 3 Jahren und 6 Monaten für die Verfolgung der Gläubigen in die Frist der Tausend Jahre[40] der Herrschaft der Heiligen mit Christus einzubeziehen sei (somit das tausendjährige Reich rechnerisch genau genommen nur 996,5 Jahre dauere) oder ob die 3,5 Jahre hinzukommen. Augustinus sieht keine Möglichkeit, die Frage eindeutig zu entscheiden, sondern schließt das Kapitel mit einer Deutungsalternative und relativiert die rechnerische Verbindlichkeit von Zahlenangaben in biblischen Texten: „et talia saepe reperiuntur in Litteris sacris, si quis advertat."[41]

Der Beginn von Kapitel 19 deutet die Notwendigkeit an, angesichts der Quellenfülle zu kürzen, und schwenkt dann in einer gegenläufigen Bewegung auf die keinesfalls zu übergehende – „nullo modo est praetereundus"[42] – nun die vollständig zitierte Stelle *II Th* 1,1–11. Sie zielt – wie oben bereits ausgeführt – im genauen Sinn auf die zeitlich nicht festlegbare zweite Parusie, mahnt die Gläubigen zur Geduld. Augustinus hingegen liest – was gewiss nicht am Text vorbeizielt – diesen im Hinblick auf das Agieren des Antichrist. Er lässt mit deutlicher Distanzierung vorliegende (aber nicht namhaft gemachte) Deutungen Revue passieren, namentlich auf Nero, zitiert – erneut unter verschobenem Fokus – aus seiner Ausgangsstelle *II Th* 2,9 f. „„praesentia' quippe ejus erit, sicut dictum est ‚secundum operationem satanae, in omni virtute, et signis, et prodigiis mendacii, et in omni seductione iniquitatis, his qui pereunt'"[43]. Der Antichrist erscheint so als Instrument des Teufels, also eine Verschiebung gegenüber der Gleichsetzung von Antichrist und Teufel im 8. Kapitel. – Kapitel 23 stellt die Passage in *Dan* 7,15–28 in den Mittelpunkt und identifiziert den Antichrist als den König, der das 4. Tier überwindet: „ipsumque quartum [regnum] a quodam rege superatum, qui Antichristus agnoscitur"[44]. Augustinus scheucht eine Interpretationsschwierigkeit, die sich durch die allegorischen zehn Hörner des vierten Tieres ergibt, auf, verzichtet auf eine Lösung, erwähnt flüchtig die Deutung der vier Tiere auf die vier Reiche, verweist empfehlend auf den *Daniel-Kommentar* des Hieronymus zur Stelle und zieht sich mit Nachdruck auf die Einsicht zurück, dass es das Reich des Antichrist sei, das

---

40 Informationen über den damit berührten Sachverhalt des auf Apo 20,1–7 beruhenden chiliastischen Gedankens liefert etwa TRE Bd. 7 S. 723–745.

41 MPL 41,679 (14 Ende). – Die Bemerkung ist im Rahmen der von Landes (*Lest the Millennium*, 156–160) herausgearbeiteten Strategie des Augustinus zu sehen, eschatologische, v. a. auf chiliastischen Ansätzen beruhende Zeitberechnungen zu bekämpfen.

42 MPL 41,535.

43 MPL 41,687,4 (Beginn).

44 MPL 41,694,23,1 (Beginn).

gegen die Kirche wüte: „Antichristi tamen adversus Ecclesiam saevissum regnum, […] qui vel dormitans[45] haec legit, dubitare non sinitur."[46] So gerät er erneut in heikle Deutungsfragen bezüglich der Zeitangaben bei Daniel; noch problematischer scheint freilich, ob – wie allegorische Logik es zu wollen scheint – der Antichrist in Verbindung mit zehn Königen zu denken ist, denn Augustinus kann im römischen Reich keine zehn Könige ausfindig machen. Deshalb: Zahlen sind – mindestens wohl in prophetischen Texten – nicht unbedingt beim Wort zu nehmen – ein Deutungsmuster, dem wir schon in Kapitel 13, wo dann auch noch auf das 16. Buch zurückverwiesen wird, begegnet sind.

Was erbringt *De civitate* für die Rezeptionsgeschichte der Antichristfigur? Wenig. Dass dies eine immanente, sich aus den eschatologischen Konzepten des Augustinus ergebende Logik sein dürfte, mag ein Blick auf diese Eschatologie zeigen, wie sie das Augustinus-Lexikon anhand des einschlägigen Stichwortes zeichnet. – Das Wort an sich tritt relativ selten (145mal) auf; nicht selten bezeichnet es im ganz vordergründigen Sinn einen Pseudochristen, der durch sein Leben Christus recht eigentlich zuwider handelt. Dafür lässt sich schon der bare Wortsinn – anti- im Sinne von ‚gegen' (und nicht: ante-, ‚Vorläufer' im Sinne einer eschatologischen Chronologie) – als Argument geltend machen. Pointierter ist seine Verwendung für die ‚Verbreiter von Irrlehren. Hingegen hält Augustinus nichts von der Applikation des Begriffs auf reale historische Figuren,[47] etwa Nero (Kapitel 19). Wie sich aus dem Gesagten ergibt, vermeidet Augustinus es, dem durch die biblischen Texte gesetzten Akteur große eschatologische Bedeutung zuzuschreiben, auch wenn nicht übergangen wird, dass sein Auftritt für die Kirche schwerste, allerdings zeitlich beschränkte Verfolgung bedeutet.[48]

Für unser spezifisches Interesse an der Vigilanzproblematik ergibt sich durch eine Bemerkung im 5. Kapitel Wesentliches. Es gelte, schreibt Augustinus, die

---

45 Hier eine Umkehrung des Vigilanz-Paradigmas im Zeichen unwirscher Polemik des Kirchenvaters!

46 MPL 41,695,23,1 (gegen Spaltenende).

47 Das ist es wohl, was im Artikel des Augustinus-Lexikons etwas irreführend (wohl in Übernahme außer Gebrauch gekommener geistesgeschichtlicher Terminologie) als ‚Historismus' bezeichnet. Verständlicher ließe sich mit Begriffen wie ‚Historisierung/Eschatologisierung mythischer Motive' operieren (vgl. den RAC-Artikel über den Antichrist Bd. 1 Sp. 451f.).

48 Soweit die Grundthesen des einschlägigen Artikels im Augustinus-Lexikon. – Dies und jenes ließe sich allerdings schärfer zeichnen, so etwa die an sich auf eine innere Widersprüchlichkeit hinauslaufende Banalisierung einerseits, indem jeder, der Christus zuwider handelt, als Antichrist gilt, andererseits jedoch an der einen oder andern Stelle bei Augustinus der Antichrist mit dem Teufel gleichgesetzt wird. Zu betonen ist ebenfalls, dass der Antichrist doch durchaus als Vorläufer der Parusie erscheint und sei es nur durch den Hinweis auf das Vorher – ein Antea-Postea-Effekt (Augustinus, *Vom Gottesstaat*, S. 634).

Aussagen über das Jüngste Gericht sorgfältig zu prüfen, denn manche Jesus-Worte bezögen sich nicht auf diese zweite Parusie, sondern auf die andauernde „geistliche Ankunft" Christi bei seiner Kirche, manches auch auf die Zerstörung des realen Jerusalem. Auch gelte es deshalb, die übereinstimmenden Aussagen der drei Synoptiker zu vergleichen, da manches manchenorts unterschiedlich klar formuliert werde.[49] Wir konstatieren hier also die Verwendung einer hermeneutischen Aufmerksamkeitsregel; sie liegt verständlicherweise auf einer anderen logischen Ebene als die im Vordergrund stehenden Vigilanz-Aussagen für die Gläubigen.

Indem der Antichrist dem Jüngsten Gericht unmittelbar vorausgeht, stellt sein Erscheinen einen beobachtbaren Orientierungspunkt in der Heilsgeschichte dar – dies wird man als eigenständig auffassender Rezipient konstatieren, Augustinus sagt es nicht. Durch seine Tendenz, den Anwendungsbereich des Begriffs[50] auf die jederzeit beobachtbaren moralisch schlechten Christen auszudehnen, mag sich freilich ein Effekt, der den Intentionen des Augustinus gerade zuwider läuft, ergeben haben: Apokalypse ist jederzeit, im Hier und Jetzt denkbar.

1.3.3 Adso Dervensis

Der vielleicht[51] um 910 im Königreich Burgund geborene († 992) hochadlige Adso[52], wird als Oblate ins Kloster Luxeuil gegeben, wechselt später mit verschiedenen Funktionen (Schulleiter, Reformator) nach St-Èvre und schließlich als Abt nach Montier-en-Der[53]. Er ist als guter Stilist, Sammler lateinischer Klassiker,[54] Autor

---

49 MPL 41,663 f.,4 (Buch 20 Kapitel 5,4): „Multa praetereo, quae de ultimo judicio ita dici videntur, ut diligenter considerata reperiantur ambigua, vel magis ad aliud pertinentia [...] ita ut dignosci non possit omnino, nisi ea quae apud tres evangelistas, Matthaeum, Marcum, et Lucam de hac re similiter dicta sunt, inter se omnia conferantur. Quaedam quippe alter obscurius, alter explicat planius, ut ea quae ad unam rem pertinentia dicuntur, appereat unde dicantur."
50 Dafür stehen nach Ausweis der Belegzitate (die freilich nur einen kleinen Ausschnitt aus den 145 Belegen repräsentieren), solche von außerhalb des hier beobachten *De civitate dei*.
51 Zur Unsicherheit über das Geburtsjahr vgl. Goullet (Anm. 52).
52 Grundlegend auf Basis der einzigen Quelle, der anonymen Fortsetzung der *Vita Bercharii* (Goullet, *opera hagiographica*, S. 279–347), die Darstellung bei Konrad, *De ortu*, S. 16–24 und bei Verhelst, *De ortu*, S. V-IX; Goullet hat die Vita anhand der verfügbaren Quellen erneut geprüft und legt ein langes und ein kurzes Curriculum auf Grund unterschiedlicher Annahmen zum Geburtsdatum vor (*Opera hagiographica*, S. VI–XXVI). Leicht ikonoklastisch MacLean, *Reform*, S. 669–673 (biographisch argumentierende Zweifel an den Eckwerten der Vita und Versuch, das Werk einem anderen Adso zuzuschreiben).
53 Zur Geschichte der u. a. architektonisch bedeutenden, im 7. Jahrhundert gegründeten, während der Revolution aufgehobenen Abtei St-Pierre-et-St-Paul in der französischen Wikipédia (s.v.), dort namentlich Abbildungen der heutigen Pfarrkirche, u.a. des auf die Zeit Adsos zurückgehenden

hagiographischer Werke und von Miracula-Aufzeichnungen bekannt. Auf Ansuchen der durch Geburt Schwester Ottos I. und durch zweite Heirat mit Ludwig IV. (Louis d'Outre-Mer) westfränkischen Königin Gerberga[55] verfasst er um 949/954[56] den Brieftraktat über Ursprung und Zeit des Antichrist. Das unter verschiedenen Autornamen in rund 171 Handschriften verbreitete und mehrfach überarbeitete Werk[57] setzte über Jahrhunderte einen kanonischen Bezugspunkt für die Antichrist-Erzählung.

1.3.3.1 Die Darstellung des Antichrist

Wir lassen zunächst den Widmungsbrief beiseite und wenden uns gleich dem Traktat über den Antichrist[58] zu. Adso beginnt mit einer Erklärung des Namens,

---

Hauptschiffes; sehr viel mehr Material bietet der große Tagungsband von 1998 (Corbet, *les moines du Der*).

54 Eine Liste der ihm persönlich gehörenden Bücher bei Omont, *Catalogue*, 1881.

55 Der Artikel im LdM, Bd. 4 Sp. 1300 von 1977 ist durch die neueste Forschung völlig überholt. Man konsultiere für einen Überblick die deutsche und französische Wikipedia (s.v. Gerberga bzw. Gerberge de Saxe). – Durch die offenbar eigenständig gegen andere Absichten des Bruders Otto durchgesetzte zweite Heirat nach dem Tod ihres ersten Ehemannes, des lothringischen Herzogs Giselbert († 930), erscheint Gerberga von hoher Selbständigkeit, dies vor dem Hintergrund einer Konkurrenz der zwei Reichshälften Ost- und West-Franzien und den Versuchen der lothringischen Herzöge aus ihrer geographischen Mittelstellung Gewinn zu ziehen. Gerberga ist durch Geburt mit Ost-Franzien verbunden, durch die erste arrangierte und eine zweite offenbar von ihr durchgesetzte Heirat dagegen mit dem Westen. Wichtiger jedoch für die Kontextualisierung des Adso-Traktates als diese von der aktuellen Forschung nicht völlig durchschauten und deshalb umstrittenen Vorgänge scheint indessen ihre nach dem zweiten Eheschluss sich anbahnende Involvierung in kirchliche Reformprozesse; diese geht mit engen Beziehungen zu den Trägern dieser Reformen einher. Eine aus den Quellen (Urkunden und Chronikberichte) geschöpfte breite Darstellung bietet MacLean, *Reform*, S. 658–669, aus etwas anderer Perspektive zum gleichen Problemkreis Audebrand, *Promotion*, 2019.

56 Die Eckdaten gegeben durch zwei äußere Ereignisse, die in Adsos Widmungsbrief vorausgesetzt werden: die Weihe Roricos als Bischof von Laon (949) und durch den (noch nicht eingetretenen) Tod des Louis d'Outre mer, des zweiten Mannes der Gerberga (954), vgl. Verhelst, *De ortu*, S. 3 oder Mac Lean, *Reform*, S. 651; dort Anm. 19 Verweis auf andere Datierungsvorschläge.

57 Nur 14 dieser 171 Zeugen bewahren das originale Werk (Verhelst, *De ortu*, S. 8–19); die restlichen bieten 7 Bearbeitungen des Originals (Übersicht: Verhelst, *De ortu*, 184f., dort zu jeder Fassung die Überlieferung und deren Edition.). Sowohl die Breite dieser Überlieferung wie ihre innere Differenzierung geben ein Indiz für das Interesse am Text. Dieses reißt bis ans Ende der Handschriften-Zeit nicht ab; Frühdrucke scheinen dann nicht mehr vorzuliegen. – Die Edition von Sackur ist durch jene von Verhelst definitiv überholt.

58 Zitate nach Verhelst unter Angabe der Zeile(n) in Klammern im Fließtext. Die bei Verhelst kursiv gesetzten biblischen Anleihen hier in einfachen Häkchen.

welche die in zahlreichen Parallelen[59] gegebene absolute Gegensätzlichkeit zwischen Person und Handeln Christi einerseits und des Antichrist anderseits sich entfaltet. Dabei erfolgt dann schon eine doppelte Indienstnahme der Figur zur Deutung und zur Wertung historischer, vor-eschatologischer Konstellationen. Adso schreibt (man beachte den Tempuswechsel vom Futur zum Präsens und zu zeitweiligem Perfekt):

> [...] legem euangelicam dissipabit, demonum culturam in mundo reuocabit, ‚gloriam propriam quaeret' [Io 7,18] et omnipotentem Deum se nominabit. Hic itaque Antichristus multos habet sue malignitatis ministros, ex quibus iam multi in mundo precesserunt, qualis fuit Antiochus, Nero, Domitianus. (Z. 7–12)

Dieser Historisierung[60] des Antichrist lässt Adso in direktem Übergang eine Aktualisierung folgen; er fährt nämlich so fort:

> Nunc quoque nostro tempore, Antichristos multos nouimus esse. Quicumque enim, siue laicus, siue canonicus, siue etiam monachus contra iusticiam uiuit et ordinis sui regulam impugnat et quod ‚bonum est blasphemat' [Rm 14,16], Antichristus est, minister sathanae est. (Z. 7–16)

Mit „Sed iam de exordio Antichristi uideamus" (Z. 17) geht Adsos Narrativ in einen Zeitablauf über, wie er für eine Vita charakteristisch ist. Eingeleitet ist es durch eine nachträgliche Wahrheitsbezeugung; sie ist mit einem Vigilanzgestus verbunden, wie er für einen Autor in theologicis verbindlich sein muss: „Non autem quod dico ex proprio sensu excogito uel fingo, [at] in libris diligenter relegendo hec omnia scripta inuenio" (Z. 18f.) – Die Aufmerksamkeit ist also doppelt gerichtet: auf schriftliche Quellen[61] und auf deren sorgfältige Prüfung.

Die Vita (wenn wir sie so nennen wollen) beginnt mit Aussagen über die Herkunft ‚ex populo Iudeorum [...] de tribu scilicet Dan' (Z. 20) und über die Umstände der Zeugung (‚ex patris et matris copulatione'[62]). Bei dieser ist freilich – ein Konzept, das Jahrhunderte später im Hexereidiskurs[63] genauer gemacht, wiederkehren

---

59 Genauer wäre von usurpierten Parallelen zu sprechen.

60 Vgl. hierzu oben, Anm. 47.

61 Zur Quellenlage ausführlich Konrad, *Antichristvorstellung*, S. 28–53 und – sachlich anschließend – zu den damals zirkulierenden Ideen über Eschatologisches: S. 54–70, dann zuletzt S. 71–88 eine Charakterisierung der für Adso spezifischen Rezeption dieser Traditionen.

62 Adso wehrt hier, ohne bezüglich der Quelle genauer zu werden, eine falsche Lehre ab: „sicut et alii homines, non, ut quidam dicunt, de sola uirgine".

63 Die im hoch- und spätmittelalterlichen Hexereidiskurs bestehende Vorstellung der Intervention des Teufels zur Zeugung von Wechselbälgern durch Übertragung von männlichem Samen – die Theologen haben sich mit den medizinischen Problemen der Vorstellung ja wacker abgearbeitet –

wird – „in ipso uero conceptionis sue initio diabolus simul introibit in uterum matris eius" (Z. 28 f.). Obwohl also das Moment der Jungfrauengeburt[64] fehlt, wird die durch das Anti-Konzept begründete parodistische Verkehrung der Erlöservita präsent gehalten: „ita quoque diabolus in matrem Antichristi descendet et totam eam replebit, totam circumdabit, totam tenebit et exterius possidebit, ut, diabolo cooperante per hominem concipiet et quod natum fuerit totum sit iniquum, totum malum, totum perditum" (Z. 34–38).

Eine Aufmerksamkeit fordernde Hörerapostrophe „audite etiam locum" (Z. 41) führt weiter zur Ausspinnung des Erzählfadens mit dem Topos des Ortes; und auch hier gilt weiter das Prinzip der Negation: statt Bethlehem als Geburtsort Babylon.[65] In Bethsaida und Corozaim[66] – den Gegenpol Nazareth hat sich hier der Leser selber hinzuzudenken – wird er durch „magos, maleficos, diuinos et incantatores" (Z. 51 f.) zu jeder Schändlichkeit erzogen. Dann der Gang zum Ort künftigen Wirkens: Jerusalem. Den nun freilich zerstörten Tempel – wird sind ja, heilsgeschichtlich gesehen – zwischen der ersten und der zweiten Parusie – wird er jetzt neu aufbauen, sich dort beschneiden (‚circumcidet se" Z. 59[67]) und sich als Sohn Gottes darstellen. Er bekehrt Könige und Fürsten, sendet seine Boten über den ganzen Erdkreis hin, predigt und wirkt „signa[68] multa, miracula magna et inaudita" (Z. 68–74).[69] Die Mimikry dieser Christushaftigkeit, die der Antichrist betreibt, stürzt sogar die „perfecti et electi Dei" in Zweifel (‚dubitabunt'), ob nicht Christus hier am Werk ist, somit die zweite Parusie begonnen hat (Z. 75–77). – Ohne dass dies explizit gemacht würde, erfolgt hier eine deutliche Warnung vor eschatologischen Erwartungen bei

---

fehlt hier also. – Eher umschweifig-vage scheint mir Rauh, (*Bild des Antichrist*, S. 155 f.) zur Sache. Vgl. Anm. 79.

64 Im Gegenzug eine klassische Formulierung kirchlicher, klerikal geprägter Sexualfeindlichkeit: „Sed tamen totus in peccato concipietur [Ps 50,7] in peccato generabitur et in peccato nascetur [Io 9,34]" (Z. 26 f.).

65 Man beachte, wie die Zwangsläufigkeit dieses Geburtsortes unterstrichen wird: „ubi nasci debeat" (Z. 41 f.); im Hintergrund führt Satan Regie (Z. 44–46).

66 Vgl. Mt 11,21; erklärungsbedürftig scheint die Weglassung von Kapernaum, einem weiteren Ort auf dieser Negativliste.

67 Wiederholt: Z. 143. Vom bloßen Wortlaut her muss es offen bleiben, ob dieser reflexiven Formulierung (bei Christus erwartbarerweise ein Passiv: „ut circumcideretur", *Lc* 2,21) ein besonderes Gewicht zuzumessen sei.

68 Soll man da eine Kenntnis der *Quindecim signa* heraushören?

69 Adsos Darstellung wirft ein die Kirche immer wieder heimsuchendes (verstärkt etwa in der Zeit der Glaubensspaltung), die Wachsamkeit von Theologie und Pastoral herausforderndes Problem auf: Wie können „echte" Wunder von teuflischen Vorspiegelungen unterschieden werden? Der Autor, Verfasser von Miracula-Sammlungen, dispensiert sich hier, ohne dass wir die Gründe und Hintergründe erkennen könnten, von einer Antwort. Allerdings ergab sich aus der narrativen Logik des Textes eine solche, denn der Antichrist konnte ja per se keine wahren Wunder wirken.

seinen Lesern: Wachsamkeit ist erforderlich.[70] – Allerdings gestaltet sich das Problem bei genauerem Zusehen als komplizierter als erst gedacht. Im „dubitabunt" steckt ja bereits ansatzweise das Bemühen um Aufmerksamkeit, erforderlich ist hier jedoch darüberhinaus gesteigerte Aufmerksamkeit, kritische Prüfung des Wahrgenommenen. Adsos Text gibt erst später eine Antwort auf diese Frage, wenn es heißt (Z. 151–155): „Sed ne subito et improuise Antichristus ueniat et totum humanum genus suo errore decipiat et perdat ante eius exordium duo magni prophete mittentur in mundum [...] qui [...] fideles Dei [...] instruent". Es zeichnet sich mithin eine Konstellation ab, wie sie *II Th* 2,1–17 vorgezeichnet ist: eine Gemeinde, zwar gläubig, jedoch auch leicht zu verunsichern, und ein Prophet, in diesem Falle Paulus, der „mit göttlichen Waffen wappnet, unterrichtet, stärkt, lehrt und predigt"[71]. Ebenfalls werden wir an die Rolle der Propheten bei der Wahrheitsprüfung im Traktat des Hippolytus erinnert.

Dies ist nun der Moment für den Erzähler, die Verfolgung der Christen und die Versuche, das Christentum auszurotten, zu schildern (Z. 78–96); die Ortstopik geht dabei nicht verloren: „sub omni celo". Planvoll setzt der Antichrist dazu drei Mittel ein: „terror[72], munera, miracula" (Z. 80).[73] Dreieinhalb Jahre[74] dauert der Schrecken, die ‚tribulatio' (Z. 93, 156 f.), selbst wenn sie „propter electos" abgekürzt wird (*Mt* 24,22).

Mit „tempus" (Z. 97) ist ein neuer roter Faden angesponnen und es klingt sogleich die verbotene Frage an: „quando idem Antichristus ueniat, uel quando dies iudicii apparere incipiat". Adso gibt eine doppelte Antwort, einmal durch Zitat des locus classicus in *II Th* 2,1 (Z. 99–101), dann durch Bezug auf die Weltreichslehre; dabei betont er die Sicherheit dieser Erkenntnis: „scimus" (Z. 102).[75] Unvermeidlich

---

70 In Z. 73 f. wird Einschlägiges aus den Endzeitreden bei *Mt* 24,24 zitiert.

71 Vgl. Z. 155 f. – Nicht zu überlesen wäre allerdings auch V. 11 f. der Paulus-Mahnung, wo ein zwielichter Gott erscheint; „ideo mittit illis Deus operationem erroris ut credant mendacio ut iudicentur qui non crediderunt veritati [...]".

72 Bei der Aufzählung der gegen beständig bleibende Christen eingesetzten Mittel erfolgt eine Anleihe bei den Martyrienschilderungen der Legende (Z. 90–92).

73 Etwa bei Hugo Argentinensis im *Compendium theologicae veritatis* sind es dann deren vier: „callida persuasione, miraculorum operatione, donorum largitione, et tormentorum exhibitione" (Borgnet, *Compendium*, S. 242). – Zur großen Verbreitung dieses Handbuchs im späten Mittelalter (mithin der dort gebotenen Synthese zu Antichrist und Jüngstem Gericht) vgl. den Artikel im ²Verfasserlexikon, Bd. 4 Sp. 254–266.

74 So die aus *Dan* 12,7 und *Apo* 11,2, 13,5 geschöpfte, kanonisch gewordene Zeitangabe (42 Monate); man beachte die Erörterungen des Augustinus in *De civitate*, 20,8 und 13.

75 Erstaunlicherweise bleibt es aber bei 3 Reichen und in eigenwilliger Chronologie: Z. 102–106: Griechen, Perser, Römer; Babylon fehlt; die Basis hierzu: Dan 2,31–36 (der Traum von der vierteiligen Statue) und 37–45 (die Auslegung).

kommt rasch die Gegenwart in den Blick: „licet uideamus Romanum imperium ex maxima parte destructum, tamen, quandiu reges Francorum durauerint, qui Romanum imperium tenere debent, Romani regni dignitas ex toto non peribit" (Z. 113–116). Einer dieser Könige wird – „doctores nostri dicunt" (Z. 117) dereinst als letzter – nach glücklicher Herrschaft – seine Insignien am Ölberg niederlegen. Damit schnappt das eschatologische Uhrwerk ein: „statimque [...] Antichristum dicunt affuturum". Und Adso schließt (Z. 125–150) in wiederholender Aufnahme die Schilderung der bösen Taten des Antichrist an.

Dies allerdings wird nicht ohne Vorwarnung geschehen: „sed ne subito et improuise[76] Antichristus ueniat et totum humanum genus suo errore decipiat et perdat, ante eius exordium duo magni prophete mittentur in mundum, Enoch, scilicet et Helias [...]" (Z. 151–154). Im Subtext finden wir also erneut den Vigilanzdiskurs: Propheten können Kommendes ankündigen; doch man muss auf sie hören. – Enoch und Elias predigen, warnen, trösten, stärken in der dreieinhalb Jahre dauernden (wieder die bereits erwähnte Befristung[77]) Verfolgungszeit. Sie bekehren zudem die Kinder Israels. Dann erleiden auch die beiden mit vielen andern das Martyrium. Doch es kommt ebenfalls zur Apostasie mancher (Z. 170).

Damit schließt sich der Kreis, es erreicht die Schilderung Adsos und zugleich die „Karriere" des Antichrist das Ende: „Sed quia de principio eius diximus, quem finem habeat dicamus" (Z. 172 f.). Erneut wird die Verfolgungszeit rekapituliert – dies mittlerweile die dritte Erzählung.[78] Sie mündet in die kategorische[79] Voraussage bei Paulus: „Quem Dominus Iesus interficiet spiritu oris sui." (*II Th* 2,8); dies geschieht – nochmals die theologisch profunde Ortsregie – als Folge der Hybris des

---

76 Das „improuise" formuliert die Not der Gläubigen angesichts des Frageverbots hinsichtlich der zweiten Parusie. Zwar wird es nicht aufgehoben (das könnte ja nur Gottvater), doch durch Vorschaltung eines vorhersehbaren Ereignisses abgeschwächt (Postea-Effekt).

77 Die Befristung wird hier mehrfach genannt: Z. 156 f., 162 f., 174.

78 Es entsprechen sich inhaltlich drei Blöcke: Z. 124–150 ~151–171 ~173–180 (man beachte die abnehmende Länge der Abschnitte). Man gerät hier auf einen rhetorischen Aspekt der Vigilanz. Die *repetitio* mit Hilfe dieser drei Partien darf als erzählerische Strategie zur Erzeugung bzw. Wahrung von Aufmerksamkeit gelten. Entgegen einem trivialen Vorurteil schließen sich ja Aufmerksamkeit (des Publikums) und Länge des Vortrags, erzielt womöglich durch Wiederholungen, keineswegs von vorneherein aus. Die klassische Rhetorik stellt diesbezüglich einen theoretischen Rahmen und praktische Anleitungen zur Verfügung, vgl. die Lehren zur *narratio* (Lausberg, *Handbuch*, § 293–337).

79 Angesichts divergenter Traditionen (Tötung des Antichrist durch Christus oder durch den Erzengel Michael) wahrt Adso jedoch das Kategorische der Aussage: „per uirtutem Domini nostri Iesu Christi occidetur, non per uirtutem cuiuslibet angeli uel archangeli" (Z. 182 f.). Die gleiche gedankliche Struktur eines eschatologischen Stellvertreterkriegs scheint auf, wenn auf der Seite der Gegenpartei der Teufel die Zeugung des Antichrist als seines Instrumentes, Dieners, fördert (Z. 31–40). Vgl. Anm. 62 und 63.

Antichrist auf dem Ölberg. Doch erneute Verzögerung: „non statim ueniet dies iudicii" (Z. 187)[80], die erneute Verzögerung ist diesmal genau bemessen – auf 40[81] Tage – und zahlenallegorisch aufgeladen; sie hat ihren Ursprung in der göttlichen Barmherzigkeit, die den Verführten eine Bußzeit gewährt. Allerdings hat es damit nicht sein Bewenden; der *Postea-Effekt*[82] tritt ein, „Postea uero [...] quantum temporis spatium fiat, quousque ‚Dominus ad iudicium ueniat' nullus est qui sciat[83], sed in dispositione Dei manet, qui ea hora seculum iudicabit, qua ante secula iudicandum esse prefixit" (Z. 193–195). – Inhaltlich wird damit einzig das, was schon in *Mt* 24,36 kanonisch festgehalten ist, formuliert; dennoch verdient es Beachtung, wie Adso hier einen rhetorisch wirkungsvollen Abschluss erreicht und möglichen inopportunen Fragen aus Laienmund[84] schon präventiv eine Absage erteilt, dabei auch den eigenen Status als *doctor* wahrt: nicht seine Unkenntnis verwehrt die Antwort, sondern göttliche Verfügung.

Zweieinhalb Zeilen schließen den Rahmen und führen uns zum Widmungsbrief zurück: „Ecce, domna regina, ego, fidelis uester, quod precepistis, fideliter impleui, paratus de ceteris oboedire que fueritis dignata imperare." (Z. 196–198).

1.3.3.2 Der Widmungsbrief: das Interesse Gerbergas am Thema

Der Widmungsbrief beginnt mit einer Huldigung Adsos an Gerberga; seine Gebete für die Königin, ihren Mann und die Söhne, für ihr Wohlergehen im Diesseits und dereinst im Jenseits belegen, wie ergeben und zugetan er ihnen allen ist (Z. 10–15). Das Wohlergehen der Königssippe wird der Kirche und dem Mönchtum zum Ge-

---

80 Man vgl. dagegen Z. 124 „Statimque [...]".

81 Vgl. die Synthese bei Meyer / Suntrup, *Zahlenbedeutungen*, Sp. 709–723, „Die Zahl 40 ist vor allem Zeichen des irdischen Lebens, der Bedrängnis und Entsagung."

82 So möchte man dieses Aufschieben etwas ironisch nennen. Er zeugt vom Wissen-Wollen der Gläubigen, wann denn nun die zweite Parusie eintrete, und vom gleichzeitigen Zurückschrecken vor Nachfragen und Nachforschungen angesichts des Wissensverbotes, schließlich vom Zögern des Klerus vor einer Antwort. Es liegt auf der Hand, dass dies für das heikle aber verlockende Geschäft der Endzeit-Prophetie und der Antichrist-Diagnose im christlichen Abendland durch zwei Millennien hindurch auch eine günstige Exit-Strategie darstellte, falls Konkretisierungsversuche fehlschlugen und das Weltende wieder mal verschoben worden war.

83 Da lässt sich ein Echo auf frühere Verwendungen des *scire* hören: Z. 102.

84 Ob wir solches der Königin unterstellen dürfen, muss mangels Quellen dahingestellt bleiben. MacLean (*Reform*, S. 652) immerhin hat diese Deutung dezidiert in Abrede gestellt: „The persistence of this ideology [d.h. der Translatio imperii-These zur Legitimation der Herrschaft zahlreicher Dynastien] should help convince us that its recipients like Gerberga were not wide-eyed naïfs in need of reassurance from religious professionals but that they understood and embraced this part of monastic thought." Das scheint mir wirkungsvoll formuliert, doch die Rhetorik verdeckt wohl, dass es sich letztlich um eine Ermessensfrage der Quellenauswertung handelt.

winn ausschlagen (Z. 15–18). Ja, Adsos fromme Gebete finden eine Steigerung in einem freilich irrealen[85] Allmachtswunsch: „si potuissem uobis totum regnum adquirere, libentissime fecissem" (Z. 19 f.). Das Verblassen dieses Traums nach Durchsetzung des „Realitätsprinzips"[86] – „quia illud facere non ualeo" – führt zur Formulierung einer weiteren Gebetsintention, die nun stärker auf das jenseitige persönliche Heil der Königsfamilie ausgerichtet ist: „pro salute uestra filiorumque uestrorum *Dominum* exorabo, ut *gratia* Eius in *operibus* uestris *semper* uos *preueniat* et gloria Illius pie et misericorditer *subsequatur,* ut diuinis *intenta* mandatis, possitis adimplere bona, que desideratis, unde corona uobis detur regni celestis."[87] Adso betont damit, dass das Erreichen jenseitigen Heils auch für Herrscher von der Einhaltung göttlicher Gebote und dem Tun des Guten abhängt; später (Z. 13–15) wird zunächst ganz abstrakt davon die Rede sein, dass in der Gegenwart, mancher Mensch „siue laicus, siue canonicus, siue etiam monachus contra iusticiam uiuit et ordinis sui regulam impugnat, damit ein Diener des Antichrist ist. Und wenn der Traktat später vom Versagen der Herrscher[88] angesichts der Verführungen des Antichrist erzählt, so wird der Ernst solcher Mahnungen jenseits jeder Schmeichelei deutlich. Und damit ist auch die Bedeutung der Wachsamkeit gegenüber satanischen Verlockungen[89] unterstrichen.

Deutlich knapper (nur halb so lang, Z. 26–31) formuliert Adso Thema und Veranlassung seiner Schrift:

> Igitur quia pium studium habetis scripturas audire et frequenter loqui de nostro Redemptore,
> siue etiam scire de Antichristi impietate et persecutione necnon et potestate eius et genera-

---

85 Die Irrealität kann in einem Doppelten gesehen werden: Da ist einmal die Feststellung „licet uideamus Romanum imperium ex maxima parte destructum, tamen, quandiu reges Francorum durauerint, qui Romanum imperium tenere debent, Romani regni dignitas ex toto non peribit, quia in regibus suis stabit" (Z. 113–117). Obwohl die Terminologie unscharf scheint (imperium/regnum!) könnte doch Z. 19 f. als Wunsch, das Imperium für Gerberga und ihre Sippe wiederherzustellen gelesen werden (vgl. auch: Z. 13 f. „ut uobis et culmen *imperii* [Hervorhebung von A.S.] in hac uita dignetur conseruare"). Angesichts der eschatologischen Implikationen ein recht abgründiger Wunsch! Zum andern: Darf ein Mönch angesichts der Lehre der tres ordines zum Schwert greifen (wie es für die Sicherung oder gar Ausdehnung des *imperium* wohl nötig wäre)? Wird hier ein oxymorisches Gedankenspiel im Dienst der Huldigung gespielt?
86 Vgl. Laplanche, Vokabular, S. 421–432.
87 Dieser Wunsch ist mit Anleihen bei der Oratio vom 16. Sonntag nach Pfingsten (vgl. die Kursivierungen) formuliert (Nachweis bei Verhelst, *De ortu,* im Apparat). – Ob man daraus eine Datierung des Briefes im Jahreslauf ableiten darf?
88 Vgl. Z. 61 „Reges autem et principes primum ad se conuertet [der Antichrist]".
89 Man denke an die letzte Versuchung Christi (*Mt* 4,8–11), der sich ja auch weltliche Herrscher ausgesetzt werden konnten.

tione, sicut mihi, seruo uestro, dignata estis precipere, uolui aliqua uobis scribere et de Antichristo ex parte certam reddere [...]

Was zunächst konkret, anschaulich und festgefügt anmutet, zerbröselt beim Zugriff mit präzisen Fragestellungen: Ist Gerbergas Interesse am Thema Antichrist durch eschatologische Ängste im Angesicht des nahenden Millenniums bedingt? Und: Wie hoch ihre Bildung in theologischer Hinsicht einzuschätzen?

Die Debatten darüber haben wohl nicht selten übersehen, dass hier für einschlägige Positionen Indizienbeweise zu führen sind und dass bei der Quellenbeurteilung das Ermessen eine sehr gewichtige Rolle spielt.[90]

Bezüglich der Bildungsfrage etwa wird man sich vergegenwärtigen, dass wir zwar die Bildung der sächsischen Nonne Hrotswitha von Gandersheim anhand ihrer Werke beurteilen können, doch für die Zeitgenossin Gerberga fehlt uns eine solche Quellenbasis. Nicht übersehen sollte man im Übrigen, dass Adso von „scripturas audire et frequenter loqui" schreibt, dass aber etwa nicht von „legere" die Rede ist![91]

Millenniums-Ängste? Vielleicht. Aber: Wie war es um die individuelle, lebensgeschichtliche Perspektive bestellt, wenn (mit Blick auf die Entstehung des Textes) das Millennium noch etwa 50 Jahre ausstehend war? – Aber bei Gerberga – mag man einwenden – wäre ein überindividueller Blick nicht einzig auf die eigene Lebenszeit fixiert, sondern die Aussichten des Thronfolgers mit-bedenkend erwartbar? – Wohl möglich. Doch damit komplizieren sich die Dinge zusätzlich, war doch die Endzeiterwartung verknüpft mit der komplexen Chronologie der Weltreichslehre. Adso formuliert allerdings gerade diesbezüglich eine Erkenntnis, die einschlägige Vermutungen unsererseits über dringliche millenaristische Rezeptionsinteressen der Königin vom Tisch wischt: „Hoc autem tempus [d.h. tempus discessionis] nondum uenit, quia licet uideamus Romanum imperium ex maxima parte destructum, tamen, quandiu reges Francorum durauerint, qui Romanum

---

90 Vgl. Verhelst, *De ortu*, S. 1f.: „Quels motifs ont amené la reine à poser cette question [d.h. über den Antichrist]? Avait-elle entendu parler de l'Antichrist à la cour royale? Était-ce par intérêt intellectuel ou plutôt par angoisse qu'elle voulait en savoir davantage sur cet inquiétant personnage? Adson ne donnant pas de réponse claire à cette question, l'historien moderne évitera de prendre position. La peur de l'Antichrist existait-elle à l'époque et dans le milieu de Gerberge? On ne saurait le dire."

91 Auf orale Rezeption des Traktats durch die Adressatin kann auch das „audistis ... audite" (Z. 41) und das dazu komplementäre: „diximus ... dicamus" (Z. 172 f.) hinweisen. – Im Hintergrund das keineswegs einfach und pauschal zu lösende Problem, seit wann mittelalterlicher Herrscher jedenfalls lesen und schreiben konnten.

imperium tenere debent, Romani regni dignitas ex toto non peribit, quia in regibus suis stabit [...]" (Z. 112–117).

Jedenfalls: Eine Auseinandersetzung mit diesen Problematiken – zu denen aus den neuesten Forschung (Audebrand, MacLean) Beiträge für mögliche Lösungen zu gewinnen wären – brächte allerdings die hier verfolgten Fragestellungen nach der Rolle der Vigilanz in ausgewählten eschatologischen Texten von ihrem Bezugspunkt ab; sie unterbleibt deshalb. – Unterstrichen sei dagegen nochmals die Erkenntnis, dass Adso seiner königlichen Auftraggeberin sehr klar verdeutlicht,[92] dass das persönliche Heil am Tage des Gerichts nur durch Achtsamkeit auf die Gebote des Herrn erreicht werden kann.[93]

2 *Die Fünfzehn Zeichen vor dem Jüngsten Gericht* (FZ)

2.1 Erste Befunde und eine noch undurchschaute Genese

In gesicherter Datierung fassbar werden uns die *Quindecim Signa* (*QS*) beim italienischen Benediktiner Petrus Damiani (ca. 1006–1072); er behandelt das Thema in zwei Briefen, beide etwa aus dem gleichen Jahr 1062, der eine an den Mönch Adam, der zweite an seine Schwester gerichtet.[94] Damiani ist nicht der Erfinder dieser Vorstellung. Zwar nennt er einen Gewährsmann und eine Quelle – Hieronymus; dieser habe die Liste „in annalibus Hebraeorum"[95] gefunden –; doch es ist bis heute weder gelungen, ein einschlägiges Werk des Hieronymus, noch dessen angebliche Quelle zu finden. Ferner verbindet ein ebenfalls problematischer Quellenbefund die ‚Erzählung'[96] mit dem Angelsachsen Beda (ca. 672–735) – womit sie ein weitaus höheres Alter hätte. Sie wird in dieser Form allerdings erst in einem Druck des

---

92 Vgl. etwa: „ut, diuinis intenta mandatis, possitis adimplere bona, que desideratis, und corona uobis detur regni celestis" (*Epistola*, Z. 23–25) oder „quicumque enim, siue laicus, siue canonicus, siue etiam monachus, contra iusticiam uiuit et ordinis sui regulam impugnat et quod bonum est blasphemat, Antichristus est, minister satane est." (*Tractatus*, Z. 13–16).

93 Man berührt damit eine Funktion des Textes, die Leppin als „impliziten Herrscherspiegel" bezeichnete (*Antichrist*, S. 132).

94 MGH Briefe der deutschen Kaiserzeit Bd.4 Teil 3 Nr. 92 und 93.

95 Diese knappe Formulierung bei Pseudo-Beda (Bayless / Lapidge, Collectanea Pseudo-Bedae, S. 178) und Petrus Comestor; Petrus Damiani drückt dasselbe gewundener aus.

96 Die einschlägige Forschung tut sich bis heute schwer mit einer Gattungsbezeichnung für diesen Text; vielfach stößt man auf *Legende*; das scheint mir angesichts des doch recht klaren Umrisses, den Legende in der Forschung bekommen hat, nicht sehr glücklich. Ich benutze deshalb hier eher: *Liste, Narrativ, Erzählung*; die zwei letzten Bezeichnungen treffen insofern zu, als ein in der Zeit ablaufender Vorgang dargestellt wird.

16. Jahrhunderts als kurzer Traktat unter Bedas Namen überlieferungsmäßig greifbar[97]; nach heutiger Auffassung dürfte es sich jedoch um ein apokryphes Werk Bedas handeln. Immerhin ist damit doch ein Fingerzeig für das Alter und die geographische Herkunft der *QS* aus dem irokeltischen oder angelsächsischen Raum gegeben. – Im 12. Jahrhundert taucht dann bei Petrus Comestor (ca. 1100–1178) in dessen *Historia Scholastica* eine weitere, inhaltlich differierende Version auf. – Diese Situation erweckt den Eindruck eines dreiteiligen Überlieferungsstemmas und wirklich hat ein grundlegender Versuch zur lexikographischen Erfassung der vielen Einzelbelege der Erzählung mit diesem Verfahren gearbeitet, obwohl ein grundsätzliches Postulat an ein Stemma, die Klärung von allfälligen Querverbindungen, schon deshalb nicht erfüllt werden konnte, weil die ganze Überlieferung vorgängig weder heuristisch noch editorisch erfasst worden war.[98] In einem um ein Vierteljahrhundert jüngeren Versuch zur Beschreibung des Befunds wurde dann diese Konstruktion einer dreisträngigen Tradierung des Stoffes zwar beibehalten, zugleich jedoch durch zahlreiche Belege relativiert.[99] Zu rechnen ist außerdem, wenn man die Rezeptionsbreite besser sehen will, mit dem ‚Voragine'-Typ; dieser sei „durch Kontamination der Damianus- und der Comestor Darstellung geschaffen" worden[100]; durch die starke Verbreitung der Legendensammlung ist hier eine entsprechende Streuung der *QS* gegeben.

Damit steht man – nicht zuletzt wegen der Aufnahme der Erzählung in den verschiedenen Vulgärsprachen und in verschiedenen Medien (Texte, Predigt, Spiel, speziell: Weltgerichtspiel[101]) – vor einer weder in ihrer Genese, noch in ihrer Re-

---

97 Der fragliche Druck, Teil einer Beda-Ausgabe, veranstaltet von Johannes Herwagen (VD16 B 1418, digitalisiert im Netz) beruht auf einem heute verlorenen codex unicus; Edition, Übersetzung und Untersuchung des ganzen Konvoluts von Bayless / Lapidge, *Collectanea*, 1998; verfügbar ist der kurze Text auch bei MPL, 94,555 (Migne basiert auf Herwagen, kannte also keine andere Überlieferung des Textes).

98 Zu den Problemen der stemmatischen Betrachtungsweise: Eggers 1955 (vgl. Anm. 99), Sp. 1142–1145.

99 Im 1955 erschienenen *Nach*tragsband (für die Forschungssituation bezeichnend genug) des *Verfasserlexikons* (Bd. 5 Sp. 1139–1148) stand der von Hans Eggers verfasste Beitrag *Fünfzehn Zeichen*; der gleiche Autor hatte dann im Nachfolgewerk eine Neubearbeitung des Themas übernommen (diesmal an alphabetisch korrekter Stelle) im *²Verfasserlexikon* (1980 Bd. 2 Sp. 1013–1020); eingesetzt hatte die dort zusammengefasste Forschung bereits in der Mitte des 19. Jahrhunderts – dies zur Veranschaulichung der Schwierigkeiten des Themas. – Der Petrus-Comestor-Artikel (*²Verfasserlexikon* (2004 Bd. 11 Sp. 1219) trägt die Kenntnis von 99 deutschsprachigen Versionen der *FZ* nach (gegenüber deren 34 bei Eggers 1980)).

100 Zitat nach Eggers 1955 (vgl. Anm. 99), Sp. 1146. Nach der stemmatischen Logik wäre diese Fassung also unterhalb der dreiästigen Tradition einzuordnen.

101 Vgl. zum Weltgerichtsspiel den Hinweis im *²Verfasserlexikon* (Bd. 11 Sp. 1223 f.); Bergmann (*Katalog*, S. 534) setzt in seinem Spielinhaltsregister nur die Rubriken „Antichrist", und „Jüngstes

zeption von der Forschung auch nur annähernd aufgearbeiteten und durchschauten[102] Geschichte.

2.2 Die Liste bei Pseudo-Beda

Für die hier verfolgte Fragestellung nach der Vigilanz genügt allerdings diese Skizze, begleitet von einer Präsentation des Befundes in doppelter Form: als Zitat des Pseudo-Beda-Textes und als tabellarische Übersicht der in diesen drei Versionen nicht übereinstimmenden Liste der Zeichen (diese im Anhang).

> Quindecim signa, quindecim dierum ante diem iudicii, inuenit Hieronymus in annalibus Hebraeorum.
> Prima die eriget se mare in altum quadraginta cubitis, super altitudines montium, et erit quasi murus, et amnes similiter.
> Secunda die descendent usque ad ima, ita ut summitas eorum uix conspici possit.
> Tertia die erunt in aequalitate, sicut ab exordio.
> Quarta die pisces et omnes beluae marinae, et congregabuntur super aquas et dabunt uoces et gemitus, quarum significationem nemo scit nisi Deus.
> Quinta die ardebunt ipsae aquae ab ortu suo usque ad occasum.
> Sexta die omnes herbae et arbores sanguineum rorem dabunt.
> Septima die omnia aedificia destruentur.
> Octaua die debellabunt petrae adinuicem, et unaquaeque in tres partes se diuidet, et unaquaeque pars collidet aduersus alteram.
> Nona die erit terraemotus, qualis non fuit ab initio mundi.
> Decima die omnes colles et ualles in planiciem conuertentur, et erit equalitas terrae.
> Vndecima die homines exibunt de cauernis suis, et current quasi amentes, nec poterit alter respondere alteri.
> Duodecima die cadent stellae et signa de coelo.
> Decimatertia die congregabuntur ossa defunctorum, et exurgent usque ad sepulcrum.

Gericht" an. Dabei wird auf Grund der komprimierten Angaben unter Nr. 288 f. nicht o. W. klar, ob die *FZ* in Spielen gar nicht zu belegen sind oder ob er sie unter einer der beiden Rubriken subsumiert.

102 Sowohl die Überlieferung wie auch die Forschung ist entweder nur punktuell erfasst oder dann handelt es sich um chronologisch überholte Arbeiten. Man konsultiere diesbezüglich die Artikel im Verfasserlexikon (1. und 2. Version (Anm. 99)), ferner die Damiani-Briefe (S. 20 Anm. 2), dann (für die deutsche Überlieferung): Gerhard, *Das Münchner Gedicht*, S. 159–165. Hilfreich namentlich durch konzise Darstellung der denkbaren Vorbilder für die einzelnen Naturkatastrophen aus biblischen oder apokryphen Quellen der Aufsatz von Giliberto 2007. – Verwiesen sei zudem auf die beiden Blockbücher aus der 2. Hälfte des 15. Jahrhunderts; sie sind als Faksimilia (Musper 1970 und Boveland (u. a.) 1979, sowie digital beim MDZ verfügbar. – Eine breit angelegte (allerdings mit verschiedenen Mängeln behaftete) Bearbeitung der ikonographischen Überlieferung legte Daniela Wagner 2016 vor.

Decimaquarta die omnes homines morientur, ut simul resurgant cum mortuis.
Decimaquinta die ardebit terra usque ad inferni nouissima, et post erit dies iudicii.[103]

Das Textzeugnis erscheint bei Beda als schlichte Liste, frei von jeder kommentierenden Einordnung (abgesehen von der problematischen Quellenangabe);[104] allerdings bot es sich gerade dadurch zur Übernahme in ein performatives Ganzes, eine Predigt[105], an. Erst die zwei späteren Überlieferungen in den beiden Briefen des Petrus Damiani und in der *Historia scholastica* des Petrus Comestor bieten unmittelbar einen (allerdings unterschiedlicher Logik gehorchenden) Kontext – einmal einen Brief und einmal eine großangelegte Weltgeschichte – und damit allenfalls differente Antworten auf die Frage nach Vigilanz-Bezügen. Bei Petrus Comestor finden wir am Kopf der Liste eine quellenkritische Einschränkung, welche eine allzu genaue Nutzung der Liste für die Umgehung der tabuisierten Frage Wann? verhindert (vielleicht: verhindern soll): „sed utrum continui futuri sint dies illi, an interpolatim, non expressit" (MPL 198,1611). Bei Damiani war es hingegen klar, dass die Zeichen der Liste sich innerhalb von 15 Tagen vor dem Gericht folgten (vgl. das nachfolgende Zitat).

Es sei aber mit Blick auf Pseudo-Beda gefragt: Welcher aufmerksamkeitsfordernde Appell liegt in einer Liste? – Die rhetorische Theorie der *enumeratio* kann bei einer Antwort helfen. Eine solche ist für die klassische Rhetorik-Lehre[106] na-

---

103 Vgl. Bayless / Lapidge, *Collectanea Pseudo-Bedae*, S. 178 (beibehalten die Absatzgliederung, nicht aber die fette Zählung derselben (von 356 bis 371)).

104 Die Frage nach dem Ursprung der *QS* hat Heist (*The fifteen signs*, S. 62–108) in minutiösen Textvergleichen und zweifellos scharfsinnigen Überlegungen unter Beizug der älteren Forschung ab ovo erörtert. Es ergeben sich ihm so nicht weniger als 3 unterschiedliche Stemmata (S. 99, 100, 102). Der an diesem Punkt angelangte, vielleicht ermüdete Leser nimmt dann mit Erstaunen (oder eben nicht!) das folgende Fazit zur Kenntnis (S. 105): „Perhaps we cannot hope to settle the whole problem of the origin and early development of the legend of the Fifteen Signs, at least unless further evidence becomes available. But one or another of the three pedigrees [...] must be near the truth." Und Heist schließt sein zentrales Kapitel so (S. 108): „This questions all appear to be unanswerable at present, and it is quite likely that they will remain so. If documents that can answer some of them still exist to be discovered, a promising place in which to look for them would be in Irish manuscripts, where some trace of the possible work by St. Jerome might perhaps be found under one or another disguise." Ist dies die philologische Variante der Parusieverzögerung?

105 Das Weltende kam wegen der Perikopenordnung mit Lesung von Lc 21,25–33 bevorzugt am 1. Adventssonntag in den Blick.

106 Vgl. Lausberg, *Handbuch*, § 665–674, und Ueding, *Historisches Wörterbuch*, Bd 2 Sp. 1231–1234. Dort erfolgt namentlich eine hier interessierende explizite Aussage zum Wirkungspotential (was bei Lausberg eher unterbelichtet ist): „Wirkungsabsicht der *enumeratio* in der *partitio* ist die Weckung der Aufmerksamkeit und die Erhöhung der Aufnahmefähigkeit des Hörers, in der *peroratio* die

mentlich durch die Anwendung der *enumeratio* namentlich im *exordium* und in der *peroratio* der Gerichtsrede gegeben. Der Sprecher zählt vorbereitend auf, welche Punkte eines Falles zu behandeln sind oder rekapituliert am Redeschluss, die wesentlichen Ergebnisse. Formal gesehen ist die *enumeratio* eine Häufungsfigur: Worte, Termini werden in unmittelbarem Kontakt aufgezählt; die Glieder sind durch die Syntax und/oder Semantik koordinierte (oder subordinierte) Teile eines Ganzen. In unserem Beleg besteht dieses Ganze aus der Idee einer Prognostik für das Jüngste Gericht. Eine formale Koordination ergibt sich durch die fortlaufende Zählung. Im Umfeld der performativen Praxis unseres Belegs mag sie nicht selten vorab mnemotechnische Funktionen gehabt haben. Im Auftakt zu einer Predigt weckt und erhöht v. a. der logisch abstrakte Kollektivbegriff („quindecim signa") die Aufmerksamkeit und stimuliert die Aufnahmefähigkeit des Publikums. Am Ende einer Predigt war – je nach den Fähigkeiten des Vortragenden – gewiss auch schon nur durch die pure Menge des ausgebreiteten Stoffes eine emotionale Wirkung zu erzielen – Überwältigungskino avant la lettre.

2.3 Der Brief des Petrus Damiani an den Mönch Adam

Wie gestaltet sich der Vigilanz-Diskurs bei Petrus Damiani? Versucht man, sich in den syntaktischen und inhaltlichen Windungen dieses stilistisch kunstvollen Briefs an den Mönch Adam[107] nicht zu verlieren, dann geht man am besten von der Beobachtung aus, dass zwei thematische Schwerpunkte traktiert werden: Überlegungen zum Wert gedanklicher Beschäftigung mit Eschatologischem verbunden mit Anleitungen dazu und, zweitens, eine Antwort an die Frage des Adressaten über die Welt vor der Schöpfung („quid ante mundi creationem") und über das Ende der Zeit („quid post iuditium de mundo futurum"). Es ließe sich also von einer *Vigilanz-Lehre* einerseits und einem *eschatologischen Traktat* anderseits reden. Nun bilden diese zwei Inhalte im Brief freilich nicht zwei geschlossene Blöcke, sondern sind auf kürzere, ineinander geschobene Abschnitte verteilt. Diese Verschachtelungen[108]

------

affektgerichtete Erinnerung und Überwältigung des Hörers durch die Fülle der rekapitulierten Punkte" (ebd. Sp. 1233).

107 Nachfolgend Stellenangaben und Zitate nach der MGH-Ausgabe von Reindel, dort in Teil 3 (1989) als Nr. 92, S. 14–26; anschließend unter Nr. 93 jener an Rodelinda, die (namentlich nicht genannte) Schwester des Petrus, S. 26–30. Dieser Brief ist kürzer, stärker auf die eschatologischen Sachverhalte beschränkt; der Abschnitt über die *QS* (S. 30,5–36) dürfte mit der Liste in Nr. 92, soweit sich das ohne genaue Kollation sagen lässt, identisch sein.

108 Typisch scheint, dass mehrfach innerhalb des einen Abschnittes (dessen überlieferungsmäßiger Status hier allerdings nicht geprüft werden kann) Petrus vom einen Bereich zum andern könnten hier nur mit einer eingehenden textnahen Lektüre genau nachgezeichnet werden; wir vermeiden dies der Kürze willen, beschränken uns auf die grossen Linien.

Die Aussagen zum Eschatologischen drehen sich vorab um den Gerichtstag und um den Antichrist; Petrus verweist empfehlend – ohne auf Einzelheiten einzugehen – auf *De civitate Dei* des Augustinus, den *Daniel-Kommentar* des Hieronymus, die *Apokalypse* des Johannes (S. 16,14–17,3). Gleich anschließend ist vom Tod des Antichrist nach seinen dreieinhalb Jahren der Herrschaft die Rede. Es folgt der Hinweis auf die 45 letzten Tage der Ruhe vor dem Gerichtstag; in ihnen gibt der Herr den Gläubigen Gelegenheit zur Buße. Dann geht es zur Beantwortung der von Adam offenbar explizit gestellten Frage nach der relativen Chronologie („queris, utrum prius hic mundus ardeat et post iuditium fiat" (S. 19,15 f.): Nach Mehrheitsüberzeugung finde der Weltbrand erst nach dem Gericht statt.[109] Doch für den Ablauf des Gerichtstages im Einzelnen wird der Fragesteller auf eine Sammlung von Schriftzeugnissen des Petrus in einem anderen Brief[110] verwiesen und schließlich dahingehend beschieden, dass die Fülle der Auslegungen dazu den Raum eines Briefes sprengen würden.

Und dann ex abrupto[111] die Liste[112] der *Quindecim signa* (S. 20,11–21,4):

> Illud tamen, quod de quindecim signis totidem dierum diem iuditii praecedentium beatum Yeronimum referre didicimus, hic eisdem verbis inserere non superfluum iudicamus. Quibus profecto verbis sicut nec auctoritatis robur adscribimus, ita nec fidem penitus denegamus. Res ergo sicut ad nos pervenit, huic stilo se simpliciter inserat, ut antiquis etiam Hebreorum populis, qui divini iuditii terror increverit, ex eorum paginis innotescat.

Leider schweigt sich Petrus über die Herkunft seiner Quelle und die Umstände, unter denen er sie kennen lernte, aus; es entstehtt aber der Eindruck, dass er wörtlich zitiere („eisdem verbis"). Seine Andeutungen passen jedoch zur Angabe bei

---

überschwenkt (vgl. etwa: S. 15,22, 16,14, 19,15, 24,8); im Schlussabschnitt (S. 25,20–26,3) scheint eine Art Engführung vorzuliegen, indem der Diskurs Nutzen der Meditation und jener über das Eschatologische unmittelbar verbunden sind („Diem vero iuditii [...] tam magnum tibi tremendumque praepone").

109 Mindestens im Plenar-Text (Katara, *Plenar*, S. 17,14–16) wird die Abfolge gerade umgekehrt.

110 An die Gräfin Blanca (S. 20,5); der Brief in MGH (vgl. Anm. 107), Teil 2 (1988); als Nr. 66, S. 247–279. Die Gräfin Blanca ist sonst nicht nachzuweisen.

111 Allerdings ließe sich die den vorigen Absatz schließende, nicht recht deutliche Bemerkung auch als Hinführung auf unsere Liste deuten: „et omissis arentibus rivulis de fontibus Israhelite bibere suademus" (S. 20,9 f.). Diese etwas blumigen Ausführungen gehen vielleicht nicht zufällig damit einher, dass die Version des Petrus als einzige der drei Leitformen den Verweis auf Hieronymus und auf die „Annales Hebraeorum" nicht enthält.

112 Im Gesamtumfang des Briefes von 182 Zeilen nimmt sie deren 34 ein.

Pseudo-Beda („inuenit Hieronymus in annalibus Hebraeorum") und bei Petrus Comestor, dem Repräsentanten der dritten Leitform. Damianis vorangegangener Verzicht darauf, „testimonia scripturarum" auszubreiten, impliziert, dass die Liste der *QS* als nicht-biblisch zu gelten hat. Aus zwei Gründen bringt aber Petrus dem Text offenbar besonderes Interesse entgegen: wegen seines lapidaren, dem Inhalt eigentümlich angemessenen Stils und weil er die altisraelische Gottesfurcht vor dem Gericht des Herrn dokumentiere. Durch die am Listenende (S. 24,1–5) nachgereichte Deutung der Fünfzehn-Zahl – Summe aus der Siebenzahl für die sichtbare Welt (Sechstagewerk und Ruhetag) und der Acht für die Ewigkeit[113] – greift Petrus die Frage der Glaubwürdigkeit dieser Überlieferung erneut auf und arbeitet einem positiven Urteil zu. – Halten wir fest, was im Dokument nicht explizit wird (der historisch beschränkte Horizont des Autors verunmöglicht das): Erstmal etabliert sich in den uns noch greifbaren Zeugnissen eine Verbindung zwischen den biblisch kanonischen Elementen des Gerichtstages und des Antichrist und dem allenfalls bibel-nahen[114] Element der *Quindecim signa*. Zwar bleibt die genaue Synchronisierung von Antichrist-Ereignissen und den *Fünfzehn Zeichen* offen; Petrus äußert sich dazu nicht.[115] Doch das Drehbuch des Weltendes hat sich für uns damit erweitert.

Waren die Fragen des Adam an Petrus über Gericht und Weltende detailliert? Und, wenn ja, worauf genau zielten sie? – Wir wissen es nicht.[116] Damit ist auch nicht ganz deutlich, ob Adam das Tabu des Frageverbots nach Matthäus verletzt hat. Petrus zögert mit einer Antwort, betont jedoch seine persönliche Unzulänglichkeit als Grund dafür, nicht religöse Scheu:[117] „verum me ad incognita pertrahis et quae necdum didici, docere compellis. Queris plane, quod nescio, exigis, quod ignoro" (S. 14,22–15,1). Doch dann, eine gedankliche Wendung um 180°: „Fructuosum[118] tamen est inquiri". Damit ist die zweite gedankliche Hauptlinie des Briefes gesetzt. Sie sei hier in ihrem wesentlichen Verlauf verfolgt. Petrus entwickelt von da an über

---

113 Vgl. S. 24,1–5; zur Sache: Meyer / Suntrup, *Zahlenbedeutungen*, Sp. 479–580 und 654–658. Eine Liste von allen möglichen Texten mit Fünfzehner-Gliederung bieten Gerhardt / Palmer, *Das Münchner Gedicht*, S. 153–158; dass die von Petrus vorgetragene, an sich naheliegende Deutung hier anscheinend (?) übersehen wurde, führt zu teilweise Abwegigem.

114 Für die Herkunft der einzelnen Ereignisse in den *QS* vgl. Giliberto, oben Anm. 102.

115 Immerhin entsteht durch die Abfolge der Themen im Brief der Eindruck, dass die *QS* in (oder nach) den 45 Tagen nach dem Tod des Antichrist liegen.

116 Einzig S. 19,15 f. scheint anzudeuten, dass nach der Abfolge von Weltbrand und Gericht gefragt wurde.

117 Nur im einleitenden „tu quidem et religiose et prudenter agis [...]" scheint Sorge vor einer Tabuverletzung anzuklingen. Das schließende Zitat aus *Is* 41,22 f. (im Wortlaut des Petrus stark von der Vulgata abweichend) geht dann aber in eine deutlich andere Richtung.

118 Die Fructus-Metapher auch später wieder: S. 16,12.

mehrere gedankliche Etappen und mit einem breiten Vokabular hin eine Praxis und Paränese der Vigilanz, deren Objekt das Thema des Briefs, die Eschata, bildet.

Es beginnt (S. 15,5), gleichsam alltagspsychologisch, mit der Feststellung, dass der menschliche Geist Betätigung sucht, entweder ergeht er sich in Trivialem oder er bewahrt sich durch Betrachtung des Wesentlichen davor. In diesem zweiten Fall findet auch die *pravitas* keinen Eingang. Vorgegeben als Gegenstand der Betrachtung wird nun das (Miss)Verhältnis zwischen der Kürze des Irdischen und der immensen Dauer des Ewigen (S. 15,9). Nach einer Reihe einschlägiger Vergleiche gleitet dann der Gedanke zum Sachthema, der Dauer der Welt, hin (S. 15,22). – Weiter entwickelt wird die Vigilanz-Linie mit der Einsicht, dass das menschliche Bewusstsein seine Dauerhaftigkeit entdeckt („Dum hec igitur mens rationalis excogitat, additur etiam, ut semetipsam non cum tempore transituram, sed sine fine victuram esse perpendat." S. 16, 7–9). Das führt weiter zu einer Reflexion über die Ewigkeit von Lohn oder Strafe; der Gedanke, dass das Gericht eine unwiederholbare Entscheidsituation darstellt, schließt sich hier an („Considerat itaque se huiusmodi esse nature, ut necessario aut perpetuis potiatur praemiis aut suppliciis crucietur eternis." S. 16,9–11). – Wieder erscheint an diesem Punkt der eschatologische Faden an der Oberfläche (S. 16,14 „Quod itaque de die iuditii queris [...]"); diesmal bleibt er für eine lange Strecke (bis S. 24,8: „Tu autem, venerabilis frater, haec et huiusmodi sedule meditare [...]". Der Blick richtet sich nun auf den Bereich des Emotionalen, denn *mens* und *cor* sind miteinander verbunden. Kälte des Herzens lässt nichtige Gedanken hochkommen, dabei hätte der schwindende „fervor" ein Ziel: Petrus geht über zur Brautmystik: „[...] cum mens videlicet a veri sponsi fervore tepescit, et quasi post alios amatores per alia cogitationum figmenta discurrit." (S. 24,11–13).[119]

Eine zweite Apostrophe leitet den vorletzten Abschnitt des Briefes ein, in dem nun mit der aus dem Namen des Adressaten gewonnenen Symbolik („Adam siquidem interpretatur terra rubra"[120]) in kunstvoller Steigerung ein weiteres Mal um Aufmerksamkeit auf das Heil geworben wird: „Esto ergo terra, ut fixo pondere consistentem irruentium temptacionum te aura non rapiat. Esto similiter et rubra, ut mens tua in redemptoris sui semper amore fervescat" (S. 25,9–11). Dieses Anaphernpaar wird viermal gesetzt (S. 25,9–19). – Der Abschluss steht dann wieder in dunklen Farben: „Diem vero iuditii [...] tam magnum tibi tremendumque praepone" (S. 25,20–22); die Evokation des *timor* vor diesem Tag geht mit der Mahnung zur

---

119 Die Wendung kommt – auch wenn dieses Register beim Mönchtum als gewiss grundsätzlich verfügbar zu denken ist – mindestens im Kontext etwas überraschend. Zwar mag man an *Mt* 25,1–12 denken, doch Petrus liefert keine dies bestätigende Anspielung. S. 25,4–6 erfolgt aber noch ein Nachklang, indem aus der Etymologie von ‚Adam' eine Verbindung zu *Ct* 4,3 hergestellt wird.
120 So auch die Deutung bei Hieronymus Lauretus, *Silva allegoriarum*, S. 53.

Selbstprüfung einher, in der Absicht, damit der Prüfung durch den Richter zuvor zu kommen: „dum tuo te iuditio prudenter examinas, ante tribunal eterni iudicis non denuo iudicandus, sed iam iudicatus, ac per hoc purificatus [...]" (S. 25,27–26,1).[121]

2.4 Die *Historia scholastica* des Petrus Comestor

Petrus Comestor[122] bietet in seiner wohl im 3. Viertel des 12. Jahrhunderts[123] entstandenen *Historia scolastica*[124] eine weitere, von der Forschung als Leitform betrachtete Liste der *QS*. Der „Prologus epistolaris" an Guillaume aux mains blanches

---

121 Ob diese Auffassung eine Mehrheit der Moraltheologen hinter sich hätte, bleibe dahingestellt. Nicht ganz selten sind jedenfalls Exempla, welche illusionäre Selbstbeurteilungen des Menschen im Angesicht des ewigen Richters thematisieren.

122 Schon beim Vergleich der biographischen Eckdaten (Geburtsjahr, Todesjahr, Etappen der Karriere) etwa in neueren Enzyklopädien wie BBKL, LdM, Verfasserlexikon springen markante Differenzen ins Auge. Damit sind die Probleme beim Ausleuchten institutioneller Rahmenbedingungen und persönlicher Netzwerke auf Grund dürftiger Quellenangaben noch nicht einmal ins Auge genommen. Kritischer Minimalismus (vgl. etwa BBKL) empfiehlt sich. Eine Zusammenstellung aller verfügbaren Quellen als Basis einer biographischen Skizze wäre ein Desiderat.

123 Sylwan (*Scolastica historia*, S. XXXIXf.) betont, dass die ältesten Handschriften aus der geographischen Nähe (Paris und Champagne) im Gegensatz zur Tradition die Titelworte umgekehrt nennen (*Scolastica historia*). Da Petrus – so ihre anschließende aus verschiedenen Gründen wenig überzeugende Spekulation – den Status seines Werkes als „Schulbuch" nicht habe voraussehen können, sei dies auch kaum der originale Titel, viel eher wohl „historia sacre scripture" eine Formulierung des Widmungsbriefes (dort aber in anderem Kontext!).

124 Eine nach modernen textkritischen Methoden erstellte Ausgabe liegt nur für den Genesis-Teil vor (Sylwan, *Scolastica historia*); damit ist man für den größten Teil des Werks (und namentlich für die am Welt- und Werkende stehende Liste der QS) auf den Druck der MPL (198,1045–1722) verwiesen. Migne druckte die Ausgabe Madrid 1699. Herausgeber ist allerdings (wenn ich die Angaben bei Migne (Sp. 1049–1052, ferner die damit übereinstimmenden Texte des Drucks von 1699) richtig verstehe) nicht der Benediktiner Emanuel Navarro; dieser ist vielmehr Widmungsempfänger. Herausgeber scheint der nicht näher bekannte unterzeichnete Franciscus Sacedon zu sein. Dieser erscheint in Verlegerfunktion („sumptibus") in andern Büchern der Zeit, die der Drucker Antonio Gonçalez de Reyes hergestellt hat. – Die Bibliothek der Universidad complutense Madrid besitzt drei Exemplare des Drucks (durch Google digitalisiert). Laut Sylwan (*Scolastica historia*, S. XXXV) liegt dieser Ausgabe ein Frühdruck von 1475 aus Straßburg zu Grunde – leider ist allerdings ein solcher nicht nachzuweisen und mangels präziserer Hinweise lässt sich auch nicht ausmachen, ob ein anderer Straßburger Druck allenfalls gemeint sein könnte; ebenso unterlässt Sylwan jeden Hinweis darauf, woher sie ihre Information bezieht. Aus einer Angabe des Madrider Drucks selber? Im Übrigen: GW unbekannt? Bekanntlich erteilte die Redaktion des GW vor Aufschaltung der elektronischen Datenbank jederzeit Auskünfte in einer so wichtigen Frage.

den Erzbischof von Sens (1169–1176), macht einige Angaben über Entstehung und Absicht der *Historia:* Man liest dort (Sylwan *Scolastica Historia*, S. 3[125]):

> Causa suscepti laboris fuit instans petitio sociorum, qui cum historiam sacre scripture in serie et glosis diffusam lectitarent, breuem nimis et inexpositam, opus aggredi me compulerunt, ad quod pro ueritate historie consequenda recurrerent. In quo sic animus stilo imperauit, ut a dictis patrum non recederem, licet nouitas fauorabilis sit et mulcens aures. Porro a cosmographia Moysi inchoans riuulum historicum deduxi usque ad ascensionem saluatoris, pelagus mysteriorum peritioribus relinquens in quibus et uetera prosequi et noua cudere licet. De historiis quoque ethnicorum quedam incidentia pro ratione temporum inserui, instar riuuli qui secus alueum diuerticula que inuenerit replens preterfluere tamen non cessat.
>
> Verumtamen quia stilo rudi opus est lima, uobis, pater inclite limam reseruaui, ut huic operi Deo uolente et correctio uestra plendorem et auctoritas prebeat perhennitatem. Per omnia benedictus Deus. Amen.

Der Text öffnet – freilich durch Widmungstopik von der Alltagsrealität wohl deutlich abgehoben – eine ganze Reihe von Ausblicken auf Entstehungsumstände, Rezeptionsabsichten und Rahmenbedingungen.[126] Wesentlich für unsere Grundfrage nach der Einordnung der Liste sind die Aussagen über den stofflichen Ambitus: von der „cosmographia" des Moses, dem Sechstagewerk, bis zur Himmelfahrt Christ – was freilich ungenau, denn auf die „historia evangelica" (ab MPL 198,1537) folgt als letzter Teil die kaum weniger umfangreiche „Historia libri actuum apostolorum" (MPL 198,1645). Die biblische Vorlage endet offen mit der Feststellung der andauernden Tätigkeit des Paulus in Rom. Die *Historia Scholastica* weiß an diesem Punkt hingegen mehr: sie kennt Todesumstände und Grabstätte des Paulus und des Petrus. Denkt man an das Bild im Widmungsbrief zurück, so scheint der Strom biblisch fundierter Geschichte hier gleichsam zu versickern.

Fragt man sich, wie und wo das *QS*-Kapitel von Petrus Comestor in sein Geschichtswerk eingeordnet wird und welche Funktionen es dort erfüllt, dann stösst man auf das Grundproblem, dass nur wenige Untersuchungen über die Arbeitsweise des Comestor vorliegen.[127] Er habe die Bibel im Litteralsinn bearbeitet, liest man in gängigen Handbüchern. Doch was genau heißt das für unsere Fragen?

---

125 Der Text in anderer Orthographie auch bei MPL 198,1053.

126 Wer waren die „socii"? Zielt das „lectitare" auf die stille Lektüre oder auf die Vorlesung oder auf beides? Wie sind die Äußerungen über den Stil zu verstehen: Einerseits Absicht, die Aussagen der patres nicht preiszugeben, anderseits topische humilitas-Geste vor dem Widmungsempfänger, am „stilus rudis" zu schleifen. Gibt es da nicht einen Widerspruch?

127 Sylwan (*Scolastica historia*, S. XXIX–XXXI) bietet nichts mehr als einige Impressionismen, die mit schwer übertragbarer Terminologie arbeiten („un professeur experimenté" „une version très personelle"); die vorgebrachten Beispiele liegen narratologisch auf ganz verschiedenen Ebenen, zudem steht die Frage nach dem Bibeltext (*Vetus Latina* vs. *Biblia vulgata*) stark im Vordergrund.

Die Evangelien überlappen sich bedingt durch die jeweiligen Produktionsbedingungen – Autorintentionen, anvisiertes Publikum, verfügbares Material, Entstehungszeit – in ihren handlungsbezogenen Erzählungen und in der Wiedergabe der Lehren Christi. Will man einen einzigen linearen Text erzielen, müssen die Texte arrangiert werden. Eine solche Evangelienharmonie erstellte der Syrer Tatian bereits um 170; sie wurde später im lateinischen Westen und in seinen Vulgärsprachen rezipiert. Auch im Evangelienteil der *Historia Scholastica* dürfte mit einer solchen Basis zu rechnen sein. Etwas zweites kommt dazu: Der Bibeltext war im Verlauf seiner Rezeption mit einem dichten Rankenwerk von Glossen, Erläuterungen aus der im 12. Jahrhundert nunmehr langen Tradition der Bibelexegese seit der Spätantike überwuchert. Wie der Widmungsbrief anzudeuten scheint, empfanden viele die Lektüre in diesem Konstrukt aus einerseits dem Worte Gottes und anderseits den nicht den gleichen Rang einnehmenden Glossen als mühevoll. Diesem Leserwunsch antwortete offensichtlich der Plan des Comestor, eine lineare Erzählung der Heilsgeschichte mit einer selektiven Übernahme des historischen und nicht zuletzt sprachlichen Wissens aus den Glossen zu verbinden, dies im Dienste einer Erkenntnis der Geschichte („ueritas historie"). – Dies ein sehr allgemeiner Rahmen für unsere Fragestellung.

Wir beginnen damit, unter Beizug der Kapitelliste bei MPL (198,1885 f.) möglichst genau zu beobachten, wie und wo die Liste der *QS* eingefügt wird; in einem zweiten Schritt kann dann das Ergebnis bei den beiden anderen Überlieferungen, Pseudo-Beda und Petrus Damiani verglichen werden. – Comestor beginnt die *Historia Evangelica* bei der Empfängnis des Täufers, lässt die Botschaft Gabriels bei Maria folgen und den Besuch Marias bei Elisabeth. Wir sind somit bei Lukas;[128] er liefert auch weiterhin den roten Faden.[129] Einen markanten Orientierungspunkt

---

Wenn dann auf S. XXX verheissen wird: „Pour mieux comprendre [...] examinons trois passages", dann findet sich der Leser eine Seite später alleingelassen vor drei Zitaten, während die Herausgeberin zu einem neuen Kapitel aufbricht. Zu beachten ist ferner, dass hier die *Genesis* in Betracht gezogen wird, nicht ein Evangelientext. – Die Arbeiten von Whedbee 2021 und Andrée 2016 und 2019 zielen nur annähernd in Richtung des formulierten Problems, indem sie anhand von materialen Zeugnissen, „Vorlesungsnachschriften" Inhalte und Methoden der *lectiones* des Petrus zu ergründen suchen. Clark (*Making*) zielt dann auf die hier gestellte Frage, wie Petrus auf Grund des Bibeltextes und der Glossen seine *Historia scolastica* produzierte (v.a. S. XIII–XIV und 109–156); Untersuchungen zu den *reportationes* der Vorlesungen Stephen Langtons treten ergänzend dazu. Naturgemäß fallen für den hier betrachteten Ausschnitt aus Matthäus und Lukas keine konkreten Erkenntnisse ab.

128 Zur Erinnerung: Matthäus fängt mit Stammbaum und Geburtsgeschichte an, Markus mit dem Auftritt des Täufers und der Taufe Jesu, gefolgt vom Bericht über die Versuchungen, Johannes mit dem Logos-Prolog, dem Täufer-Zeugnis über Jesus und dessen anschließender Jünger-Suche.

129 Eine Gliederung des Lukas-Evangeliums bietet etwa der Wikipedia-Artikel.

bringt Kapitel 110 „De ultimo adventu Domini in Jerusalem" (MPL 198,1594); es schöpft aus Lc 9,51; dort auch in der Struktur des Evangeliums ein neuer Abschnitt. In Kapitel 136 erscheint in der Auseinandersetzung mit den Pharisäern die Klage Christi, trotz seiner Liebe zu Jerusalem nicht aufgenommen worden zu sein; verbunden damit ist die später wiederholte Vorankündigung, dass Jerusalem Ort seiner Tötung und Auferstehung sein werde (*Lc* 13,31–35). So folgt (Kap. 137) im Gespräch mit den Jüngern die Ankündigung der Zerstörung Jerusalems. In diesem Zusammenhang fällt das Stichwort *signum* gleich mehrfach (MPL 198,1609):[130]

> [...] quaerebant ab eo signa eversionis Jerusalem, et signa sui adventus, et dixit eis quaedam propria adventus sui, quaedam propria eversionis, quaedam communia utrique[131]. Praemunivit autem fideles, ne seducantur, cum audirent multos, dicentes se esse christos. Non enim venturus est, nisi praecedant signa, quae praedixit. Praemisit autem communia, scilicet praelia et seditiones gentis contra gentem, regni contra regnum, pestilentias, fames, terraemotus per loca, terroresque de coelo, persecutiones sanctorum. Ante namque eversionem Judaeae elementa suum vendicabunt auctorem. Postea posuit proprium signum destructionis.

Zeichen weisen auf die Zerstörung Jerusalems, auf die Ankunft – Wiederkunft (die *Historia Scholastica* bleibt hier unbestimmt) – des Herrn. Der Text spart nicht mit Hinweisen auf das Vorher und Nachher, dennoch bleibt die relative Chronologie diffus. Da die Zeichen für die Zerstörung Jerusalems, jene Judäas und jene für die Ankunft des Richters offenbar in ihrer Art dieselben sind („communia") ergibt sich von da keine Orientierung.

Auch Kapitel 138 trägt zur Verwirrung des Lesers bei, obwohl der Titel „Proprium signum eversionis" mit seiner Wiederaufnahme des Kapitelschlusses 137 Klärung zu versprechen scheint. Comestor greift hier mit *Mt* 24,13 auf einen Teil der Daniel-Vision zurück (*Dan* 9,27, 11,31, 12,11), nimmt dann – ohne Quellenangabe[132] – Bezug auf die nachevangelische Diskussion darüber, wessen Statue von Christus als Instrument zur Entweihung des Tempels gedacht sei: jene des Tiberius oder Cäsars oder des Titus.

---

130 Der Text ist m. E. namentlich durch unklare Beziehungen von Pronomina („sui") an mehr als einer Stelle undeutlich oder vieldeutig: Wessen Kommen gehen Zeichen voraus? Dem der ‚Antichristen' („christos")? Oder dem Christi? – Ferner: Worauf zielt „suum auctorem"? Auf den Urheber der Zerstörung Judäas? Oder auf den Schöpfer der Elemente?

131 Die Formulierung kann den Interpreten ins Grübeln bringen: Ist an eine gleiche Art von Zeichen gedacht? Oder sind es die ein und dieselben Zeichen, welche gleichzeitig die Zerstörung Jerusalems und die Wiederkunft Christi ankünden?

132 Zugrunde liegen dürfte der Bericht des Flavius Josephus über den ersten jüdischen Krieg gegen die Römer (66–74); er endet mit der Zerstörung des Salomonischen Tempels. Es werden noch der sog. ‚Diasporaaufstand' (115–117) und in der Regierungszeit Hadrians der Aufstand unter Simon bar Kochba (132–136) folgen; mindestens auf diesen letzten nimmt Petrus noch Bezug.

Mit Kapitel 140 kehrt Petrus mit einem etwas ausführlicheren, von kurzen Erläuterungen unterbrochenen Zitat wieder zu den Evangelienberichten zurück; dabei ist in die Stelle aus Matthäus (*Mt* 24,21 f.) eine Passage aus *Lukas* (*Lc* 21,25)[133] hineinmontiert (MPL 198,1610D):

> Erit tunc tribulatio magna, qualis non fuit ab initio mundi, et tunc erunt signa in sole, et luna, et stellis, et in terris pressura[134] gentium, prae confusione sonitus maris et fluctuum arescentibus hominibus prae timore, et nisi breviati fuissent [...] dies illi, non fieret salva omnis caro.

Den Schlusspunkt des Kapitels setzt ein verbaler „Zeigegestus" auf die Zeichen des Gerichts: „Et nota breviter Dominum quaedam signa judicii tetigisse"; die schließen nun im gleich folgenden Kapitel 138 gemäß der Liste der *QS* an. Der Wortlaut dieser Überleitung verdient Aufmerksamkeit, denn er gibt dem Folgenden die Dignität eines Christus-Wortes – selbst wenn der Hieronymus-Verweis („Hieronymus autem in annalibus Hebraeorum" das gleich wieder relativieren muss.[135]

Anders als bei Pseudo-Beda steht die Liste nicht als geschlossener, damit gut als Einheit wahrnehmbarer Block da, und sie steht auch nicht wie bei Petrus Damiani in einem Traktat über das Weltende als ein Objekt der Reflexion, auf das dann im Kotext[136] mehrfach Bezug genommen wird. Comestor fährt vielmehr übergangslos weiter, indem er *Mt* 24,27 mit 30 verbindet, einzelne Wort- und Sachglossen folgen lässt und mit der Lokalisierung des Gerichts, übernommen aus *Ioel* 3,2[137] schließt. Damit hat die *QS*-Liste einen biblisch autorisierten Rahmen erhalten und die das Autoritätsgefälle zwischen Bibelwort und außerbiblischer Tradition ist vermindert. – Die bei Migne folgende „Additio" – ob sie von Petrus stammt oder nicht, kann hier offen bleiben[138] – geht auf diesem Weg der Verfügung unterschiedlicher Textstücke noch einen Schritt weiter, indem sie erörtert, inwiefern sich die Aussage des 9. Zeichens („noua aequabitur terra") mit der Lokalisierung des Gerichts im Tal

---

133 Nachfolgend zur Verdeutlichung kursiv gesetzt.

134 Migne hat wohl durch Druckfehler „pressuram".

135 Man erinnere sich an die Relativierung der Glaubwürdigkeit dieser Liste bei Petrus Damiani („Quibus profecto verbis sicut nec auctoritatis robur adscribimus, ita nec fidem penitus denegamus", S. 20,13–21,4)

136 Vgl. zur Begrifflichkeit oben, Anm. 4.

137 Bei Comestor kein wörtliches Zitat; die Ioel-Stelle lautet: „congregabo omnes gentes et deducam eas in valle Iosaphat".

138 Auf Fremdherkunft weist jedenfalls die Zählung der Einebnung aller Täler und Berg als Nummer 14 der Liste (vgl. das Zitat Anm. 139); diese Einordnung passt zu keiner der drei Leitformen und auch nicht zur Voragine-Fassung; vielleicht wäre „decimo die" zu lesen.

Josaphat verbinden lässt: Da gibt es ja gar kein Tal mehr![139] Wir Heutigen aber mögen hier durchaus halb verwehte Spuren exegetischer Vigilanz lesen.

2.5 Die *FZ* in einem mnd. Plenar

Mit dem nächsten, sprachlich manchmal etwas sperrigen[140] Text geraten wir in eine zeitlich, sprachlich, funktional recht andere Welt. – Die sowohl handschriftlich wie auch in Frühdrucken überlieferten Plenarien stellen die Perikopentexte des Kirchenjahres ergänzt mit Betrachtungen (der sog. *Glossa*) zum jeweiligen Sonn- oder Festtag in der Volkssprache zusammen.[141] Letzteres liefert bereits einen Fingerzeig auf das anvisierte Publikum: des Lateins nicht mächtige Laienbrüder und Nonnen, Kuraten, gebildete Laien, sowie auf Verwendungssituationen wie die klösterliche Tischlesung, die häusliche Privatandacht, die Vorbereitung einer Predigt. Unser ohne Ambition auf Repräsentativität[142] gewählter Belegtext steht in einer mittel-

---

139 MPL 198,1611: „Nota quod dicitur judicium futurum in valle Josaphat. Sed nota quod tunc non erit vallis, quia quarto decimo die aequabitur terra, sed contra illum locum erit [...].“ – Das „sed contra" entspricht übrigens einer scholastischen Disputationsfloskel. Bei Stephanus de Borbone (*Tractatus*, S. 195,84 f.) ist dann eine originelle Lösung findiger Exegeten für das Problem bezeugt: „Erit autem in ualle Iosaphat supra in aere [...]“.

140 Die Anmerkungen des Editors bei sprachlich schwierig verständlichen Stellen helfen nicht immer weiter: etwa S. 14,12 ‚vntiticheit' (Bedeutung, speziell im Kontext?); in S. 16,31 ‚enthekerst' gelingt es dem Bösewicht beinahe, sich hinter einer vorerst nicht gut durchschaubaren Orthographie zu verbergen. – Sperrig ist der Text sodann dadurch, dass die eingefügten, fast nur mittelniederdeutsch gegebenen Zitate aus Bibel und Patristik selten zu identifizieren sind. Wo dann einmal ein lateinischer Satz steht (S. 14,24), ist er so kurz und sprachlich so trivial, dass man (v. a. im Ungewissen, ob ein wörtliches Zitat vorliegt) mit Konkordanz-Suche wenig erreicht. – Manchmal gelingt es aber dem Editor, die Sache noch zu verschlimmbessern (S. 16 Anm. 3, Zitatverweis auf Migne!).

141 Dass diese Beschreibung die Textsorte nur recht grob erfasst, zeigt schon der Blick in einen einzigen Textzeugen: Etwa das *Plenarium oder Evangelybuch* erschienen 1514 bei Adam Petri in Basel (VD16 E 4457) enthält auch (in Übersetzung) die Gebete des Messpropriums, bietet in der *glossa* manchmal *exempla*, enthält eine Vorrede über die Bedeutung der Bibellektüre, erschließt den Inhalt über ein Register (was eine besondere Art der Lektüre ermöglicht).

142 Ein wesentliches Problem des aktuellen Forschungsstandes besteht darin, dass die Ordnung der Überlieferungsträger sich wesentlich auf die sprachlandschaftliche Form (hd./md./nd.), den heutigen Aufbewahrungsort und eine die einzelnen Texte inhaltlich nur grob erfassenden Typologie stützt (vgl. hierzu Reinitzer / Schwencke, *Plenarien*, Sp. 738, 739, dazu der Einzelhinweis bei Zapf über den Grad der Übereinstimmung im Glossenbestand zwischen dem ‚Stuttgarter' und dem ‚Heidelberger Typ'). Damit fällt es nicht leicht, zu einer gegebenen Glosse andere überlieferungsmäßig verwandte (oder im Gegenteil divergente) Stücke zu finden. Wie Abhilfe geschafft werden könnte,

niederdeutschen Handschrift von 1448.[143] Der thematische Fokus – das Ende der Welt – führt uns über die einschlägige Perikope, die Schilderung des Jüngsten Tages bei *Lukas* (21,25–33), zum 2.[144] Sonntag im Advent.

Nach dem Perikopenincipit[145] (in lateinischer Sprache) und einer mnd. Wiedergabe des ganzen Evangeliumsausschnitts beginnt die *Glosa* mit einer kurzen paraphrasierenden Wiederaufnahme des „Erunt signa in sole", gekoppelt mit einemVerweis auf Apo 6,12f. und der mnd. Wiedergabe dieser Stelle. – Es folgt die Umsetzung der *FZ* (in der Fassung nach Petrus Comestor); die Liste geht bei jeder Position einher mit einem plenartypischen Zusatz. Eingeleitet wird diese ganze Partie durch die Worte: „Nu schole wij merken[146], dat / sanctus Ieronimus vant viffteyn teken, de dar komen scholen vor dem jungesten dage, den wan se komen scholen, des en bescrift he nicht, doch scholen se scheen."

Als Beispiel kann der erste Passus dienen (S. 11,17–25):

> To deme ersten male dat erste teken is dat, dat sijk dat meer vpdeyt vnd vorheuet sijk vertich elen hoch bouen alle berge vnde steyt an syner staet alze een mure, alze oft yt scholde spreken: ‚O here vader, ik bidde dy, vorbarme dy ouer my, wente de dach der wrake de kumpt. Nu vorheue ik my van der erden to dy vnde suchte, uppe dat dyn torne van my ga vnde nicht ouer my. Vnde ghedenke des, leue herre, dat ik my dy hebbe gegeuen vnder dyne vote, dat my de getreden hebben[147], vnd byn vnderdenich gewesen dynen boden to desser tijd vnd to allen stunden.'

Das charakteristische Format dieses zur Betrachtung anleitenden Textes ließe sich so beschreiben; es besteht aus:

1. der Nennung und Beschreibung des jeweiligen Zeichens,

---

demonstriert Kottmann, (*buch der ewangeli*, S. 223–272) indem er für eine Überlieferungsgruppe tabellarisch bei jedem Fest erfasst, welche Handschrift die nötigen Perikopen überliefert.

143 Standort: Königliche Bibliothek Kopenhagen, Signatur: GKS 94 folio (vgl. Handschriftencensus, s.v.); dazu: Reinitzer / Schwencke, *Plenarien*, Sp. 750.

144 So die Ordnung in unserem Plenar (S. 10 „Des anderen sondages in deme aduente"); in der nachtridentinischen Ordnung ist es der erste Sonntag.

145 Zugrunde liegt die Ausgabe von Katara (*Mittelniederdeutsches Plenar*, S. 10–21); bei Zitaten werden die von Katara gesetzten Kursivierungen mit textkritischer Funktion weggelassen.

146 Diese Aufmerksamkeit fordernde Formel auch noch auf S. 16,16 und 30. Das DWb fächert das Bedeutungsspektrum des Wortes so auf: „notare, animadvertere, memoriae tenere"; ferner: „mit einem zeichen versehen", „durch ein kennzeichen innewerden" (bis hin zum körperlichen Sehen), „acht geben, auf etwas achten, sinn und gedanken auf etwas richten" (Bd. 6 Sp. 2093–2102). – Der Artikel ‚merken' im FWB ist noch nicht erschienen; über die Volltextsuche der elektronischen Fassung (soweit freigeschaltet) können z.Zt. 506 Belege aus anderen Artikeln eingesehen werden (Zugriff am 23.9.2022).

147 Vgl. *Mt* 14,25–33, *Mc* 6,45–51, *Io* 6,15–21 (Jesus wandelt auf dem Wasser).

2. einer *fictio personae*[148], eingeleitet durch die Worte „alze oft yt scholde spreken"; die *fictio* nimmt dabei auf das jeweilige Zeichen Bezug,
3. einem inhaltlich in den Kontext passenden Bibelwort.

Im zitierten Beleg insgesamt entsteht eine Szene: ein Raumelemente („vertech elen [...] alze ein mure") steuert bereits der Teil vor der *fictio personae* bei; diese gestaltet dann einen kurzen Halbdialog (Ansprache an einen nicht antwortenden Partner). Dabei wird eine weitere Raumangabe gesetzt („vorheue ik my van der erde to dy") begleitet von einem non-verbalen Element („suchte" (‚seufze')). Dieses zielt ebenso wie die zwei Apostrophen an das stumm bleibende Gegenüber (here vader, leue here) eine Emotionalisierung. Auf der Inhaltsebene spricht die Bitte („uppe dat dyn torne") ebenfalls einen emotionalen Sachverhalt an.

Auf der Inhaltsebene konstatieren wir hier eine zeichenhafte Struktur. Der Signifikant – das Anschwellen des Meeres – zielt je nach Deutungsrahmen auf unterschiedliche Signifikate: Durch die Tradition der *FZ* vorgegeben ist die Aussage, dass der Vorgang einen Hinweis das Nahen des Gerichts anzeigt. Im beschriebenen szenischen Gefüge, das der Plenartext mit sprachlichen Mitteln errichtet, entsteht hingegen die Bedeutung „demütiger Dienst am Herrn wendet seinen Zorn am Tag des Gerichts ab". Weiter gedacht, ergibt sich so eine moralische Forderung an die lesenden oder hörenden Gläubigen.

Der Abschnitt über das 5. Zeichen (Pflanzen schwitzen Blut) fällt vordergründig durch seine Länge auf (21 Zeilen, soviele wie kein anderer). Die Grundstruktur der *fictio personae* liegt zwar vor; doch hier nimmt die Anrede an den Herrn von Beginn an eine andere Wende: „O here, went heer to disser tijt [bis jetzt] hebbe wij nicht dechtich gewest dynes swetes [...]". Der Einzelzug des Blutschwitzens führt also zu einer Szene der Passionsgeschichte. Diese Assoziation bringt die Sprechenden zur Einsicht, gegen das Gebot, der Leiden Christi zu gedenken (etwa im Sinne von *Mt* 25,36), verstoßen zu haben; daraus resultiert die reuevolle Selbstanklage; sie mündet in die Bitte um das Erbarmen des Richters; dies die Grundstruktur. Dabei ist das Geständnis so ausgestaltet, dass es das Versäumte, die Erinnerung an die Passion, in intensiver[149] Weise nachholt: das Geständnis führt so zur Wiedergut-

---

148 Auch „Personifikation", also „die Einführung nicht personenhafter Dinge als sprechender sowie zu sonstigem personenhaftem Verhalten befähigter Personen" (Lausberg, *Handbuch*, § 826); verwiesen wird auf den hochpathetischen Charakter dieser Redefigur.

149 Momente dieser Intensivierung sind etwa die Ausgestaltung mit Einzelheiten, so die schweißbefleckte Kleidung (vgl. *Lc* 22,44: „et factus est sudor eius sicut guttae sanguinis decurrentis in terram" – im paraphrasierenden Glossentext selber ist entgegen dem Vulgatatext nur von „swete" die Rede), dann wörtliches Zitat aus *Mt* 26,38, ein Motivzitat (der Kelch des Leidens), Wortwiederholungen („van grotem angest [...] groter lede"), Adjektivsetzungen („myt dynem gotliken munde der

machtung[150]. – Der Schluss des Abschnitts (S. 13,3–11) bringt aus der Bibelglosse eine Erläuterung zu „tristis est anima": Christus litt nicht aus Angst vor der Passion sondern aus mitleidigem Erbarmen („van medelidinge wegen") für die sündhafte Schwäche der Menschen. – Das mag vom Grundthema her als leicht abwegiger Seitenpfad anmuten, doch beim genauen Hinsehen zeichnet sich ein scharfer Kontrast zwischen der compassio Christi mit den Sündern und der Versäumnis der compassio mit dem leidenden Heiland durch diese („nicht dechtich gewest").

Erneut als Einübung in Passionsfrömmigkeit führt das Zeichen des 7. Tages. Doch diesmal ist die Blickrichtung gerade umgekehrt. Die zersplitternden Felsen sind nicht Verweis auf den sein Mitleid verweigernden Menschen, sondern Vorbild für die rechte Haltung (S. 13,25–14,2):[151]

> O leue here, wij synt des dechtich, dat wij torethen [*zerrissen*], do du storuest an dem cruce, vnde mochten dynen vnschuldighen dot nicht myt dy dregen, wente du wordest alleyne ge-pyneget vnde yt was nement vp erden, de dy trostede offte to hulpe queme: de sunne vorlôs eren schyn vnde de dusternisse wart vp erden, vnde wij stene synt myt dy vorbarmende vnde dyner werke. Wente, leue here, do du storuest an deme cruce, do tosplete wij, vnde hyrvmme so torithe wij echter, vppe dat dyn grymmige torne des tokomenden richtes van uns ga.

Wiederum registrieren wir das Auftreten eines Vigilanz-Wortes: „dechtich"; im engeren Kontext zielt es auf die Forderung an den Gläubigen, sich das Erlösungs-geschehen zu vergegenwärtigen. Gleiches konstatiert man beim Zeichen des 11. Ta-ges, dort ist aber die Blickrichtung gerade umgekehrt: Christus möge sich an die Vergießung seines Blutes erinnern und sich deshalb der Sünder erbarmen.[152]

Von unserer Fragestellung nach der Rolle der Vigilanz im Kontext der *FZ* her zeigt sich – damit blicken wir auf den Rezeptionsvorgang –, dass die in der „Glosa" vorgenommene Weiterentwicklung der Liste zu einer Vorgabe für die Medita-tion der Perikope von den Gläubigen hohe Aufmerksamkeit abverlangt. Es gilt, der Reihe der 15 Zeichen zu folgen, es gilt die unterschiedliche, manchmal gegenläufige Fokussierung der Einzelmotive auf Glaubensinhalte oder auf die religiöse Praxis wahrzunehmen und es gilt, dies in der privaten Betrachtung umzusetzen. Dies wird

---

warheit"). An das lateinische Matthäuszitat („tristis est anima [...]") anknüpfend wird dann erläu-ternd auf die Furchtlosigkeit Christi vor dem bevorstehenden Leiden und auf sein Mitleiden mit den fehlbaren Menschen verwiesen.

150 ‚Geständnis' und ‚Wiedergutmachung' sind zwei zentrale Stücke der Beichtlehre.

151 Als Hintergrund denke man sich die Sprichwort-Überlieferung hinzu; Belege bietet der TPMA, Bd. 11 S. 133 f.

152 Es sprechen die aus den Gräbern auferstandenen Toten: „[...] vppe dat he [*Christus*] des suluen blodes utgetinge dechtich sij vnd vorbarme sijk ouer uns" (S. 14,27 f.).

vom Text allerdings nur sehr am Rande thematisiert. Wachsamkeit[153] ist so gesehen eine Forderung im Hintergrund.

3 Rückblick und Synthese. Überlegungen zu den psycho-sozialen Aspekten des Endzeit-Diskurses

In einem Rückblick lässt sich dem Vigilanz-Konzept nochmals schärferes Profil geben. – Bei Hippolytus wird eine Vigilanz-Ethik und -hermeneutik angedeutet: Erkenntnisse über den Antichrist werden durch aufmerksames Lesen der im Alten Testament niedergelegten Prophetenworte erreicht. Der Prophet ist der Vermittler zwischen Gott und den Menschen; diesen obliegt neben dem Hinhören auch das wachsame Hüten der Prophetenworte und ihrer Lehren gegenüber Außenstehenden, die nicht zu den Gläubigen zählen. – Bei Augustinus kann eine vergleichbare Forderung nach Aufmerksamkeit im Umgang mit den Wahrheiten der heiligen Schriften beobachtet werden, freilich ist sie nüchterner und – bedingt durch den nunmehr gewandelten Status des Christentums in der Gesellschaft – ohne den Gestus des Esoterischen formuliert. Wer in den Worten Jesu Aussagen über das Jüngste Gericht sucht, ist gehalten, den jeweiligen Wortlaut genau zu prüfen, der Ausgangslage mit drei synoptischen Evangelien Rechnung zu tragen. Die Konstellation mit einem Prediger und einem hörenden Laien findet sich bei Adso verdoppelt: einerseits im Verhältnis zwischen ihm und der Königin, die ihn um Belehrung über Christ und Antichrist nachgesucht hat, und sie kehrt im Innern des Antichrist-Narrativs in der Beziehung zwischen diesem und seinen Anhängern wieder. Ein weiteres Mal finden wir sie im Predigen der von Gott gesandten Propheten Enoch und Elias. Im ersten Fall ergeht die Wahrheitsbeteuerung Adsos, keine eigenen Erfindungen weiterzugeben, sondern nur das, was durch sorgfältig geprüfte schriftliche Quellen zu ermitteln ist. Diesem Wahrheitsanspruch korrespondiert die Forderung an die Gegenseite aufmerksam zu hören – sie ist gelegentlich auch auf der Wortebene des Traktats als *attentum parare*-Formel zu beobachten – und darausfolgend das von Oben Geforderte zu tun. In anderer Konstellation – dies zeigt ein Moment in der Antichrist-Erzählung – ist freilich auch aus Zweifel und Skepsis genährte Aufmerksamkeit gegenüber Worten und Taten eines Predigers angebracht. Adsos Traktat berührt allerdings die heikle Frage, wie die Geister zu prüfen und zu unterscheiden seien, nicht. – Mit der anderen Fokussierung bei Petrus Damiani verschiebt sich auch die Vigilanzfrage. Ähnlich wie bei Adso steht am Beginn die Fragesituation; allerdings gehören hier Fragender und

---

153 Vgl. zu ‚merken‘ oben, Anm. 146.

Gefragter beide dem geistlichen Stande an. Petrus verknüpft dann allerdings seine Antwort über die Umstände des Jüngsten Gerichts mit einem Diskurs über den Verlauf und den Wert von Reflexion über die Letzten Dinge; sie bieten die Möglichkeit, sich auf diese fundamentale Entscheidsituation vorzubereiten. – Ähnlich ist die Konstellation im Plenar-Text; der geistliche Autor des Plenars leitet seine Leserschaft zur Betrachtung über die Eschata an; durch den Einsatz von sprechenden Personifikationen wird allerdings eine zweite Ebene eingeführt, welche es erlaubt, den Verlauf der Meditationen vielfältiger zu gestalten. Eher im Hintergrund stehen Vigilanz-Forderungen bei Pseudo-Beda und Comestor. Nicht dass die Liste des Ersteren ungeeignet wäre, bei entsprechender Umformung zur Wachsamkeit aufzurufen, doch dazu muss jene erst umgeformt werden. Bei Comestor steht die Reihe der *QS* in einem weitgespannten Erzählablauf, in dem das Vergangene und das erst Kommende ineinander übergehen. Dass die Frage, ob denn nach dem Vorbeizug der *Fünfzehn Zeichen* noch mit einem Ort für die Abhaltung des Gerichts gerechnet werden könne, verrät (dies eher nebenbei) eine aufmerksame Lektüre der *QS* durch die mittelalterlichen Theologen.

Wir haben über mehr als ein Jahrtausend hin Tradierung und Veränderungen des Endzeit-Diskurses verfolgt. Am Beginn stehen Aussagen, zugeschrieben dem historischen Jesus über das Ende der Geschichte; sie sind geprägt durch die Messias-Erwartungen des zeitgenössischen Judentums, durch die religiösen Spannungen und die politischen Konflikte im Gefolge der Einfügung Israels in das römische Imperium. Die breiteste und eindrücklichste Ausformung dieser Zukunftserzählung liefert Matthäus. Was er berichtet, dürfte für seine Leserschaft bereits Vergangenheit gewesen sein: der jüdische Krieg ist abgeschlossen, der Tempel zerstört. Doch die Wiederkehr des Messias lässt auf sich warten. Zu fragen, wann, ist für die Gläubigen ungehörig, sie sind also auf das hoffnungsvolle Warten verwiesen, obwohl eine Antwort dringend wäre (aus Gründen und Motiven, von denen hier gleich die Rede sein muss).

Dabei befinden sich die Adressaten bereits in einem historischen Wandlungsprozess: der bereits vor einer Generation hingerichtete historische Jesus zählt nun neben Juden mehr und mehr auch Heiden als Anhänger. Wie gut lässt sich in einer solchen Gruppe das Frageverbot aufrecht erhalten? Die Stelle im Thessalonikerbrief gewährt uns einen knappen Einblick in solche Auseinandersetzungen in einer Gemeinde. Dabei gab die Matthäus-Erzählung in einem fundamentalen Aspekt dem Diskurs eine klare Richtung vor: Zu erwarten war nicht die Wiederherstellung Israels sondern das Ende der Zeit, an dem ein Richter-Gott von allen Menschen Rechenschaftsablage über ihr Verhalten gegenüber den leidenden Mitmenschen fordert. Diese Perspektive konnte nicht nur Hoffnung, sondern auch Angst auslösen.

Die vier bekannten Stellen im ersten und zweiten *Johannes*-Brief mit ihrer Rede über den Anti-Christ vermittelten eine zweideutige Botschaft. Sie redeten von einer bereits wirkenden negativen Gegenkraft, dem Antichrist; dessen Überwindung kostete Zeit und Geduld; dies wiederum schob die Ankunft des Messias weiter als erwartet und ersehnt in die Zukunft hinaus. In dieser Optik mochte sich die verpönte Frage nach dem Wann? zwar nicht erledigen, aber doch an Dringlichkeit verlieren – mindestens auf einen ersten Blick. Allerdings: da der Gläubige selber auch vor den Richter gefordert war, bekam die Wann-Frage unter einem neuen Aspekt dann doch wieder Brisanz. Die durch Parabeln im Kotext ergänzte Jesus-Rede über den Gerichtstag gab zugleich mit ihrer Forderung nach Wachsamkeit ein in solcher Lage wohl angemessenes Verhalten vor.

In den folgenden Jahrhunderten verändert sich unter gewandelten religiösen, sozialen, politischen Bedingungen das eschatologische Narrativ: es wird Teil des Dogmas der sich nun konstituierenden christlichen Kirche. Und der Bericht erweitert sich, indem, außerdogmatisch allerdings, zuerst die Antichrist-Erzählung (auch sie selber in sich Objekt eines Umformungsprozesses) der Gerichtserzählung vorgeschaltet wird. Damit scheint das göttliche Frageverbot umgangen und eine Teilantwort erreicht: Wenn der Antichrist wütet, dann ist das Gericht in Blickweite gerückt. Unter bis heute nicht geklärten Umständen entsteht ferner die Erzählung von den *Quindecim signa.* Auch bei ihr lässt sich die Postea-Strategie[154] beobachten: Einerseits folgen die *QS* auf den Antichrist, anderseits läuft dieser zweiwöchige „Rückbau" der Schöpfung direkt auf den Vortag des Gerichts zu: der Herr erscheint – mit Pauken und Trompeten, was die bisher geforderte eschatologische Wachsamkeit unnötig zu machen scheint – allerdings wäre es für eine Umkehr auch zu spät.

Damit ist der Gläubige ins Zentrum gerückt und es erhebt sich die Frage nach den psycho-sozialen Aspekten dieses Endzeit-Diskurses. Sie zielt hoch und greift weit aus – undenkbar, dass hier angemessene (d. h. quellenfundierte und theoriegestützte) Antworten gegeben werden können. Dennoch als andeutende Skizze: Gewiss befriedigt das eschatologische Konstrukt das menschliche Bedürfnis nach Orientierung, nach Klärung der bekannten Kinderfragen „Wann? Warum?" Diese zeigen angesichts der Gerichtserzählung freilich einen durchaus rationalen Antrieb: Der angesagte Gerichtstermin erfordert wachsame Vorbereitung. Allerdings: unverkennbar auch, dass hier im psychischen Unterholz menschliche Urangst vor der unbekannten Zukunft hockt und lauert. Diese Angst muss beschwichtigt werden, damit Weiterleben möglich ist. Sie kann freilich auch stimuliert werden, etwa durch Instanzen, die an der Präsenz von Angst in einer Gesellschaft interessiert sind. Das aktuelle Stichwort „Pandemie" trifft hier zwar chronologisch daneben, funktional aber ins Schwarze. Historisch richtiger wären Stichworte wie Errich-

---

154 Vgl. Anm. 82.

tung eines Machtdispositivs mit Rollen für Jenseits-Experten und solchen für Beratungsbedürftige; am Horizont erscheinen zugleich Konzepte wie Sündenbewusstsein, Beichte, Ablass. Und es gibt die sozial nützliche Kehrseite der Gerichtsangst: Sie hält den Einzelnen zu sozial verträglichem Verhalten an – mindestens im besseren Fall. Nicht zufällig hat der Dominikaner Stephanus de Borbone in seiner Exempel-Sammlung das Jüngste Gericht unter die Rubrik „De dono timoris" – der *timor domini* ist ja eine der 7 Gaben des Heiligen Geistes – gestellt.[155] Speziell im Falle des Antichrist wird sich rasch erweisen, dass das banalisierte Konzept – Antichrist ist jeder, der gegen Christus ist – wie es an manchen Stellen schon bei Augustinus auftritt, seinen großen Nutzen und seine Tauglichkeit zur wenigstens verbalen Vernichtung missliebiger Zeitgenossen nicht erst am Ende der Geschichte, sondern bereits im politisch-kirchenpolitischen Alltagskampf jeder Epoche seither bewiesen hat.[156] Und nicht übersehen werden sollte, dass das Endzeitnarrativ durchaus legitimierbare Rache-, Straf- und Satisfaktionsbedürfnisse erfüllt haben mag, solange es nicht hieß „Die Weltgeschichte ist das Weltgericht."[157] – Soll man schließlich auch noch mit einer Angstlust rechnen, mit dem Wunsch, ganz ohne Strafwünsche, die wollüstigen Schauer einer Angst zu verspüren?[158]

Anhang

1 Die drei Leitformen der *Quindecim signa* und die kontaminierte Version der *Legenda aurea*

	Pseudo-Beda (MPL 94,555)	*Petrus Comestor* (MPL 198,1611)	*Petrus Damianus* (MGH, Briefe d. dt. Kaiserzeit, 4,3 20–23)	*Jacobus de Voragine* (Maggioni, 16 f.)
1.	Meer und Flüsse heben sich 40 Klafter über die höchsten	Meer und Flüsse heben sich 40 Klafter über die höchsten	Meer und Flüsse heben sich 15 Klafter über die höchsten Berg und bilden eine Mauer	Meer und Flüsse heben sich 40 Klafter über die höchsten Berge und bilden eine Mauer

155 Stephanus, *tractatus*, S. 193–268.

156 Vgl. die Darstellung von Preuß für das 15./16. Jh.

157 Der Satz steht in Schillers Gedicht *Resignation* von 1784; vgl. van der Pot, *Sinndeutung*, S. 154–160.

158 Man mag einwenden, dies sei zu sehr von einer aufgeklärten Neuzeit her, die das Jenseitig-Religiöse als Fiktion begreift, gedacht. Dazu freilich wäre dann eine Auseinandersetzung mit der Vermutung nötig, dass die Quellenlage uns den Blick auf vormodernen Atheismus verwehrt, ohne dass damit die Existenz eines bereits mittelalterlichen immanenten Materialismus widerlegt wäre.

Fortsetzung

	Pseudo-Beda (MPL 94,555)	Petrus Comestor (MPL 198,1611)	Petrus Damianus (MGH, Briefe d. dt. Kaiserzeit, 4,3 20–23)	Jacobus de Voragine (Maggioni, 16 f.)
	Berge und bilden eine Mauer	Berge und bilden eine Mauer		
2.	Gewässer sinken so tief, dass ihre Oberfläche kaum noch zu sehen	Gewässer sinken so tief, dass ihre Oberfläche kaum noch zu sehen	Gewässer sinken so tief, dass ihre Oberfläche kaum noch zu sehen	Gewässer sinken so tief, dass ihre Oberfläche kaum noch zu sehen; Dürre
3.	Rückkehr der Gewässer auf den normalen Stand		Rückkehr der Gewässer auf den normalen Stand	Wassertiere schreiend an der Oberfläche
4.	Wassertiere schreiend an der Oberfläche	3 Wassertiere schreiend an der Oberfläche	Wassertiere schreiend an der Oberfläche	Gewässer fangen Feuer
5.	Gewässer fangen Feuer	4 Gewässer fangen Feuer	Flugtiere sammeln sich, geordnet nach Art, sie schreien durcheinander, fressen und trinken nicht	Pflanzen schwitzen blutigen Tau
6.	Pflanzen schwitzen blutigen Tau	5 Pflanzen schwitzen blutigen Tau	Feuerströme ziehen von Westen her Richtung Osten über den Himmel	Zerstörung aller Gebäude
7.	Zerstörung aller Gebäude	6 Zerstörung aller Gebäude	Gestirne entsenden Kometen	Steine fliegen in die Höhe; zerspringen in 4 Stücke; diese kämpfen gegeneinander; Krachen
8.	Steine zerspringen in 3 Stücke; diese kämpfen[159] gegeneinander	7 Felsen prallen aufeinander	Gewaltiges Erdbeben, Menschen und Tiere stürzen zu Boden	Gewaltiges Erdbeben
9.	Gewaltiges Erdbeben	8 Gewaltiges Erdbeben	Steine und Felsen zerbersten in je vier Teile	Berge u. Hügel zerfallen zu Staub
10.	Hügel und Täler eingeebnet	9 Hügel und Täler eingeebnet	Pflanzen schwitzen Blut	Menschen aus Gebirge u. Wildnis kommend, wie wahnsinnig, keine Kommunikation

---

159 Im Original: *debellabunt*; bei Comestor: *collidentur.*

Fortsetzung

Pseudo-Beda (MPL 94,555)	Petrus Comestor (MPL 198,1611)	Petrus Damianus (MGH, Briefe d. dt. Kaiserzeit, 4,3 20–23)	Jacobus de Voragine (Maggioni, 16 f.)
11. Menschen aus ihren Wohnungen, herumirrend, kein Verständnis untereinander	10 Menschen aus ihren Wohnungen, herumirrend, kein Verständnis untereinander	Berge, Hügel, Bauten zerfallen zu Staub	Gebeine der Toten sammeln sich auf ihren Gräbern
Sterne fallen vom Himmel	11 Gebeine der Toten sammeln sich auf ihren Gräbern	Landtiere sammeln sich schreiend, fressen und saufen nicht	Sterne fallen vom Himmel; Menschen schreien vor Angst, trinken und essen nicht
12. Gebeine der Toten sammeln sich auf ihren Gräbern	12 Sterne fallen vom Himmel	von Ost nach West öffnen sich die Gräber, die Leichen treten heraus bis zum Gericht	Lebende sterben, um mit den Toten aufzuerstehen
13. Lebende sterben, um mit den Toten aufzuerstehen	13 Lebende sterben, um mit den Toten aufzuerstehen	alle Menschen kommen wie wahnsinnig aus ihren Wohnungen	Himmel und Erde brennen
14. Erde und Hölle brennen	14 Erde und Hölle brennen	Lebende sterben, um mit den Toten aufzuerstehen	Neuer Himmel und neue Erde entstehen, Auferstehung aller Menschen
15.	15 Neuer Himmel und neue Erde entstehen, Auferstehung aller Menschen		

2 Die *FZ* in einem mittelniederdeutschen Plenartext – Strukturierte Übersicht

Die Disposition wird durch eine zugesetzte DIN-Absatznummerierung besser sichtbar gemacht; in diese ist unter Verwendung des originalen Wortlauts zudem die originale Gliederung der *FZ* eingefügt.

Glosa

1   Einleitendes (das Incipit der Lukas-Perikope; die drei Zeichen an Sonne, Mond, Sternen)

2   Nu schole wij merken [die 15 Zeichen des Hieronymus vor dem JT]

2.1   To deme ersten male dat erste teken [Demutsgeste des Meeres]

2.2   An dem anderen dage [Meer versteckt sich vor dem Zorne Gottes in der Tiefe]

2.3   An deme dorden dage [Meerestiere sehen den Sünder gepeinigt von den Höllenwürmern]

2.4   Des veerden dages [brennende Wasser fürchten das ewige Höllenfeuer]

2.5   Des vyfften dages [Blut schwitzende Pflanzen: wir gedachten nicht deines Blutschwitzens, Herr]

2.6   Des sosten dages [einstürzende Gebäude – omnis qui se exaltat humiliabitur et qui se humiliat exaltabitur Lc 14,11]

2.7   Des soueden dages [niederstürzende Felsen – wir gedachten deiner, als du am Kreuze hingst, nicht und zerbrachen erst, als du tot warst]

2.8   Des achten dages [Beben der Erde: ich bebte als du, Herr, tot warst und jetzt bei deiner Wiederkunft wieder, sei ein gnädiger Richter]

2.9   Des negeden dages [die Berge sinken herab, die Täler füllen sich auf[160]]

2.10   Des teynden dages [Wehklagen der Menschen in angstvoller Erwartung des Richters]

2.11   In deme elfften dage [die Toten gehen dem Herrn und Schöpfer entgegen]

2.12   Des twelften dages [Sterne, Sonne, Mond beschädigt][161]

2.13   An deme drutteysten dage [Sterblichkeit des Menschen, Psalmen- und Isaias-Zitate]

2.14   In deme veerteynden dage [reinigendes Feuer für die Gott doch gehorsame Schöpfung – wie wird es erst dem Sünder ergehen?]

2.15   An deme vefteynden dage [Auferstehung aller Menschen, Vorboten des Richters, die *arma Christi*]

3   Nu schole wij merken, dat desse veyfteyn teken vns beduden veerleye ouel [...]

3.1   Dat erste ouel is grot vnde bedudet vns een ewich ouel [...]

3.2   To deme anderen male beduden se vns [...] [Bestrafung der Sünder]

---

160 Die Stelle „[...] vppe dat dyn †vntiticheit† nycht ouer my en ga vnde dyn torne, sunder dat dyn otmodicheit ouer my kome" (S. 14,12 f.); der Vorschlag Kataras, „vnticheit" zu lesen, ist kaum hilfreich. – Man erwartet sich eine der im AT häufigen Phrasen wie „Dein Zorn, Herr, komme (nicht) über uns".

161 Am Ende des Absatzes wird dann noch ohne neue Zählung Zeichen 12 nach Petrus Damiani (Landtiere sammeln sich, fressen und saufen nicht mehr) angehängt.

3.3 To deme dorden male... [Angst von Sonne und Mond angesichts ihres nahenden Endes]

3.4 To deme veerden male... [alle Element bekämpfen mit dem Herrn die Sünder]

4 Ok so schole wij merken vnde vorstan dat ander, dat dar kumpt vor dem iungesten dage: dat is enthekerst...

5 Dat derde, dat dar kumpt vor deme iungesten dage [der Weltbrand] [...] so kumpt denne de richtere an den daal Josaphat in dreyerleye wijs

5.1 Tho deme ersten male so kumpt he alse een weldich koning, deme nement wedderstan kann.

5.2 To deme anderen male so kumpt he alse een weldich koning, deme nemant vorborgen kann wesen [...]

5.3 Tho deme derden male kumpt he alse een rechtuerdich richter, dede nycht vngelonet will laten

6 Ok so schole wij weten waneer dat vnse here kumpt [...] wil dat richt sitten ouer de quaden vnde ouer de guden [...]
O du arme sunder, so stan dar, de dy beseggen.

6.1 Dat erste is de duuel [...]

6.2 De ander beseggere des sunders dat synt syne kindere de dar beseggen [...] in dren dingen

6.2.1 To dem ersten male, dat de kyndere hebben bose byteken van den olderen geseen [...]

6.2.2 To dem anderen male so beseggen de kyndere [...] dat de olderen se darvmme nicht en straffeden

6.2.3 To deme derden male so beseggen de kyndere de olderen, dat se en dat ou-elgewnnen gud hebben gelert to winnende

6.3 To deme [derden[162]] male so besecht vnde claget de werlt ouer den sunder, vmme dat se deme sundere vnbillichliken hebben gedenet

6.4 To deme [veerden] male so beseggen den sundere syne negesten [...] wente he van bosen bytekene is vorsmåt.

6.5 Dan so hefft ok de mynsche dree tuge wedder en so stande [...]

6.5.1 Den enen tuch hefft he bouen sijk, dat is vnse leue here Ihesus Christus [...]

6.5.2 Den anderen tuch hefft de mynsche in sijk, dat is syn egene consciencie [...]

6.5.3 Den derden tuch hefft de sunder bij eme, dat is des mynschen engel [...]

---

162 Korrektur von Katara; im Original steht hier „veerden", weil sich der Schreiber in der Gliederungsebene getäuscht hatte. – Dasselbe gilt sinngemäß vom nächsten gezählten Absatz.

3 Typologie des Wachsamkeitsparadigmas

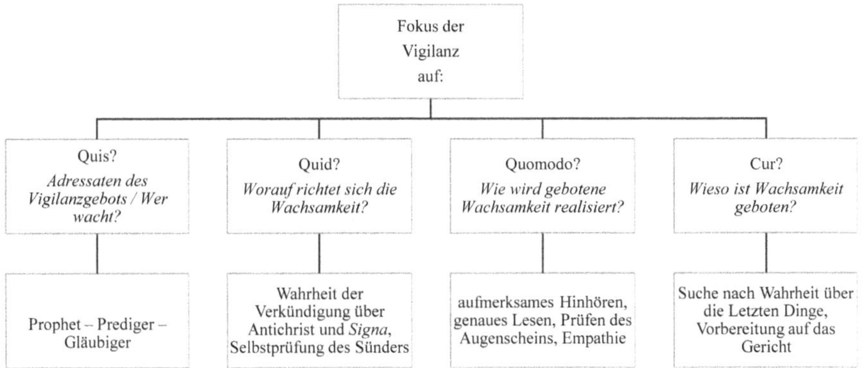

Zitierte Literatur

Titelangaben zu historischen Drucken[163] werden durch Verzicht auf Sonderformen von Buchstaben und weitere Maßnahmen orthographisch vereinfacht, wenn nötig, auch gekürzt; Auslassungen sind markiert. Zur rascheren Orientierung sind manchmal mehrere Editionen eines Werkes unter einem Obertitel zusammengestellt; dann stehen die Einzeltitel alphabetisch nach Herausgebernamen.

Quellen

Adso Dervensis (Montier en Der)]:
- Umfassende bibliographische Aufarbeitung (mit regelmäßiger Aktualisierung) zu Adso und einzelnen Werken (Überlieferung, Ausgaben, Spezialforschung) bei *BAdW Geschichtsquellen.* Online: https://www.geschichtsquellen.de/start
- Carozzi, Claude / Taviani-Carozzi, Huguette: *La fin des temps. Terreurs et prophéties au Moyen Âge.* Préface de Georges Duby. Paris 1982. *(S. 35–47 der Traktat gekürzt um den Widmungsbrief).*
- Goullet, Monique (Hrsg.): *Adsonis Dervensis opera hagiographica.* Turnhout 2003 (Corpus Christianorum Continuatio Mediaevalis 198).
- Sackur, Ernst (Hrsg.): *Sibyllinische Texte und Forschungen. Pseudomethodius, Adso und die tiburtinische Sibylle.* Halle 1898.
- Verhelst, Daniel (Hg): *Adso Dervensis. De ortu et tempore Antichristi necnon et Tractatus qui ab eo dependunt.* Turnhout 1976 (Corpus Christianorum Continuatio Mediaevalis 45).

---

163 Das gilt auch für die etwas marottenhafte Orthographie der Titelblätter aus der CCCM-Reihe.

Antichrist – Blockbücher]
– Musper, Heinrich Theodor (Hrsg.): *Der Antichrist und die Fünfzehn Zeichen. Faksimile des aus der Fürstlich Oettingen-Wallersteinschen Bibliothek stammenden chiroxylographischen Blockbuches in der Bibliothek Otto Schäfer in Schweinfurt.* Zusammen mit einem Kommentarband. München 1970. Wiedergabe dieses Blockbuchs online[164] (Zugriff am 19.9.2022): https://www.europeana.eu/de/item/362/item_NGU6G2BWPCIAPINMSVDBYYHYXGUSI2J5
– ferner ein weiterer, durch den elektronischen Katalog auf Nürnberg 1472 datierter Druck (Zugriff am 19.9.2022): https://www.digitale-sammlungen.de/de/view/bsb00038183?page=,1
– *Der Antichrist und Die Fünfzehn Zeichen vor dem Jüngsten Gericht. Faksimile der ersten typographischen Ausgabe eines unbekannten Straßburger Druckers um 1480. Faksimile der Inkunabel Inc. fol. 116 der Stadt- und Universitätsbibliothekbibliothek Frankfurt am Main.* Zusammen mit einem Kommentarband von Karin Boveland / Christoph Peter Burger / Ruth Steffen. Hamburg 1979.
Aurelius Augustinus: *Vom Gottesstaat.* Übersetzt von Wilhelm Thimme, eingeleitet und kommentiert von Carl Andresen. 2 Bd. München 1977f. (dtv 6087f.).
Beda] Vgl. Pseudo-Beda.
BKV] Bibliothek der Kirchenväter. online: https://bkv.unifr.ch
Borgnet, Albert (Hrsg.): *B. Alberti Magni* [...] *Opera omnia.* Bd. 34 Compendium theologicae veritatis in septem libros digestum [...]. Paris 1895.
Denzinger, Heinrich / Bannwart, Clemens (Hrsg.): *Enchiridion Symbolorum, Definitionum et Declarationum de rebus fidei et morum.* [17]Freiburg im Breisgau 1928.
Gerhardt, Christoph / Palmer, Nigel F. (Hrsg.): *Das Münchner Gedicht von den 15 Zeichen vor dem Jüngsten Gericht. Nach der Handschrift der Bayerischen Staatsbibliothek Cgm 717. Edition und Kommentar.* Berlin 2002 (Texte des späten Mittelalters und der frühen Neuzeit 41).
Hugo Argentinensis] Sein *Compendium theologicae veritatis* wurde von der älteren Forschung Albertus Magnus zugeschrieben; vgl. Borgnet.
Hippolytus von Rom]
– Gröne, Valentin (Hrsg.): *Das Buch über Christus und den Antichrist (De Christo et Antichristo)* In: Tatians's des Kirchenschriftstellers, Rede an die Griechen. Übersetzt und mit Einleitung versehen. Kempten 1872 (Bibliothek der Kirchenväter 1,28). Online: https://bkv.unifr.ch/de
– Malvenda, Thomas (OP): *De Antichristo. [...] in quo Antichristi praecursores, adventus, ortus, signa, regnum, bella et monarchia enumerantur, Sacrae Scripturae oracula enodantur et Patrum auctoritates cum Historiae veritate conciliantur.* [...]. 2 Bd. Lyon 1647.
– Norelli, Enrico (Hrsg.): Ippolito: *L'antichristo. De antichristo.* Firenze 1987 u. ö. (Biblioteca Patristica 10).
Iacopo da Varazze: *Legenda aurea.* Edizione critica a cura di Giovanni Paolo Maggioni. 2 vol. Firenze 1998.
Lauretus, Hieronymus: *Silva allegoriarum.* Barcelona 1570. Fotomechanischer Nachdruck der zehnten Ausgabe Köln 1681. München 1971.
Maggioni] Vgl. Iacopo da Varazze.

---

[164] Diese bibliographische Erfassung der Blockbücher der BSB-Sammlung erfolgt mit Reserve, denn die Angaben des elektronischen Katalogs variieren je nach Zugriffsdatum in verschiedener Hinsicht. Dazu kommen noch die etwas unüblichen, das klare Bibliographieren erschwerenden Titelblattgestaltungen bei den zwei Faksimilia.

MPL] Migne, Jacques-Paul (Hrsg.): *Patrologia Latina.* 217 Bd., 4 Registerbd. Paris 1844–1859. Metaregister[165] der Digitalisate im Netz: online: https://patristica.net/latina/ und: https://www. roger-pearse.com/weblog/patrologia-latina-pl-volumes-available-online/

Petrus Comestor]
– Anonymus: *Eruditissimi viri magistri Petri Comestoris Historia Scholastica. Opus eximium magnam Sacrae Scripturae partem, quae et in Serie et in Glossis crebro diffusa erat, breviter complectens.* [...]. Madrid: Antonius Gonçalez de Reyes 1699.
– MPL 198,1015–1721.
– Sylwan, Agneta (Hrsg.): *Petri Comestoris Scolastica Historia. Liber Genesis.* Turnhout 2005 (CCCM 191).

Petrus Damiani]
– MGH Die Briefe der deutschen Kaiserzeit. 4. Bd. *Die Briefe des Petrus Damiani.* Hrsg. von Kurt Reindel. 4 Teile. München 1983–1993.

Plenarien]
– Katara, Pekka (Hrsg.): *Ein mittelniederdeutsches Plenar. Aus dem Kodex msc. G.K.S. 94 Fol. der großen kgl. Bibliothek zu Kopenhagen.* Helsinki 1932 (Suomalaisen Tiedeakatemian Toimituksia. Annales Academiae Scientiarum Fennicae B 24).
– *Plenarium.* Lübeck: [Mohnkopfdrucker (Hans von Ghetelen)] 1488. – GW M34208.
– *Das Plenarium oder Evangelybuch.* Basel: Adam Petri 1514. – VD16 E 4457.

Pseudo-Beda]
– *Opera Bedae venerabilis presbyteri Anglosaxonis* [...] *in octo tomos distincta addito rerum et verborum indice copiosissimo* [...] *per Ioannem Heruagium.* Basel 1563.
– Bayless, Martha / Lapidge, Michael (Hrsg.): *Collectanea Pseudo-Bedae.* Dublin 1998 (Scriptores Latini Hiberniae 14).

Sbaffoni, Fausto (Hrsg.): *Testi sull'Antichristo. Secoli I-II.* Firenze 1991 (Biblioteca Patristica 20).

Stephanus de Borbone: *Tractatus de diversis materiis predicabilibus. Tomus I. Prologus. Prima pars de dono timoris.* Cura et studio Jacques Berlioz et Jean-Luc Eichenlaub. Turnhout 2002 (Corpus Christianorum Continuatio Mediaeualis 124).

Vulgata] Robert Weber (u. a. Hg.): Biblia Sacra iuxta vulgatam versionem. 2 Bd. ³Stuttgart 1983 [u. ö.] *Wegen Beschränkungen durch das Copyright ist dieser Text offenbar nicht online verfügbar.*

Vulgata online] https://www.drbo.org/lvb/chapter/65010.htm

Forschungen, Nachschlagewerke

Andrée, Alexander: Peter Comestor's Lectures on the Glossa „Ordinaria" on the Gospel of John. The Bible and Theology in The Twelfth-Century Classroom. In: *Traditio* 71 (2016), S. 203–234.

Andrée, Alexander: The Master in the Margins: Peter Comestor, the ‚Buildwas Books' and teaching Theology in the Twelfth-Century Paris. In: Scriptorium 73 (2019), S. 35–64.

Audebrand, Justine: La promotion d'une idéologie carolingienne autour de la reine Gerberge (milieu du Xᵉ siècle. In: *Genre & Histoire* 23 (2019). Online: https://journals.openedition.org/genrehistoire/ 4150

---

165 Das erstgenannte Register zeigt nur die Bandnummern, jenes von Roger Pearse listet zu jedem Band die darin edierten Autoren.

Augustinus-Lexikon AL] Dodaro, Robert OSA / Mayer, Cornelius Petrus / Müller, Christof (Hrsg.): *Augustinus-Lexikon.* 4 Bd., 1 Registerbd. Basel 1986 ff. Online: https://schwabe.ch/produkttypen/lexika/augustinus-lexikon/

Bergmann, Rolf: *Katalog der deutschsprachigen geistlichen Spiele und Marienklagen des Mittelalters.* Unter Mitarbeit von Eva P. Diedrichs und Christoph Treutwein. München 1986 (Veröffentlichungen der Kommission für deutsche Literatur des Mittelalters der Bayerischen Akademie der Wissenschaften).

BAdW] Geschichtsquellen des deutschen Mittelalters. Online: https://www.geschichtsquellen.de/start

Bouillevaux, R.-A.: *Les moines du Der. Avec pièces justificatives, notes historiques et notices sur le bourg et le canton de Montier-en-Der et la ville de Wassy.* Montier-en-Der 1845.

Bull, Klaus-Michael: *Bibelkunde des Neuen Testaments. Die kanonischen Schriften und die Apostolischen Väter. Überblicke – Themakapitel – Glossar.* Göttingen [8]2018. Online: https://www.bibelwissenschaft.de/bibelkunde/neues-testament/paulinische-briefe/2-thessalonicher/ [letzter Zugriff: 04.08.2022].

Clark, Mark: *The Making of the Historia scholastica 1100–1200.* Toronto 2015 (Medieval law and theology 7 Studies and texts 198).

Corbet, Patrick (u.a. Hrsg.): *Les moines du Der, 673–1790: actes du colloque international d'histoire, Joinville, Montier-en-Der, 1er-3 octobre 1998.* Langres 2000.

Daly, Saralyn R.: *Peter Comestor: Master of Histories.* In: Speculum 32 (1957), S. 62–73.

Delumeau, Jean: *La peur en Occident (XIVe–XVIIIe siècles). Une cité assiégée.* Paris 1978.

Dinzelbacher, Peter: *Weltuntergangsphantasien und ihre Funktion der der europäischen Geschichte. Entwicklungen, Funktionen, Deutungen.* Aschaffenburg 2014.

DWB] *Deutsches Wörterbuch von Jacob Grimm und Wilhelm Grimm.* 16 Bd., 1 Quellenverzeichnis. Leipzig 1854–1954, 1971.

FWB] Frühneuhochdeutsches Wörterbuch. Hrsg. von Ulrich Goebel, Oskar Reichmann, Anja Lobenstein-Reichmann. Bd. 1 ff. Berlin 1986. Online: https://fwb-online.de/

Giliberto, Concetta: The Fifteen Signs of Doomsday of the First Riustring Manuscript. In: *Amsterdamer Beiträge zur Älteren Germanistik* 64 (2007), S. 129–152.

Gougenheim, Sylvain: *Adson, la reine et l'Antichrist. Eschatologie et politique dans le de ortu et tempore Antichristi.* In: Corbet, *Les moines du Der,* S. 135–146.

Heist, William W.: *The fifteen signs before doomsday.* East Lansing 1952.

Handschriftencensus (HSC) Eine Bestandsaufnahme der handschriftlichen Überlieferung deutschsprachiger Texte des Mittelalters. Nur online: https://handschriftencensus.de/

Helms, Dominik: *Daniel/Danielbuch.* 2018. Online: http://www.bibelwissenschaft.de/stichwort/16161/

Kämpfer, Winfried: Studien zu den gedruckten Mittelniederdeutschen Plenarien. Ein Beitrag zur Entstehungsgeschichte spätmittelalterlicher Erbauungsliteratur. Münster 1954 (Niederdeutsche Studien 2).

Konrad, Robert: *De ortu et tempore Antichristi. Antichristvorstellung und Geschichtsbild des Abtes Adso von Montier-en-Der.* Kallmünz 1964 (Münchener historische Studien. Abteilung mittelalterliche Geschichte 1).

Kottmann, Carsten: ‚*das buch der ewangeli und epistel'. Untersuchungen zur Überlieferung und Gebrauchsfunktion südwestdeutscher Perikopenhandschriften.* Münster 2009 (Studien und Texte zum Mittelalter und zur frühen Neuzeit 14).

Landes, Richard: Lest the Millennium be fulfilled: Apocalptic Expectations and the Pattern of Western Chronography 100–800 CE. In: Verbeke, Werner (u.a. Hrsg): *The use and abuse of eschatology in the middle ages.* Leuven 1988 (Mediaevalia Lovaniensia 1,15) S. 137–211.

Laplanche, Jean / Pontalis, Jean-Baptiste: *Das Vokabular der Psychoanalyse.* Frankfurt 1973 u. ö. (Suhrkamp Taschenbuch Wissenschaft 7).

Lausberg, Heinrich: *Handbuch der literarischen Rhetorik. Eine Grundlegung der Literaturwissenschaft.* 2 Bd. München 1960.

LdM] Lexikon des Mittelalters. 9 Bd. München 1980–1998. Als englische/deutsche Datenbank online http://apps.brepolis.net/lexiema/test/Default2.aspx

Lebram, Jürgen: *Daniel/Danielbuch.* In: TRE, Bd. 8 S. 325–349.

Leppin, Volker: Der Antichrist bei Adso von Montier-en-Der. In: Mariano Delgado / Leppin, Volker (Hrsg.): *Der Antichrist. Historische und systematische Zugänge.* Stuttgart 2011 (Studien zur christlichen Religions- und Kulturgeschichte 14) S. 125–136.

MacLean, Simon: Reform, Queenship and the End of the World in Tenth-Century France: Adso's „*Letter on the Origin and Time of the Antichrist*" Reconsidered. In: *Revue belge de Philologie et d'Histoire* 86 (2008) S. 645–675. Auch online: https://www.persee.fr/doc/rbph_0035-0818_2008_num_86_3_7582

Meyer, Heinz / Suntrup, Rudolf: *Lexikon der mittelalterlichen Zahlenbedeutungen.* München 1987 (Münstersche Mittelalter-Schriften 56).

Moreschini, Claudio / Norelli, Enrico: *Handbuch der antiken christlichen Literatur.* Aus dem Italienischen übersetzt von Elisabeth Steinweg-Fleckner und Anne Haberkamm. Gütersloh 2007

Omont, Henri: Catalogue de la bibliothèque de l'abbé Adson de Montier-en-Der (992) In: *Bibliothèque de l'école des chartes* 42 (1881) 157–160.

Preuß, Hans: *Die Vorstellungen vom Antichrist im späteren Mittelalter, bei Luther und in der konfessionellen Polemik. Ein Beitrag zur Theologie Luthers und zur Geschichte der christlichen Frömmigkeit.* Leipzig 1906.

RAC] Klauser, Theodor (u. a. Hrsg.): *Reallexikon für Antike und Christentum.* Sachwörterbuch zur Auseinandersetzung des Christentums mit der antiken Welt. Bd. 1 ff. Stuttgart 1950 ff.[166]

Rauh, Horst-Dieter: *Das Bild des Antichrist im Mittelalter: Von Tyconius zum Deutschen Symbolismus.* Zweite, verbesserte und erweiterte Auflage. Münster 1979 (Beiträge zur Geschichte und Theologie des Mittelalters NF 9).

Reinitzer, Heimo / Schwencke, Olaf: Plenarien. In: [2]Verfasserlexikon, Bd. 7 Sp. 737–763, Bd. 11 Sp. 1249.

RGG] Religion in Geschichte und Gegenwart. Handwörterbuch für Theologie und Religionswissenschaft. Hrsg. von Hans Dieter Betz (u. a.). 8 Bd. und 1 Registerbd. Tübingen 1998–2007. Online: https://referenceworks.brillonline.com/browse/religion-in-geschichte-und-gegenwart

Strobel, August: *Untersuchungen zum eschatologischen Verzögerungsproblem auf Grund der spätjüdisch-urchristlichen Geschichte von Habakuk 2,2 ff.* Leiden 1961 (Supplements to Novum Testamentum 2).

TPMA] *Thesaurus proverbiorum medii aevi. Lexikon der Sprichwörter des romanisch-germanischen Mittelalters.* Begründet von Samuel Singer. Hg. vom Kuratorium Singer der Schweizerischen Akademie der Geistes- und Sozialwissenschaften. 13 Bd., Quellenverzeichnis. Berlin 1995–2002.

TRE] Krause, Gerhard / Müller, Gerhard: *Theologische Realenzyklopädie.* 38 Bd. (inkl. 2 Gesamtregisterbd.) Berlin 1976–2007.[167] online: https://www.degruyter.com/database/tre/html

---

[166] Ein Werk mit komplizierter Entstehungs- und Herausgebergeschichte; geplant sind 34 Bd. (2026), online-Ausgabe anscheinend noch offen; vgl. den Artikel bei Wikipedia.

[167] Genauere Informationen (u. a. über die Gesamtgliederung) als die Titelseite in der online-Version bietet der Wikipedia-Artikel.

Ueding, Gert (Hrsg.): *Historisches Wörterbuch der Rhetorik.* 9 Bd., je 1 Nachtrags-, Register-, Bibliographie-Bd. Tübingen, Berlin 1992–2015. Online: https://www.degruyter.com/database/hwro/html?lang=de

van der Pot, Johan Hendrik Jacob: *Sinndeutung und Periodisierung der Geschichte. Eine systematische Übersicht der Theorien und Auffassungen.* Leiden 1999.

VD 16] Verzeichnis der im deutschen Sprachbereich erschienenen Drucke des 16. Jahrhunderts. *Nach Vorliegen der Buchausgabe im Jahr 2000 ist das Verzeichnis nun als fortlaufend weitergeführte Datenbank zugänglich.* Online: https://www.gateway-bayern.de/TouchPoint_touchpoint/start.do?SearchProfile=Altbestand&SearchType=2

Verfasserlexikon]

– Stammler, Wolfgang, Langosch, Karl (Hrsg.): *Die deutsche Literatur des Mittelalters. Verfasserlexikon.* 5 Bd. Berlin 1933–1955.

[2]Verfasserlexikon]

– Ruh, Kurt (u. a. Hrsg): *Die deutsche Literatur des Mittelalters. Verfasserlexikon. Begründet von Wolfgang Stammler, fortgeführt von Karl Langosch.* Zweite, völlig neu bearbeitete Auflage unter Mitarbeit zahlreicher Fachgelehrter. 11 Bd., 3 Registerbände. Berlin 1978–2008.

Wagner, Daniela: Die Fünfzehn Zeichen vor dem Jüngsten Gericht. Spätmittelalterliche Bildkonzepte für das Seelenheil. Berlin 2016.

Whedbee, Simon: The Study of the Bible in the Cathedral Schools of Twelth-Century France. A Case Study of Robert Amiclas and Peter Comestor. In: Brinkmann, Stefanie (u. a. Hrsg): *Education Materialised. Reconstruction Teaching anf Learning Contexts through Manuscripts.* Berlin 2021 (Studies in Manuscript Cultures 23), S. 49–70.

Zapf, Volker: Plenarien. In: Achnitz, Wolfgang (Hrsg.): *Deutsches Literatur-Lexikon. Das Mittelalter. Das geistliche Schrifttum des Spätmittelalters.* Bd. 2 Sp. 407–412. Berlin 2011.

Berndt Hamm

Seelsorge – Andacht – Gewissen.
Die Dynamik religiöser Aufmerksamkeitslenkung zwischen 1400 und 1521

Meine folgenden Ausführungen sind der Religiosität des Zeitraums 1400 bis 1521 gewidmet, vom Höhepunkt der literarischen Tätigkeit des Pariser Kanzlers Johannes (Jean) Gerson (1363–1429) bis zum Bekanntwerden Martin Luthers. Bewusst vermeide ich fast immer den Begriff ‚spätmittelalterlich‘, weil sich mit der Bezeichnung ‚spät‘ unwillkürlich Vorstellungen eines Zu-Ende-kommens, Ausklingens oder Niedergangs verbinden. Auch wird mit dem Wort ‚spät‘ der Blick zu einseitig auf die starke Traditionsbindung dieses Jahrhunderts fixiert. Tatsächlich orientierte es sich ja theologie- und frömmigkeitsgeschichtlich an großen Autoritäten der Vergangenheit wie besonders Augustinus, Gregor dem Großen, Bernhard von Clairvaux, Thomas von Aquin oder Bonaventura. Dieser intensive Rückbezug auf die alten Meister darf aber nicht den Blick dafür verdecken, dass dieselbe Zeitspanne durch eine starke Aufbruchsdynamik gekennzeichnet war. Sie war nicht nur die Ära der Erfindung und Popularisierung des Buchdrucks, erstaunlicher überseeischer Entdeckungen und der neuen Zentralperspektive in der Renaissancekunst, sondern auch die Zeit religiöser Innovationen von großer Tragweite, ohne die man die Neuaufbrüche der Reformation nicht verstehen kann. Diese bilden zusammen mit den vorausgegangenen Veränderungen seit etwa 1400 den Kohärenzraum einer weit aufgefächerten Dynamisierung religiöser Antriebskräfte, die sich als Reformkräfte verstanden.

Mit dieser allgemeinen Charakterisierung des 15. und frühen 16. Jahrhunderts, die den engen Zusammenhang von Traditionsbindung und Veränderungsdynamik betont, bin ich bereits bei meinem Thema der religiösen Aufmerksamkeitslenkung. Denn kennzeichnend für Theologie, Frömmigkeit und Kirchlichkeit dieses Zeitraums ist, dass sie neue Formen der Aufmerksamkeit propagieren bzw. bereits vorhandene Aufmerksamkeitsziele forcieren. Zugespitzt kann man sagen, dass mit der Lebenszeit Gersons die Ära einer intensivierten religiösen Aufmerksamkeitslenkung einsetzt, die programmatisch neue Wege geht. Um diese These zu begründen, wähle ich drei Bereiche aus, die im Zentrum der reformerischen Umgestaltung von Theologie und Frömmigkeit liegen: Seelsorge-Strategien, Andachtslenkung und Gewissensbildung.

1 Seelsorge

Der Begriff ‚Sorge' (*cura, sollicitudo*) kann zum Synonym für wachsame und konzentrierte Aufmerksamkeit werden, wenn er sich mit der Zielsetzung verbindet, alle geistlichen Kräfte anzuspannen, um für die Heilung der Seele und ihr endgültiges Seelenheil Sorge zu tragen. In diesem Sinne wurde Jenseitsvorsorge als Seelsorge zum Mittelpunkt einer neuartigen Reformtheologie, die um 1400 in Erscheinung trat. Ihr einflussreichster Programmatiker war Johannes Gerson. Während eines Aufenthaltes in Brügge befiel den Kanzler der Universität Paris im Jahre 1400 eine Seuche, die ihn monatelang ans Bett fesselte. Unter dem Eindruck dieser schweren Erkrankung vollzog er eine theologische Lebenswende[1]: die prinzipielle Abkehr von der hoch abstrakten und spekulativen scholastischen Gottesgelehrsamkeit der Universitäten hin zu einer lebenspraktischen und alltagsnahen Theologie, die ihre ganze Aufmerksamkeit auf die Seelsorge lenkt. Sie soll der Sorge um die eigene Seele dienen, vor allem aber der Sorge um geistliche Nahrung für unterweisungshungrige Seelen, die von den Experten Orientierungshilfe auf dem Weg zum Himmel erwarten. Den universitären Wissenschaftsbetrieb sieht Gerson beherrscht von der Wichtigtuerei der sich eitel aufblähenden Gelehrtendiskurse, einer *vana curiositas*, durch die sich die Theologie von der wesentlichen Aufgabe ihrer Wissenschaft ablenken lasse. Die Essenz wahrer Theologie aber liege in einer Lehre, die ihre seelsorgerliche Zentrierung darin findet, dass sie sich nur noch mit den heilsnotwendigen Fragen der frommen, gottesfürchtigen Lebensführung beschäftigt.

Unter dem Eindruck dieser programmatischen Neuausrichtung der Theologie entstand der neue, entakademisierte Theologietyp der ‚Frömmigkeitstheologie', die von vielen Zentren aus und in vielerlei Variationsformen für das ganze folgende Jahrhundert bestimmend wurde.[2] Das Markenzeichen ihres Reformbemühens war eine zweifache Ausrichtung der theologischen Aufmerksamkeit: erstens die ausschließliche Konzentration der theologischen Lehre auf ihre Nutzanwendung in der Seelsorge; und zweitens die Konzentration der Seelsorge auf die fromme Lebensheiligung der Gläubigen in der Nachfolge Christi, in wahrer Buße und im Vertrauen auf die kirchlichen Gnadenhilfen und Gottes Erbarmen. Dabei vollzog die Frömmigkeitstheologie den Kulturwandel von der lateinischen Expertengelehrsamkeit der Klöster und Universitäten zur volkssprachigen Lebenslehre, die sich gerade auch an ungelehrte Laien und Laienfrauen wandte. Man kann hier von einer forcierten Entgrenzung der traditionellen scholastischen, monastischen und

---

1 Zu diesem Vorgang vgl. Burger, *Aedificatio*, S. 42 f.
2 Vgl. Hamm, Was ist Frömmigkeitstheologie?; vgl. auch Hamm, *Frömmigkeitstheologie.*

mystischen Theologie sprechen – einer Entgrenzungsdynamik, die auf die Theologisierung des Alltagslebens einfacher Christenmenschen durch Predigten, Andachtsschriften und textierte Frömmigkeitsbilder zielte. Diese religiöse Bildungsoffensive trat besonders eindrucksvoll in Schrifttum und Bildlichkeit der *Ars moriendi* zutage. Als Unterweisung in der Fähigkeit des heilsamen Sterbens war die *Ars moriendi* ein Lieblingskind der Frömmigkeitstheologie und ihrer spezifischen Aufmerksamkeitslenkung auf gelebte Jenseitsvorsorge hin.

Dieser enge Zusammenhang zeigte sich bereits bei Gerson. Der Vater der Frömmigkeitstheologie des 15. Jahrhunderts, der wie kein zweiter ihre seelsorgerlichen Ziele auf den Begriff brachte, war auch der Initiator der *Ars-moriendi*-Literatur.[3] Sobald Gerson nach seiner Erkrankung wieder bei Kräften war, verfasste er als geistliche Orientierungshilfe für seine fünf Schwestern zügig eine Trilogie französischer Traktate über die Zehn Gebote, über die Gewissensprüfung des sündigen Menschen und über die rechte Vorbereitung auf den Tod. Unter dem Titel *De arte moriendi* wurde Gersons lateinische Übersetzung seiner Sterbeschrift Vorlage für ihre schnelle Verbreitung in anderen europäischen Volkssprachen. So schuf der Pariser Kanzler den richtungweisenden Prototyp der vielen *Ars-moriendi*-Schriften der Folgezeit bis hin zu Luthers *Sermon von der Bereitung zum Sterben* von 1519.

Schon in Gersons Traktat trat pointiert hervor, was für die gesamte *Ars moriendi*, auch für Luthers Sterbetraktat, inhaltlich kennzeichnend wurde: die extreme Finalisierung des gesamten Lebens auf die Sterbestunde hin und eine entsprechend intensive Aufmerksamkeitslenkung. Gerade der gesunde Mensch, der den Tod fern wähnt, soll die angespannte Aufmerksamkeit seiner Einbildungskraft auf sein künftiges Sterbelager richten und sich vor Augen halten, wie schrecklich es ist, wenn er unvorbereitet stirbt und sich als Todsünder vor Gottes strengem Gericht verantworten muss. Diese Art von Aufmerksamkeitslenkung geschieht durch aufrüttelndes Warnen, Mahnen und Drohen – etwa in der Art, wie im späten 15. Jahrhundert der Bußprediger Savonarola seine Gemeinde im Florentiner Dom dazu aufruft, künftig die Brille des Todes aufzusetzen und alles durch ihre Gläser zu sehen. Um diese wachsame Einstellung der Seele zu fördern, können auch äußere Bilder behilflich sein. So empfiehlt er, zuhause das Bild von einem kranken Menschen anzubringen, der auf seinem Sterbebett liegt und an dessen Zimmertüre der Tod klopft.[4]

Bei Savonarola wird, wie schon bei Gerson oder in der berühmten *Bilder-Ars-moriendi* von etwa 1450, exemplarisch deutlich, in welchem Sinne mit der *Ars-mo-*

---

3 Zum Folgenden vgl. Rädle, Johannes Gerson.
4 Vgl. die Quellenbelege zu diesen Savonarola-Paraphrasen bei Hamm, Nähe des Heiligen, S. 476.

riendi-Literatur und -Bildlichkeit etwas grundlegend Neues beginnt. Für die ältere Literatur des 12. bis 14. Jahrhunderts waren Tod und Sterben nur als Themen der Hinfälligkeit des Lebens und der Weltverachtung von Interesse. Jetzt, in der Ära nach der großen Pest und immer neuer Pestwellen, gewinnt die *Ars moriendi* ihr Proprium und ihre Innovationsdynamik darin, dass das Sterbelager, die Todesstunde, das persönliche Gericht im Moment des Todes und die furchtbaren Fegefeuer- und Höllenqualen eine neuartige Qualität von omnipräsenter Nähe erhalten. Nur am Rande sei angemerkt, dass auch die seit dem 15. Jahrhundert bezeugten Totentanz-Bilder und -Texte diese Art von Aufmerksamkeit auf alarmierende Weise wecken wollen.

Die dramatisierende Vergegenwärtigung der letzten Lebensphase enthält eine zweifache Aufmerksamkeitslenkung: Zum einen richtet sich damit die ganze Konzentration der Sterbeanleitung auf jene entscheidende Seelenregung, ohne die niemand im Gericht bestehen und gerettet werden kann: die wahre Reue aus Liebe zu Gott, durch die das Innere des sterbenden Menschen frei von der Todsünde wird. Die *Bilder-Ars-moriendi* kleidet diese Fokussierung auf die Reue hin in die tröstliche Botschaft:

> Auch wenn du Raub, Diebstahl und Mord begangen hättest, wie es Tropfen und Sandkörner im Meer gibt, und wenn du ganz allein alle Sünden der Welt begangen, über sie niemals vorher Buße getan und sie auch nicht gebeichtet hättest und dir auch jetzt die Möglichkeit fehlte, sie zu beichten, so darfst du trotzdem nicht verzweifeln, denn in einem solchen Fall genügt allein ein innerer Reueschmerz (*sola contritio interior*).[5]

Das pointierte *sola* richtet wie später die reformatorische Exklusivformel *sola fide* das Augenmerk auf das allein entscheidende Nadelöhr zur Seligkeit.

Zum andern bedeutet die Finalisierung der *Ars-moriendi*-Schriften auf das Lebensende hin das Angebot einer radikalen seelischen Entlastung des sterbenden Menschen.[6] Er soll zuletzt nicht auf sich selbst blicken, weder auf seine bösen oder guten Taten noch auf sein schlechtes oder gutes Gewissen, und auch die Frage, ob er im Zustand wahrer Reue ist, soll ihn nicht beschäftigen. Vielmehr soll er jede Art selbstreflexiver, angstvoller Aufmerksamkeit loslassen. Sein Blick soll allein auf Gottes unermessliches Erbarmen gerichtet sein, das ihm vor allem im stellvertre-

---

5 „Licet enim tot latrocinia, furta et homicidia perpetrassses, quot sunt maris gutte et arene, eciam si solus tocius mundi peccata commississes, eciam si de eisdem nunquam prius penitenciam egisses nec ea confessus fuisses nec eciam modo ad confitendum ea facultatem haberes, nihilominus desperare non debes, quia in tali casu sufficit sola contricio interior.“ *Bilder-Ars-moriendi*, aus dem Abschnitt: *Bona inspiratio angeli contra desperationem*; zitiert nach Akerboom, Only the Image, S. 254; vgl. Hamm, *Der frühe Luther*, S. 126.
6 Zum Folgenden vgl. Hamm, *Der frühe Luther*, S. 128–134, und Hamm, Nähe des Heiligen, S. 479–484.

tenden Sühneleiden Christi begegnet und ihm die Befreiung von aller Schuld- und Straflast zueignet. Das Loslassen-Können von introvertierter Aufmerksamkeit bedeutet also in der Frömmigkeitstheologie seit Gerson, dass sich der Mensch in seiner letzten Not ganz der Fürsorge Gottes überlässt und ihn mit dem sterbenden Jesus vertrauensvoll anruft: „Vater, in deine Hände befehle ich meinen Geist" (Lk 23,46).

Damit bin ich bereits bei meinem zweiten Themenschwerpunkt, der Andacht als Schlüsselfähigkeit des Christenmenschen. Ist doch diese *Commendatio animae*, die vertrauensvolle Übereignung der Seele an Gottes fürsorgendes Erbarmen, nichts anderes als der Gipfelpunkt jener Frömmigkeitshaltung, die von den Quellen *andacht* oder *devotio* und *pietas* genannt wird.

2 Andacht

Religiöse Aufmerksamkeitslenkung im Bereich der Frömmigkeitstheologie zwischen Gerson und Luther bedeutet in erster Linie die Intention der Seelsorge, das Verhalten des Menschen zu einer echten Andacht zu führen. Zum basistheologischen Konsens gehörte die Doktrin: Ohne Andacht kann niemand selig werden; sie ist die Schlüsselqualität der Heilsvorsorge. Wirkliche Andacht kann der Mensch aber nicht aus sich selbst hervorbringen. Sie setzt immer voraus, dass ihm der Heilige Geist den Habitus der heiligmachenden Gnade und damit die Tugend der Gottesliebe ‚eingießt'. Andacht heißt eine aus der Gottesliebe hervorgehende Ausrichtung aller Seelenkräfte auf die hingebungsvolle Verehrung Gottvaters, Christi, Marias, der Heiligen und Engel hin. Indem Gottes Gnade die Seele zu einer wahren Andacht befähigt, ermöglicht sie ihr auch eine herzliche Reue und die Heiligung des gesamten Lebens in der bußfertigen Nachfolge des leidenden Christus, insbesondere aber ein inniges Gebet um Gottes Erbarmen: *Miserere mei.*

Der rechten Andacht und ihrem Schutz vor allen teuflischen Einflüsterungen einer Schein-Frömmigkeit muss also die ganze Aufmerksamkeit geistlicher Seelenführung gelten. Aber Andacht ist nicht nur das Ziel seelsorgerlicher Aufmerksamkeit, sondern auch die Andacht selbst soll Aufmerksamkeit sein, ein hellwaches Aufmerken der Seele. Im Andachtsbegriff steckt diese Assoziation von Vigilanz. Dass etwas ‚mit Andacht' geschieht, heißt: nicht gedankenlos, zerstreut, mechanisch und vom Wesentlichen abgelenkt, sondern innerlich gesammelt, konzentriert, ganz bei der Sache, also nicht sündhaften Reizen nachgebend, sondern fokussiert auf die Verehrung des Heiligen. In diesem Sinne soll der Mensch, wie ihn die Frömmigkeitsanleitungen des 15. Jahrhunderts belehren, als Pilger zur himmlischen Heimat alles mit Andacht tun: andächtig die Knie beugen, andächtig beten, andächtig singen, andächtig die Predigt und Messe hören, andächtig zur Beichte gehen, sich andächtig dem Altar nähern, andächtig die Hostie betrachten und empfangen, andächtig den Rosenkranz sprechen und andächtig wallfahren; und in diesem Sinne sollen ihm alle religiösen Bilder, die er betrachtet, zu Andachtsbildern werden.

Bevor ich Weiteres zum Aufmerksamkeitsphänomen der Andacht selbst sage, ist noch darauf hinzuweisen, wie religiöse Medien *expressis verbis* die Aufmerksamkeit auf die gebotene Andacht richten. Die Innovationsdynamik der Frömmigkeitslenkung zeigt sich dabei besonders im neuen Medium der Einblattdrucke, die nach 1460/70 als Holz- und Metallschnitte auf den Markt kommen.[7] Eine große Zahl von Blättern verbindet ein Frömmigkeitsbild, meist aus dem ikonographischen Bereich der Christuspassion, mit einem Ablasstext. Er enthält die Zusage eines Ablasses, der nur für diejenigen in Kraft treten kann, die das Bild mit einer andächtigen Gebetshaltung betrachten. Oft formuliert das Blatt ein Mustergebet, das andächtig zu sprechen ist, um die Ablasswirkung abzurufen. Bei den zahlreichen gedruckten Darstellungen der Gregorsmesse mit der Schmerzensmann-Ikone enthält die Ablassinschrift meist Formeln der Art: ‚Wer diese ‚Figur‘, d.h. die Gestalt des Schmerzensmanns, ‚kniend ehrt mit einem *Pater noster* und *Ave Maria*, der erhält denselben Ablass, der in der römischen Kirche Santa Croce in Gerusalemme vor der Originalikone zu erlangen ist.‘[8] Die stereotype Wortverbindung ‚kniend ehrt‘ ist eine Andachtsformel, wie die Einblattdrucke verdeutlichen, die ausdrücklich den Andachtsbegriff hinzufügen, etwa in der Formulierung auf einem Blatt vom Ende des 15. Jahrhunderts: Papst Gregor ‚gab allen denen, die mit gebeugten Knien und mit ganzer Andacht („ganczer andachit“) ein *Pater noster* und ein *Ave Maria* vor dieser Figur sprechen, ebenso viel Ablass und Gnade wie …‘ – es folgt der übliche Hinweis auf Santa Croce in Rom.[9] Die vielen Gregorsmessen vor der Reformation, auch auf gemalten Bildern[10] und in Stein gehauen, werden so mit ihren Inschriften Musterbeispiele für eine intensivierte Steuerung der Andachtskonzentration.

---

7 Vgl. Griese, *Text-Bilder.*

8 Vgl. die sorgfältige Zusammenstellung solcher Gregorsmessen-Einblattdrucke bei Roth, Gregoriusmesse.

9 Roth, Gregoriusmesse, S. 295, Nr. 13: „Unser herre ih(es)us cr(ist)us erscheyne s(anc)to Gregorio zue Rome jnne | der b[o]rge die man da nennet porta Crucis uff deme altare iherusalim | vnd vo(n) obirgir freude die er da vo(n) enphingk gap er allen den die mit | gebeygetin knyh(e)n v(n)nd mit ganczer andachit sprechin Ey(n) pater noster | v(n)nd Ey(n) aue maria vor disser figuren also vil ablas v(n)nd gnade als jn= | ne der selbin kirchin ist dcz ist vierczehindusint Jahre v(n)nd von Sehesz | v(n)ndvierczig Bebistin der gab iglichir Sehesz jare ablas v(n)nd von | vierczik Bischoffin von iglichim vierczig dage den ablas v(n)nd die | grosse gnade bestedigite der h[y]llig Babist sanctus Clemens ame(n).“

10 Vgl. das eindrucksvolle Gemälde des Epitaphs der Nürnberger Dominikanerin Dorothea Schürstab, um 1475, dessen Bildunterschrift dem beschriebenen Formular der Einblattdrucke gleicht; vgl. Hamm, *Ablass und Reformation*, S. 123–127.

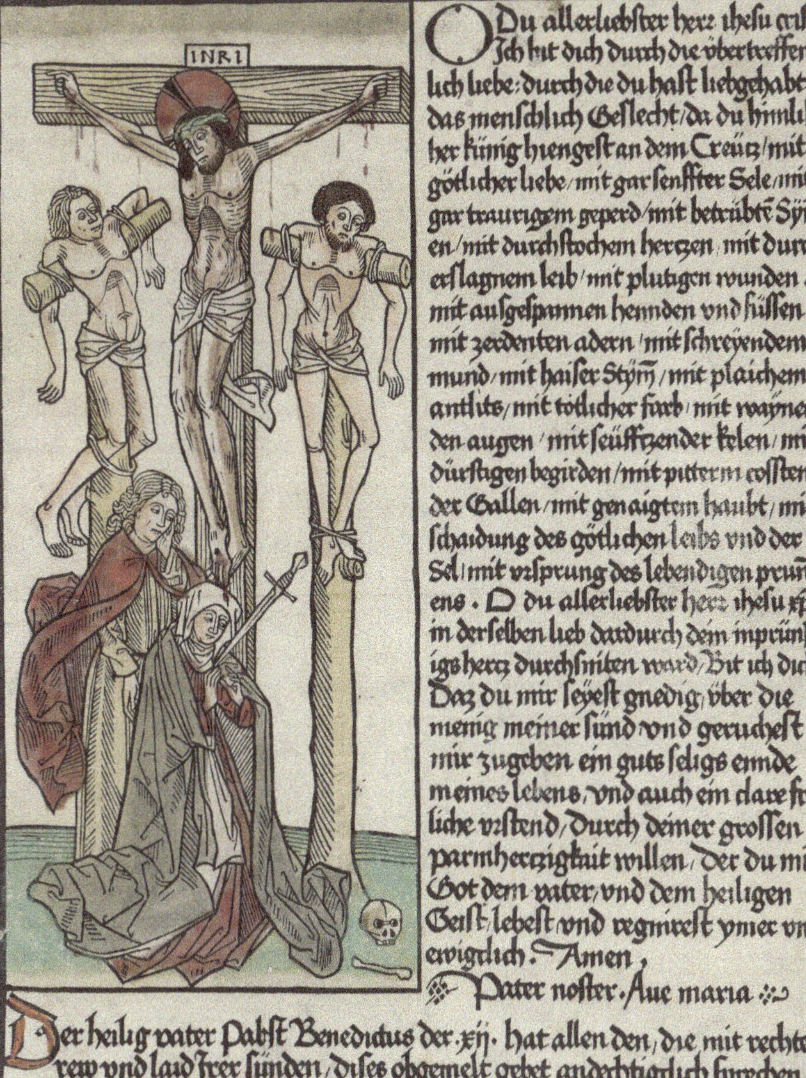

Abb. 1: *Der Gekreuzigte zwischen den Schächern*, Einblattholzschnitt, um 1480 (vgl. Anm. 11).

Um 1480 entstand ein Einblattdruck (Abb. 1),[11] der eine Darstellung der Golgathaszene mit einem ausdrucksstarken Gebet kombiniert. Die Gebetsworte richten ihre Bitten an den Gekreuzigten und schließen mit folgendem Appell an seine Liebe, Gnade und Barmherzigkeit:

> O du allerliebster Herr Jesu Christe, in derselben Liebe, aufgrund derer dein inbrünstiges Herz durchschnitten ward [ein Hinweis auf die Seitenwunde Christi, die immer als Herzwunde verstanden wurde], bitte ich dich, dass du mir gnädig seist über die Menge meiner Sünden und geruhst, mir ein gutes, seliges Ende meines Lebens zu geben und auch eine herrliche, fröhliche Auferstehung, um deiner großen Barmherzigkeit willen, der du mit Gott Vater und dem Heiligen Geist lebst und regierst immer und ewiglich. Amen.[12]

Entscheidend wichtig für die Gnadenkraft des Holzschnittblatts ist die Botschaft des Ablasstextes unter dem Golgathabild und dem Gebet: Papst Benedikt XII. hat all denen, „die mit rechter rew vnd laid irer sünden dises obgemelt gebet andechtigclich sprechen", und sooft sie es wiederholen, so viele Jahre Ablass gegeben, wie Wunden am Passionsleib Christi gewesen sind – nach verbreiteter Zählung in der Tradition Ludolfs von Sachsen 5.490 Wunden, einschließlich der durch Geißelung und Schläge zugefügten Verletzungen Christi.

Dieses Blatt enthält geradezu idealtypisch alle wesentlichen Komponenten des Andachtsverständnisses um 1500. In der Andacht, die das Herz jeder das Blatt anblickenden Person erfüllen soll, ist die ‚inbrünstige' Liebe zum Gekreuzigten und die von dieser Gottesliebe motivierte wahre, schmerzliche Reue über die begangenen Sünden enthalten. Nur weil der Mensch andachtsvoll seine Sünden bereut und deshalb die Sündenvergebung Gottes empfangen hat, kann der päpstliche Ablass bei ihm wirksam werden. Dieses innerseelische Frommsein des andächtigen Menschen ist aber noch nicht ausreichend, um den Ablasseffekt wirklich zu erreichen. Dazu ist noch notwendig, dass die Benutzerin und der Benutzer des Blatts, motiviert durch ihre Christusandacht, die vorgegebenen Gebetsworte an den Gekreuzigten richten. Die innerliche Andacht tritt also verbal nach außen, und nur

---

11 Abb. 1: *Der Gekreuzigte zwischen den Schächern*, Einblattholzschnitt auf Papier mit xylographisch gedrucktem Text, 35,2 x 25,3 cm, um 1480, Süddeutschland; Exemplar: © Staatliche Graphische Sammlung München, Inv.-Nr. 118124 D; Schreiber Nr. 964. Vgl. Griese, Dirigierte Kommunikation, S. 91–94; Hamm, *Ablass und Reformation*, S. 194–197.

12 „O du allerliebster herr ihesu christe! In derselben lieb, dardurch dein inprünstigs hercz durchsniten ward, bit ich dich, daz du mir seyest gnedig über die menig meiner sünd und geruchest mir zu geben ein guts, seligs ennde meines lebens vnd auch ein clare fröliche vrstend durch deiner grossen parmherczigkait willen, der du mit Got dem vater vnd dem heiligen Geist lebest vnd regnirest ymer vnd ewigclich. Amen."

durch diese Kombination von Innen und Außen, durch das „andechtigclich sprechen" des Gebets, kann die Ablasskraft des Einblattdrucks abgerufen werden.

Auf exemplarische Weise verdeutlicht dieses Blatt unterschiedliche Dimensionen der andachtsbezogenen Aufmerksamkeitslenkung. Es will zu einer andächtigen Bildbetrachtung und andächtigen Gebetspraxis motivieren, und es will den Menschen, der Bild und Text vor Augen hat, auf die entscheidende Schlüsselfunktion des andächtig gesprochenen Gebets aufmerksam machen: Ohne andächtige Gebetsworte kein Ablass. Außerdem lässt der Holzschnitt sehr viel davon erkennen, wie man um 1500 den Aufmerksamkeitscharakter der Andacht selbst, d. h. ihre inhaltliche Konzentrationsausrichtung, versteht. Ich sagte ja bereits, dass im Andachtsbegriff die spirituelle Auffassung von intensiviertem, konzentriertem Gesammeltsein der Seele enthalten ist. In dieser Hinsicht gibt es eine starke Wechselbeziehung zwischen Andacht und Meditation. Versteht man doch unter *meditatio* ein konzentriertes Anspannen der seelischen Verstehenskräfte, die in den tieferen Sinn eines Textes oder Bildes eindringen wollen. Gelingendes Meditieren ist, so gesehen, immer andächtiges Meditieren; und umgekehrt enthält ein andächtiger Umgang mit heiligen Texten und Bildern stets eine Komponente des aufmerksamen Meditierens. In diesem Sinne leitet der Einblattdruck die Betrachterinnen und Betrachter zu einer andächtigen Meditation des Golgathageschehens und des Passionsgebetes an. Vor allem aber wird durch die Gebetsworte die Meditation auf die Seitenwunde Christi hin fokussiert. Wer in sie meditativ eindringt, entdeckt im durchbohrten Herzen Jesu seine ‚inbrünstige' Liebe, durch die auch das Herz des betrachtenden Menschen so verletzt werden soll, dass es leidvolle Reue über die eigene Sünde empfindet.

Die intensivierte spirituelle Aufmerksamkeit, die sich Frömmigkeitstheologen von Andacht und Meditation erwarteten, war im Jahrhundert vor Beginn der Reformation passionszentriert; und im Mittelpunkt dieser Passionsfrömmigkeit stand die Verehrung der Seitenwunde Christi.[13] Passionszentrierung bedeutete damals in erster Linie Aufmerksamkeitslenkung der meditativen Andacht auf die Seitenwunde hin. Sie galt als das Allerheiligste am heiligen Körper des Gekreuzigten. Diese Körperöffnung Christi wird für die Andächtigen zur Eingangspforte zum Heil;[14] denn ihrer Meditation erschließt sich das Geheimnis der Passion: die sich für die Menschen selbst aufopfernde Liebe Christi. Es ist daher von hoher Symbolkraft, dass an der Eingangspforte zum Ulmer Münster, am Mittelpfeiler des Hauptportals,

---

13 Vgl. Bezzel, *Leibhaftige Frömmigkeit*.
14 Vgl. Lentes, Verdoppelung.

zentral die Steinskulptur des Schmerzensmanns stand, die der Bildhauer Hans Multscher 1429 vollendet hatte (Abb. 2).[15]

Keine Skulptur könnte unter dem Aspekt der Aufmerksamkeitslenkung spätmittelalterlicher Passionsandacht von eindringlicherer Gestik sein. Denn Christus weist mit dem Zeigegestus seiner rechten Hand auf die geöffnete Seitenwunde hin. Ebenso soll für die durch das Münsterportal Eintretenden das Kircheninnere zum Raum der Nahvergegenwärtigung der Heilswirkungen des Leidens und Sterbens Christi werden. Hier empfängt die Gemeinde die beiden Sakramente Taufe und Eucharistie, die nach kirchlicher Lehre durch das aus Christi Seitenwunde fließende Wasser und Blut (Io 19,34) begründet worden sind.

Die Aufmerksamkeit fordernde Zeigehand Christi, die den Blick auf seine Seitenwunde lenkt, gewinnt seit dem 14. Jahrhundert, besonders im süddeutschen und Kölner Raum, eine prominente Rolle auf Darstellungen einer ‚kombinierten Interzession‘, mit Vorliebe auf Bildepitaphien. Es sind Barmherzigkeitsbilder, auf denen Christus und Maria gemeinsam vor Gottvater Fürbitte für den sündigen Menschen einlegen. Indem Maria ihre entblößten Brüste als Symbole ihrer Mutterschaft und ihres mütterlichen Erbarmens vorzeigt und Christus auf seine Seitenwunde als Inbegriff seines barmherzigen Sühneleidens deutet, können sie Gottvater umstimmen: Er lässt vom Zorn seiner zum strengen Richten und Strafen entschlossenen Gerechtigkeit ab und wird für die Menschen in ihrer Todesstunde zu einem barmherzigen Richter und schon während ihres Lebens zu einem gütigen Vater, der sie vor irdischen Plagen verschont (Abb. 3).[16]

Durch ihr demonstratives Agieren ‚fesseln‘ Christus und Maria Gottes Aufmerksamkeit. Damit wenden sie sich aber an das andächtige Aufmerken aller, die diese Bilder betrachten. Ihnen wird durch die dramatische Bildinszenierung und durch die Maria, Christus und Gottvater in den Mund gelegten Spruchbänder deutlich gesagt: Ihr braucht keine Angst vor den Diesseits- und Jenseitsstrafen Gottes zu haben. Er ist für euch ein versöhnter und barmherziger himmlischer Vater.

---

15 Abb. 2: Hans Multscher: *Schmerzensmann* (Original in ursprünglicher Aufstellung). Aufnahme ca. 1964, Stadtarchiv Ulm, G 7/2.2 Nr. 03031. Das Original steht heute im Münster-Inneren vor dem Chorraum rechts und wurde am Westportal durch eine Kopie ersetzt. Zur Skulptur vgl. den Ausstellungskatalog Reinhardt/Roth (Hrsg.), *Hans Multscher*, S. 35–39 (Abbildung).

16 Abb. 3: Hans Holbein d. Ä.: *Epitaphgemälde für den Augsburger Weinhändler Ulrich Schwarz und seine Familie*, um 1508, Gemälde auf Tannenholz, 87 x 76 cm, ursprünglich wohl an einem Pfeiler der Augsburger Kirche St. Ulrich und Afra, heute Augsburg, Staatsgalerie (Leihgabe der Städt. Kunstsammlungen), Inv.-Nr. 3701. Bayerische Staatsgemäldesammlungen – Staatsgalerie in der Katharinenkirche Augsburg, URL: https://www.sammlung.pinakothek.de/de/artwork/ApL87aJxN2. Zu den Inschriften des Bildes vgl. Hamm, Gottes gnädiges Gericht, S. 428–431. Zur Ikonographie der ‚kombinierten Interzession‘ im Zusammenhang mit der Vorstellung vom persönlichen Gericht nach dem Tod vgl. Hamm, Frömmigkeitsbilder, S. 136–143.

Abb. 2: Hans Multscher: *Schmerzensmann*, Steinskulptur am Ulmer Münster, 1429 (vgl. Anm. 15).

Solche Frömmigkeitsbilder veranschaulichen, wie sich im Jahrhundert vor der
Reformation eine neuartige Dynamik von Barmherzigkeit und seelischer Entlastung mit neuen Formen intensivierten Appellierens an die ‚Vigilanz‘ der Andacht

Abb. 3: Hans Holbein d. Ä.: *Partikulargericht Gottes*. Epitaphgemälde, um 1508, Staatsgalerie Augsburg (vgl. Anm. 16).

verbindet. Zum Epochensymbol für dieses demonstrierende Appellieren wurde der überlange Zeigefinger Johannes' des Täufers, der auf Grünewalds *Isenheimer Altar* von 1512–1516 auf den zentralen Körper des Gekreuzigten zeigt, und zwar genau in die Richtung der Seitenwunde.

Aufmerksamkeitslenkung auf die Passion und vor allem auf die Seitenwunde Christi hin und damit auf das Heilsgeheimnis seiner Passion findet sich auf Schritt und Tritt auch in literarischen Meditationsanleitungen des frömmigkeitstheologischen Schrifttums. Ein schönes Beispiel dafür bietet der Erfurter Augustinereremit und Universitätsprofessor Johannes von Paltz in seinem Erbauungsbüchlein *Die Himmlische Fundgrube* von 1490, mit 21 Druckauflagen einer der meistgelesenen Seelsorge-Bestseller vor der Reformation.[17] Hier gibt Paltz in deutscher Sprache mit einfachen Worten eine Hinführung zur „teglichen betrachtung" [das deutsche Wort für *meditatio*] des Leidens Christi, die mit der Betrachtung der Wunden Christi einsetzen soll. Begrifflich bringt der Autor den Aufmerksamkeits- und Intensitätscharakter der meditierenden Andacht vor allem durch das Wort ‚Einbilden' im Sinne von ‚Einprägen' zum Ausdruck, etwa in folgenden Sätzen:

> So musst du zum ersten merken [im Sinne von aufmerken, beachten], wie notwendig es für dich ist, dass du oft ansiehst ein Kruzifix, das wohl gemacht ist, und lernst das einzubilden in dein Herz und lernst fliehen mit den Gedanken in die heiligen fünf Wunden, besonders in die heilige Seite[nwunde]. Das geschieht, wenn du oft ansiehst die heilige Seite und sie dir in der Weise einbildest, dass du auch bei Abwesenheit des Kruzifixes gleichwohl der heiligen Seitenwunde gedenken kannst, genauso, als ob du die vor dir sähest. Dazu ist sehr nützlich, dass ein Mensch oft ansieht ein Kruzifix, das wohlgemacht ist.[18]

Ein Bildwerk von guter Qualität, das den Gekreuzigten darstellt, soll also zusammen mit den schriftlichen Anleitungen der *Himmlischen Fundgrube* die Aufmerksamkeit der Leserinnen und Leser auf die Erlösungswirkung der Passion Christi lenken und den Erlöser den inneren Augen ihrer Einbildungskraft vergegenwärtigen. Die Andachtslenkung verläuft also von außen nach innen, vom sinnlichen ‚Ansehen' und Lesen zur seelischen Schau. Sie geht aber noch weiter, indem Paltz dazu anleitet, sich von der meditativen Andacht wieder nach außen zu wenden und ein Gebet zu sprechen, das sich an Jesus richtet und ihm für seine Kreuzeswunden und besonders ausführlich für seine Seitenwunde dankt und ihn um weitere Gnadenhilfe bittet, im Blick auf die Seitenwunde z. B. mit dem Satz: ‚und ich bitte dich, dass du mir wollest mein Herz aufbrechen und entzünden in deiner Liebe, wie du dir dein Herz hast lassen aufbrechen aus großer Liebe.'[19]

---

17 Johannes von Paltz, *Die Himmlische Fundgrube*.

18 Johannes von Paltz, *Die Himmlische Fundgrube*, S. 204,12–205,5: „So mustu zu dem ersten merken, das dir not ist, das du oft ansehest ein crucifix, das wol gemachet ist, und lernest das einbilden in dein herz und lernest flihen mit den gedanken in die heiligen fünf wunden, sonderlich in die heilgen seiten. Das geschieht, wan du oft ansihest die heilgen seiten und einbildest di also, das du kanst in dem abwesen deß crucifix gleich wol an die wunden der heiligen seiten gedenken, eben als op du die vor dir sehest. Darzu ist ser nutz, das ein mensch oft ansehe ein crucifix, das wol gemachet ist."

19 Johannes von Paltz, *Die Himmlische Fundgrube*, S. 205,21–24: „Zu dem letzten danke ich dir deiner rechten seiten. Darein opher ich mich selber und mein leib und sele und bit dich, das du mir wollest mein herze aufbrechen und entzunden in deiner lieb, als du dir dein herz hast lassen aufbrechen auß grosser lieb."

Insgesamt erinnert die Aufmerksamkeitsstrategie des Augustinertheologen mit der Kombination von Kruzifix-Bild und Mustergebet an das beschriebene Holzschnittblatt (Abb. 1). Die Verbindung der Außendimension von sinnlichem Betrachten, Lesen, Sprechen und anderen Körpertätigkeiten mit der Innendimension von seelischer Konzentration ist aber insgesamt für das Andachtsverständnis dieser Zeit charakteristisch.

3 Gewissen (bis Luther in Worms 1521)

Eingefügt in das Spannungsfeld von Innen und Außen ist in der Frömmigkeitstheologie des 15. und beginnenden 16. Jahrhunderts auch das Gewissen (*gewissen / gewiss*[*e*]*ne, conscientia / conscienz*). Seinen anthropologischen Ort aber hat es nur im Inneren des Menschen: Es ist der Verinnerlichungsbegriff schlechthin, auch noch und gerade auch im folgenden Zeitalter der Reformation. Der frühe Luther verankert in seinen ersten Wittenberger Vorlesungen seit 1513 den rettenden Glauben im Gewissen. Es ist für ihn der innigste Seelenort, an dem sich der Mensch vor Gott gestellt und zutiefst angeklagt und befreit weiß. Diese zentrale Rolle des Gewissens für die reformatorische Rechtfertigungslehre setzt voraus, dass bereits das 15. Jahrhundert in der Religionsgeschichte der lateinischen Christenheit zum Jahrhundert des Gewissens wurde. In keiner Zeit vorher hat man so intensiv und explizit die gründliche Gewissenserforschung, das Wesen und die Befindlichkeit des Gewissens, seine Ängste, Anfechtungen und Tröstungen und seine Suche nach Sicherheit und Gewissheit thematisiert. Die Kleinmütigkeit und Skrupulosität des Gewissens wird nun zu einem zentralen Thema,[20] aber auch die Problematik des zu weiten und nachlässigen Gewissens, das wachgerüttelt werden muss, um seine elementare Aufmerksamkeitsfunktion wahrnehmen zu können. Gilt doch das Gewissen als der elementare und sensibelste Aufmerksamkeitsort im Menschen, und gibt es doch aus der Wahrnehmungsperspektive der Seelsorge nichts Alarmierenderes am Zustand eines Menschen als das Verstummen der Stimme seines Gewissens.

Auf die naheliegende Frage, warum es gerade seit dem ausgehenden 14. Jahrhundert zu einer solchen Dominanz der Gewissensproblematik und zu einer auffallenden Zunahme der Debatten über das Gewissen und der Anleitungen zum richtigen Umgang mit ihm gekommen ist, kann hier nicht näher eingegangen werden. Der kurze Hinweis mag genügen, dass diese verstärkte Auseinandersetzung mit dem Gewissen vermutlich eingebettet war in langfristige Vorgänge der

---

20 Vgl. Grosse, *Heilsungewißheit*; Werbeck, scrupulositas.

Verinnerlichung und Individualisierung, gesteigerter Ansprüche an Frömmigkeit und Spiritualität, sensiblerer Wahrnehmung der menschlichen Sündenschwäche und Schuld und wachsender Ängste vor den teuflischen Mächten, die das innere Orientierungsvermögen des Menschen täuschen wollen.[21]

Mit der Frömmigkeitstheologie verbreitete sich nach 1400 ein Theologietyp, der genau zu diesen Veränderungsvorgängen der religiösen Mentalität passte und die Auseinandersetzung mit Gewissensfragen in das Zentrum seiner seelsorgerlichen Zielsetzung rückte. Allen Frömmigkeitstheologen galt die Lenkung der Aufmerksamkeit des Menschen auf sein eigenes Gewissen hin und die Herausbildung eines wachsamen und vor Irrungen geschützten Gewissens als grundlegende Aufgabe jeder ‚gewissenhaften‘ Seelsorge. Weitverbreitet war in ihren Frömmigkeitslehren die Direktive, dass der geistliche Weg des Menschen zur ewigen Seligkeit mit der Selbsterforschung und Selbsterkenntnis des Gewissens zu beginnen habe. So warnte der gerade erwähnte Erfurter Augustinerprofessor Johannes von Paltz vor Menschen, die ein großes Wissen (*scientia*) haben wollen, bevor sie ein gutes Gewissen (*conscientia*) haben. Denn Vorrang vor der *doctrina* habe die Aufmerksamkeit auf die *vita.* Werde doch durch Bosheit das Auge des Geistes geblendet.[22] Solche Warnungen sind typisch für die Theologie in der Nachfolge Gersons. Ihre Aufmerksamkeitslenkung auf das Gewissen hin will Schule der Verinnerlichung sein. In diesem Sinne bezeichnet Paltz die Pforte zum eigenen Herzen als erste Pforte zum Himmel[23] und kommt dabei zu dem pointierten Satz: ‚Eher gibt der Teufel seine Zustimmung dazu, dass ein Mensch tausend Gebete spricht, als dass er sich selbst zu erkennen lernt.‘[24]

------

21 Vgl. Hamm, Wollen und Nicht-Können.

22 Johannes von Paltz, *Supplementum Coelifodinae*, S. 159,20–29: „De tertiis, scilicet immaturis ad promoturam, qui scilicet appetunt magnam scientiam, antequam habeant bonam concientiam [...].“ Es folgt ein Ambrosius-Zitat, dem sich die Schlussfolgerung von Paltz anschließt: „Ante enim vita quam doctrina quaerenda est. Vita enim bona et sine doctrina gratiam habet, doctrina sine vita integritatem non habet; in malivolam animam non cadet sapientia. Ideo ait [Hos 5,6]: ‚Quaerent me mali et non invenient‘, quia improbitate caecatur mentis oculus et caligante sibi iniquitate mysteria profunda invenire non potest.“ Das umfangreiche *Supplementum Coelifodinae* erschien in drei Druckauflagen: Erfurt 1504 und Leipzig 1510 und 1516. Es ist die Fortsetzung der 1502 in Erfurt und 1504, 1511 und 1515 in Leipzig erschienenen lateinischen *Coelidodina*, die auf der deutschen *Himmlischen Fundgrube* beruht (vgl. oben, Anm. 17).

23 Johannes von Paltz, *Supplementum Coelifodinae*, S. 84,10–98,23, cap.: *De prima porta coeli vel civitate refugii, quae dicitur proprii cordis.* Es folgen als weitere Pforten zum Himmel, die den angefochtenen Seelen Zuflucht gewähren: 2. die Jungfrau Maria, 3. die Fürbitte der Heiligen, 4. die Meditation der Passion Christi, 5. die göttliche Barmherzigkeit, 6. der christliche Glaube und 7. die christliche Duldsamkeit (*patientia et tolerabilitas*).

24 Johannes von Paltz, *Supplementum Coelifodinae*, S. 88,12 f.: „Potius diabolus consentit, quod homo mille orationes faciat, quam quod se ipsum cognoscere discat.“ Man muss diesen Satz vor dem

Was bedeutet es aber in solchen frömmigkeitstheologischen Texten zwischen Gerson und Luther, dass die Aufmerksamkeit des Menschen auf sein Gewissen gelenkt wird und dass damit ein innerer, lebenslanger Lern- und Erfahrungsprozess beginnen soll? Der Antwort auf diese Frage sind einige Beobachtungen zum mittelalterlichen Gewissensbegriff vorauszuschicken.[25] Das Gewissen gilt als moralisches Selbstbewusstsein des Menschen und als innere Instanz seiner ethisch-sittlichen Selbstbeurteilung. Im Gewissen gewinnt der Mensch ein Mitwissen mit sich selbst und eine diagnostische Supervision über seinen moralischen Zustand; und so kommt er im Gewissen zu einer wertenden Evaluation seiner Seele und seiner inneren und äußeren Werke im Verhältnis zu Gott, zu seinen Mitmenschen und zu sich selbst. Daher wird das Gewissen auch konstant als innere Gerichtsbehörde (*forum internum*) verstanden, und zwar in dreifacher Hinsicht: Es ist zunächst eine prüfende und erforschende Instanz von kriminalistischer Energie, indem es Sünden und auch kleinere moralische Defekte aufspürt. Aufgrund der investigativen Bilanz dieser Selbsterkundung tritt es zweitens in der Rolle des inneren Anklägers oder Verteidigers auf. Schließlich ist das Gewissen die urteilende und richtende Instanz der Seele, mit der sie sich selbst schuldig oder frei spricht oder zu keinem eindeutigen Urteil kommt und in einer unsicheren Ambiguität verharrt.

Angesichts dieser Funktionen des Gewissens kann man sagen, dass es stark kognitiv bestimmt ist: Es ist ein auf sich selbst reflektierendes Wissen und Erkennen: Erkenntnis seiner selbst (*cognitio sui ipsius*) und Erkenntnis handlungsleitender Normen. Damit unmittelbar verbunden ist es erkenntnisbasiertes Evaluieren und Urteilen. Diese kognitive Dimension des Gewissens steht in einer intensiven Wechselbeziehung zu affektiven Seelenzuständen des Menschen. Die erforschende, bewertende und urteilende Tätigkeit seines Gewissens verursacht in ihm entweder ein sogenanntes ‚schlechtes‘ Gewissens, das sich schuldig fühlt, betrübt, kleinmütig oder unruhig-erregt ist und ihn in Seelenqualen der Sorge, Furcht und Verzweiflung stürzt; oder das innere Gewissensforum des Menschen führt ihn zu einem sogenannten ‚guten‘ Gewissen, in dem Gefühle von Beruhigung, Entlastung, Befreiung, Trost, Freude und Sicherheit entstehen. So kann das Gewissen das Seelisch-Innere des Menschen sowohl zur Hölle machen als auch in einen Zustand ‚himmlischer‘ Glückseligkeit versetzen. Oder es löst in ihm einen unklaren Zwischenzustand diffuser Gefühle aus, die zur Klärung drängen.

Hintergrund lesen, dass Paltz immer wieder zum andächtigen Beten anleiten will und die christliche Vollkommenheit als Gebetsleben charakterisiert. All das soll aber seinen Wurzelgrund in der Selbsterforschung des Gewissens haben, die den Weg zu wahrer Andacht ermöglicht.

25 Zum Folgenden vgl. drei grundlegende Arbeiten zum mittelalterlichen Gewissensverständnis: Breitenstein, *Vier Arten des Gewissens*; Störmer-Caysa, *Gewissen und Buch*; Baylor, *Action and Person.*

Fest stehen für die Frömmigkeitstheologen des 15. Jahrhunderts drei wichtige Gewissensbestimmungen: (1.) Das Gewissen ist seinem erforschenden, bewertenden und urteilenden Wesen nach die Aufmerksamkeitsinstanz im Menschen schlechthin. Wenn er aufmerksam einer Predigt und seinem Beichtvater zuhört oder einen erbaulichen Traktat aufmerksam liest, wird damit die Aufmerksamkeit seines Gewissens aktiviert. (2.) Niemals darf man gegen sein Gewissen handeln; und niemals darf ein Seelsorger einen Menschen dazu bewegen wollen, gegen die innere Stimme seines Gewissens zu handeln. Hier gilt der Grundsatz des Kanonischen Rechts: „Alles, was gegen das Gewissen geschieht, führt zur Hölle."[26] (3.) Zugleich aber gilt, dass die Stimme des Gewissens eine höchst dubiose Instanz sein kann. Denn das Gewissen kann sich irren – eine alarmierende Beobachtung, die gerade die Theologen gegen Ende des Mittelalters besonders hervorheben. Ein Mensch kann sich erstens in seinem Gewissen auf der normativen Ebene täuschen, wenn er etwas für Sünde hält, was gar nicht gegen Gottes Gebote verstößt und daher auch keine Sünde ist. Er kann sich zweitens auf der Ebene der Selbstbeurteilung irren, wenn er seinen moralischen Zustand falsch einschätzt und sich z. B. schuldlos wähnt, obwohl er bis zum Hals in der Todsünde steckt. Und er kann sich drittens in den Konsequenzen seiner Selbstdiagnose täuschen, wenn er sich beispielsweise mit Recht für einen schweren Sünder hält und daran verzweifelt, statt auf Gottes erbarmungsvolle Vergebung zu hoffen, die jedem verzeiht, sooft er sich bekehrt und in wahrer Bußgesinnung seine Sünden bereut und beichtet. Angesichts dieser Verblendungs- und Irrtumsmöglichkeiten des Gewissens ist sofort verständlich, weshalb das sogenannte ‚gute' Gewissen in Wirklichkeit ein durch und durch perverses Gewissen sein kann und ein ‚schlechtes' Gewissen de facto ein Gewissen, das sich auf einem guten Weg der Selbsterkundung befindet.

---

26 Das *Decretum Gratiani* interpretiert Röm 14,23 („Quod non ex fide, peccatum est") mit den Worten: „Omne quod contra conscientiam fit, edificat ad gehennam." Richter/Friedberg (Hrsg.), *Decretum Gratiani*, Sp. 1088, C. 28, q. 1, c. 14. Wie populär dieser Rechtssatz wurde, zeigt z. B. Johannes von Staupitz, der Obere (‚Generalvikar') der observanten Augustinereremiten Deutschlands. Er beruft sich auf den Satz in einer seiner deutschen Predigten, die er in der Kirche des Nürnberger Augustinerklosters während der vorösterlichen Fastenzeit 1517 hielt und die auszugsweise in Nachschriften des Nürnberger Ratsschreibers Lazarus Spengler überliefert sind (zu seinen Staupitz-Aufzeichnungen vgl. unten, Anm. 45). Spengler verwendet den Rechtssatz als lateinische Überschrift für das Stück einer Staupitz-Predigt über die Gewissensproblematik: „Quidquid fit contra conscientiam, aedificat ad gehennam." In dem Predigtstück selbst wird die Überschrift dann so übersetzt: „Alles, das wider das gewissen beschicht [= geschieht], das pawt zu der helle." Zitiert nach Knaake (Hrsg.), *Johann von Staupitzens sämmtliche Werke*, Bd. 1, S. 40 und S. 41. Zur hoch- und spätmittelalterlichen Rezeption des Gratian'schen Rechtssatzes vgl. Leppin, Gewissenszwang, S. 34–36.

Nun ist deutlich, vor welche Schwierigkeiten einer heilsamen Aufmerksamkeit das Gewissen jeden Menschen ebenso wie seine Ratgeber aus spätmittelalterlicher Sicht stellt. Die Hauptproblematik liegt darin, dass zwar niemand gegen sein Gewissen handeln darf, das Gewissen aber nicht als verlässlicher moralischer Kompass im Menschen gelten kann. Aus theologischer Perspektive ist es nicht die Stimme des dauerhaft gültigen göttlichen Naturrechts im Menschen. Angeboren und unveränderlich ist am Gewissen nur seine formale Funktion des Erforschens, Bewertens und Urteilens, während seine inhaltlichen moralischen Maßstäbe, also seine Vorstellungen vom Verbotenen, Gebotenen, Erlaubten oder Ratsamen, den Schwächen seines Erkenntnisvermögens, der Labilität der menschlichen Sinnlichkeit und den verblendenden Täuschungsmanövern des Teufels preisgegeben sind.

Religiöse Aufmerksamkeitslenkung des Gewissens bedeutet also zunächst einmal, dass es zu normativer Klarheit über das wirklich von Gott Gebotene gelangt. Hier kommt nun die naturrechtliche Instanz der sogenannten ‚Synderesis‘ oder ‚Synt(h)eresis‘ ins Spiel. Auf die sprachliche Herkunft dieses Begriffs sei hier nicht eingegangen und über seine Bedeutung nur so viel gesagt, dass er in der Scholastik und Frömmigkeitstheologie nach Gerson eine angeborene und lebenslang unzerstörbare Ausrichtung des Menschen auf Gott und ein ebenso unverlierbares Wahrheitswissen über Gut und Böse im Innersten der Seele oder im ‚Seelengrund‘ meint. Die Synderesis ist sozusagen die praktische Vernunft, die von manchen Theologen auch einfach als Urteilsvermögen der Vernunft oder der *recta ratio* bezeichnet werden kann. Bei Meister Eckhart und in seinem Einflussbereich der mystischen Theologie wird diese unfehlbare normative Instanz, die im ‚Seelengrund‘ aufleuchtet, als ‚Seelenfünklein‘ oder ‚Seelenfunken‘ (*scintilla animae*) bezeichnet. Während das Gewissen stets subjektiv und individuell geprägt ist, kommt mit diesem moralischen Vernunftvermögen die transindividuelle und allgemeingültige Weisung Gottes im Menschen zur Geltung. Nicht am Subjektiv-Individuellen also, sondern am Objektiv-Allgemeinen hat er sich nach mittelalterlicher Vorstellung auszurichten.

Als Sünder ist der Mensch allerdings oft so in der Sünde befangen, dass er diesen richtungsweisenden Orientierungskompass in seinem Inneren nicht oder kaum mehr wahrnimmt. Dann ist es Aufgabe der kirchlichen Predigt- und Beichtseelsorge, die Aufmerksamkeit der Sünderinnen und Sünder auf die angeborene natürliche Erkenntnis von Gut und Böse zu lenken und so ihr irrendes Gewissen zu korrigieren. Zugleich aber kommt es darauf an, dass ihre Aufmerksamkeit auch auf die Gebote oder Verbote des Alten und Neuen Testaments und auf die Normativität des biblischen Tugendkanons, etwa auf Tugenden wie Geduld, Demut, Friedfertigkeit und Feindesliebe, gelenkt wird. Denn mit der biblischen Offenbarung erweiterte Gott das objektive Weisungsarsenal der moralischen Vernunft, über das nach dem Mehrheitskonsens der mittelalterlichen Theologen auch die Tugendlehrer der paganen Antike verfügten. Bei der Korrektur des Gewissens sind – dem geltenden Normgefüge der *ecclesia catholica* gemäß – selbstverständlich auch die maßgeblichen kirchlichen Autoritäten wie besonders die Glaubensentscheidungen der Konzilien und des Kanonischen Rechts als Interpretationsnorm der biblischen Texte zu beachten.

Gelingt es einem Menschen, aus dem Irrgarten seines Gewissens herauszufinden und es in Einklang mit den transsubjektiven göttlichen und kirchlichen Weisungen zu bringen, dann kann er wirklich guten Gewissens seinem Gewissen folgen und wird nicht mehr durch sein Gewissen auf verderbliche Abwege gebracht. Diese Orientierungssicherheit gewinnt nur das wachsame Gewissen, das seine Aufmerksamkeit auf das sowohl Vernunftgebotene als auch biblisch Gebotene richtet.

An dieser Stelle ist es naheliegend, einen Blick auf Martin Luthers pointierte öffentliche Akzentuierung des Gewissens zu richten.[27] Am 18. April 1521 hatte er auf dem Wormser Reichstag vor Kaiser Karl V. und den Repräsentanten des Heiligen Römischen Reichs Deutscher Nation in einer erst deutsch gehaltenen und dann lateinisch wiederholten Rede begründet, warum er keine seiner Schriften widerrufen könne. Daraufhin antwortete ihm Dr. Johann von Eck (auch: von der Ecken), der Offizial des Trierer Erzbischofs, der die Wormser Verhandlung im Namen des Kaisers führte, indem er von ihm verlangte, sich von seinen ‚häretischen‘ Lehren, „die den katholischen Glauben verletzen", loszusagen. Er soll eine „einfache Antwort ohne Hörner" („simplex, non cornutum responsum") geben, ob er seine Bücher und die darin enthaltenen Irrtümer widerrufen wolle oder nicht.[28] Entsprechend kurz und bündig war die abschließende lateinische Antwort Luthers, hier in vollständiger Übersetzung zitiert:

> Da also Eure geheiligte Majestät und Eure Herrschaften eine einfache Antwort verlangen, entgegne ich Euch ohne Spitzfindigkeiten [wörtlich: mit einer Antwort ohne Hörner und Zähne][29]: Wenn ich nicht durch die Zeugnisse der [biblischen] Schriften oder durch die Evidenz von Vernunftgründen widerlegt werde – denn weder dem Papst noch den Konzilien allein glaube ich, da feststeht, dass sie des Öfteren geirrt und sich selbst widersprochen haben –, so

---

27 Zu den folgenden Ausführungen über Luthers Widerrufsverweigerung in Worms am 18. April 1521 vgl. bes. Selge, *Capta conscientia*; Mennecke, Ich kan nicht anderst; Leppin, Gewissenszwang; Kaufmann, *Hier stehe ich.*

28 Die Rede des Trierer Offizials ist in deutscher Übersetzung wiedergegeben bei Selge, *Capta conscientia*, S. 186–188.

29 Vgl. Mennecke, Ich kan nicht anderst, S. 231: „Luther war die bildliche Formulierung aus dem akademischen Disputationskontext nachweislich vertraut. Sie ist in der Dialektik als *syllogismus cornutus* (gehörnter Schluss) bekannt und bezeichnet dort im präzisen Sinn einen logischen Trugschluss, allgemeiner eine sophistische Spitzfindigkeit." Nachdem Johann von Eck von Luther eine unzweideutige Antwort „ohne Hörner" verlangt hatte, überbot dieser das Bild, indem er das „und ohne Zähne" („neque dentatum") hinzufügte.

> bin ich überwunden durch die Schriften, die ich angeführt habe, und mein Gewissen ist gefangen in den Worten Gottes. [Darum] kann und will ich nichts widerrufen, weil gegen das Gewissen zu handeln weder sicher noch lauter ist.[30]

Nach dem zuletzt über die Aufmerksamkeit des wachsamen Gewissens Gesagten dürfte deutlich sein, dass sich Luther mit diesen Worten in den Koordinaten des traditionellen Gewissensverständnisses seiner Lehrer bewegte. Er schließt sich dem mittelalterlichen, durch das Kanonische Recht ratifizierten Konsens an, dass jeder dem Urteil seines Gewissens zu folgen hat, zugleich aber dazu verpflichtet ist, sein Gewissen durch das Zeugnis der anerkannten kirchlichen Autoritäten, allen voran der Bibel, und durch die Stimme bzw. das Licht (‚Fünklein‘) der Vernunfterkenntnis belehren zu lassen. Daher beruft sich Luther auf die beiden Wahrheitsinstanzen der Heiligen Schrift und der evidenten Vernunft (*ratio evidens*), die sein Gewissen auf verpflichtende Weise überzeugen und ihm feste Gewissheit geben.

Mit der lateinischen Antwort Luthers war aber noch nicht alles gesagt. Er beendete seine Rede mit wenigen deutschen Worten, die den persönlichen Bekenntnischarakter seiner Antwort noch steigern. Indem er aus der lateinischen in die deutsche Sprache wechselt und so auch für die Nicht-Lateinkundigen im Raum, vor allem unter den weltlichen Obrigkeiten, verständlich wird, erhalten diese Worte einen besonderen Nachdruck. In drei kurzen, pointierten Sätzen sagt Luther: „Ich kan nicht anderst. Hie stehe ich. Got helff mir! Amen." Die ersten zwei Sätze sind ungewöhnlich und offensichtlich aus der Situation heraus gesprochen. Es ist daher wahrscheinlich, dass sie von Luther selbst formuliert wurden. Er fügt im dritten Satz eine stereotype, mit ‚Amen‘ abgeschlossene Gebets- und Schwurformel („Deus adiuvet me") an, die das Gesagte feierlich bekräftigt.

Es ist sehr wahrscheinlich, dass Luther kurz nach seinem Auftritt vor dem Wormser Reichstag eine lateinische Aufzeichnung seiner Rede und seiner abschließenden Widerrufsverweigerung angefertigt hat. Dabei konnte er vermutlich auf ein Konzept zurückgreifen, das er bereits zwischen dem ersten Verhörgang am 17. April und seinem Auftreten am Tag darauf angefertigt hat. Dieses verschollene Manuskript beziehungsweise seine ebenfalls nicht mehr erhaltenen handschriftlichen Kopien waren offensichtlich die Vorlage für die Publikation von Luthers *Responsum*, das in vier Druckausgaben des Jahres 1521 verbreitet wurde. Sie er-

---

30 „Quando ergo S. Majestas vestra dominationesque vestrae simplex responsum petunt, dabo illud neque cornutum neque dentatum in hunc modum: Nisi convictus fuero testimoniis scripturarum aut ratione evidente – nam neque Papae neque conciliis solis credo, cum constet eos et errasse sepius et sibiipsis contradixisse – victus sum scripturis a me adductis et capta conscientia in verbis dei. Revocare neque possum nec volo quicquam, cum contra conscientiam agere neque tutum neque integrum sit." Luther, *D. Martin Luthers Werke*, Bd. 7, S. 838,1–8.

schien in Wittenberg, Hagenau, Augsburg und Straßburg.[31] Auffallend ist nun, dass nur die Wittenberger Version die drei abschließenden deutschen Sätze überliefert. In den drei anderen Drucken stehen hingegen nur die vier Wörter „Gott helfe mir! Amen." Die bisherige Lutherforschung gab daher meist dieser Kurzformel den Vorzug und hielt die Version des Wittenberger Drucks für eine sekundäre, nicht auf Luther selbst zurückgehende Erweiterung. Nicht genügend berücksichtigt wurde dabei die Priorität Wittenbergs: Dürfte doch Luther ein handschriftliches Exemplar seiner Rede zunächst „zu dem ihm seit vielen Jahren vertrauten Drucker Johannes Grunenberg nach Wittenberg gesandt haben"[32], der es unter dem Titel *Responsum Wurmacie* herausgab. Ein weiterer Druck Grunenbergs, der bald darauf die Rede Luthers in deutscher Version bot, überliefert dieselben Schlussworte wie der lateinische Druck: „Ich kan nicht anderst. Hie stehe ich. Got helff mir! Amen."[33]

Bei den Vorbehalten der meisten Forscher gegenüber der Grunenberg'schen Fassung spielte neben philologischen Gründen der Überlieferungskritik auch eine Rolle, dass man den Worten „Ich kan nicht anderst. Hie stehe ich" keinen spezifischen theologischen Sinn abgewinnen konnte und sie auf eine Ebene emphatischer und emotionaler Redundanz schob. Vor dem Hintergrund der nationalprotantischen Verherrlichung Luthers nach 1870/71 und ihrer heroisierenden Vereinnahmung dieser Worte ist es verständlich, dass ein ernüchterter historisch-kritischer Umgang mit dem Quellenbefund sie als „großsprecherisch, pathetisch und theatralisch" charakterisierte und als unvereinbar mit dem nicht gerade triumphalen Auftreten Luthers empfand.[34] Mit Recht hat nun Ute Mennecke bilanziert, dass sich auf der Basis philologisch-überlieferungsgeschichtlicher Argumente weder ein Beweis für noch gegen die Echtheit des Lutherdiktums führen lasse. Auch müsse man neu über den Sinn dieser Worte innerhalb der historischen Situation nachdenken[35] – und, so möchte ich hinzufügen, innerhalb ihres theologiegeschichtlichen Zusammenhangs.

Dass die Formulierung „Ich kan nicht anderst. Hie stehe ich" auf Luther selbst zurückgeht, halte ich für sehr wahrscheinlich. Es ist wenig plausibel, dass ein an-

---

31 Zur Überlieferung des sog. *Responsum* Luthers vgl. Mennecke, Ich kan nicht anderst, S. 219–225; Kaufmann, *Hier stehe ich*, S. 78–83. Das in der Ich-Form abgefasste *Responsum* wurde auch in die bald darauf verfassten *Acta et res gestae D. Martini Lutheri in Comitiis Principum Vuormacie Anno MDXXI* (Wrede [Bearb.]: *Deutsche Reichstagsakten*, Bd. 2, Nr. 79, S. 540–569; Luther, *D. Martin Luthers Werke*, Bd. 7, S. 825–857) aufgenommen. Im Folgenden können die *Acta* unberücksichtigt bleiben, weil den Separatdrucken, insbesondere dem Wittenberger, die zeitliche Priorität zukommt.
32 Kaufmann, *Hier stehe ich*, S. 78.
33 Mennecke, Ich kan nicht anderst, S. 224.
34 Mennecke, Ich kan nicht anderst, S. 240 f.
35 Mennecke, Ich kan nicht anderst, S. 240–242.

derer diese ungewöhnlichen Worte erfunden und Luther in den Mund gelegt haben soll. Man darf sogar annehmen, dass Luther sie vor dem Reichstag genau in dieser Reihenfolge ausgesprochen hat – und nicht in der umgestellten, kanonisch gewordenen Wortfolge „Hier stehe ich, ich kann nicht anders". So lautet es erstmals 25 Jahre später, im zweiten Band der lateinischen Ausgabe von Luthers Werken 1546, offensichtlich mit der Intention, das Nicht-Können Luthers deutlicher als Folge seiner Standhaftigkeit sichtbar zu machen. „Mit der Pathosformel ‚Hier stehe ich, ich kann nicht anders' war das ideale Motto einer Heroisierung des unerschütterlich glaubensfesten Bekenners von Worms gefunden."[36] Aber zurück zur authentischen Rede Luthers am 18. April. Bei aller Notwendigkeit und Neigung zur Dekonstruktion von Geschichtsmythen ist einzuräumen: Es gibt keine triftigen Gründe, warum Luther die Worte „Ich kan nicht anderst. Hie stehe ich" nicht tatsächlich gesagt haben könnte.

Im Rahmen meiner Argumentation ist es aber nicht entscheidend, ob Luther diese in der Forschung umstrittenen Worte wirklich selbst niedergeschrieben oder gar in seiner Schlussantwort so ausgesprochen hat. Dagegen sei hervorgehoben, welchen theologischen Sinn diese drei kurzen Sätze vor dem Hintergrund des spätmittelalterlichen Gewissensdiskurses hatten und dass Luther sie daher theologisch reflektiert und prägnant verwendet haben könnte, jedenfalls in seiner Rede-Nachschrift. Und falls sie nicht auf Luther selbst zurückgehen, kann jedenfalls geltend gemacht werden, dass ihre Überlieferung einen stringenten theologischen Sinnhorizont hatte.

Die Formulierung „Ich kan nicht anderst" nimmt die vorherigen lateinischen Worte „Revocare neque possum nec volo quicquam" [Widerrufen kann und will ich nichts][37] auf und unterstreicht, dass Luther in Worms 1521 nicht die Gewissensfreiheit (*libertas conscientiae*) proklamiert[38] – im Unterschied zur noch im gleichen Jahr verfassten Schrift über die Klostergelübde (*De votis monasticis iudicium*), in der er für die christliche Freiheit von den Ordensgelübden eintreten und erstmals die Wortverbindung *libertas conscientiae* verwenden wird[39]: Du kannst dich von den

---

36 Kaufmann, *Hier stehe ich*, S. 81.

37 S. oben, Anm. 30.

38 Man kann allerdings sagen, dass er sie auf indirekte Weise doch proklamiert, indem er seine Gewissensbindung von der Kirchenautorität der Päpste und Konzilien löst und ausschließlich auf das Zeugnis der Heiligen Schrift und der *ratio evidens* (dazu im Folgenden) bezieht. Es ist die Befreiung des Gewissens vom konkreten Druck, widerrufen zu müssen.

39 Der Begriff ‚Freiheit des Gewissens' (*libertas conscientiae*) ist – obwohl sich vor Luther mindestens zwei Belege aus dem 6. und 12. Jahrhundert finden lassen (bei Boethius bzw. Petrus Cellensis) – 1521 eine Erfindung Luthers und wird durch ihn zum Thema der abendländischen Welt. Vgl. Hamm, *Der frühe Luther*, S. 271, Anm. 50.

Gelübden befreit wissen, die dich im Kloster festhalten, weil du vor Gott in deinem Gewissen nicht an sie gebunden bist. In Worms dagegen proklamiert er die Bindung seines Gewissens an das Zeugnis der Heiligen Schrift, das ihm verbiete, die in seinen bisherigen Schriften aus Gottes biblischem Wort begründete Glaubenswahrheit zu widerrufen.

Dass Luther die Vernunftevidenz als weiteren Grund für seine Verweigerung des Widerrufs anführt, entspricht der oben skizzierten mittelalterlichen Rolle der *recta ratio* als verbindlicher Gewissenskompass; doch dürfte er dabei speziell die Funktion der *ratio* bei der Auslegung der biblischen Texte im Blick gehabt haben. Denn auch seine Gegner argumentierten ja mit Bibelzitaten. Die – vom Heiligen Geist in Dienst genommene – Vernunft aber hilft dem Interpreten, die in biblischen Texten enthaltene Intention und Sinnmitte des Gotteswortes zu erkennen und den Sinn der Texte nicht eigensinnig zu verbiegen. So gesehen wird die Verbindlichkeit der Vernunft in die der Bibelautorität integriert und zum hermeneutischen Instrument plausibler Schriftauslegung gemacht; und es ist daher nur konsequent, wenn Luther in den folgenden Worten die Vernunft nicht mehr erwähnt, sondern nur noch die Schriftzeugnisse hervorhebt, durch die er überwunden, und die Worte Gottes, in denen sein Gewissen gefangen sei.

Wenn Luther dann fortfährt „Hie stehe ich", dann wird das ‚Hier' von ihm – bzw. in der Überlieferung seiner Worte – wohl kaum lokal verstanden, sondern auf die Sache bezogen: In dieser Lage, wo es um den Glauben, um die Geltung des biblischen Zeugnisses und die Bindung meines Gewissens geht, „stehe ich" auf festem Grund. Hier schwanke und falle ich nicht, sondern habe ich in meinem Glauben Gewissensgewissheit gewonnen und kann daher nicht widerrufen. Das Wort ‚stehen' gewinnt hier also den metaphorischen Sinn von geistiger Standhaftigkeit, wie er im frühneuhochdeutschen Sprachgebrauch häufig vorkommt[40] und wie ihn Luther besonders in dem Pauluswort Röm 11,20 findet: „Tu autem fide stas", im Septembertestament 1522 von ihm übersetzt: „Du stehest aber durch den glawben."[41] Erst vor dem Hintergrund der Frömmigkeitstheologie vor und nach 1500, die betonte, wie schwankend der Boden des so leicht im Irrtum befangenen Gewissens ist, wird Luthers Akzentuierung des ‚Stehens' verständlich. Nicht das Gewissen ist der feste Grund, auf den er sich gestellt sieht und der ihm den Widerruf unmöglich macht, sondern das biblische Gotteswort, das gemeinsam mit der Vernunfterkenntnis seinem Gewissen die Standfestigkeit des Glaubens gibt.

---

40 Zum frühneuhochdeutschen Gebrauch von ‚Stehen' vgl. Mennecke, Ich kan nicht anderst, S. 236.
41 Luther, *Septembertestament*, Faksimile-Ausgabe. Zur Wertschätzung und Deutung dieser Paulusstelle bei Luther seit seiner frühen Vorlesung über den Römerbrief (1515/16) vgl. Mennecke, Ich kan nicht anderst, S. 238 f.

Soweit bewegt sich Luthers abschließende Antwort auf den Bahnen des traditionellen Gewissensverständnisses und seiner Dynamisierung im 15. Jahrhundert. An einem wichtigen Punkt aber bricht er mit dieser Tradition, und zwar in dem lateinischen Textteil seiner abschließenden Antwort, den alle vier Drucke übereinstimmend überliefern. Er betont hier, dass er sich nur durch Schrift und Vernunft widerlegen lasse, nicht aber durch die Autorität von Papst und Konzilien. Stehe doch fest, dass sie sich oft geirrt und sich selbst widersprochen hätten. Beginnend mit der Leipziger Disputation 1519 war Luther zur Überzeugung gelangt, dass sich auch päpstlich autorisierte Konzilien in Fragen des Glaubens irren können und tatsächlich wiederholt geirrt haben, insbesondere das Konstanzer Konzil mit seiner Häretisierung und Verbrennung des Jan Hus (1415). Damit aber verwarf Luther das Autoritätengefüge der katholischen Kirche, in der er aufgewachsen war.

Seine Begründung, dass man nicht gegen sein Gewissen handeln dürfe, entsprach ebenso der geltenden Lehre wie die Berufung auf die Wahrheitskriterien der Heiligen Schrift und der – traditionell in der Synderesis verankerten – Vernunft[42], denen sich das Gewissen eines rechtgläubigen Christen zu beugen habe. Für das Autoritätenverständnis der traditionellen Kirche bedeutete aber die Berufung auf die Autorität der Heiligen Schrift, dass das recht verstandene Bibelwort, die evidente Vernunft und die Glaubenslehre der kirchlich approbierten Konzilien in Einklang miteinander stehen. Eine Gewissensbindung an die biblische Norm ohne Bindung an die Wahrheitsnorm der Konzilien war in den Gewissenslehren der Theologen seit Gerson niemals ein Thema für Zweifel und Diskussionen.

Hätte Luther in seinen Wormser Schlussworten nur gesagt, dass Päpste oft in die Irre gegangen seien und dass er Glauben und Gewissen nicht auf Papstworte allein gründen könne, dann wäre das noch kein Affront gegen das traditionelle Kirchenverständnis gewesen. Vor allem seit dem 14. Jahrhundert wurden Fehlbarkeit und Irren der Päpste als Möglichkeit und Faktum, auch in Glaubensfragen, unter den Theologen und Kirchenjuristen kontrovers diskutiert. Indem Luther seine Argumentation aber gegen die Doppelautorität von Papst und Konzilien richtete und die Bindung seines Gewissens ausschließlich im (vernünftig ausgelegten) biblischen Gotteswort verankerte, stellte er sich gegen das katholische Normverständnis des 15. Jahrhunderts und seiner Zeit, wie es für die kirchliche Seelsorge und Gewissensunterweisung maßgeblich war. Daher musste er den Ver-

---

42 Luther verwendet allerdings damals nicht mehr den Synderesis-Begriff. Doch entspricht sein Begriff der ‚evidenten Vernunft‘ jener angeborenen Vernunftinstanz, die von spätmittelalterlichen Theologen ‚Synderesis‘ genannt wird. Manche Theologen wie beispielsweise der Ulmer Pfarrer Ulrich Krafft († 1516) können von der Vernunft als angeborenem und unzerstörbarem Orientierungskompass im Menschen nach Art der Synderesis sprechen, ohne diesen – ohnehin schwierigen – Begriff zu verwenden. Vgl. Hamm, *Spielräume*, S. 268 f., und Sachregister s.v. ‚Vernunft (ratio)‘.

teidigern dieser Katholizität, und gerade auch den Reformgesinnten unter ihnen, als Häretiker gelten. Bezeichnend ist, dass Luthers Wormser Opponent, der Trierer Offizial Johann von Eck, in seiner Reaktion auf Luthers Verweigerung des Widerrufs nicht auf die Frage der Papstautorität einging, sondern nur auf das Konzilsthema: Indem Luthers Lehren „alle Autorität und Majestät der Konzilien beseitigen und untergraben", trete sein unkatholischer, häretischer Standpunkt offen zutage.[43] Erst vor diesem Hintergrund wird der ganze Sinngehalt des „Hie stehe ich" begreifbar: Auch wenn ich euch als Häretiker gelte, bin ich nicht von der Wahrheit Gottes abgefallen, sondern mit meinem Gewissen und Glauben fest in ihr gegründet.

Nicht auf eine Gewissensautonomie im modernen Sinne also berief sich Luther, sondern auf das Gewissen als Aufmerksamkeitsinstanz, die ihre ganze Konzentration und Wachsamkeit auf das biblische Wort richtet und bei seiner Auslegung das Instrument der Vernunft in Dienst nimmt. Nur so gewinnt das prinzipiell von Desorientierung und Irrtum angefochtene Gewissen seine Orientierungssicherheit, Stabilität und unanfechtbare Autorität. Mit dieser Auffassung steht Luther in Kontinuität zur spätmittelalterlichen Aufmerksamkeitsdynamik, die, wie ich oben zeigte, darauf ausgerichtet war, die ganze Aufmerksamkeit des in Unsicherheit schwankenden Gewissens auf transsubjektive Normen auszurichten und ihm so Orientierungsfestigkeit im Einklang mit Gott zu geben. Auch dann, als Luther in Worms diese Gewissensdynamik bis zum Bruch mit der Kirche weiterführte,[44] blieb

---

43 Selge, *Capta conscientia*, S. 187 f. (aus der Rede des Trierer Offizials, mit der er am 18. April 1521 auf Luthers Rede antwortete). Bezeichnend ist, dass auch die *Acta et res gestae D. Martini Lutheri* in ihrem Bericht über Luthers Rede den Papst nicht erwähnen, sondern seine Worte nur auf die Konzilien beziehen, die sich geirrt und oft sich selbst widersprochen hätten; vgl. Mennecke, Ich kan nicht anderst, S. 222. – Im scholastischen Diskurs des 14. und 15. Jahrhunderts wurden alle kirchlich-institutionellen Autoritäten auf den Prüfstand gestellt und so auch die Unfehlbarkeit von Konzilsbeschlüssen. Dabei bildete sich, vor allem im Rückblick auf das Konstanzer Konzil und die Verurteilung des Jan Hus 1415, das ‚katholische' Profil heraus, dass kirchlich approbierte Konzilien in Glaubensfragen nicht irren können und de facto nie geirrt haben. Für ‚Katholischsein' um 1500 war ein Normkonsens in dieser Frage charakteristisch. Vgl. Hamm, Katholischsein. – Zur Diskussionslage im ausgehenden 14. Jahrhundert vgl. hingegen den Pariser Theologen Pierre d'Ailly (1350–1420), der in seinem Sentenzenkommentar (*Super libros Sententiarum*, fol. F6r) eine ‚bedenkenswerte' Meinung anderer mit den Worten wiedergibt: „Ad ista probabiliter respondent aliqui, quod concilium generale potest contra fidem errare, immo de facto sic aliquando errauit, sicut per multa exempla ostendunt" [Darauf antworten einige auf ‚probable' Weise, dass ein Generalkonzil gegen den Glauben irren könne, ja tatsächlich so bisweilen geirrt habe, wie sie an vielen Beispielen zeigen]. Den Hinweis auf diese Textstelle verdanke ich Volker Leppin.

44 Bereits am 14. Oktober 1518 hatte sich Luther in Augsburg gegenüber der ihm von Kardinal Cajetan abverlangten Widerrufsforderung auf sein gebundenes Gewissen berufen. Damals aber stand für ihn noch außer Zweifel, dass die kirchlich approbierten Konzilien in Fragen des Glaubens nicht irren können. Vgl. Selge, *Capta conscientia*, S. 180 f.

er der traditionellen Vorstellung verpflichtet, dass das Gewissen seine verbindliche Autorität nicht in sich selbst besitzt, sondern nur in jenen von Gott gegebenen und autorisierten Normen, auf die es sich standhaft berufen kann, und sei es am Ende nur noch die Heilige Schrift allein (*sola scriptura*). Aber auch mit dieser Reduktion, die ihn zum ‚Häretiker' machte, sah sich Luther nicht abgetrennt von der traditionellen Kirche ‚stehen', sondern Seite an Seite mit Wahrheitszeugen der Vergangenheit, unter denen er damals vor allem Augustinus, Bernhard von Clairvaux, Johannes Tauler und Jan Hus hervorzuheben pflegte.

Nach diesem Exkurs über Luther knüpfe ich an meinen Überlegungen zur aufmerksamen Gewissenpflege an, wie sie die spätmittelalterliche Frömmigkeitstheologie den Seelsorgern empfahl. Hat das Gewissen des Menschen in der skizzierten Weise Orientierung über die göttliche Norm von Gut und Böse gewonnen, dann muss es zu einer Aufmerksamkeitsschulung auf zweiter Ebene gelangen. Das bedeutet, dass der Mensch sein sündhaftes Vergessen überwindet, den Aufmerksamkeitsspeicher seines Gedächtnisses aktiviert und durch sorgfältiges Erforschen seine begangenen Sünden ins Bewusstsein hebt, sie ernsthaft bereut und beichtet oder zumindest, falls kein Priester in erreichbarer Nähe ist, zu beichten gewillt ist und sie mit dem Bittgebet um Vergebung vor Gott trägt. Bei dieser selbsterkundenden Erinnerungsarbeit konnten ihm die damals üblichen Beichtbüchlein, Beichtspiegel oder Beichttraktate mit ihrer Auflistung und Kategorisierung der Sünden behilflich sein.

Normalerweise aber suchte der beichtwillige Mensch einen erfahrenen Beichtpriester auf, um seine Selbsterforschung in die heilsame Richtung lenken zu können. Die Aufgabe dieses Beichtvaters, wie sie in der frömmigkeitstheologischen Literatur immer wieder beschrieben wird, lag darin, dem Pönitenten dabei zu helfen, sein möglicherweise irrendes Gewissen zu korrigieren, seine Sünden, den Grad seiner Sündhaftigkeit und die Art seiner Verführbarkeit zu erkennen und seine Aufmerksamkeit auf vergessene Sünden zu lenken. Die anspruchsvolle Herausforderung für Beichtväter bestand vor allem in der Notwendigkeit, flexibel und sensibel auf die unterschiedliche Beschaffenheit der Gewissen einzugehen. Zu ‚enge' oder ‚skrupulöse' Gewissen, wie man sie nannte, neigten dazu, auch leichte Sünden oder Versäumnisse für Todsünden zu halten, jede Kleinigkeit beichten zu wollen und durch häufiges Beichten einen Ausweg aus ihren Gewissensnöten zu suchen. Ihrem überspannten Aufmerksamkeitsdrang musste der Beichtvater durch Aufklärung über den wirklichen Charakter von ‚Todsünden' und durch eine Strategie tröstender Hinweise auf Gottes barmherzige Güte entgegenwirken. Er konnte sie durch den Hinweis beruhigen, dass Gott vom Menschen nichts über seine Vermögen hinaus verlange und sich damit begnüge, wenn er sein Bestmögliches tut (*facit quod in se est*). Die Aufmerksamkeit derart ängstlich besorgter und extrem gewissenhafter Menschen hatten ihre Beichtväter also auf die unermessliche und permanente Vergebungsbereitschaft Gottes zu lenken und ihnen zu raten, den Blick von ihren wirklichen oder angeblichen Sünden abzuwenden und sich vertrauensvoll in das gnädige Erbarmen Gottes zu ‚flüchten‘. Dieses Loslassen von sündenfixierter Aufmerksamkeit war vor allem ein wichtiger Punkt in der *Ars-moriendi*-Literatur: Für Schwerkranke und Sterbende, die nicht mehr die Kraft für erinnernde Gewissenserforschung und gründliche Beichte hatten, war es, so der Tenor der Sterbelehren, völlig ausreichend, eine allgemeine demütige Reuegesinnung zu haben, Zuflucht zu Gottes Barmherzigkeit zu nehmen und die Seele seiner gnädigen Fürsorge anzuvertrauen.

Ganz anders dagegen hatte die Aufmerksamkeitslenkung der Seelsorger bei gesunden Menschen mit einem zu ‚weiten‘ Gewissen vorzugehen, die in ihren Sünden ‚blühten‘, aber in völliger Fehleinschätzung ihres Zustandes meinten, sich auf dem rechten Weg zum ewigen Heil zu befinden. Ihr Gewissen musste erst einmal wachgerüttelt, zu einer aufmerksamen Sündenwahrnehmung und einem tiefergehenden Schuldbewusstsein und dann zu einer aufrichtigen Zerknirschung geführt werden. Johannes von Staupitz, der Ordensvorgesetzte, Lehrer, Beichtvater und väterliche Freund Martin Luthers, meinte im Frühjahr 1517 bei Tisch im Nürnberger Augustinerkloster, dass solchen Menschen mit einem weiten Gewissen leichter und eher als denen mit einem engen Gewissen Hilfe und Arznei gegeben werden könne.[45] Andere seelsorgerlich orientierte Theologen wie der Prädikant Johannes Geiler von Kaysersberg in Straßburg und noch mehr der Pfarrer Ulrich Krafft in Ulm sahen um 1500 die Hauptherausforderung für die Seelsorge vor allem in Menschen mit einem zu ‚weiten‘, leichtfertigen Gewissen, die mit ihrer rücksichtslosen Selbstgerechtigkeit Gottes Gebote und die städtischen Werte eines gemeinnützigen und friedfertigen Verhaltens missachteten.[46]

Die Unterschiedlichkeit im Seelsorgeverständnis von Frömmigkeitstheologen wie Paltz, Staupitz, Geiler von Kayersberg und Krafft zeigte sich in den letzten

---

45 Knaake (Hrsg.), *Johann von Staupitzens sämmtliche Werke*, S. 43: „Dem menschen ains weiten gewissens ist geringer vnd eh[e]r dann dem, der ains engen gewissens ist, hilff vnd arzney zu thun. Dann dem, der ain weit gewissen hat, dem ist domit nit schwer zu helffen, das ime die lieb vnd forcht gotes, auch sein taglich offenlich verschulden, dorumb er pillicher straff gewertig ist, eingepildet werden mag [= kann], vnd ime souil anzuzaigen, das er durch vil, auch zuzeitten geringe ermanungen dohin gepracht werden mag, sich als ain straffwirdig sonder zu erkennen. Aber ainer, der ain eng gewissen hat vnd gar zue from vnd gerecht ist, ist durch gute ermanungen eher zu mer klainmutigkait vnd zweiffellung dann hailsamer arzney zu bewegen." Der Nürnberger Ratsschreiber Lazarus Spengler hat in der Passionszeit 1517 nicht nur Ausschnitte aus Staupitz' Predigten aufgezeichnet (vgl. oben, Anm. 26), sondern auch Tischreden des Augustinereremiten wie hier eine über das Gewissen. Vgl. Hamm, *Lazarus Spengler*, bes. S. 106–108.
46 Zu Geiler von Kaysersberg vgl. Hamm, Strenge und Barmherzigkeit, S. 412 f.; zu Ulrich Krafft vgl. Hamm, *Spielräume*, bes. S. 239–244.

beiden Jahrzehnten vor der Reformation vor allem bei der Frage, in welche Hauptrichtung die Aufmerksamkeit des Menschen auf seinem Weg aus der Todsünde heraus über Buße, Rechtfertigung und Heiligung zur ewigen Seligkeit zu lenken sei. Alle vier standen im Wirkungsstrom Gersons, und wie er konzentrierten sie ihr Reformbemühen auf Seelsorge, andächtige *praxis pietatis* und Gewissensbildung. Gemeinsam teilten sie den Konsens mittelalterlicher Theologie, dass nur der Mensch zum Heil gelangen kann, der in vertrauensvoller Gottesliebe stirbt. Daraufhin war jede Seelsorge auszurichten.

Staupitz war sogar der Überzeugung, dass es überhaupt keine Seelsorge, Gewissensbildung und Andachtslenkung geben dürfe, die mit Angst, Furcht und einschüchternden Gerichts- und Strafandrohungen vorgeht. Eine religiöse Pädagogik, die auf Angst und Einschüchterung der Sünder und Sünderinnen setzt, ist in seinen Augen von vornherein verfehlt. Immer und von Anfang an müsse eine heilvolle Aufmerksamkeitslenkung bestrebt sein, im sündigen Menschen Liebe, Vertrauen und eine Hoffnungsgewissheit der göttlichen Barmherzigkeit zu wecken und zu erhalten.[47] Anders dagegen Johannes von Paltz und Geiler von Kaysersberg: Sie teilen die am häufigsten vertretene Meinung, dass angstvolles Erschrecken vor Gottes Endgericht und den drohenden Jenseitsstrafen ein guter Anfang und ein wichtiges Durchgangsstadium auf dem Weg zum liebevollen Gottvertrauen sein könne.[48] Ein umsichtiger Beichtvater habe daher nicht nur zu ermutigen und zu trösten, sondern oft auch drastisch zu drohen, um notorisch bösartige Menschen zur Umkehr zu bewegen und letztlich zum Lebensziel der Gottesliebe zu führen – ganz in der Weise, wie auch Gott selbst mit einer Pädagogik der strafenden ‚Rute‘ sündige Menschen durch irdische Heimsuchungen wie Seuchen und Kriegsnöte erziehen will und ihnen damit seine auf Erlösung zielende väterliche Liebe erweist.

Schließlich gibt es aber auch einige wenige Theologen um 1500, die ihre seelsorgerliche Aufgabe darin sehen, Menschen nicht nur zur Gottes- und Nächstenliebe zu führen, sondern ihre Aufmerksamkeit auch auf eine lebenslang gebotene Angstfurcht vor Gottes strengem Endgericht zu lenken. Die wachsame Konzentration frommer Christen soll darauf gerichtet sein, eine Lebensbalance von Hoffnung auf die himmlische Seligkeit und Furcht vor der höllischen Verdammnis zu finden. Das ist der erstrebenswerte Seelenzustand, mit dem sie unmittelbar nach dem Tod vor Christi Richterstuhl Rechenschaft für ihr Leben ablegen müssen. Zu den

---

47 Vgl. Hamm, Strenge und Barmherzigkeit, S. 405–411.
48 Zu Paltz und anderen spätmittelalterlichen Theologen, die dieselbe Meinung teilen, vgl. Burger, Spätmittelalterliche Frömmigkeit; Burger, Reden von Gottes strafender Gerechtigkeit. Zu Geiler von Kaysersberg vgl. Hamm, Strenge und Barmherzigkeit, S. 411–422.

Theologen, die eine so hohe Auffassung vom heilsamen Wert der Angst hatten, gehörte Ulrich Krafft.[49]

In einer Predigt, die er 1503 im Ulmer Münster hielt, antwortete er auf die Frage, wie man denn am besten zu der erwünschten angstvollen Gottesfurcht gelangen könne, mit dem Hinweis auf die gefahrvolle Lebenssituation des Menschen zwischen Himmel und Hölle. Sie müsse man sich aufmerksam meditierend vergegenwärtigen:

> Betrachte, dass das Leben hier in diesem Jammertal so sorgenerfüllt und unstetig ist und dass wir über einen hohen, schlüpfrigen Höllensteg dieses Jammertals [gehen] müssen, über uns die ewige Freude und unter uns die ewige Verdammnis. In eine [von beiden] müssen wir [kommen]. Da wisse dich danach zu richten! Das bringt gewiss und mit Recht eine Furcht in dich.[50]

Krafft greift hier zurück auf das im Mittelalter gebräuchliche Bild der schmalen und glatten Jenseitsbrücke, die nach dem Tod die Qualität der Seelen prüft: Die bösen stürzen in den Abgrund, die guten gelangen über sie in den Himmel.[51] Zugleich aber verlagert er das Bild des Brückensteges ins Diesseits und existenzialisiert es auf bedrängende Weise. Es wird für ihn zur Angst- und Aufmerksamkeitsmetapher zugleich: Sein Leben lang und besonders auf der letzten Wegstrecke muss der Menschen mit höchster Wachsamkeit und Vorsicht darauf achten, dass er nicht ausgleitet und in die metaphysische Tiefe abstürzt.

Ulrich Krafft und Johannes von Staupitz bilden mit ihren Predigten zwei Extremformen der Aufmerksamkeitslenkung vor der Reformation. Sie stehen am Ende eines Jahrhunderts, in dem die religiöse Aufmerksamkeitskultur eine neuartige Dynamik von angespannter Seelenbeobachtung, Angst, Sorge und Verunsi-

---

49 Vgl. Hamm, *Spielräume*, bes. S. 336–341. Bei Krafft kann man prägnant von ‚Angstfurcht' im Unterschied zu einer angstfreien, mit Liebe und Vertrauen verbundenen Ehrfurcht vor Gott sprechen. Der Begriff *furcht/forcht, timor* enthält auf äquivoke Weise beide Bedeutungsmöglichkeiten. Das Besondere bei Krafft ist, dass seine *Ars moriendi* auf einen Seelenzustand im Augenblick des Todes zielt, der Angstfurcht mit Liebe verbindet, während normalerweise die spätmittelalterliche *Ars moriendi* in der wahren Andacht des sterbenden Menschen vertrauensvolle Liebe mit angstfreier, kindlicher Ehrfurcht (*timor filialis*) verbunden sieht. Kraffts Position in dieser Frage war in den Jahrzehnten vor der Reformation sehr ungewöhnlich, doch stand er mit ihr nicht völlig allein. Das zeigt z. B. Dionysius der Kartäuser in seinem um 1450 verfassten Traktat *De particulari iudicio in obitu singulorum dialogus*, art. 12 f., S. 439–443.

50 „Betracht auch, das das lebenn hye inn dißem jamertal so sorgklichen ist vnd so vnstät vnd das wir myessen über ainen hochen schlippferigen hellensteg diß yamertals, vnnd ob vnns ist die ewig frewd vnnd vnder vnnß die ewig verdamnuß. In das ain myessen mir. Da wiß dich darnach zů richten. Das bringet ye billich ayn forcht in dich." Zitiert bei Hamm, *Spielräume*, S. 340, nach Ulrich Krafft, *Das ist der geistlich streit*, fol. h2r.

51 Vgl. Dinzelbacher, *Die letzten Dinge*, S. 51–55.

cherung entfaltet und andererseits eine gegenläufige Dynamik von Entängstigung, Schutzangeboten, tröstender Gnadengewissheiten und einem Loslassen von sorgenerfüllter Aufmerksamkeit.[52]

Für wertvolle Hilfe bei der Fertigstellung des Aufsatzes danke ich Christoph Burger, Gudrun Litz, Charlotte Winter und Christine Wulf.

Literaturverzeichnis

Primärliteratur

Dionysius der Kartäuser: *De particulari iudicio in obitu singulorum dialogus.* In: *Dionysii Cartusiani Opera omnia in unum corpus digesta ad fidem editionum Coloniensium.* Cura et labore monachorum Sacri Ordinis Cartusiensis. Bd. 41: *Opera minora* 9. Tournai 1912, S. 419–488.

Johannes von Paltz: *Die Himmlische Fundgrube.* Hrsg. von Horst Laubner u. a. In: Johannes von Paltz: *Werke.* Bd. 3: *Opuscula.* Hrsg. und bearbeitet von Christoph Burger u. a. (Spätmittelalter und Reformation 4). Berlin/New York 1989, S. 155–284.

Johannes von Paltz: *Supplementum Coelifodinae.* Hrsg. und bearbeitet von Berndt Hamm unter Mitarbeit von Christoph Burger und Venicio Marcolino (Spätmittelalter und Reformation 3). Berlin/New York 1983.

Knaake, Joachim Karl Friedrich (Hrsg.): *Johann von Staupitzens sämmtliche Werke / Iohannis Staupitii Opera quae reperiri potuerunt omnia.* Bd. 1: *Deutsche Schriften.* Potsdam 1867.

Luther, Martin: *D. Martin Luthers Werke. Kritische Gesamtausgabe* [Weimarer Ausgabe]. *Werke.* Bd. 7. Weimar 1897.

Luther, Martin: *Septembertestament von 1522.* Faksimile der Originalausgabe: *Das Newe Testament Deutzsch.* Leipzig 2005.

Pierre d'Ailly: *Super libros Sententiarum.* Straßburg: bei Georg Husner, 1490.

Richter, Emil Ludwig/Friedberg, Emil (Hrsg.): *Corpus iuris canonici. Editio Lipsiensis secunda.* Pars prior: *Decretum magistri Gratiani.* Leipzig 1879 [Nachdruck Graz 1955].

Ulrich Krafft: *Das ist der geistlich streit* [...]. Straßburg: bei Johann Knobloch d. Ä., 1517.

Wrede, Adolf (Bearb.): *Deutsche Reichstagsakten unter Kaiser Karl V.* Bd. 2. Gotha 1896.

Sekundärliteratur

Akerboom, Dick: „... Only the Image of Christ in Us' – Continuity and Discontinuity between the Late Medieval *ars moriendi* and Luthers *Sermon von der Bereitung zum Sterben.* In: Blommestijn, Hein/Caspers, Charles/Hofman, Rijcklof (Hrsg.): *Spirituality Renewed. Studies on Significant Representatives of the Modern Devotion* (Studies in Spirituality. Supplements 10). Leuven/Paris/Dudley, MA 2003, S. 209–272.

---

52 Vgl. Hamm, Dynamik.

Baylor, Michael G.: *Action and Person. Conscience in Late Scholasticism and the Young Luther* (Studies in medieval and reformation thought 20). Leiden 1977.

Bezzel, Anne: *Leibhaftige Frömmigkeit. Die Verehrung der Seitenwunde Christi als Schnittfläche und Fluchtpunkt mittelalterlicher Frömmigkeitsphänomene* (Spätmittelalter – Humanismus – Reformation 136). Tübingen 2023.

Breitenstein, Mirko: *‚Vier Arten des Gewissens‘. Spuren eines Ordnungsschemas vom Mittelalter bis in die Moderne: mit Edition des Traktats ‚De quattuor modis conscientiarum‘* (Klöster als Innovationslabore. Studien und Texte 4). Regensburg 2017.

Burger, Christoph: „Durch Furcht soll Liebe ihren Einzug halten“. Spätmittelalterliche Frömmigkeit zwischen Gnade und Furcht. In: Freybe, Peter (Hrsg.): *Sehnsüchtig nach Leben. Aufbrüche zu neuer Frömmigkeit.* Evangelisches Predigerseminar (Wittenberger Sonntagsvorlesungen 2006). Wittenberg 2006, S. 10–27.

Burger, Christoph: *Aedificatio, Fructus, Utilitas. Johannes Gerson als Professor der Theologie und Kanzler der Universität Paris* (Beiträge zur historischen Theologie 70). Tübingen 1986.

Burger, Christoph: Das Reden von Gottes strafender Gerechtigkeit und dessen Wirkung in der spätmittelalterlichen Frömmigkeit. In: *Lutherjahrbuch* 81 (2014), S. 79–96.

Dinzelbacher, Peter: *Die letzten Dinge. Himmel, Hölle, Fegefeuer im Mittelalter* (Herder-Spektrum 4715). Freiburg im Breisgau/Basel/Wien 1999.

Griese, Sabine: Dirigierte Kommunikation. Beobachtungen zu xylographischen Einblattdrucken und ihren Textsorten im 15. Jahrhundert. In: Harms, Wolfgang/Schilling, Michael (Hrsg.): *Das illustrierte Flugblatt in der Kultur der Frühen Neuzeit.* Wolfenbütteler Arbeitsgespräch 1997 (Mikrokosmos 50). Frankfurt am Main u. a. 1998, S. 75–99.

Griese, Sabine: *Text-Bilder und ihre Kontexte. Medialität und Materialität von Einblatt-Holz- und -Metallschnitten des 15. Jahrhunderts* (Medienwandel – Medienwechsel – Medienwissen 7). Zürich 2011.

Grosse, Sven: *Heilsungewißheit und Scrupulositas im späten Mittelalter. Studien zu Johannes Gerson und Gattungen der Frömmigkeitstheologie seiner Zeit* (Beiträge zur historischen Theologie 85). Tübingen 1994.

Hamm, Berndt: *Ablass und Reformation. Erstaunliche Kohärenzen.* Tübingen 2016.

Hamm, Berndt: *Der frühe Luther. Etappen der reformatorischen Neuorientierung.* Tübingen 2010.

Hamm, Berndt: Die Dynamik von Barmherzigkeit, Gnade und Schutz in der vorreformatorischen Religiosität. In: *Lutherjahrbuch* 81 (2014), S. 97–134.

Hamm, Berndt: Die Nähe des Heiligen im ausgehenden Mittelalter: Ars moriendi, Totenmemoria, Gregorsmesse. In: Ders.: *Religiosität im späten Mittelalter. Spannungen, Neuaufbrüche, Normierungen.* Hrsg. von Friedrich, Reinhold/Simon, Wolfgang (Spätmittelalter – Humanismus – Reformation 54). Tübingen 2011, S. 474–509 [zuerst 2007].

Hamm, Berndt: Frömmigkeitsbilder und Partikulargericht vom 14. bis zum frühen 16. Jahrhundert. In: Dittscheid, Hans-Christoph/Gerstl, Doris/Hespers, Simone (Hrsg.): *Kunst-Kontexte.* Festschrift für Heidrun Stein-Kecks (Schriftenreihe des Erlanger Instituts für Kunstgeschichte 3 / Studien zur internationalen Architektur- und Kunstgeschichte 140). Petersberg 2016, S. 130–152.

Hamm, Berndt: *Frömmigkeitstheologie am Anfang des 16. Jahrhunderts. Studien zu Johannes von Paltz und seinem Umkreis* (Beiträge zur historischen Theologie 65). Tübingen 1982.

Hamm, Berndt: Gottes gnädiges Gericht. Spätmittelalterliche Bildinschriften als Zeugnisse intensivierter Barmherzigkeitsvorstellungen. In: Ders.: *Religiosität im späten Mittelalter. Spannungen, Neuaufbrüche, Normierungen.* Hrsg. von Friedrich, Reinhold/Simon, Wolfgang (Spätmittelalter – Humanismus – Reformation 54). Tübingen 2011, S. 425–445 [zuerst 2008].

Hamm, Berndt: Katholischsein vor der Reformation. Klärungen am Beispiel des Ulmer Pfarrers Ulrich Krafft († 1516). In: *Zeitschrift für Kirchengeschichte* 132 (2021), S. 300–336.

Hamm, Berndt: *Lazarus Spengler (1479–1534). Der Nürnberger Ratsschreiber im Spannungsfeld von Humanismus und Reformation, Politik und Glaube.* Mit einer Edition von Litz, Gudrun (Spätmittelalter und Reformation. Neue Reihe 25). Tübingen 2004.

Hamm, Berndt: *Spielräume eines Pfarrers vor der Reformation. Der Ulmer Pfarrer Ulrich Krafft* (Veröffentlichungen der Stadtbibliothek Ulm 27). Ulm 2020.

Hamm, Berndt: Was ist Frömmigkeitstheologie? Überlegungen zum 14. bis 16. Jahrhundert. In: Ders.: *Religiosität im späten Mittelalter. Spannungen, Neuaufbrüche, Normierungen.* Hrsg. von Friedrich, Reinhold/Simon, Wolfgang (Spätmittelalter – Humanismus – Reformation 54). Tübingen 2011, S. 116–153 [zuerst 1999].

Hamm, Berndt: Wollen und Nicht-Können als Thema der spätmittelalterlichen Bußseelsorge. In: Ders.: *Religiosität im späten Mittelalter. Spannungen, Neuaufbrüche, Normierungen.* Hrsg. von Friedrich, Reinhold/Simon, Wolfgang (Spätmittelalter – Humanismus – Reformation 54). Tübingen 2011, S. 355–390 [zuerst 2001].

Hamm, Berndt: Zwischen Strenge und Barmherzigkeit. Drei Typen städtischer Reformpredigt vor der Reformation. Savonarola – Geiler – Staupitz. In: Ders.: *Religiosität im späten Mittelalter. Spannungen, Neuaufbrüche, Normierungen.* Hrsg. von Friedrich, Reinhold/Simon, Wolfgang (Spätmittelalter – Humanismus – Reformation 54). Tübingen 2011, S. 391–424.

Kaufmann, Thomas: *„Hier stehe ich!" Luther in Worms – Ereignis, mediale Inszenierung, Mythos* (Zeitenspiegel Essay). Stuttgart 2021.

Lentes, Thomas: Nur der geöffnete Körper schafft Heil. Das Bild als Verdoppelung des Körpers. In: Geismar-Brandi, Christoph/Louis, Eleonora (Hrsg.): *Glaube Hoffnung Liebe Tod.* Von der Entwicklung religiöser Bildkonzepte. Ausstellungskatalog. Wien 1995, S. 152–155.

Leppin, Volker: Gewissenszwang, Gewissensbindung und Gewissensfreiheit in der Wittenberger Reformation. In: Cristellon, Cecilia/Schorn-Schütte, Luise (Hrsg.): *Grundrechte und Religion im Europa der Frühen Neuzeit (16.–18. Jh.)* (Schriften zur politischen Kommunikation 24). Göttingen 2019, S. 25–50.

Mennecke, Ute: „Ich kan nicht anderst, hie stehe ich, Got helff mir, Amen." Der Streit um die Authentizität des Wormser Lutherdiktums. In: Frost, Stefanie/Mennecke, Ute/Salzmann, Jorg Christian (Hrsg.): *Streit um die Wahrheit. Kirchengeschichtsschreibung und Theologie* (Kontexte 44). Göttingen 2013, S. 215–244.

Rädle, Fidel: Johannes Gerson, *De arte moriendi.* Lateinisch ediert, komm. und deutsch übers. In: Miedema, Nine/Suntrup, Rudolf (Hrsg.): *Literatur – Geschichte – Literaturgeschichte. Beiträge zur mediävistischen Literaturwissenschaft.* Festschrift für Volker Honemann. Frankfurt am Main u. a. 2003, S. 721–738.

Reinhardt, Brigitte/Roth, Michael (Hrsg.): *Hans Multscher: Bildhauer der Spätgotik in Ulm.* Eine Ausstellung des Ulmer Museums und des Württembergischen Landesmuseums, Stuttgart, im Ulmer Museum, 7. September bis 16. November 1997. Ulm 1997.

Roth, Gunhild: Die Gregoriusmesse und das Gebet ‚Adoro te in cruce pendentem' im Einblattdruck. Legendenstoff, bildliche Verarbeitung und Texttradition am Beispiel des Monogrammisten d. Mit Textabdrucken. In: Honemann, Volker/Griese, Sabine/Eisermann, Falk/Ostermann, Marcus (Hrsg.): *Einblattdrucke des 15. und frühen 16. Jahrhunderts. Probleme, Perspektiven, Fallstudien.* Tübingen 2000, S. 277–324.

Selge, Kurt-Victor: *Capta conscientia in verbis Dei.* Luthers Widerrufsverweigerung in Worms. In: Reuter, Fritz (Hrsg.): *Der Reichstag zu Worms 1521. Reichspolitik und Luthersache.* Köln/Wien ²1981, S. 180–207.
Störmer-Caysa, Uta: *Gewissen und Buch. Über den Weg eines Begriffes in die deutsche Literatur des Mittelalters* (Quellen und Forschungen zur Literatur- und Kulturgeschichte 14 [248]). Berlin/New York 1998.
Werbeck, Wilfrid: Voraussetzungen und Wesen der *scrupulositas* im Spätmittelalter. In: *Zeitschrift für Theologie und Kirche* 68 (1971), S. 327–350.

Jonathan Stutz

Aufstieg zu Gott in der Zelle. Wilhelm von Saint-Thierry und sein Brief an die Kartäuser von Mont-Dieu

Innerhalb der monastischen Reformbewegungen des 12. Jahrhunderts tritt das Ideal der Absonderung des Mönches von der Welt vielleicht nirgends so augenscheinlich zutage wie in den Kartäuserklöstern mit ihren für die eremitische Askese eingerichteten Zellen. Deren karge vier Wände standen dabei nicht nur für eine klar erkennbare Trennlinie zwischen dem Asketen und der Welt, sondern auch für eine neue Umsetzung des Ideals des koinobitischen Lebens, da das Kloster nun als Gemeinschaft von Eremiten geführt und verstanden wurde. Vor allem aber standen die vier Wände für eine Intensivierung der Kommunikation zwischen dem Mönch und Gott, wie die folgende Passage aus dem sogenannten Goldenen Brief (*Epistola Aurea*) des Wilhelm von Saint-Thierry († 1148) an die Kartäuser von Mont-Dieu pointiert zusammenfasst:

> Die Zelle ist ein heiliges Land, ist ein heiliger Ort, in dem der Herr und sein Diener oft miteinander sprechen, wie ein Mann mit seinem Freund (Ex. 33,11), wo sich die treue Seele oft mit dem Wort Gottes verbindet, sich die Braut mit dem Bräutigam vereint, das Himmlische mit dem Irdischen, das Göttliche mit dem Menschlichen. Wie der Tempel das Heiligtum Gottes ist, so ist die Zelle das Heiligtum des Dieners Gottes.[1]

Der eben genannte Traktat, mit welchem sich der folgende Aufsatz beschäftigen möchte, stammt aus der Feder eines der produktivsten monastischen Autoren des 12. Jahrhunderts, der durch exegetische, dogmatische, polemische und asketische Werke mehrere theologische Diskurse und Streitigkeiten seiner Zeit aufgegriffen hat – wobei die gut bezeugte Überlieferung einiger dieser Werke der Zuschreibung an Bernhard von Clairvaux geschuldet ist. Wie ich im ersten Teil dieses Aufsatzes hervorheben möchte, zeichnet sich die *Epistola Aurea* dadurch aus, die theologische Reflexion über das asketische Ideal des Aufstiegs zu Gott mit praktischen Hinweisen zur Realisierung dieses Ideals zu verbinden. Dadurch eignet sich dieser Traktat besonders gut, um danach zu fragen, inwieweit die monastische Literatur des

---

1 Wilhelm von Saint-Thierry, *Epistola Aurea* 35, S. 172: „Cella terra sancta, et locus sanctus est, in qua Dominus et servus ejus saepe colloquuntur, sicut vir ad amicum suum; in qua crebro fidelis anima Verbo Dei conjungitur, sponsa sponso sociatur, terrenis coelestia, humanis divina uniuntur. Siquidem sicut templum sanctum Dei, sic cella est servi Dei." Alle Übersetzungen sind entnommen aus Kohout-Berghammer, *Goldener Brief.*

Mittelalters auch als Teil einer spezifisch monastischen Vigilanzkultur verstanden werden kann, die darauf bedacht war, auf die vor allem auf die Leiblichkeit des Menschen zurückgeführten Einschränkungen der Askese einzugehen. Im konkreten Fall der *Epistola Aurea* kann dabei veranschaulicht werden, inwiefern die Zelle als Chiffre für das Streben nach der Vereinigung mit Gott und die Befreiung von der Schwerkraft eines sinnenverhafteten Weltbezugs steht, da gerade die durch die vier Wände ermöglichte Absonderung von der Welt die Aufmerksamkeit und Wachsamkeit des Mönches auf ihn selbst und sein inneres Leben ausrichten kann. Während der zweite Teil dieses Aufsatzes sich vor allem Wilhelms Darstellung der Mönchszelle als geistlichen Zentrums des monastischen Lebens widmet und diesen Sachverhalt innerhalb der asketischen Propaganda des 12. Jahrhunderts verortet, möchte der dritte und wichtigste Teil dieses Beitrags die unterschiedlichen argumentativen Strategien und praktischen Hinweise unter die Lupe nehmen, mit denen der Autor seine Leser zu einer Praxis der asketischen Vigilanz anleitet.

1 Wilhelm von Saint-Thierry und der Goldene Brief

Sichere Angaben zu Wilhelms Leben sind vor allem aus den autobiographischen Notizen zu entnehmen, die sich über seine Werke verstreuen. Abgesehen davon zirkulierte ab dem 12. oder 13. Jahrhundert auch eine *Vita* (die sogenannte *Vita antiqua*), deren Wert aber vor allem auf literarischem Gebiet liegt.[2] Mit Blick auf den vorliegenden Aufsatz und die Verortung des Goldenen Briefs genügt es jedenfalls, die wichtigsten Stationen zu nennen. In Lüttich geboren, tritt er um 1100 in die Benediktinerabtei Saint Nicaise in Reims ein, wo an ihn 1121 der Ruf in die Abtei Saint-Thierry bei Reims ergeht. In die Zeit, in welcher er als Abt dieser traditionsreichen Abtei wirkte, fällt auch die Freundschaft mit Bernhard von Clairvaux, den er fortan als seinen geistlichen Vater betrachtet. Diese Verbindung kommt nicht zuletzt in der gemeinsamen Hingabe für das kontemplative Leben in der Zurückgezogenheit von der Welt zum Ausdruck und hat auch literarisch ihren Abdruck hinterlassen, wie zum Beispiel in der von Wilhelm verfassten Lebensbeschreibung des Abtes von Clairvaux (geschrieben um 1146) oder in der von Bernhard verfassten und seinem Freund gewidmeten *Apologia ad Guillelmum Abbatem*, mit welcher er seine Zisterzienserreform gegenüber ihren Kritikern verteidigte.

---

2 Pfeifer, Goldener Brief, S. 25. Für eine systematische Studie zu Wilhelms Biographie siehe Piazzoni, *Ideale monastico*, McGuire, Chronology, und Pfeifer, Goldener Brief, S. 25–39, aus der auch meine folgenden Ausführungen stammen. Zur *Vita antiqua* siehe Bell, Vita antiqua.

Das Streben nach einer strengeren Einhaltung der Ordensregel Benedikts hat Wilhelm schließlich dazu verleitet, Bernhard um Aufnahme in die neu errichtete Klostergemeinschaft in Clairvaux zu bitten, zuerst ohne Erfolg. Auch im Kontext seiner eigenen Abtei konnte sich Wilhelm jedenfalls für strengere Reformen einsetzen, welche unter anderem den Hintergrund und den Anlass seiner Schrift *Responsio abbatum* bilden. Gleichzeitig führte er seine Gedanken zum kontemplativen Leben auch in theologischen Werken zusammen, so vor allem in seinen Schriften *De contemplando Deo* und *De natura et dignitate amoris*.[3] Schließlich erhielt Wilhelm vom Erzbischof von Reims doch noch die Erlaubnis, sich der Zisterzienserbewegung anzuschließen, weshalb er sich 1134 in einer Neugründung in Signy in den Ardennen niederließ, wo er bis zu seinem Tod blieb. Hier gelangte seine theologische Schaffenskraft nochmals zu einer Spätblüte, vor allem durch verschiedene Kommentare zum Hohelied, aber auch durch eine Streitschrift gegen Petrus Abaelard (*Disputatio adversus Petrum Abaelardum*), von dessen dialektischer *Sic-et-Non*-Methode sich die affektive und kontemplative Theologie Wilhelms klar unterschied.[4]

Die Schrift, mit welcher sich dieser Aufsatz beschäftigen wird, die *Epistola ad fratres de Monte Dei* oder *Epistola Aurea*, fällt in diese letzte Schaffenszeit Wilhelms und wurde vermutlich zwischen 1144 und 1146 verfasst. Gesichert scheint auch, dass der Entstehungsgrund dieses Traktates im Anschluss an seinen Besuch zu verorten ist, den er der neu gegründeten Kartause von Mont-Dieu in den Ardennen abstattete, vielleicht im Zusammenhang von deren Einweihung. Die sowohl dokumentarisch belegte wie hagiographisch überzeichnete Gründung dieser Kartause (die erste außerhalb der Grenzen des Heiligen Römischen Reichs) geht auf die Initiative von Odo, dem Abt von Saint-Rémi, zurück.[5] Damit kam Wilhelm mit einer weiteren monastischen Reformbewegung in Berührung, welche für eine strenge Auslegung der *Benediktsregel* einstand, gleichzeitig aber auch das Ideal einer eremitischen Askese umzusetzen versuchte. Sinnbildlich dafür ist nicht zuletzt die architektonische Umsetzung der radikalen Abkehr von der Welt, in erster Linie durch die

---

3 Zur mystischen Theologie Wilhelms siehe Bell, Mystical Theology. Theologisch bedeutsam sind auch seine Beiträge zu den Abendmahlskontroversen (*Epistola ad Rupertum*, *De corpore et sanguine Domini*), welche seit dem Streit um Berengar weiterhin die Gemüter erregten.

4 Siehe dazu vor allem Spijker, *Fictions of the Inner Life*, S. 185–231, vor allem die Besprechung früherer Forschungsbeiträge (Leclerq, Pfeifer, Renevey) auf S. 187, n. 5.

5 Die Gründung der Kartause ist u. a. bezeugt durch die Bestätigungsbulle von Papst Innozenz II aus dem Jahr 1136 (Innozenz II, *Ad hoc universalis Ecclesiae cura*), die Gründungscharta durch Abt Odo (Odo I, *Charta de fundatione*), einen Brief des fünften Priors der Grande Chartreuse, Guigo von Kastell, an den Erzbischof von Reims sowie durch eine hagiographisch geschmückte Nacherzählung der Gründungsgeschichte aus dem 14. Jahrhundert (*Historia fundationis Montis-Dei*). Für eine Einordnung dieser Quellen siehe die Einführung zur Edition in Déchanet, *Lettre*, S. 13–24.

aneinandergereihten und oft einen Innenhof oder Kreuzgang umfassenden Zellen, in denen sich die Kartausebewohner zum Schriftstudium, aber auch zum Gebet aufhielten, welches darum nicht mehr hauptsächlich in der Klosterkirche angesiedelt war.

Angesichts der Kontroverse mit den älteren monastischen Bewegungen, allen voran der cluniazensischen, scheint es natürlich auf der Hand zu liegen, das Wiederaufleben eremitischer Ideale im Sinne eines Bruchs mit dem etablierten Mönchtum zu lesen. In der jüngsten Forschung wurde dagegen zu Recht darauf hingewiesen, dass sowohl die Reformbewegungen innerhalb des traditionellen benediktinischen Mönchtums (Cluny, Hirsau) wie auch die Rückbesinnung auf asketische Ideale durch die neu aufkommenden Bewegungen (Cîteaux, La Chartreuse) erst im Laufe des 12. Jahrhunderts die uns heute bekannten Mönchsorden mit ihrem jeweiligen institutionellen Gefüge und religiösen Eigencharakter hervorgebracht haben (Benediktiner, Zisterzienser, Kartäuser).[6] Der Verbundenheit Wilhelms sowohl mit dem benediktinischen wie mit dem zisterziensischen Mönchtum ist es jedenfalls zu verdanken, dass sein an die Kartäuser gerichteter Traktat auch in den anderen beiden Gemeinschaften rege abgeschrieben und überliefert wurde. Entscheidend für die Rezeption der Schrift waren gleichzeitig auch die mystischen Strömungen des 13. und 14. Jahrhunderts und nicht zuletzt die klösterlichen Reformbewegungen des 15. Jahrhunderts.

Einen nicht unwesentlichen Faktor für die historische Breitenwirkung der *Epistola Aurea* dürfte schließlich auch der Umstand dargestellt haben, dass der Traktat bereits ab einem frühen Zeitpunkt Bernhard selbst zugeschrieben wurde. Gerade die beachtliche Menge an Handschriften ermöglicht jedenfalls einen gewinnbringenden Einblick sowohl in die Überlieferungs- wie auch in die Entstehungsgeschichte eines Textes, der einen nachweislich heterogenen Eindruck macht. In der von Wilhelm zusammengestellten Endredaktion fließen nämlich Elemente, die eher zu einer theoretischen Abhandlung über die geistige Vervollkommnung des Mönches passen, mit praktischen Hinweisen zusammen, die auf das alltägliche Leben in einer Kartause zugeschnitten sind.[7] Durch einen minutiösen Vergleich der

---

6 Siehe Vanderputten, Monastic Reform, S. 614. Gleichzeitig gilt, dass Konflikte bezüglich der Umsetzung von monastischen Reformprogrammen nicht immer zwischen den ,alten' und ,neuen' Gemeinschaften entstanden, sondern sich auch dort manifestieren konnten, wo bereits bestehende Klostergemeinschaften reformiert wurden, wie zum Beispiel bei der Einführung der sogenannten ,Hirsauer Reform' im Kloster Petershausen in der Bodenseeregion. Siehe dazu Beach, *Trauma of Monastic Reform*. Zu den Kontinuitätslinien und Unterschieden innerhalb und zwischen den monastischen Reformbewegungen des 12. Jahrhunderts siehe Constable, *The Reformation*.
7 Für die Rekonstruktion der Textgeschichte bleiben vor allem die kartusianischen und die zisterziensischen Handschriftenfamilien mit ihren jeweiligen Überlieferungssträngen von Relevanz.

wichtigsten Handschriftengruppen und durch das Heranziehen einer Sammelhandschrift aus dem 12. Jahrhundert hat der Herausgeber Jean-Marie Déchanet wichtige Erkenntnisse zur Entstehungsgeschichte des Textes bereitstellen können. Ohne hier auf Details eingehen zu können, scheint der Traktat in zwei Etappen entstanden zu sein. Bereits vor seinem Besuch der Kartause Mont-Dieu hatte Wilhelm an einem theoretischen Traktat über den Aufstieg des Asketen zu Gott durch Abtötung des Leibes, Tugendleben und Liebe gearbeitet. Durch die nachträgliche Einfügung von längeren Ausführungen zur monastischen Praxis vor allem im ersten Teil des Traktats wurde dieses Werk anschließend auf die Erwartungen einer Kartause zugeschnitten.[8]

Das Werk ist nach der von Wilhelm gemachten Unterscheidung dreier Zustände des Menschen (*Homo animalis, Homo rationalis, Homo spiritualis*) gegliedert. Inwiefern diese theologische Kategorisierung sich auf die unterschiedlichen Etappen des monastischen Lebens bezieht, kann man in den Worten Wilhelms selbst umschreiben: Die sinnenverhafteten Menschen sind demnach diejenigen Mönche, die in ihrer Askese auf sinnlich vermittelte Bilder oder Vorstellungen angewiesen sind, sich auf die Nachahmung äußerlicher Autoritäten berufen und vor allem durch die Gehorsamspflicht geleitet werden können. Dagegen handelt der verstandesgemäße Asket auf der Grundlage dessen, was er durch seine Urteilskraft als Gutes erkennt, und zwar ohne Vermittlung der äußeren Sinne. Die Vollkommenheit wird aber schließlich von denjenigen erreicht, die sich durch den Heiligen Geist leiten lassen, aus reiner Liebe handeln und dadurch zur Gottesschau gelangen. Dabei ist natürlich hervorzuheben, dass der geistige Zustand während der Dauer des irdischen Lebens nur punktuell erreicht werden kann und gänzlich in der Willkür Gottes bleibt.[9] Gleichzeitig hält Wilhelm von Saint-Thierry auch fest, dass die eigentliche Perfektion des Menschen während seines irdischen Lebens nur in der Bewegung selbst bestehen kann, die stets das Zurückliegende von sich abwirft und sich auf das Vorausliegende hinausstreckt bzw. hinaufschwingt.[10]

So tradieren die kartusianischen Handschriften ein längeres Vorwort und mehrere Lesarten, die in den zisterziensischen Familien nicht anzutreffen sind. Siehe dazu Pfeifer, Goldener Brief, S. 57–60.

8 Siehe dazu Pfeifer, Goldener Brief, S. 60–66, und Déchanet, *Lettre*, S. 31–49.

9 Vgl. Wilhelm von Saint-Thierry, *Epistola Aurea* 43, S. 178. Siehe dazu auch die Erläuterungen in Spijker, *Fictions of the Inner Life*, S. 192–195, Davis, Glorifying Embrace, S. 142–146 und Pfeifer, Goldener Brief, S. 102–105. Abgesehen von der *Epistola Aurea* ist diese Dreiteilung auch im Prolog zu Wilhelms Hohelied-Kommentar belegt, wobei sie sich hier auf die Betenden (*status orantium*) bezieht. Siehe Wilhelm von Saint-Thierry, *Expositio super Cantica Canticorum*, S. 24–30.

10 Wilhelm von Saint-Thierry, *Epistola Aurea* 40, S. 176: „Perfecta eorum quae retro sunt oblivio, et perfecta in anteriora extensio, ipsa est hominis justi in hac vita perfectio."

Eine zweite Systematisierungsebene wird von Wilhelm durch die Bestimmung von drei weiteren Entwicklungsstadien eingeführt, die den geistigen Fortschritt in jedem der drei oben genannten Zustände ausmachen und jeweils zwischen Anfängern, Fortgeschrittenen und Vollkommenen unterscheiden. Die daraus folgende Aufteilung des seelischen Aufstiegs zu Gott und der sich daraus ergebende Aufbau des Traktats lassen sich daher folgendermaßen darstellen:[11]

> 1–40: Lob des eremitischen Mönchtums
> 41–45: Die drei Stadien des asketischen Lebens
> 46–186: *Homo animalis*
> > 46–94: Die drei Stufen des *Homo animalis*
> > 95–139: Das Leben in der Zelle: Geistige und körperliche Übungen
> > 140–168: Praktische Herausforderungen des Lebens in der Zelle
> > 169–186: Das Gebet
> 187–248: *Homo rationalis*
> > 187–194: Die drei Stufen des *Homo rationalis*
> > 195–212: Erste Stufe: Formung des denkenden Geistes
> > 213–233: Zweite Stufe: Tugendleben
> > 234–248: Dritte Stufe: Umwandlung des Denkens in Liebe
> 249–300: *Homo spiritualis*
> > 249–267: Erste Stufe: Einheit des Geistes
> > 268–275: Zweite Stufe: Kontemplation
> > 276–300: Dritte Stufe: Vereinigung mit Gott

Während das sich wiederholende Motiv eines Vollkommenheitsparadigmas einem theoretischen Traktat über das kontemplative Leben gut zu Gesicht steht, ist durch die thematische Schwerpunktsetzung des ersten Teils des Werkes ein gewisses Ungleichgewicht zu erkennen, das sich durch die längeren Ausführungen zur asketischen Praxis im ersten Teil des Werkes und durch deren Fehlen im zweiten und dritten Teil des Werkes ergibt. Während die oben kurz angedeutete Entstehungsgeschichte der Schrift die Gründe für den nicht symmetrisch verlaufenden Aufbau der drei Teile plausibilisieren kann, ist Wilhelm jedenfalls daran gelegen, die unterschiedlichen Entwicklungsstadien des Aufstieges der Seele zu Gott auch auf die Askese innerhalb der Mauern einer Kartause zu übertragen, denn „wie sich ein Stern vom andern in Klarheit unterscheidet, so auch eine Zelle von der andern durch den Lebenswandel".[12] Die Zelle wird in anderen Worten nicht nur als räumliche Verortung des seelischen Aufstiegs zu Gott verstanden, sondern wird in diese Selbsttranszendierung selbst mit aufgenommen.

---

11 Basierend auf der Rekonstruktion von Déchanet, *Lettre*, S. 36–38.
12 Wilhelm von Saint-Thierry, *Epistola Aurea* 41, S. 176: „Hoc autem modo, sicut stella a stella differt in claritate, sic cella a cella in conversatione, incipientium scilicet, proficientium, et perfectorum."

2 Licht aus dem Osten: Die Zelle als Mitte des monastischen Lebens

Trotz aller Kritik an der Verweltlichung der Klöster strebten die monastischen Reformbewegungen des 12. Jahrhunderts keinen Bruch mit dem koinobitischen Lebensstil an. Viel eher ist mit Giles Constable zu beobachten, dass auch die strengere Observanz in Cîteaux oder La Chartreuse vom jeweiligen Selbstanspruch her darauf ausgelegt war, das von Benedikt angestrebte gemeinschaftliche Leben zu revitalisieren.[13] Ähnlich wie Bernhards *Apologia* ist auch Wilhelms Brief im Kontext der Polemik zu verorten, welche die Entstehung von neuen Mönchsbewegungen hervorgerufen hat und welche letztlich auch durch die neu entstandene Konkurrenzsituation und Abwerbung von Mönchen akzentuiert wurde. Vor allem möchte Wilhelm das asketische Ideal der Kartäuser gegen die angebliche Anschuldigung verteidigen, dass die Bewegung eine „neuartige Eitelkeit" („novella vanitas") eingeführt hätte,[14] die sich nicht durch die monastische Tradition beglaubigen lassen würde. Wie aus der Einleitung selbst hervorgeht, erkennt Wilhelm in der von den Kartäusern neu belebten asketischen Praxis hingegen eine Anknüpfung an die Anfänge des Mönchtums in der ägyptischen Wüste, dessen Licht nun in die abendländische Christenheit gebracht wurde:

> Den Brüdern vom Berge Gottes, die das Licht des Ostens und jenen alten religiösen Eifer aus Ägypten in die Dunkelheit des Westens und in die Kälte Galliens brachten, nämlich das Beispiel eines Lebens in der Einsamkeit und die Form eines himmlischen Lebens, ihnen eile entgegen und eile mit ihnen, meine Seele, in der Freude des Heiligen Geistes, mit dem Jubel des Herzens, mit dem Eifer der Liebe und mit der ganzen Hingabe eines ergebenen Willens.[15]

---

13 Siehe Constable, Cluny – Cîteaux – La Chartreuse, S. 247. Dies wirkte sich wiederum auch auf die traditionellen Klöster aus, wie Vanderputten, Monastic Reform, S. 614, hervorhebt: „These initiatives unquestionably galvanized cenobitic monasticism, influencing many communities that remained embedded in traditional institutional structures and modes of conduct but gradually began to adapt their recruitment policies, their relations with secular society, and maybe even some of their devotional practices to accommodate new expectations regarding the individual spirituality of their members and the function of monasticism in society."

14 Wilhelm von Saint-Thierry, *Epistola Aurea* 11, S. 150.

15 Wilhelm von Saint-Thierry, *Epistola Aurea* 1, S. 144: „Fratribus de Monte-Dei, orientale lumen et antiquum illum in religione Aegyptium fervorem tenebris occiduis et gallicanis frigoribus inferentibus, vitae scilicet solitariae exemplar, et caelestis formam conversationis, occurre et concurre anima mea in gaudio sancti Spiritus et risu cordis in favore pietatis et in omni obsequio devotae voluntatis." Zur Vermittlung der Traditionen über das ägyptische Mönchtum im Westen siehe Ward, Western Darkness.

Die Anknüpfung an das Ursprungsideal des Mönchtums und dessen Inanspruchnahme ist auch vor dem Hintergrund der ‚eremitischen Propaganda' zu lesen, die zwischen dem Ende des 11. und dem Beginn des 12. Jahrhunderts auch außerhalb der Zisterzienser- und Kartäuserbewegung Nachhall gefunden hat. Wie die Wüste für die ersten Mönche, so boten auch die Wälder Galliens eine *terra deserta*, in welcher die Absonderung von der Gesellschaft, aber auch von den verweltlichten Klöstern des etablierten Mönchtums verwirklicht werden konnte, wie in den Viten und Gemeinschaftsgründungen des Stephan von Muret (1044–1124) oder des Stephan von Obazine (ca. 1085–1156) exemplarisch dargestellt ist.[16]

In der von Bruno von Köln errichteten ‚Wüste' der Grande Chartreuse kam die Abgeschiedenheit von der Welt gleich in doppelter Hinsicht zur Geltung: zum einen durch die Ansiedlung der Mönche in einem von der Zivilisation entrückten Gebirgsstrich, und zum anderen durch die Errichtung einzelner Zellen, in denen die Bewohner der Kartause voneinander getrennt lebten und das Ideal eines kontemplativen Lebens umsetzen konnten. Im Gegensatz zu den cluniazensischen Klöstern wurde das gemeinsame Gebet im Kirchenchor deutlich reduziert, da nun ein wesentlicher Teil der Tagzeitenliturgie und vor allem das Schriftstudium in der Einsamkeit der Zelle verrichtet wurde. Dies hatte schließlich auch Auswirkungen auf die konzeptionelle Gestaltung einer Klosteranlage. Der traditionelle Aufriss eines benediktinischen Klosters mit seinen jeweils für das Gebet, für die Mahlzeiten und für die Unterbringung der Mönche, aber auch der Kranken und Pilger bestimmten Bauten definierte die Grenzen eines Raums, der einen Rückzug von der Welt markierte und gleichzeitig auch die Kommunikation nach außen ermöglichte. Versinnbildlicht ist diese doppelte Funktion im bekannten Klosterplan von Sankt Gallen aus karolingischer Zeit, einem idealisierten Grundriss des Reichsklosters, der durch seine systematische und strukturierte Anordnung der eben genannten Räumlichkeiten rund um einen Kreuzgang geprägt ist, wobei vor allem die überproportional groß angelegte Klosterkirche klar ins Auge sticht.[17]

Auch wenn in einer Kartause die entsprechenden Räumlichkeiten für das gemeinsame Gebet oder für die Verpflegung nicht fehlten, so trat nun vor allem die Zelle als Ort der Abkehr von der Welt in den Mittelpunkt des monastischen Lebens, wie zum Beispiel aus den *Consuetudines Cartusiae* des bereits genannten Priors Guigo I hervorgeht, der die Mönche eindringlich davor warnt, die vier Wände der eigenen Behausung zu verlassen, „sed potius sicut aquas piscibus, et caulas ovibus, ita suae saluti et vitae cellam deputet necessariam".[18] Wilhelm von Saint-Thierry

---

16 Siehe Melville, „In privatis locis", S. 31–33, und ders., Inside and Outside, S. 173 f.

17 Siehe Melville, Inside and Outside, S. 175 f., und, für eine Besprechung der Entwicklung der klösterlichen Bauanlagen im Westen, Lauwers, Constructing Monastic Space, S. 321–331.

18 Guigo I, *Consuetudines Cartusiae* 31.1, S. 232.

seinerseits bemüht eine eigensinnig anmutende etymologische Erklärung, um die theologische Bedeutung der Zelle hervorzuheben, indem er dem Begriff *cella* eine Verwandtschaft mit *caelum* zuschreibt:

> Deswegen lebt ihr entsprechend eurer Berufung mehr im Himmel als in den Zellen. Ihr habt die Welt völlig von euch ausgeschlossen und habt euch ganz mit Gott eingeschlossen. Zelle und Himmel sind ja verwandte Wohnungen. Denn wie Himmel und Zelle irgendwie verwandte Worte zu sein scheinen, so sind sie auch in der Frömmigkeit verwandt. Von *celare* scheinen nämlich die Worte Himmel und Zelle abgeleitet zu sein. Was im Himmel verborgen ist, das ist auch in den Zellen verborgen. Was man im Himmel tut, das tut man auch in den Zellen.[19]

Mag Wilhelms Deutung der lateinischen Begriffe gewagt anmuten, so spiegelt jedenfalls in seiner Schrift die prominente Rolle der Zelle als Ort der Weltentsagung die räumliche und bauliche Umsetzung des Reformprogramms der Kartäuserbewegung wider. Gleichzeitig schwingt in der Bestimmung der Zelle als Ort der Abgeschiedenheit auch ein Anliegen des benediktinischen Mönchtums mit, und zwar das Ideal der *stabilitas loci*, so wie gerade in der *Benediktsregel* festgehalten.[20] Wohl auch mit Blick auf dieses Gebot ermahnen die *Consuetudines* die Mönche, die Zelle nur zu den erlaubten oder gebotenen Beschäftigungen des gemeinschaftlichen Lebens zu verlassen. Auch Wilhelm hebt mit dem Verweis auf die *regula oboedientiae* die Notwendigkeit der Disziplinierung des Willens des Novizen durch das ständige Verweilen in der Zelle hervor.[21] Gerade für den sich im Stadium des *homo carnalis* befindenden Mönch erweist sich nämlich dieser Ort als eine geeignete Voraussetzung, um den Willen und den Gehorsam des Novizen gefügig zu machen, damit er den eigenen Leib auf die Askese ausrichten kann, ohne ihn aber gleichzeitig zu überfordern:

> All das verlangt lange und aufmerksame Mühe. Es wäre auch mit einem gefährlichen Irrtum verbunden, wenn nicht das Gesetz des Gehorsams und die Zelle dem Eintretenden ein für allemal eine vollständige Weisung für das gemeinsame Leben geben würde, für Nahrung und Kleidung, für Arbeit und Ruhe, für Schweigen und Einsamkeit und für alles, was zur Pflege und

---

19 Wilhelm von Saint-Thierry, *Epistola Aurea* 31, S. 168, S. 170: „Propter hoc secundum formam propositi vestri, habitantes in caelis potius quam in cellis, excluso a vobis toto saeculo, totos vos inclusistis cum Deo. Cellae siquidem et caeli habitatio cognatae sunt; quia sicut caelum ac cella ad invicem videntur habere aliquam cognationem nominis, sic etiam pietatis. A celando enim et caelum et cella nomen habere videntur. Et quod celatur in caelis, hoc et in cellis; quod geritur in caelis, hoc et in cellis."
20 Siehe vor allem *Regula Benedicti* 58,15, S. 206.
21 So vor allem in Wilhelm von Saint-Thierry, *Epistola Aurea* 94, S. 218. Siehe zu dieser Passage auch weiter unten.

> zu den Bedürfnissen des äußeren Menschen gehört, und so dem gehorsamen, geduldigen und ruhigen Bruder für die Zukunft Vorsicht und Sicherheit gewähren würde.[22]

Dennoch bleibt sich der Autor auch der Gefahren bewusst, die die Zelle für den unerfahrenen Novizen bereithält, da nicht jedermann für die Einsamkeit der Zelle geeignet ist. Für Letzteren werden die vier Wände eher zum Gefängnis (*reclusio*) und zum Kerker (*carcer*) und das einsame Leben des Einsiedlers (*solitarius*) zur qualvollen Einsamkeit (*solitudo*).[23] Daraus müsste man rückschließen, dass sich die Zelle in erster Linie für die vollkommenen Mönche eigne, die also bereits ‚feste Nahrung' zu sich nehmen können, wie Wilhelm mit Verweis auf den Apostel Paulus zugibt.[24] Mit Blick auf die Aufnahme von neuen Glaubensbrüdern gilt es also, besonders auf die innerliche Disposition der jeweiligen Kandidaten zu achten und nur diejenigen Mönche aufzunehmen, welche die nötigen Voraussetzungen für das Leben in der Zelle mitbringen:

> Die Wohnung der Zellen soll nun für zwei Arten von Menschen offenstehen: für die Einfältigen, die durch ihren Sinn und ihr Wollen begierig und fähig erscheinen, die fromme Klugheit zu erlangen; oder für die Klugen, von denen feststeht, dass sie nach der frommen und heiligen Einfalt streben. Der törichte Stolz aber oder die stolze Torheit möge von den Zelten der Gerechten (Ps. 117,15) immer fern sein.[25]

Wilhelms Mahnungen vor den Gefahren der Einsamkeit stellen in der monastischen Literatur des 12. Jahrhunderts keinen Sonderfall dar. Auf die Gefahren, die das eremitische Leben gerade für die Neubekehrten bereitstellt, weist letztlich auch Bernhard in verschiedenen seiner Schriften hin, unter anderem indem er darauf aufmerksam macht, dass ein noch unerfahrener Mönch nicht in der Lage sei, seine Schwäche richtig einzuschätzen, und nach moralischen Verfehlungen oder Rück-

---

22 Wilhelm von Saint-Thierry, *Epistola Aurea* 75, S. 202: „In quo multum et scrupulose laborandum, et periculose saepe fuerat errandum, nisi lex oboedientiae et cellae, plenam communis institutionis, formam semel tradens ingredienti, de victu et vestitu, de labore et quiete, de silentio et solitudine, et omnibus quae ad exterioris hominis cultum, vel necessitatem spectant, fratrem oboedientem, et patientem, et quietum, in reliquum cautum redderet et securum."
23 Wilhelm von Saint-Thierry, *Epistola Aurea* 29, S. 168.
24 Vgl. Wilhelm von Saint-Thierry, *Epistola Aurea* 141, S. 254.
25 Wilhelm von Saint-Thierry, *Epistola Aurea* 143, S. 256: „Siquidem ex duobus hominum generibus cellarum habitatio supplenda est: vel de simplicibus, qui et sensu et voluntate ad assequendam religiosam prudentiam ferventes apparuerint et habiles; vel de prudentibus, quos religiosae et sanctae simplicitatis constiterit esse aemulatores. Stulta vero superbia, vel superba stultitia, a tabernaculis justorum, semper procul sit."

schlägen von keinem Mitbruder wieder aufgerichtet werde könne.[26] Es war schließlich die Zisterzienserbewegung, welche für sich in Anspruch nahm, in ihren „Wüsten" die Vorzüge beider monastischen Lebensarten, den „Frieden der Einsamkeit" des Anachoreten und die „heilige Gemeinschaft" des koinobitischen Lebens, zu verbinden.[27] Dass auch für Wilhelm die Askese in der Einsamkeit der Zelle in letzter Instanz dazu dienen soll, den Eremiten zu einem Leben in der klösterlichen Gemeinschaft zu befähigen, geht interessanterweise aus einer Passage seines Traktates hervor, in welcher er über die Vollkommenheit des Mönches spricht. Diese bestehe letztlich in der *humilitas* und somit in seiner Fähigkeit, die himmlischen Höhen der Gottesschau wieder zu verlassen, um sich dem Dienst der Mitbrüder zu widmen:

> Denn die Vollkommenen und Geistlichen, die mit dem Namen der Turteltaube bezeichnet werden, demütigen sich immer durch die Tugend des Gehorsams und der Unterwerfung und erniedrigen sich zu dem, was Sache der Anfänger ist, um ihre Tugend zu festigen und zu stärken. Indem sie unter sich hinabsteigen, steigen sie über sich hinaus und indem sie sich selbst demütigen, schreiten sie mehr voran. Sie glauben nicht, wegen der Früchte der Einsamkeit, welche die häufigen und erhabenen Entrückungen der Kontemplation sind, eine gewissenhafte, freiwillige Unterwerfung, die Teilhabe am gemeinsamen Leben und die Süßigkeit der brüderlichen Liebe vernachlässigen zu dürfen.[28]

3 Die Wände haben Augen: Die Zelle und die monastische Vigilanzkultur

Abgesehen von den Beobachtungen zu den theoretischen Auseinandersetzungen im Mönchtum des 12. Jahrhunderts gilt es auch festzuhalten, dass Wilhelms Darstellung des kontemplativen Lebens auch einen Diskurs voranbringen möchte, der nicht nur

---

26 Vgl. Bernhard von Clairvaux, *In Circumcisione* III 6, S. 310. Siehe dazu weitere Beispiele in Constable, Cluny – Cîteaux – La Chartreuse, S. 248.

27 Guerric von Igny, *De adventu domini* IV 2, Sp. 22D: „Illud sane mirabili gratia provisum est divinae dispensationis, ut in his desertis nostris quietem habeamus solitudinis, nec tamen consolatione careamus gratiae et sanctae societatis."

28 Wilhelm von Saint-Thierry, *Epistola Aurea* 190, S. 298: „Perfecti enim quique et spirituales, qui turturis nomine designantur, cum ad firmamentum et robur virtutis suae, per virtutem oboedientiae et subjectionis, premunt se semper ac dejiciunt in id quod incipientium est; unde infra se descendunt, inde ascendunt supra se; et humiliando se magis proficiunt, propter fructus solitudinis, qui sunt frequentes et sublimes excessus contemplationis, non arbitrantes esse negligendam conscientiam voluntariae subjectionis, usum socialis vitae et dulcedinem fraternae charitatis." Zum Begriff der Demut bei Wilhelm siehe Tillisch, Humility and Humiliation.

vor dem Hintergrund der Polarität zwischen anachoretischem und koinobitischem Leben zu verstehen ist, sondern gerade im ersten Teil der Abhandlung auch als Reflexion über die praktischen Voraussetzungen und Bedingungsmöglichkeiten christlicher Askese gelesen werden kann. Die seelische Vervollkommnung gestaltet sich gerade für einen augustinisch denkenden Theologen wie Wilhelm als ständiger Kampf gegen die Schwerkraft der Sünde, die sowohl der leiblichen Beschaffenheit des Menschen wie auch seinem Willen anhaftet.[29] Durch die Disziplinierung des Gehorsams wird die Zelle dabei zum zentralen Schauplatz dieser Auseinandersetzung:

> Die Werkstatt all dieser Güter ist die Zelle und das beständige Verweilen in ihr. Wer in ihr mit seiner Armut gut zurechtkommt, ist reich. Wer guten Willen hat, hat alles bei sich, was er für ein gutes Leben braucht. Dennoch ist es nicht immer förderlich, dem guten Willen zu trauen. Er muss gezügelt und gelenkt werden, vor allem beim Anfänger. Die Regel des heiligen Gehorsams soll den Willen lenken, dieser aber den Körper. Er soll ihn lehren, an einem Ort zu verharren, die Zelle zu ertragen und bei sich zu verweilen. Dies ist bei dem, der Fortschritte macht, Anfang einer guten Einstellung und sicheres Zeichen einer guten Hoffnung.[30]

Durch die Hervorhebung des Willens als entscheidende Instanz der Askese weckt Wilhelm auch Assoziationen mit dem Wortlaut der *Benediktsregel*, welche in der Überwindung der *voluntas propria* eine wichtige Voraussetzung für das klösterliche Leben sieht.[31] In der Eröffnung des letztgenannten Zitats wendet Wilhelm dabei die den klösterlichen Mauern (*claustrum*) zugeschriebene Funktion der Absonderung von der Welt nun auf die Zelle an.[32] Gleichzeitig steht die gesamte Passage auch im Zeichen wiederholter Anspielungen auf die Briefe Senecas, wie in den entsprechenden Fußnoten der Edition von Déchanet kenntlich gemacht wird. Dadurch kann Wilhelm seinen geistlichen Rat an die Mönche in die Konventionen antiker

---

29 Vgl. Wilhelm von Saint-Thierry, *Epistola Aurea* 88, S. 212.

30 Wilhelm von Saint-Thierry, *Epistola Aurea* 94, S. 218: „Omnium vero bonorum horum officina cella est, et stabilis perseverantia in ea. In qua quicumque cum paupertate sua bene convenit, dives est; quicumque bonam voluntatem habuerit, secum habet quicquid ei ad bene vivendum opus est. Quamvis bonae voluntati non semper credi expedit, sed frenanda est, sed regenda est, et maxime in incipiente. Regat sanctae obedientiae regula bonam voluntatem, illa vero corpus. Doceat illud posse consistere in loco, cellam pati, secumque morari, quod in proficiente bonae compositionis initium est, et certum bonae spei argumentum." Über die Notwendigkeit der Disziplinierung des Körpers siehe auch *Epistola Aurea* 74, S. 200: „Tractandum est corpus ne rebellet [...] quia ad serviendum spiritui datum est."

31 Vgl. *Regula Benedicti* 5,7 f., S. 94: „Ergo hi tales relinquentes statim, quae sua sunt, et voluntatem propriam deserentes."

32 Siehe zum Vergleich *Regula Benedicti* 4,78 f., S. 94: „Officina vero ubi hæc omnia diligenter operemur claustra sunt monasterii et stabilitas in congregatione."

Epistolographie kleiden und zugleich die lebenspraktische Weisheit der Antike für seine Argumentation in Anspruch nehmen. Wie bereits der römische Philosoph, so kann auch der Zisterziensermönch seine Leser davor warnen, durch ständige Ortswechsel den Geist und die Aufmerksamkeit zu zerstreuen:

> Es ist nicht möglich, dass ein Mensch in Treue seinen Geist einem einzigen Gegenstand zuwendet, wenn er nicht vorher seinem Körper die Beständigkeit an einem bestimmten Ort gegeben hat. Wer nämlich der Krankheit des Geistes entfliehen möchte, indem er von Ort zu Ort wandert, gleicht dem, der dem Schatten seines Körpers zu entfliehen sucht. Er flieht vor sich selbst, sich selbst aber nimmt er mit. Er verändert den Ort, nicht aber den Geist.[33]

In anderen Abschnitten bewegt sich die Argumentation wiederum deutlicher innerhalb von ethisch-theologischen Begrifflichkeiten. Dies wird vor allem dort sichtbar, wo sich Wilhelm mit der sündhaften Natur (*concupiscentia*) des Menschen auseinandersetzt, welche besonders auf die in der Askese noch Ungeübten abfärbt. Diese würden somit die Einsamkeit der Zelle als Bürde empfinden und zur Notlinderung „heimliche Abweichungen des Eigenwillens" („furtiva propriae voluntatis diverticula") suchen, um die Monotonie der Stille durch eine Reizüberflutung zu stillen, sei es durch abwechselnde Lektüren oder händische Tätigkeiten.[34] Daher kommt es, dass während der Gebetszeiten „bildhafte Vorstellungen" („imaginationes") und „Scheingebilde der Gedanken" („phantasmata cogitationum") sich in den Geist des Betenden einnisten und „das Opfer seiner Hingabe" („sacrificium devotionis") verwirken.[35]

Die Einsicht in die vorgefundenen Einschränkungen der Aufnahmefähigkeit und Selbstfokussierung gerade bei unerfahrenen Mönchen bedient damit einen mehr als rein theoretischen Diskurs über Sünde und Gnade. Vielmehr verbindet Wilhelm diesen Aspekt mit seiner Kritik an bestimmten asketischen Praktiken, in diesem konkreten Fall an der privaten Rezitation supererogatorischer (also über die pflichtgemäßen Gebete der Tagzeitenliturgie hinausgehender) Psalmen zur Vorbereitung des Nachtoffiziums, da diese nämlich den Geist des Betenden unnötig erschöpfen und von der Andacht ablenken würden.[36] Gleichzeitig ist es sein Anliegen,

---

33 Wilhelm von Saint-Thierry, *Epistola Aurea* 95, S. 218: „Impossibile enim est hominem fideliter figere in uno animum suum, qui non primo alicui loco perseveranter affixerit corpus suum. Nam qui aegritudinem animi migrando de loco ad locum effugere nititur, sic est sicut qui fugit umbram corporis sui. Se ipsum fugit, se ipsum circumfert; locum mutat, non animum." Vgl. damit Seneca, *Ep.* 69,1 und 28,1f.

34 Wilhelm von Saint-Thierry, *Epistola Aurea* 66, S. 196.

35 Wilhelm von Saint-Thierry, *Epistola Aurea* 64, S. 196.

36 Vgl. Wilhelm von Saint-Thierry, *Epistola Aurea* 114, S. 234. Es sei hier nur kurz angemerkt, dass auch innerhalb des cluniazensischen Mönchtums durchaus ein Problembewusstsein für die Be-

den geistigen Nutzen des Gebets vor allem an der geistigen Reinheit des Blicks zu messen, mit welcher der Mönch sich dem Gegenstand seiner Betrachtung zuwendet. In dieser Hinsicht spielt auch die zeitliche Komponente eine wichtige Rolle. So schlägt er zum Beispiel vor, zu einer bestimmten Stunde des Tages die Wohltaten der Passion Christi aufmerksam (*attentius*) zu betrachten.[37] Dabei soll sein Blick stets auf die geistige Realität Gottes „mit möglichster Reinheit des Herzens" („quanta potest puritate cordis") gerichtet sein.[38] Von der Fähigkeit nämlich, den Gegenstand der eigenen Anbetung auch sachgemäß einzublenden, und zwar in seiner geistigen Natur, hängt letztlich auch die Angemessenheit seiner Liebe zu Gott ab.

Was Wilhelm in diesen Ausführungen zum Gebetsleben vor Augen hat, kann als eine Kultur der Aufmerksamkeit umschrieben werden, welche meiner Meinung nach seinen gesamten Brief durchläuft. Damit greift er letztlich einen wichtigen Aspekt monastischer Regelwerke auf, welche – wie bereits an der Begrifflichkeit der *Consuetudines* zu erkennen ist – die Mönche dazu aufrufen, mit Fleiß (*diligenter*) und Sorge (*sollicite*) über die eigene asketische Praxis Wache zu halten (*invigilare*).[39] Mit einer ähnlichen Begrifflichkeit appelliert auch Wilhelm an den Leser und insistiert auf der Notwendigkeit ständiger Sorge um sich selbst (*sollicitudo*), mit welcher der Mönch sich mit sich selbst beschäftigen muss.[40] Diese Sorge soll letztlich in eine unablässige Ausrichtung (*intentio*) des Mönches auf Gott münden, welche die vollkommene Frömmigkeit ausmacht:

> Diese Frömmigkeit ist eine beständige Erinnerung an Gott, eine ununterbrochene Aufmerksamkeit, um ihn zu erkennen, eine unermüdliche, liebende Hinwendung zu seiner Liebe, sodass kein Tag – was sage ich? – keine Stunde jemals einen Diener Gottes antrifft, in der er sich nicht abmüht in geistlicher Übung und bestrebt ist, Fortschritte zu machen, oder in der ihm nicht die Süßigkeit der Erfahrung Gottes geschenkt wird und die Freude des Genusses.[41]

---

lastung vorhanden war, die mit einer exzessiven Gebetspraxis einherging, wie die Statuten des Petrus Venerabilis zeigen. Siehe dazu Boynton, Shaping Cluniac Devotion, S. 132, und Petrus Venerabilis, *Statuta* 31, S. 66: „Causa instituti huius fuit, laboriosa immo pluribus odiosa psalmorum familiarium paulatim multis de causis adaucta multiplicitas. Quae, quia multos gravabat, multorum et totius paene conventus postulatione, in hac parte imminuta est."

37 Wilhelm von Saint-Thierry, *Epistola Aurea* 115, S. 234: „Et utile ei sit una saltem aliqua diei hora passionis ipsius ac redemptionis attentius recolligere beneficia." Zur Schriftlektüre siehe *Epistola Aurea* 121, S. 238.

38 Wilhelm von Saint-Thierry, *Epistola Aurea* 173, S. 284.

39 Guigo I, *Consuetudines Cartusiae* 31.1, S. 232.

40 Wilhelm von Saint-Thierry, *Epistola Aurea* 104, S. 226: „Tibi vaca; multa tu ipse tibi sollicitudinis materia es."

41 Wilhelm von Saint-Thierry, *Epistola Aurea* 27, S. 166: „Pietas enim haec jugis est Dei memoria, continua intentionis actio ad intelligentiam ejus, indefessa affectio in amorem ejus, ut nulla um-

Dieses Ideal einer ungeteilten Vigilanz verbindet Wilhelm in seinem Brief an die Kartäuser immer wieder mit bestimmten praktischen Anweisungen, wie ich im folgenden Abschnitt an einigen konkreten Beispielen hervorheben möchte. Wie sich zeigen wird, ist dabei die Fähigkeit zur Selbstintrospektion und zur Wachsamkeit nicht nur eine notwendige Voraussetzung für die asketische Praxis, sondern wird selbst in den geistigen Fortschrittsprozess der Askese mit hineingenommen, insofern der Mönch dazu befähigt wird, seine geistigen Augen zu schärfen und schließlich ganz auf Gott zu richten.

Im Stadium des *homo animalis* geschieht diese Introspektion auch oder vor allem durch eine äußere Instanz. So weist Wilhelm seine Leser auf die Notwendigkeit eines geistlichen Begleiters hin, der sich der Schwächen und Unzulänglichkeiten des Novizen annehmen kann. Wie einen Arzt soll man ihn nach der angemessenen Kur fragen, ihm die Krankheiten der Seele aufzählen und sogar nicht davor zurückschrecken, auch die stärkeren Heilmittel von ihm zu verlangen.[42] Entscheidend für den Novizen ist dabei vor allem die Möglichkeit, das eigene Verhalten unter das Wächteramt eines fremden Blickes zu stellen und dadurch seine Krankheit durch die äußerliche Betrachtung zu erkennen. Dieser fremde Blick muss nicht notwendigerweise von einem Mitbruder ausgehen, sondern kann auch einer vorbildhaften Person der Vergangenheit zugeschrieben werden, deren beispielhaftes Leben vom Mönch so vergegenwärtigt und verinnerlicht werden kann, als ob er anwesend wäre.[43]

Die Gegenwart einer wie auch immer verorteten Instanz der Sündenbewertung macht Wilhelm aber letztlich am Gewissen (*conscientia*) fest, deren Funktion er interessanterweise an den Wänden der Zelle darstellt: Das Fehlen eines fremden Blickes in der Zelle soll nämlich nicht als Anlass genommen werden, im Geheimen zu sündigen, da sie ganz im Gegenteil den Zweck erfüllen soll, als Schutzwall gegen die Sünde zu stehen.[44] Diese Pointe geht auch aus der von Wilhelm gemachten Differenzierung zwischen äußerer und innerer Zelle des Mönches hervor:

> Das eine ist deine äußere Zelle, das andere die innere. Die äußere ist das Haus, in dem deine Seele mit deinem Körper wohnt; die innere ist dein Gewissen, das Gott, der innerlicher als dein Innerstes ist, gemeinsam mit deinem Geist bewohnen soll. Die Tür der äußeren Klausur ist ein

---

quam servum Dei inveniat, non dicam dies, sed hora, nisi vel in exercitii labore et proficiendi studio, vel in experientiae dulcedine et fruendi gaudio.“

42 Vgl. Wilhelm von Saint-Thierry, *Epistola Aurea* 98–100, S. 222.

43 Vgl. Wilhelm von Saint-Thierry, *Epistola Aurea* 101–103, S. 222, 224. Der Gehorsam gegenüber dem geistlichen Führer verpflichtet den Mönch auch im *status rationalis*, wie Wilhelm in *Epistola Aurea* 240, S. 334, 336 hervorhebt.

44 Vgl. Wilhelm von Saint-Thierry, *Epistola Aurea* 106, S. 228: „Tegat te exterior, non abscondat; non ut pecces occultius, sed ut tutius vivas.“

> Zeichen für die Tür der inneren Einschließung. Wie die Sinne des Körpers durch die äußere
> Klausur nicht nach außen schweifen dürfen, so sollen die inneren Sinne immer auf das Innere
> der Seele gerichtet sein.[45]

Es wurde bereits darauf hingewiesen, dass die von Wilhelm geschaffene Analogie
zwischen der monastischen Zelle und dem Gewissen des Mönches auf die im
12. Jahrhundert bezeugte Praxis der allegorischen Auslegung der Klosterbauten
zurückgreift, zu der auch das im gesamten Mittelalter vielgelesene *De claustro
animae* des Hugo de Folieto zu zählen ist, eines Zeitgenossen Wilhelms.[46] Dennoch
bleibt die praktische Komponente von Wilhelms Traktat unverkennbar. So wartet er
an unterschiedlichen Stellen mit Ratschlägen auf, die letztlich auch die Optimierung
der Aufmerksamkeit des Mönches im Blick haben. Nicht nur das Gebet, sondern
auch die Arbeit dient für den Zellenbewohner nämlich dazu, seine Gedanken zu
sammeln (*seipsum colligitur*) und seine Aufmerksamkeit ganz auf das Ziel der
Vollkommenheit zu richten („omnis consummationis attendit finem").[47] Den Gegenpol zur Wachsamkeit beim Gebet und bei der Arbeit bildet letztlich der Schlaf,
womit sich nicht nur der Körper, sondern auch die Vernunft den Angriffen der
Laster aussetzt und damit „zum Grab eines erstickten Körpers" („sepoltura corporis
suffocati") wird. Darum rät Wilhelm den Mönchen, einen dem geistigen Wachstum
dienlichen und erbaulichen Gedanken mit in den Schlaf zu nehmen, damit dieser
während der Nachtwache wieder in Erinnerung gerufen werden und den Geist „in
den Zustand der gestrigen Aufmerksamkeit" („in statum hesternae intentionis")
zurückversetzen kann.[48]

Unter den unterschiedlichen Aspekten des klösterlichen Alltags, die Wilhelm in
seinem Brief anspricht, fällt besonders der längere Abschnitt über die Einrichtung
der Zelle auf, in welchem nach den Worten des Herausgebers Déchanet auch ein
Echo von Bernhards *Apologia* gesehen werden kann.[49] Deren vier Wände sollen
nämlich in ihrer materiellen Beschaffenheit das Ideal der Armut und der „heiligen
Einfachheit" („sancta simplicitas") so verkörpern, dass die Seele des Mönches über

---

45 Wilhelm von Saint-Thierry, *Epistola Aurea* 105, S. 226, 228: „Alia cella tua exterior, alia interior.
Exterior est domus in qua habitat anima tua cum corpore tuo; interior est conscientia tua, quam
inhabitare debet omnium interiorum tuorum interior Deus, cum spiritu tuo. Ostium clausurae
exterioris, signum est ostii circumspectionis interioris, ut, sicut sensus corporis per exteriorem
clausuram foris vagari non permittuntur, sic interiores sensus ad suum semper interius cohibe-
antur." Zur *conscientia* als zentrale Instanz mittelalterlicher Vigilanzkultur siehe von Moos, *Attentio*,
S. 81–89.
46 Siehe Melville, Inside and Outside, S. 178, und, zu Hugo de Folieto, Lamers, *Interior Reform*.
47 Wilhelm von Saint-Thierry, *Epistola Aurea* 87, S. 210.
48 Wilhelm von Saint-Thierry, *Epistola Aurea* 135 f., S. 248, 250.
49 Vgl. Déchanet, *Lettre*, S. 31, n. 62.

die Schranken seiner sinnenverhafteten Existenz erhoben werden kann. Dieser Wunsch wird dabei nicht nur als Kritik an den Verhältnissen in anderen Klöstern vorgetragen, sondern ist mit dem Vorwurf verbunden, dass gerade die von ihm angeschriebene Kartause diesen Aspekt vernachlässigt habe, weshalb die Mönche nicht mehr in „eremitischen" („eremiticas") sondern in „aromatischen" („aromaticas") Zellen verweilen würden, die durch die vielen Zuwendungen und Spenden von reichen Gönnern zu wertvollen Kunstobjekten verkommen wären.[50] Auch diese Ausführungen münden jedenfalls in eine wichtige Pointe bezüglich der Funktion der Selbstspiegelung des Gewissens, die aus den Wänden der Zelle hervorgeht. Die schmucklose Zelle wird somit zum äußeren Erscheinungs- und Erkennungszeichen einer Seele, die ganz bei sich verweilen kann, ohne durch äußere Anreize abgelenkt zu werden:

> Doch für einen Geist, der dem inneren Leben zugewandt ist, geziemt es sich mehr, dass alle äußeren Dinge ungepflegt und vernachlässigt sind. Daran erkennt man, dass dieser Geist, mag er auch Bewohner des Hauses sein, sich öfters anderswo (sc. im Himmel) aufhält, und die heilige Absicht verrät, dass sie anderswo mehr beschäftigt ist. In wirksamer Weise bringt der das innere Leben mit dem guten Gewissen in Einklang, der anzeigt, dass ihm alles Äußere wertlos geworden ist.[51]

So deutlich hier also Wilhelms Sorge um die kontraproduktive Qualität sinnlicher Eindrücke für die Askese zum Vorschein tritt, so weiß er auch um die Notwendigkeit von anschaulichen Bildern als Mittel der Kontemplation, da die sich noch im *status animalis* befindenden Mönche noch nicht in der Lage sind, geistige Wirklichkeiten von der Sinneswahrnehmung zu abstrahieren. Anstatt die bereits schmuckvoll verzierten Zellen abzureißen, empfiehlt Wilhelm daher den Mönchen, diese den Novizen als „Krankenzellen" (*valetudinaria*) zur Verfügung zu stellen, die in ihrer Schwachheit und Unerfahrenheit noch auf sinnliche Reize angewiesen sind.[52] In ähnlicher Weise soll sich der noch unerfahrene Mönch auch in seiner Schriftmeditation das Bild der Menschheit Jesu, seiner Geburt, seiner Leiden und seiner leiblichen Auferstehung bewusst vor Augen halten. Gerade darin ist nämlich der Anfang und die Ermöglichung der reinen und geistigen Gottesschau gegeben, da Gott selbst Mensch geworden ist und sich damit auch für den sinnenverhafteten Menschen zu erkennen gegeben hat. Die Tatsache, dass Wilhelm auch an dieser

---

50 Wilhelm von Saint-Thierry, *Epistola Aurea* 147 f., S. 258, 260.
51 Wilhelm von Saint-Thierry, *Epistola Aurea* 154, S. 264: „Sed et intentum interioribus animum magis decent inculta omnia et neglecta exteriora; quibus animus ipse incola domus, saepius alibi conversari dinoscitur; seque alibi magis occupatam intentio sancta denuntiat; et efficaciter bonae conscientiae conciliat interiora, cui cuncta exteriora viluisse renuntiat."
52 Wilhelm von Saint-Thierry, *Epistola Aurea* 155, S. 264.

theologisch bedeutenden Schaltstelle auf die Begrifflichkeit der Aufmerksamkeit zurückgreift, zeigt dabei auf, inwiefern diese selbst Gegenstand von Gottes Heilshandeln ist:

> In diesen Geheimnissen erscheint der Herr in seiner Eigenschaft als Mittler. Wenn der Mensch in ihm sein eigenes Bild aufsucht, sündigt er nicht, wie man bei Hiob lesen kann (Hiob 5,24). Denn wenn er seinen aufmerksamen Blick auf ihn richtet, wenn er sich Gott in menschlicher Gestalt vorstellt, weicht er keineswegs von der Wahrheit ab. Da er durch den Glauben Gott nicht vom Menschen trennt, kann er lernen, Gott einmal im Menschen zu begreifen.[53]

Mit der Überwindung der sinnenverhafteten Erkenntnis ist für Wilhelm schließlich auch der Übergang in die eigentliche, geistige Betrachtung Gottes ermöglicht, die er zum Gegenstand des zweiten und dritten Teils seines Briefes macht. Damit treten auch die Ausführungen zu den praktischen Aspekten des klösterlichen Lebens stärker in den Hintergrund zugunsten einer spekulativ anmutenden Reflexion über die geistigen Vorgänge des Asketen. Dieser erkennbare Bruch und der damit verbundene heterogene Aufriss der gesamten Schrift kann, wie oben bereits angemerkt, mit Blick auf die redaktionsgeschichtlichen Hintergründe plausibel gemacht werden. Dennoch scheint auch hier das theologische Gesamtkonzept der Schrift im Hintergrund gewirkt zu haben. Mit dem Übergang zu einer geistigen Betrachtung Gottes verändert sich nämlich auch der Referenzrahmen für Wilhelms Reflexion über die Bedingungsmöglichkeiten der Askese, insofern nun nicht mehr deren leibliche Einschränkungen, sondern die geistigen Vorgänge im Gläubigen selbst zum Thema gemacht werden können, wie im zweiten Teil über den *homo rationalis* hervorgehoben wird:

> Wie also im Fortschritt des religiösen Lebens – wir haben oben schon gesprochen – der sinnenverhaftete Mensch über seinen Körper wacht, um das äußere Leben zu ordnen und für die Übung der Tugend zu bereiten, so muss der verstandesmäßige Mensch sich um den Geist kümmern, ihn hervorbringen, wenn er noch fehlt, ihn ausbilden und ordnen, wenn er schon vorhanden ist.[54]

---

53 Wilhelm von Saint-Thierry, *Epistola Aurea* 174, S. 284: „Est quippe in forma mediatoris, in quo, sicut legitur in Job, *visitans homo speciem suam non peccat*; quia cum intentionis suae intuitum in eum dirigit, humanam in Deo speciem cogitando, a vero non usquequaque recedit; ut dum per fidem Deum ab homine non dividit, Deum aliquando in homine apprehendere addiscat." Zu Wilhelms Christologie und ihren Implikationen für die monastische Askese siehe Rydstrøm-Poulsen, The Way of Descent, S. 89–91.

54 Wilhelm von Saint-Thierry, *Epistola Aurea* 197, S. 306: „Quia ergo, sicut jam supra dictum est, quemadmodum in profectu religionis, status animalis vigilat circa corpus, et hominem exteriorem componendum, et aptandum studio virtutis, sic rationalis circa animum agere debet, vel faciendum, si non est, vel excolendum et ordinandum, si est."

Auch in diesem fortgeschrittenen Stadium der asketischen Praxis bleibt der Mönch selbstverständlich stets von der Gefahr der Ablenkung und Zerstreuung umgeben, weshalb ein nachlässiger Wille weiterhin Laster und schlechte Gewohnheiten mit sich bringt, die den Mönch „bis in die äußerste Einsamkeit verfolgen" („usque in ultimam solitudinem solitarium persequuntur") können.[55] Dennoch kann der Mönch in diesem Stadium auf seine Fähigkeit vertrauen, durch das ständige Wachen über seine Seele zu erkennen, was einem freiwilligen Streben nach dem Guten noch im Wege steht.[56] Im Zustand des *status spiritualis* wiederum, wenn der Wille einzig auf Gott gerichtet ist, muss der Mönch überprüfen, ob dieser Wille auch bis hin zur vollständigen Selbstverachtung reicht und von der verlangenden (*amor*), selbstlosen (*dilectio*) und göttlichen Liebe (*caritas*) bewegt ist.[57] Gerade dieser letzte Schritt liegt aber jenseits der Grenzen menschlicher Anstrengungen, da er in erster Linie durch die „Gnade des Schenkenden" („gratia donantis") ermöglicht wird, der durch die Liebesgabe des Heiligen Geistes den Willen von fremden Neigungen reinigt.[58] Damit vollzieht sich schließlich die Einheit mit Gott, welche die Vollkommenheit der Askese und der „Einsamkeit des Körpers" („solitudo corporis") des Einsiedlers ausmacht.[59] Durch diese Einheit mit Gott, die der Heilige Geist selbst ist, will der Vollkommene nur das, was auch Gott will.[60] Damit wird die Abgeschiedenheit in der Zelle zu einem spirituellen Sinnbild für die Vollkommenheit des Einsiedlers, dessen Wille weder durch äußere Affekte noch durch dessen Selbstbehauptungstrieb bestimmt wird, sondern allein durch die ihm innewohnende Gottesliebe:

> Und das ist das Ziel des Kampfes der Einsamkeit, das Ende, der Lohn und die Ruhe von den Mühen und zugleich der Trost in den Schmerzen. Das ist auch die Vollkommenheit und die wahre Weisheit des Menschen. Sie umfängt und enthält in sich alle Tugenden, die nicht von anderswo entliehen, sondern in ihr gleichsam von Natur aus eingepflanzt sind, nach jener Ähnlichkeit mit Gott, durch die er selbst ist, was er ist.[61]

---

55 Wilhelm von Saint-Thierry, *Epistola Aurea* 225, S. 324.

56 Wilhelm von Saint-Thierry, *Epistola Aurea* 228, S. 328: „Custos animae suae, valde sollicitus esse debet circa custodiam voluntatis suae."

57 Wilhelm von Saint-Thierry, *Epistola Aurea* 256, S. 348.

58 Wilhelm von Saint-Thierry, *Epistola Aurea* 251, S. 344.

59 Wilhelm von Saint-Thierry, *Epistola Aurea* 288, S. 374.

60 Vgl. Wilhelm von Saint-Thierry, *Epistola Aurea* 257, 263, S. 348, 354.

61 Wilhelm von Saint-Thierry, *Epistola Aurea* 276, S. 364, 366: „Et hoc est destinatum solitarii certaminis, hic finis, hoc praemium, requies laborum, simul et consolatio dolorum. Et ipsa est perfectio et vera hominis sapientia: omnes amplectens in se et continens virtutes, non aliunde mutuatas, sed velut naturaliter insitas sibi, ad similitudinem illam Dei, qua est ipse quicquid est." Zur Bedeutung von *affectus* in Wilhelms Schriften siehe Spijker, *Fictions of the Inner Life*, S. 198–202.

4 Schluss

Die *Epistola Aurea* des Wilhelm von Saint-Thierry gehört vielleicht zu den bekanntesten Quellen zur Geschichte der monastischen Reformbewegungen des 12. Jahrhunderts. Obwohl das Werk in seiner Konzeption für eine Niederlassung der Kartäuserbewegung verfasst wurde, hat es Anliegen aufgegriffen und Erwartungen bedient, die weit darüber hinaus ausstrahlen. Wie die nachhaltige Rezeptionsgeschichte dieses Werkes in der Tat zeigt, hat es eine historische Wirkmächtigkeit erzeugt, deren Gründe (abgesehen von der Zuschreibung an Bernhard von Clairvaux) letztlich in der Bereitschaft der mittelalterlichen Leser und Leserinnen gelegen haben, den Inhalt der Schrift für sich in Anspruch zu nehmen. Zum einen erzeugte das Gesamtkonzept des Briefes mit seiner schematischen Beschreibung der Vereinigung der Seele mit Gott ein hohes Maß an Wiedererkennbarkeit, durch welche das Werk auch unter Zisterziensern, Benediktinern oder mystisch gesinnten Denkern des späten Mittelalters eine zustimmungsfähige Leserschaft fand. Dazu gehört auch die enge Verflechtung zwischen theologischer Spekulation und praxisorientierter Reflexion über die Bedingungsmöglichkeiten christlicher Askese, welche auch als Ausdruck einer im gesamten Mittelalter geteilten Kultur der asketischen Vigilanz gelesen werden kann. Zum anderen scheint auch ein weiterer Aspekt das Nachwirken dieses Werkes gefördert zu haben, welcher im Hauptteil dieses Beitrages hervorgehoben wurde, und zwar Wilhelms Versuch, die monastische Zelle zu metaphorisieren und als anthropologische Chiffre für die Vergänglichkeit der leiblichen Existenz gelten zu lassen:

> Ich beschwöre euch darum bei der Pilgerschaft durch diese Welt, bei diesem Kriegsdienst auf der Erde: Bauen wir uns nicht Häuser zum Wohnen, sondern Zelte zum Verlassen! Denn schnell müssen wir abberufen werden, um in die Heimat zu wandern, in unsere Stadt, in das Haus unserer Ewigkeit.[62]

---

[62] Wilhelm von Saint-Thierry, *Epistola Aurea* 151, S. 262: „Ergo obsecro in peregrinatione hujus saeculi, in militia hac super terram, aedificemus nobis non domos ad habitandum, sed tabernacula ad deserendum; utpote cito inde evocandi, et migraturi in patriam, et civitatem nostram, et in domum aeternitatis nostrae.“

Literaturverzeichnis

Primärliteratur

Bernhard von Clairvaux: *Sämtliche Werke. Lateinisch/deutsch.* Hrsg. von Gerhard B. Winkler. 10 Bde. Innsbruck 1990–1999.

Guerric von Igny: *De adventu domini* IV. In: Migne, Jacques-Paul (Hrsg.): *S. Bernardi opera omnia.* Bd. 4 (Patrologia Latina 185). Paris 1860, Sp. 21–25.

Guigo I: *Consuetudines Cartusiae.* Hrsg. von einem Kartäuser, *Guigues Ier. Coutumes de Chartreuse* (Sources Chrétiennes 313 / Série des textes monastiques d'occident 52). Paris 1984.

Innozenz II: *Ad hoc universalis Ecclesiae cura.* In: Migne, Jacques-Paul (Hrsg.): Willelmi Malmesburiensis monachi Opera omnia (Patrologia Latina 179). Paris 1855, Sp. 296–297.

Odo I.: *Charta de fundatione carthusiæ montis dei.* In: Migne, Jacques-Paul (Hrsg.): *Honorii Augustodunensis opera omnia.* Bd. 1 (Patrologia Latina 172). Paris 1854, Sp. 1333–1336.

Petrus Venerabilis: *Statuta Petri Venerabilis abbatis Cluniacensis IX* (1146/47). In: Constable, Giles/Avagliano, Faustino (Hrsg.): *Consuetudines Benedictinae Variae (saec. XI–saec. XIV)* (Corpus consuetudinum monasticarum 6). Siegburg 1975, S. 19–106.

Regula Benedicti / Die Benediktusregel. Lateinisch/Deutsch. Hrsg. im Auftrag der Salzburger Äbtekonferenz. Beuron 1992.

Wilhelm von Saint-Thierry: *Goldener Brief: Brief an die Brüder vom Berge Gottes.* Hrsg. und übers. von Bernhard Kohout-Berghammer (Texte der Zisterzienser-Väter 5). Eschenbach 1992.

Wilhelm von Saint-Thierry: *Epistola Aurea.* In: Déchanet, Jean-Marie (Hrsg.): *Lettre aux frères du Mont-Dieu (Lettre d'or)* (Série des textes monastiques d'occident 45 / Sources Chrétiennes 223). Paris 1975.

Wilhelm von Saint-Thierry: *Expositio super Cantica Canticorum.* In: Verdeyen, Paul/Vande Veire, Christine (Hrsg.): *Guillelmi a Sancto Theodorico opera omnia.* Bd. 2 (Corpus Christianorum Continuatio Mediaevalis 87). Turnhout 1997, S. 17–133.

Sekundärliteratur

Beach, Alison: *The Trauma of Monastic Reform: Community and Conflict in Twelfth Century Germany.* Cambridge 2017.

Bell, David Neil: The Vita antiqua of William of St. Thierry. In: *Cistercian Studies* 11 (1976), S. 246–255.

Bell, David Neil: The Mystical Theology and Theological Mysticism of William of Saint-Thierry. In: Sergent, F. Tyler (Hrsg.): *A Companion to William of Saint-Thierry.* Leiden 2019, S. 67–92.

Boynton, Susan: Shaping Cluniac Devotion. In: Bruce, Scott G./Vanderputten, Steven (Hrsg.): *A Companion to the Abbey of Cluny in the Middle Ages* (Brill's Companions to European History 27), Leiden/Boston 2022, S. 125–145.

Constable, Giles: *The Reformation of the Twelfth Century.* Cambridge 1996.

Constable, Giles: Cluny – Cîteaux – La Chartreuse: San Bernardo e la diversità delle forme di vita religiosa nel xii secolo. In: Ders. (Hrsg.): *The Abbey of Cluny. A collection of essays to mark the eleven-hundredth anniversary of its foundation.* Münster 2010, S. 241–264.

Davis, Thomas X.: The Trinity's Glorifying Embrace. *Concientia* in William of Saint-Thierry. In: Sergent, F. Tyler (Hrsg.): *A Companion to William of Saint-Thierry.* Leiden 2019, S. 131–159.

Lauwers, Michel/Mattingly, Matthew (engl. Übers.): Constructing Monastic Space in the Early and Central Medieval West (Fifth to Twelfth Century). In: Beach, Alison (Hrsg.): *The Cambridge History of Medieval Monasticism in the Latin West.* Cambridge 2020, S. 317–339.

McGuire, Brian Patrick: A Chronology and Biography of William of Saint-Thierry. In: Sergent, F. Tyler (Hrsg.): *A Companion to William of Saint-Thierry.* Leiden 2019, S. 11–34.

Melville, Gert: „In privatis locis proprio jure vivere". Zu Diskursen des frühen 12. Jahrhunderts um religiöse Eigenbestimmung oder institutionelle Einbindung. In: Chroback, Werner/Hausberger, Karl (Hrsg.): *Kulturarbeit und Kirche. FS Dr. Paul Mai zum 70. Geburtstag.* Regensburg 2005, S. 25–38.

Melville, Gert: Inside and Outside. Some Considerations about Cloistral Boundaries in the Central Middle Ages. In: Vanderputten, Steven/Meijns, Brigitte (Hrsg.): *Ecclesia in Medio Nationis. Reflections on the Study of Monasticism in the Central Middle Ages* (Mediaevalia Lovaniensia 42). Leuven 2011, S. 167–182.

Pfeifer, Michaela: Wilhelms von Saint-Thierry Goldener Brief und seine Bedeutung für die Zisterzienser (I). In: *Analecta Cisterciensia* 50 (1994), S. 3–250.

Piazzoni, Ambrogio: *Guglielmo di Saint-Thierry: il declino dell' ideale monastico nel secolo XII.* Rom 1988.

Rydstrøm-Poulsen, Aage: The Way of Descent. The Christology of William of Saint-Thierry. In: Sergent, Tyler F./Rydstrøm-Poulsen, Aage/Dutton, Marsha L. (Hrsg.): *Unity of Spirit. Studies on William of Saint-Thierry in Honor of E. Rozanne Elder* (Cistercian studies series 268). Athens, OH 2015, S. 78–91.

Spijker, Ineke van't: *Fictions of the Inner Life. Religious Literature and the Formation of the Self in the Eleventh and Twelfth Centuries* (Disputatio 4). Turnhout 2004.

Tillisch, Rose Marie: Humility and Humiliation in William of Saint-Thierry's *Expositio* and Bernard of Clairvaux's *Sermons on the Song of Songs.* In: In: Sergent, Tyler F./Rydstrøm-Poulsen, Aage/Dutton, Marsha L. (Hrsg.): *Unity of Spirit. Studies on William of Saint-Thierry in Honor of E. Rozanne Elder* (Cistercian studies series 268). Athens, OH 2015, S. 60–77.

Vanderputten, Steven: Monastic Reform from the Tenth to the Early Twelfth Century. In: Beach, Alison (Hrsg.): *The Cambridge History of Medieval Monasticism in the Latin West.* Cambridge 2020, S. 599–617.

Von Moos, Peter: *Attentio est quaedam sollicitudo.* Die religiöse, ethische und politische Dimension der Aufmerksamkeit im Mittelalter. In: Ders.: *Gesammelte Studien zum Mittelalter.* Hrsg. von Melville, Gert. Bd. 2: *Rhetorik, Kommunikation und Medialität* (Geschichte: Forschung und Wissenschaft 15). Berlin 2006, S. 265–306.

Ward, Benedicta: Western Darkness/Eastern Light. William of Saint-Thierry and the Traditions of Egypt. In: Sergent, Tyler F./Rydstrøm-Poulsen, Aage/Dutton, Marsha L. (Hrsg.): *Unity of Spirit. Studies on William of Saint-Thierry in Honor of E. Rozanne Elder* (Cistercian studies series 268). Athens, OH 2015, S. 92–103.

Mirko Breitenstein

Vom Sichtbaren zum Unsichtbaren. Ziele menschlicher Aufmerksamkeit im Traktat *Vom inneren Haus*

Insofern die diesem Band vorausgehende Münchener Tagung ja ganz bewusst text- und damit lektürezentriert angelegt war, erlaube ich mir, meinen Beitrag mit einem ausführlicheren Zitat zu beginnen. Auch nachfolgend werde ich einige längere Abschnitte aus jenem Werk präsentieren, das ich ins Zentrum meiner Ausführungen gestellt habe, weil es unseren Gegenstand ‚Aufmerksamkeit' akzentuiert:

> Daher kommt es, dass mir häufig todbringendes Vergnügen geschadet hat, das aus der Erinnerung an vergangene Sünden, vor allem aber aus der Erinnerung an Lust zu erwachsen pflegt. Diese Seuche ist mir umso mehr zum Schaden geneigt und schwerer abzuwehren, je vertrauter sie mir vor den anderen Lastern ist. Denn wenn ich sie zurückweisen will, drängt sie sich – schmeichelnd lästig, gefällig im Missfallen und missfallend im Gefallen – mir auf, selbst wenn ich es nicht will; vor der Lust des Fleisches konnte ich niemals fliehen, sondern immer verfolgt sie mich und versteht es, mich mit irgendeinem Gedanken an Vergnügen oder dem Streben nach einem Anblick zu packen und lässt mich weder am Tage noch in der Nacht ruhen. Zart tritt sie ein und besetzt den Geist, und wenn sie nicht umgehend vertrieben wird, lockt sie und entfacht und verbreitet sich wie der Erreger einer Seuche allmählich durch den ganzen Körper. Sie vervielfacht die schlechten Gedanken, erzeugt üble Empfindungen, versetzt in einen Zustand unerlaubten Vergnügens, beugt das Gemüt zur Einwilligung in die Schlechtigkeit und verdirbt alle Tugenden der Seele. Wenn ich von dieser Seuche gefesselt gehalten werde, kann ich mich von ihr kaum losreißen, weil ich entweder unfähig bin oder mich schäme, mir ihre Reize einzugestehen, so zart und zugleich schändlich sind diese.[1]

Anmerkung: Die Vortragsfassung wurde im Wesentlichen beibehalten und um die nötigen Anmerkungen ergänzt. Bibliographische Hinweise können nur selektiv gegeben werden. Für Hinweise und Korrekturen danke ich den Teilnehmenden der Münchener Tagung sowie Katrin Rösler (Dresden).

1 Breitenstein/Linscheid-Burdich (Hrsg.), *De interiori domo*, cap. VIII.1 (M 26): „Inde est, quod sepe mihi nocuit mortifera delectatio, que ex recordatione preteritorum peccatorum nasci solet, sed maxime ex recordatione libidinis. Hec enim pestis, quo pre ceteris vitiis est mihi familiarior, eo ad nocendum proclivior et ad repellendum difficilior. Nam cum eam repellere volo, nolenti mihi se ingerit – blande onerosa, displicendo placens et placendo displicens –; carnis libidinem nunquam fugere potui, sed semper me persequitur et cum aliqua delectationis cogitatione vel visus intentione me comprehendere potest, non diebus neque noctibus requiescere sinit. Subtiliter intrat et mentem occupat et, nisi subito repellatur, allicit et incendit et quasi virus pestilentie per totum corpus paulatim se diffundit. Cogitationes pravas multiplicat, affectiones malas generat, delectatione illicita afficit, ad consensum pravitatis animum inflectit omnesque anime virtutes corrumpit. Hac peste

Dieses Zitat aus dem sogenannten Traktat *Vom inneren Haus* führt meines Erachtens in sehr eindrücklicher Weise ins Zentrum unseres Themas ‚Aufmerksamkeit‘.[2] Zwar fehlt der Begriff selbst – so wie jener der *attentio* in der lateinischen Vorlage meiner Übersetzung –, angesprochen ist aber genau jenes Phänomen innerer wie äußerer Wachsamkeit, auch wenn hier primär deren falsche Orientierung, wenn nicht gar ihr Fehlen im Fokus steht.

Damit verweist diese Passage zugleich auf ein Charakteristikum von Aufmerksamkeit: Sie steht in einem dialektischen Verhältnis zu Unaufmerksamkeit. Weder ist Aufmerksamkeit ohne Unaufmerksamkeit zu denken noch andersherum. Zugleich verweist das Zitat aber noch auf eine andere Facette: Aufmerksamkeit ist nicht einfach gegeben, sondern kann stets nur aktivisch und prozesshaft verwirklicht werden. Wer aufmerksam ist, der bleibt es nicht ohne eigenes Bemühen. Unaufmerksamkeit bedarf keinerlei Anstrengung – Aufmerksamkeit wiederum ist ohne Fokussierung eines Gegenstands undenkbar.

Wie das Zitat veranschaulicht, besteht eine nicht geringe Herausforderung freilich darin, hinsichtlich angemessener Ziele aufmerksam zu sein. Ablenkung meint ja noch heutigentags nicht, gänzlich unaufmerksam zu sein – die Aufmerksamkeit ist hier nur eben auf solche Gegenstände gerichtet, die nicht im Fokus stehen sollten. Dies ist gewissermaßen die normative Dimension von Aufmerksamkeit.

Zugleich wird deutlich, dass Aufmerksamkeit keine ontologische Größe darstellt. Insofern ist sie deutlich vom Bewusstsein zu unterscheiden. Aufmerksamkeit bringt vielmehr eine Spannung zum Ausdruck: Sie bedarf daher nicht nur einer Orientierung in einer bestimmten Richtung, sondern muss auch mit einer gewissen Intensität forciert werden.

Ich hoffe, diese und weitere Aspekte unseres Begriffs ‚Aufmerksamkeit‘ ebenso wie seine Bedeutung innerhalb der *vita regularis* des 12. Jahrhunderts im Folgenden zumindest exemplarisch vorstellen zu können. Als Gegenstand hierfür habe ich einen Text gewählt, der die uns beschäftigenden Fragen nach Aufmerksamkeit in besonderer Weise anspricht: eben jenen Traktat *Vom inneren Haus.* Bevor ich mich den hier entwickelten Konzepten von Aufmerksamkeit widme, möchte ich jedoch zunächst einige einführende Bemerkungen zum Werk selbst voranschicken, damit nachvollziehbar wird, weshalb ich ausgerechnet diesen Text für ein besonders geeignetes Beispiel halte, um unseren Gegenstand zu erhellen.[3]

---

cum astrictus teneor, divelli ab illa vix possum, quoniam stimulos eius confiteri aut nescio aut erubesco, tam subtiles et turpes sunt.“

2 Vgl. hierzu von Moos, *Attentio*, S. 265–306.

3 Vgl. hierzu ausführlich meine Einleitung in der Neuausgabe des Werkes: Breitenstein/Linscheid-Burdich (Hrsg.), *De interiori domo*, S. IX–LXX.

Der Traktat *Vom inneren Haus, De interiori domo*, kann zweifellos zu den einflussreichsten Werken seiner Zeit gerechnet werden – jenem langen 12. Jahrhundert, dessen Profil in so vielerlei Hinsicht einen Aufbruch markiert.[4] Dennoch zählt der Text heute zu den großen Unbekannten. Dabei ist er breiter überliefert als viele anerkannt wirkmächtige Texte: Hunderte Handschriften aus der Zeit vom 12. bis ins 18. Jahrhundert belegen ein für lange Zeit außerordentliches Interesse an ihm ebenso wie eine dreistellige Zahl von Druckausgaben. Hinzu kommen seit dem 15. Jahrhundert Übersetzungen in zahlreiche europäische Sprachen. Zudem ist das Werk in seiner Überlieferung auch nicht auf spezifische Milieus beschränkt, sondern in nahezu allen religiösen Orden und Verbänden bekannt, bevor es dann zunehmend auch laikale Kreise erreichte.[5] Vor allem aber zählte der Text über Jahrhunderte zu den zentralen Referenzen, wenn es darum ging, das Verhältnis des Menschen zu sich selbst und gegenüber seinem Gott zu bestimmen. Den modernen Begriff des Gewissens, der für dieses Beziehungsverhältnis von zentraler Bedeutung ist, hat dieser Text wesentlich mitgeprägt. Dennoch erfuhr er erst in den letzten Jahren eine gewisse – wenn auch verhaltene – Aufmerksamkeit.[6]

Ein Grund dafür, dass *De interiori domo* trotz ehemals weiter Präsenz in Vergessenheit geriet, ist sicher dem Umstand geschuldet, dass es sich um ein Werk ohne Autor handelt – und dies gleich in doppeltem Sinn: zunächst, weil sich in den Handschriften und noch den frühen Drucken Zuschreibungen an ganz verschiedene Verfasser finden lassen. Nachdem das Werk bis in das 16. Jahrhundert hinein wahlweise Augustinus († 430), Hugo von St. Viktor († 1141) oder seinem Pariser Mitbruder Richard († 1173), selten auch Anselm von Canterbury († 1109), vor allem aber Bernhard von Clairvaux († 1153) zugeschrieben wurde, konnte es bis heute keinem bekannten Verfasser restituiert werden. Vor allem aber ist es ein Werk ohne Autor, weil der Text in seiner etablierten Form einem einzelnen Urheber gar nicht zugeschrieben werden kann, sondern im Grunde ein Patchwork darstellt. Zwar gibt es durchaus auch Passagen, für die sich keine Parallele in anderen Werken finden lässt, doch konnten im Zuge der Neuedition mehr als zwei Drittel des Textumfangs als Similien nachgewiesen werden.

Der damit angesprochene kompositorische Charakter sollte freilich nicht zur Annahme verleiten, dass es sich um ein Werk von nachgeordneter Relevanz han-

---

4 Vgl. mit weiteren Hinweisen Dinzelbacher, *Structures and Origins*, sowie Kellner/Reichlin, Wachsame Selbst- und Fremdbeobachtung, S. 1–50.

5 Für genauere Angaben vgl. die Übersicht der Textzeugen auf der Homepage der Dresdner „Forschungsstelle für Vergleichende Ordensgeschichte" (FOVOG): https://tu-dresden.de/gsw/fovog/texte daten/Textzeugen_De_interiori_domo [letzter Zugriff: 14.03.2024].

6 Beispielhaft ist hier auf die jüngst erschienene niederländische Übersetzung hinzuweisen: Bruschke u. a. (Übers.), *Thuis. Inkeer en de vorming van het geweten*.

dele, weil es eben kein homogenes Ganzes sei, sondern nur Vorhandenes zu etwas Neuem verknüpfe. Im Gegenteil: Eine solche miszellane Struktur ist ganz allgemein typisch für wissensvermittelnde Literatur vor dem Zeitalter des Buchdrucks wie für deren handschriftliche Überlieferung. Auch hier überwiegt die Form der Sammelhandschrift, die verschiedene separate Texte zu einer kodikologischen Synthese verknüpft.[7]

Inhaltlich zählt *De interiori domo* zu einer ganzen Reihe von Schriften aus klösterlichem Milieu, die geistliche Führung und Anleitung für Nonnen, Mönche oder gemeinschaftlich unter einer Regel lebende Priester geben sollten.[8] Solche Texte entstanden seit dem 12. Jahrhundert in großer Zahl und stehen ihrerseits für einen Wandel in der europäischen Frömmigkeitskultur, der mit Begriffen wie Individualisierung, Emotionalisierung, Rationalisierung oder Verinnerlichung nur unzureichend beschrieben ist.[9]

De interiori domo bietet jedoch weit mehr als Unterweisung in einer religiös vorbildlichen Lebenspraxis: Der Text enthält Anleitungen zur Beichte, zur Meditation und zum Gebet, indem er all diese Praktiken musterhaft formuliert. Vor allem aber leitet er den Menschen im Umgang mit seinem Gewissen an, und damit mit jener Instanz, die ihn – den Menschen – in ein Verhältnis zu allem setzt, was ihn umgibt. Dieses Gewissen ist im Verständnis der monastischen Frömmigkeitskultur des 12. Jahrhunderts zweifellos ein innerseelisches Phänomen – jedoch eines, mit dem der Mensch das Eigene stets zugleich überschritt: Das Wissen um das eigene Denken und Handeln war immer ein geteiltes Wissen: eben ein Mit-Wissen – eine *con-scientia*.

Im Fokus der Fragestellungen dieses Bandes kann man das Gewissen als Organ wie Ziel menschlicher Aufmerksamkeit deuten: Es hat instrumentelle Funktion als Ausdruck einer den Menschen orientierenden Instanz. Und es ist zugleich jenes Ziel, auf das zu orientieren ist, insofern dem Gewissen selbst eine Heilsrelevanz zugeschrieben wird. Das Gewissen bedarf der Aufmerksamkeit des Menschen und es lenkt zugleich dessen Aufmerksamkeit im Hinblick auf die Welt wie sich selbst. Ich möchte beides im Folgenden näher ausführen.

---

7 Miszellanität gilt als „typical environment for the survival of medieval texts" (Connolly/Radulescu, Introduction, S. 3). Vgl. auch Hanna, *Pursuing History*, S. 9. Im Überblick verschiedener Genres Corbellini/Murano/Signore (Hrsg.), *Collecting, Organizing and Transmitting Knowledge*. Vgl. auch Friedrich/Schwarke (Hrsg.), *One-Volume Libraries*, hier v. a. Maniaci, The Medieval Codex, S. 27–46, sowie die Beiträge in Johnston/Van Dussen (Hrsg.), *The Medieval Manuscript Book*.

8 Vgl. zu diesen Texten mit weiteren Hinweisen auf die ältere Forschung Breitenstein, *Noviziat*, S. 329–337.

9 Vgl. hierzu die oben in Anm. 4 genannte Literatur.

In Analogie zu *De interiori domo* möchte ich darauf verzichten, eine durchgehend stringente Argumentation zu präsentieren, sondern ich will stattdessen jene zwei Aspekte und damit Orientierungen von Aufmerksamkeit aufgreifen, die der Text anspricht:

1. Der Text lenkt die Aufmerksamkeit seiner Leserinnen und Leser auf deren Gewissen.
2. Das Gewissen der Leserinnen und Leser lenkt deren Aufmerksamkeit auf den Text.

Dabei unterstelle ich keine notwendige Folge des zweiten Punktes auf den ersten, sondern sehe hier eine sich selbst verstärkende, zirkuläre Struktur. Hiervon ausgehend möchte ich dann abschließend zur Frage kommen, inwieweit eine geschulte Aufmerksamkeit geeignet ist, sich tatsächlich vom Sichtbaren hin auf das Unsichtbare zu richten.

Der Text lenkt die Aufmerksamkeit auf das Gewissen

De interiori domo zählt – ich habe darauf verwiesen – zu einer ganzen Gruppe von Texten, die den Menschen in seiner Gewissensbildung unterweisen möchten: Sie tun dies nicht allein durch konkrete Anleitungen zur Selbstprüfung, die sie in jener Tradition eines christlichen Sokratismus platzieren, auf den Étienne Gilson und andere schon vor Jahrzehnten hinwiesen.[10] Ihr Erfolg und ihre Wirkmacht in der Vermittlung von Strategien einer Aufmerksamkeit sich selbst gegenüber gründen, so meine These, ganz wesentlich auch auf den in ihnen vermittelten Bildern, die für das Gewissen entworfen werden. Sie sind sämtlich auch mit unserer Frage nach der Aufmerksamkeit verknüpft. Ich möchte nur einige kurz vorstellen:

So sei das Gewissen einem Haus vergleichbar, das vom Einsturz bedroht ist. Es müsse geprüft und von Grund auf neu errichtet werden, wobei sieben Säulen das Bauwerk stützen sollten: der gute Wille, ein Gedächtnis, das sich an die Wohltaten Gottes erinnert, ein reines Herz, ein freies Gemüt, ein gerechter Geist, eine demü-

---

10 Gilson, *L'esprit de la philosophie médiévale*, S. 214–233; Chenu, *L'éveil de la conscience*, S. 41–46; Morris, *The Discovery of the Individual*, S. 64–95; Courcelle, *Connais-toi toi-même*; Haas, Christliche Aspekte, S. 45–71.

tige Gesinnung, ein erleuchteter Verstand. Ein solches Gewissenshaus könne zur Wohnstatt Gottes im Menschen werden.[11]

Dann sei das Gewissen wie ein Buch zu denken. Dieses Buch, in dem alles über einen Menschen festgehalten sei, werde dereinst beim Jüngsten Gericht als Grundlage des Urteils dienen. Daher müsse ein jeder beständig und mit größter Aufmerksamkeit in sich selbst lesen und das Gelesene zudem auch korrigieren, mithin sein Leben bessern.[12]

Ferner sei das Gewissen einem Spiegel vergleichbar, denn erst in ihm könne das Auge des Verstandes in klarer Anschauung erfassen, was in ihm angemessen und was unangemessen sei.[13] Zudem müsse man es als Ankläger, als Richter, als Zeugen verstehen[14]. In anderen textlichen Zusammenhängen wird selbst das Bild des Magens verwendet, um das Gewissen in seiner Funktion für den Menschen zu beschreiben.[15]

Bilder wie diese waren vor allem ursächlich für den nachhaltigen Erfolg der zugrundeliegenden Konzepte, weil sie als initiale Generatoren die Aufmerksamkeit des Menschen auf sich selbst lenkten. Ohne die lebensweltliche Semantik der ver-

---

11 Breitenstein/Linscheid-Burdich (Hrsg.), *De interiori domo*, cap. I–III (M 1–15). Vgl. hierzu Breitenstein, Das Haus des Gewissens, S. 17–52, sowie speziell zu *De interiori domo* in der Einleitung zur Neuausgabe Breitenstein/Linscheid-Burdich (Hrsg.), *De interiori domo*, S. LXV–LXX.

12 Breitenstein/Linscheid-Burdich (Hrsg.), *De interiori domo*, cap. VII (M 24). Vgl. Breitenstein, Buch des Gewissens, S. 150–223, sowie speziell zu *De interiori domo* in der Einleitung zur Neuausgabe Breitenstein/Linscheid-Burdich (Hrsg.), *De interiori domo*, S. XLIX–LIV.

13 Breitenstein/Linscheid-Burdich (Hrsg.), *De interiori domo*, cap. V (M 19). Zum Phänomen des „Geistig-Seelische[n] als Spiegel" vgl. Grabes, *Speculum, mirror und looking-glass*, S. 92–98. Die Spiegelmetapher selbst steht dabei in einer Paulinischen Tradition, vgl. Hugede, *La métaphore du miroir*.

14 Als Ankläger, Richter und Schuldiger zugleich werde das Gewissen nicht nur strenger noch als Gott sein, sondern dessen Urteil sogar zuvorkommen: „Dampnat me conscientia mea, quamquam divinum iudicium nondum me dampnet. Accusat me [...]" (Breitenstein/Linscheid-Burdich [Hrsg.], *De interiori domo*, cap. VIII.5 [M 30]).

15 Vom ‚Bauch des Gewissens' spricht Augustinus in seinen Vorträgen über das Johannesevangelium: „Venter interioris hominis conscientia cordis est" (Augustinus, *In Iohannis evangelium tractatus CXXIV*, tr. 32.4, S. 301 f.). Ebenso auch in seinen Predigten zum Alten Testament: Augustinus, *Sermones de vetere Testamento*, Sermo XLVII.11, S. 581. Generell zum Begriff des Gewissens als Inneres des Menschen vgl. die Belege s.v. *Conscientia III: intus hominis* im *Thesaurus linguae latinae*, Bd. 4, Sp. 366–368. In kritischer Auseinandersetzung hiermit Hennig, ‚Conscientia' bei Descartes, S. 111–113. Bernhard kennt den ‚Magen des Gewissens': „Accedat cibo boni operis orationis potus, componens in stomacho conscientiae quod bene gestum est, et commendans Deo." (Bernhard von Clairvaux, *Sermo super Cantica canticorum XVIII*, cap. III [5], S. 262). Philipp der Kanzler († 1236) verwendet das Gleichnis vom Gewissen als Gebärmutter: „Uterus est conscientia, panis in utero in fel conuertitur quando conscientia de preterita delectatione torquetur." (Philipp der Kanzler, *Summa super Psalterium*, In Psalmo LXXIX, Sermo CLXXII, S. 412).

wendeten Metaphern hätte das Konzept eines responsiblen Individuums, wie es in der Idee des Gewissens zum Ausdruck kommt, kaum jene Wirkmacht entwickelt, die es bis heute besitzt. Durch Objektanalogisierungen wie die genannten wurde das Gewissen nicht als eine psychologische Funktion, sondern als anthropologische Instanz gedacht.

Indem der Text die Aufmerksamkeit seiner Leserinnen und Leser auf deren je eigenes Gewissen lenkte, führte er sie zu sich selbst. Der Text ist bemüht, jede und jeden für sich selbst und vor sich selbst erkennbar werden zu lassen. Dass das Gewissen dabei tatsächlich als Motor von Selbstbewusstwerdung fungiert, wird klar, wenn man sich dessen Funktion für den Menschen näher vor Augen führt.

Versteht man es nämlich – wie angedeutet – als jene Instanz, in welcher der Mensch sich selbst in ein Verhältnis zu all dem setzt, was ihn umgibt und betrifft, so wird rasch deutlich, wie zentral das Gewissen für ihn ist. In ihm konfrontierte er seine Überzeugungen, sein Wissen und sein Wollen mit allen normativen Ansprüchen, die von außen an ihn gerichtet waren. Dem Gewissen oblag es jedoch nicht nur, die hieraus entstehenden Normkonflikte bestenfalls zu lösen, sondern ihm wurde auch die Funktion eines Beobachters zugesprochen – eines Beobachters, der überdies den Inhalt seiner Beobachtungen genauestens protokolliert und dokumentiert. Ich verweise nur noch einmal auf die für das Gewissen bemühte Buchmetapher.

Als förmliches Verfahren, mit dem der Mensch – sprich: sein Gewissen – dieser Dokumentationsaufgabe nachkommen konnte, etablierte sich genau in jener Zeit, in die auch *De interiori domo* einzuordnen ist, die Beichte.[16] Der Text greift diese Entwicklung in mehrfacher Hinsicht auf. Er enthält gleich mehrere beispielhafte Dialoge, die dem Leser nicht nur eine angemessene Form für das Beichtgespräch empfehlen, sondern ihm auch die Inhalte nahelegen, auf die es ankam. Womit wir es hier zu tun haben, ist somit eine klare Form der Lenkung von Aufmerksamkeit nicht nur auf bestimmte Formen des Sündenbekenntnisses, sondern ebenso auf deren Inhalte. Anders als in den traditionellen Bußbüchern stehen dabei weniger äußerliche Vergehen im Fokus als vielmehr Gedanken und Gefühle. Damit aber erfuhr auch die Aufmerksamkeit des Menschen eine neue Orientierung: auf sein Inneres, das vor anderen Menschen verborgen blieb, nicht aber vor Gott. Im Text heißt es: „Denn vor den Augen Gottes fliegen unsere Gedanken nicht leer dahin und sie schreiten in keinem Augenblick ungestraft in unseren Sinn."[17]

---

16 Zusammenfassend mit weiteren Hinweisen Kellner/Reichlin, Wachsame Selbst- und Fremdbeobachtung, S. 13–43.

17 Breitenstein/Linscheid-Burdich (Hrsg.), *De interiori domo*, cap. XI.5 (M 47): „Nam ante Dei oculos non volant vacue cogitationes nostre et nulla momenta temporis in animum transcendunt sine statu retributionis."

Besonders eindrücklich lässt sich dieser Zusammenhang von Selbstprüfung, Gewissensbildung und der für beide typischen Aufmerksamkeitsfokussierung auf innere Prozesse im Menschen in einem anonymen Brieftraktat des 12. Jahrhunderts erkennen.[18] Ich erlaube mir, ihn hier mit in meine Argumentation einzubinden, weil er zu jenen Werken zählt, die in den Traktat *Vom inneren Haus* mit eingeflossen sind. Dieser Text differenziert nicht nur verschiedene Qualitäten des Gewissens, die den Auf- oder Abstieg des Menschen verdeutlichen, sondern unterscheidet auch Arten der Gedanken und solche des menschlichen Geistes. Sie werden hier als innere Stimmen beschrieben. In ihrem Zusammenwirken veranschaulichen die spezifischen Zustände des Gewissens sowie die Arten der Gedanken und des Geistes gleichsam das Funktionsprinzip jedes menschlichen Intellekts: Innere Stimmen stimulieren, abhängig von ihrer Qualität, verschiedene Gedankenarten, die wiederum die Gewissen der Menschen zu prägen und lenken vermögen.[19] Folglich musste es darum gehen, den eigenen Geist zu fokussieren – ihm jene Aufmerksamkeit zuzuwenden, die nötig ist, um die eigenen Gedanken zu ordnen. Eine solche Ordnung war wiederum Voraussetzung dafür, Gott im Haus des eigenen Gewissens empfangen zu können, um im Buch dieses Gewissens nur Heilsames zu lesen, um im Spiegel des Gewissens nur Angemessenes zu sehen. Sie war unerlässlich, um vom Gewissen freigesprochen zu werden, sofern man es sich als Richter vorstellte oder um von ihm im Zeugenstand ein bestmögliches Zeugnis zu erhalten.

Mein Eingangszitat weist freilich darauf hin, dass es herausfordernd sein konnte, seine Aufmerksamkeit auf das richtige Ziel zu lenken. Eine solche – gemessen an der geltenden normativen Ordnung – fehlgeleitete Aufmerksamkeit stellt wohl aber ganz generell eher den Normalzustand dar. Hierauf verweisen in unserem Zusammenhang jene Passagen in großer Eindrücklichkeit, die dem Publikum musterhafte Formulierungen antragen, von denen ich hier nur einen Auszug ausgewählt habe:

> Reiß mich los, Herr, von dem schlechten Menschen, das heißt, von mir selbst; von ihm kann ich nicht ablassen. Denn wohin auch immer ich mich wende, meine Fehler folgen mir, und wohin ich auch gehe, mein Gewissen verlässt mich nicht, sondern steht gegenwärtig an meiner Seite und schreibt alles auf, was ich tue. Daher kann ich, auch wenn ich menschlicher Verurteilung entgehe, dem Urteil meines eigenen Gewissens nicht entkommen. Und auch wenn ich vor den Menschen verberge, was ich getan habe – vor mir, der ich das Böse kenne, das ich getan habe, kann ich es dennoch nicht verbergen. Das Bewusstsein meiner eigenen Schuld lässt mich nicht ruhen, sondern Tag für Tag quält es mich heftig und schreckt mich noch heftiger [im Gedanken an] den Tag des Gerichts. Denn wenn der Herr an jenem Tag zum Gericht kommt, wird das Gewissen eines jeden als Zeugnis angeführt, und nachdem das Buch des Gewissens geöffnet ist,

---

18 Vgl. zu diesem mit Edition und Übersetzung: Breitenstein, *Vier Arten des Gewissens*.
19 Vgl. Breitenstein, *Vier Arten des Gewissens*, S. 169–173.

wird jede Schuld vor Augen geführt, und da das Gewissen es so erzwingt, wird ein jeder sein eigener Ankläger und Richter sein. Deshalb werde ich mich vor mich selbst stellen und über mich selbst urteilen, um dem Urteil jenes letzten und Furcht gebietenden Tages entrinnen zu können. Mein Gewissen verdammt mich, auch wenn das göttliche Gericht mich vielleicht noch nicht verdammt. Es klagt mich wegen Mordes an, den ich, auch wenn ich ihn nicht in der Tat begangen habe, dennoch in meinem Willen und Verlangen häufig ausgeführt habe. Es klagt mich wegen Ehebruchs an, und ich antworte in derselben Weise. Es klagt mich wegen Neides an; und ich bekenne, dass Neid sehr oft mein Herz zerfleischt hat. Denn aus Neid habe ich die Verdienste derer, die heiligmäßig lebten, zu meinen Sünden gemacht, indem ich darauf neidisch war. Denn das Gute, das sie, wie ich hörte, taten oder sagten, das habe ich überhaupt nicht geglaubt; ihre guten Taten selbst wandelte ich in Schlechtes, indem ich sie übel deutete. Jedes Böse, das ein verlogenes Gerücht über sie verlauten ließ, glaubte ich sofort, als hätte ich es selbst gesehen. Alles Böse habe ich meinen Rivalen angedichtet, und von ihrem Fortschritt wurde ich schwach. Diese Gehässigkeiten aber verbarg ich in mir und nährte sie zu meiner eigenen Qual.

Ich war neidisch auf die, die Fortschritte machten, begünstigte die, die sündigten, freute mich über ihre Übeltaten und war betrübt über ihre Erfolge. Ich brannte von nutzlosen Feindseligkeiten und fürchtete, dass diese Bosheit meines Herzens bemerkt würde. Immer war ich hierüber verbittert und niemals sicher; und so war ich ein Freund des Teufels und Feind meiner selbst. Zwischen Freunden säte ich Zwietracht, Zwieträchtige bestärkte ich in ihrem Streit. Ihre Meinungen entstellte ich mit Lügen, bei geistlichen Menschen lobte ich Fleischliches, um sie zu überzeugen, dass geistliche Güter ihnen ohnehin fehlten. Freundschaften täuschte ich vor, um diejenigen, die sich unvorsichtigerweise mir anvertrauten, zu täuschen, mit welcher Kunst ich es nur konnte. Die Gelegenheit zu Gehässigkeiten habe ich durch gemeine Verdächtigungen angehäuft und so die Dämonen, deren Taten ich eifrig folgte, erfreut. Vielen war ich gleichsam ein Freund in Gefälligkeit, ein Feind aber im Geiste, gewandt im Wort, schändlich im Handeln. Ich plauderte Geheimnisse aus, hielt zäh an falschen Verdächtigungen fest und war in jeder Hinsicht verdorben. Und so hat der Feind meine Seele verfolgt, hat auf der Erde mein Leben gedemütigt.[20]

---

20 Breitenstein/Linscheid-Burdich (Hrsg.), *De interiori domo*, cap. VIII.4–5 (M 30 f.): „Eripe me, Domine, ab homine malo, id est, a me ipso; a quo recedere non possum. Nam quocumque me converto, vitia mea me sequuntur, et ubicumque vado, conscientia mea non me deserit, sed presens assistit et, quidquid facio, scribit. Iccirco, quamquam humana iudicia subterfugiam, iudicium proprie consciencie fugere non valeo. Et si hominibus celo, quod egi – mihi tamen, qui novi malum, quod gessi, celare nequeo. Proprii reatus conscientia non me requiescere sinit, sed de die in diem vehementer torquet et de die iudicii vehementius terret. Nam in die illa, cum Dominus ad iudicium venerit, uniuscuiusque conscientia ad testimonium adducetur, et, aperto libro conscientie, omnis culpa ante oculos reducetur, atque ita, cogente conscientia, unusquisque erit accusator et iudex suus. Propterea statuam me ante me et iudicabo me ipsum, ut illius extreme et tremende diei iudicium evadere possim. Dampnat me conscientia mea, quamquam divinum iudicium nondum me dampnet. Accusat me de homicidio, quod, si opere non feci, voluntate tamen ac desiderio sepe peregi. Accusat me de adulterio, et eodem modo respondeo. Accusat me de invidia; confiteor et ego, quoniam invidia sepissime cor meum laniavit. Per invidiam namque sancte viventium merita mea feci invidendo peccata. Nam bona, que ab eis fieri vel dici audiebam, ea omnino non credebam, ipsas res bene gestas in malum male interpretando convertebam. Omne malum, quod de illis mendax fama ia-

Trotz ihrer Länge ist diese Passage nur ein schmaler Auszug, der jedoch den Tenor großer Teile von *De interioro domo* wiedergibt. In Abschnitten wie diesen konfrontiert der Text sein Publikum mit sich selbst. Er zeigt, was jede und jeder in sich erkennen kann, wenn sie sich nur aufmerksam und in angemessener Perspektive prüfen. Und es ist mehr als eine bloße Koinzidenz, dass die Buße als mehrstufiges Verfahren mit der geheimen Beichte vor einem Priester als zentralem Element genau in jener Zeit ihren sakramentalen Charakter gewinnt. Ich komme hierauf zurück.

Eine solche vom Text angemahnte aufmerksame Prüfung ist jedoch nicht nur Vorbereitung auf die Beichte, sondern zugleich jener Anstoß, der Sünder zu Texten wie *Vom inneren Haus* führen soll, weil diese sie auf ihrem Weg der Besserung – und das heißt ganz wesentlich der Fokussierung ihrer Aufmerksamkeit – anleiten wollen und sollen.

Das Gewissen lenkt die Aufmerksamkeit auf den Text

In der Musterhaftigkeit der eben ausführlich zitierten Selbstanklage liegt zugleich eine zweite Dimension dieses Textes, der sich selbst als Instrument zur Lenkung und Verstärkung von Aufmerksamkeit anempfiehlt. Denn: Ist der Mensch sich seines eigenen Gewissens bewusst geworden – nicht zuletzt vermittelt durch Texte wie *De interiori domo* –, so wird er auch gewahr, in welchem Maß er in jenem angesprochenen Normkonflikt von eigenem Anspruch und göttlichem Gesetz zur einen oder anderen Seite neigte.

Jenen Frauen und Männern, die ihr Leben Gott geweiht hatten, musste an dieser Stelle klar werden, dass sie dem Vollkommenheitsanspruch ihrer Lebens-

---

ctabat, statim, tamquam si ego vidissem, credebam. Omnia mala meis emulis fingebam, et ex profectu eorum deficiebam. Hec vero odia intra me abscondebam et in meos cruciatus enutriebam. Proficientibus invidebam, peccantibus favebam, de malis eorum gaudebam, et de profectibus lugebam. Gratuitis inimicitiis ardebam et hanc malitiam mei pectoris deprehendi timebam. Semper eram eis amarus et nunquam certus, et ita amicus eram diaboli et inimicus mei. Inter amicos discordias seminavi, discordantes in dissensionem confirmavi. Opiniones eorum mendaciis decoloravi, in spiritualibus carnalia laudavi, ut spiritualia bona deesse eis persuaderem. Amicitias simulavi, ut eos, qui se incaute mihi committebant, qua possem arte deciperem. Odiorum mihi occasionem pravis suspicionibus coacervavi et ita demones, quorum facta sectabar, letificavi. Multis velut amicus fui in obsequio, hostis in animo, comptus in verbo, turpis in facto. Prodigus fui secretorum, tenax malarum suspctionum, utrobique perversus. Et ita persecutus est inimicus animam meam, et humiliavit in terra vitam meam."

weise kaum genügen konnten. Wer sich mit jenem panoptischen Blick Gottes selbst prüfte, für den war eine Diskrepanzerfahrung zwischen Sollen und Sein unausweichlich.[21]

Wer also seine höchste Aufmerksamkeit auf sich selbst richtete – nicht nur auf sein Tun und Reden, sondern auch sein Denken –, der musste fast notwendig zur Einsicht kommen, selbst in seinen besten Absichten dem gestellten Anspruch nicht zu genügen: „Gütigster Herr, wie kann ich gut sein, der ich im Guten so schlecht gewesen bin?"[22] Das Gewissen, mit dem der Mensch sich selbst thematisiert, wird auf diese Weise zum Ort der Erkenntnis des Menschen über sich selbst.

Eine solche Form der Selbstthematisierung, die vorrangig im Zusammenhang von Introspektion und Schuldbekenntnis erfolgte, kann mit Norbert Elias als ein Element jenes natürlich viel weiter gefassten ‚Prozesses der Zivilisation' beschrieben werden, insofern hier ganz offensichtlich eine Intensivierung intrinsischer Normsetzung und -kontrolle festzustellen ist. Die seit dem ausgehenden 11. Jahrhundert erkennbare Konjunktur paränetischer Literatur – für die *De interiori domo* ja hier *pars pro toto* steht – ist selbst Teil dieses Prozesses. Die Traktate zielten auf eine spezifische Veränderung des Verhaltens bei ihrem Publikum – mithin auf das, was Elias als Zivilisation, als Affektkontrolle bezeichnete.[23] Zu ergänzen ist sicher auch die Fokussierung von Aufmerksamkeit. Die in diesen Texten artikulierte Mahnung an Religiose, sich innerlich wie äußerlich von der Welt zu lösen, dabei das eigene Gewissen als persönliche und doch zugleich absolute Kontrollinstanz des eigenen Denkens und Handelns zu etablieren, kann zweifellos als der von Elias beschriebene „Zwang zum Selbstzwang"[24] identifiziert werden. Er umfasst jedoch auch Fragen der Forcierung und Orientierung von Aufmerksamkeit.

Dabei aber verweisen diese Texte immer auch auf sich selbst zurück – besonders eindrücklich wieder *De interiori domo:*

> Darin bin ich auf bedauernswerte Weise elend, da ich nicht so sehr betrübt bin, wie ich nach meiner eigenen Erkenntnis müsste, sondern so beruhigt in Stumpfheit verharre, als wüsste ich nicht, woran ich leide. Dies aber ist für mich noch elender als alles Unglück: dass ich im Handeln verdorben, in der Rede sündhaft, im Herzen unrein zum Altar trete und mich nicht scheue, den Leib Christi mit meinen Händen zu betasten. Ich trete hochmütig zu ihm, dem Demütigen, zornig zu ihm, dem Sanften, grausam zu ihm, dem Barmherzigen, und dennoch erduldet der Demütige den Hochmütigen, der Sanfte den Erzürnten, der Barmherzige den Grausamen. Ich trete als Diener zum Herrn – nicht mit Liebe, sondern mit Furcht, nicht mit

---

21 Vgl. hierzu Hamm, Wollen und Nicht-Können, S. 355–390.

22 Breitenstein/Linscheid-Burdich (Hrsg.), *De interiori domo*, cap. VIII.5 (M 31): „Piissime Domine, unde possum esse bonus, qui in bono sic fui malus?"

23 Elias, *Über den Prozeß der Zivilisation*, Bd. 1, S. 155 und passim.

24 Elias, *Über den Prozeß der Zivilisation*, Bd. 2, S. 323 und passim.

Hingabe, sondern aus Gewohnheit. Ich trete als Diener zum Herrn, dessen Diener ich geschlagen habe; ich trete hin zum Vater, dessen Sohn ich getötet habe: Ich habe ihn geschlagen mit dem Wort, habe ihn getötet durch mein Verhalten, und dennoch fürchte ich den Herrn nicht, habe ich keine Scheu vor dem Vater. Ich bleibe in der Schar der Brüder, störe andere, und so oft ich, von einem anderen gestört, zu einem Friedfertigen herantrete, gehe ich sogar in dieser Einstellung zum Friedenskuss, obwohl ich doch zuerst versöhnt zum Kuss des Bruders, den ich beunruhigt hatte, hätte gehen müssen. Mein Unrecht überführt mich als Schuldigen und als Feind Gottes, meine Sünde hat mich oft von Gott getrennt. Daher flehe ich dich an, Vater, mich zu unterweisen, wie ich entweder für immer bei Gott bleiben oder zu ihm zurückkehren kann, wenn ich infolge meiner Sünden von ihm bewegt worden bin.[25]

Der hier spricht, weiß um seine Fehler. Deutlich wird: Erkenntnis allein genügt nicht zum Heil. Es bedarf eines zweiten Schritts: nämlich aus dem Erkannten auch die angemessenen Folgerungen erwachsen zu lassen. Bezogen auf unseren Begriff der Aufmerksamkeit meint dies: Einem musterhaften ‚Ich' wie dem, das eben zu Wort kam, fehlt genau jene Spannung, von der ich eingangs sprach, jene Spannung, welche die angesprochene Diskrepanz von Sollen und Sein produktiv werden lässt. Ein Gewissen nämlich, das zwar schlecht ist, aber dabei ruhig bleibt, kann dem Menschen nicht helfen, den gesetzten Ansprüchen zu genügen – weder den eigenen noch denen Gottes.

Den Ausweg aus diesem Dilemma weist der Text, indem er auf sich selbst verweist. Er adressiert sein Publikum – jede und jeden einzeln – in imperativer Rede und bietet zugleich Anreden, die jede und jeder sich zu eigen machen sollte. Der Text tritt nicht nur in Dialog mit denen, die ihn lesen, sondern eröffnet ihnen auch Ausdrucksformen einer Anrede an jene Instanzen, die als einzige helfen können, ein zwar schlechtes, aber ruhiges Gewissen nicht nur aufzuwühlen, sondern zu bessern: Gott und die, die in seinem Namen sprechen: die Priester:

---

25 Breitenstein/Linscheid-Burdich (Hrsg.), *De interiori domo*, cap. X.4 (M 40 f.): „In hoc miserabiliter miserabilis sum, quia non tantum doleo, quantum dolendum me cognosco, sed sic securus torpeo, velut, quid patiar, ignorem. Hoc vero mihi est omni infelicitate miserius, quod ita opere perversus, ore pollutus, corde immundus ad altare accedo et Christi corpus manibus meis pertractare non pertimesco. Accedo elatus ad humilem, iratus ad mitem, crudelis ad misericordem, et tamen patitur humilis elatum, mitis iratum, crudelem misericors. Accedo servus ad Dominum – non amore, sed timore, non devotione, sed usu. Accedo servus ad Dominum, cuius percussi servum; ad patrem accedo, cuius occidi filium: Percussi verbo, occidi exemplo, nec tamen pertimesco Dominum, nec revereor patrem. Manens in turba fratrum, turbans aliquos, et ab aliquo turbatus, quandoque accedo ad pacificum, accedo etiam talis ad osculum pacis, qui prius reconciliatus accedere debuissem ad osculum turbati fratris. Convincit me reum et Dei inimicum mea iniquitas, peccatum meum sepe separavit me a Deo. Iccirco obsecro te, pater, ut me instruas, quomodo possim aut semper stare cum Deo meo aut redire, cum ab eo peccatis meis exigentibus motus fuero.“

> Ich danke dir, mein Gott, dass du mich besucht und mir meine Sünden gezeigt hast. Nun erst habe ich, da du es mir einhauchtest, gelernt, zu meinem Herzen zurückzukehren und mich selbst zu erkennen. Ich werde mich also an einen von deinen Freunden wenden und ihm alle meine Vergehen darlegen, wie du es mir aufgetragen hast, damit ich durch seinen Rat und seine Hilfe von meinen Verfehlungen befreit und mit dir versöhnt werden kann.[26]

Überzeugender lässt sich die Notwendigkeit einer Beichte vor einem Priester nicht formulieren: die Pflicht zur Beichte wird als eine unmittelbare Aufforderung Gottes präsentiert. Ich hatte bereits darauf hingewiesen, dass genau in jener Zeit die Buße ihren sakramentalen Charakter gewinnt.

Es kann also kaum überraschen, dass der Text umfangreich genau solche dialogischen Szenen beinhaltet, die als musterhafte Anleitung zur Beichte dienen sollten. Mit ihrer Hilfe sollten jene, die zwar erkannt hatten, dass sie sündhaft lebten, hieraus aber keine angemessenen Konsequenzen zogen, stimuliert werden, genau dies zu tun. Dies war nicht nur notwendig, weil jeder Mensch für sein eigenes Seelenheil verantwortlich war, sondern weil jeder Mensch in seinem Tun stets auch anderen ein Beispiel gab: „Sehr viele Menschen habe ich auch zu meinem Verderben zum Sündigen veranlasst, für viele bin ich zur Ursache von Bösem geworden und durch Beispiele meines Lebens sind etliche zu Fall gekommen.“[27]

Aufmerksamkeit wurde so zur Perspektivenfrage: Mir selbst gegenüber unaufmerksam zu sein, bedeutete nicht, dass andere diese Perspektive des forcierten Blicks auf mich nicht doch einnehmen. Es ist genau jenes eingangs angesprochene Wechselspiel aus Aufmerksamkeit und ihrem Fehlen oder eben ihrer falschen Orientierung, das hier thematisiert ist: „durch Beispiele meines Lebens sind etliche zu Fall gekommen.“ Als funktionale Elite[28] waren Religiose Gegenstand einer forcierten Aufmerksamkeit – dem daraus erwachsenden Anspruch mussten sie genügen. Auch das ist zweifellos eine der Intentionen des Textes: zu lernen, gegenüber sich selbst wachsam zu sein, weil andere es waren.

---

26 Breitenstein/Linscheid-Burdich (Hrsg.), *De interiori domo*, cap. IX (M 35): „Gratias tibi ago, Deus meus, quoniam visitasti me et ostendisti mihi peccata mea. Nunc primum, te inspirante, didici ad cor meum redire et meipsum cognoscere. Advocabo ergo aliquem de amicis tuis et ei omnia delicta mea exponam, sicut mihi precepisti, ut eius consilio et auxilio ab omnibus iniquitatibus meis possim liberari et tibi reconciliari.“

27 Breitenstein/Linscheid-Burdich (Hrsg.), *De interiori domo*, cap. IX (M 36): „Nunquam, ut debui, mores meos in melius mutavi nec a malefactis recessi. Plurimos etiam me perdens peccare feci, et multis causa mali extiti, et exemplis vite mee nonnulli subversi sunt.“

28 Vgl. hierzu nun Melville/Mixson (Hrsg.), *Virtuosos of Faith*.

Resümee

Ich komme zum Schluss und möchte nur noch in aller Kürze den transitorischen Aspekt ansprechen, der im Titel meines Vortrags angekündigt ist: das Unsichtbare als Ziel menschlicher Aufmerksamkeit, für dessen Erreichen freilich das Sichtbare zurückgelassen werden muss.

Gezeigt werden konnte, so hoffe ich, dass der Traktat *Vom inneren Haus* tatsächlich Antworten auf die Frage nach Praktiken von Aufmerksamkeit innerhalb der *vita religiosa* geben kann. Nicht nur versucht der Text, die Aufmerksamkeit seiner Leserinnen und Leser auf ihr Gewissen zu lenken, und damit auf ein Instrument ebenso wie ein Ziel menschlicher Aufmerksamkeit: Es hat instrumentelle Funktion als Ausdruck einer den Menschen orientierenden Instanz. Und es ist zugleich jenes Ziel, auf das zu orientieren ist, insofern dem Gewissen selbst Heilsrelevanz zugeschrieben wird. Das Gewissen bedarf der Aufmerksamkeit des Menschen und es lenkt zugleich dessen Aufmerksamkeit im Hinblick auf die Welt wie sich selbst.

Im Verständnis des Textes musste sich jeder Mensch zunächst seiner selbst bewusst werden; er musste seine Aufmerksamkeit auf sich selbst fokussieren, um sich von dem lösen zu können, was seine Aufmerksamkeit auf das finale Ziel verhinderte oder verminderte. Organ dieses Reflexionsprozesses war das Gewissen, das als für den hier analysierten Traktat titelgebendes *Inneres Haus* gereinigt werden musste. Es war nötig, sich aller Sünden zu erinnern und sich diese dabei selbst zuzuschreiben. Hierdurch in den Fokus eigener Aufmerksamkeit gestellt, fungierte die Sünde zugleich als Individuationsgenerator, indem sie jeden Menschen in seiner individuellen Sündhaftigkeit für sich und vor sich selbst identifizierbar machte.

Erst die Lenkung der Aufmerksamkeit auf die eigenen Sünden verhalf dem Menschen dazu, sich in seiner Gnadenbedürftigkeit zu erkennen und sich daher auch für Gott zu öffnen – in der Metaphorik des Textes: sein Gewissen zu reinigen, um Gott in ihm zu empfangen.

> Glücklich ist jene Seele, die sich so bemüht, das Haus ihres Herzens vom Schmutz der Sünden zu reinigen und es mit heiligmäßigen und gerechten Werken zu füllen, dass es nicht allein die Engel, sondern auch den Herrn der Engel freut, in ihr zu wohnen. Wenn das Haus gereinigt und alles Böse aus ihm ausgeschlossen ist, soll es sich mit allem Guten füllen, es soll für uns, die wir alles Äußere zurückgelassen haben, nicht nötig sein, irgendetwas draußen zu suchen.[29]

---

29 Breitenstein/Linscheid-Burdich (Hrsg.), *De interiori domo*, cap. II (M 5): „Felix illa anima, que ita domum cordis sui de peccatorum sordibus studet emundare et sanctis ac iustis operibus adimplere, ut in ea non solum angelos, verum etiam Dominum angelorum habitare delectet. Mundata domo

Kurz: Nötig war eine Verschiebung der eigenen Aufmerksamkeit vom Nichtigen zum Wichtigen, vom Sichtbaren zum Unsichtbaren.

Literaturverzeichnis

Primärliteratur

Augustinus: *Aurelii Augustini Opera.* Bd. 8: *In Iohannis evangelium tractatus CXXIV.* Hrsg. von Radbod Willems (Corpus Christianorum. Series Latina 36). Turnhout 1990.

Augustinus: *Aurelii Augustini Opera.* Bd. 11.1: *Sermones de Vetere Testamento: id est sermones I–L secundum ordinem Vulgatum insertis etiam novem sermonibus.* Hrsg. von Cyrill Lambot (Corpus Christianorum. Series Latina 41). Turnhout 1997.

Bernhard von Clairvaux: *Sämtliche Werke. Lateinisch-Deutsch.* Hrsg. von Gerhard B. Winkler. Bd. 5. Innsbruck 1994.

Breitenstein, Mirko/Linscheid-Burdich, Susanne (Hrsg.): *De interiori domo* sive *Liber de conscientia.* Der Traktat *Vom inneren Haus* oder *Das Buch vom Gewissen* (Vita regularis. Editionen 7). Berlin/Münster 2024.

Bruschke, Alberic u. a. (Übers.), Breitenstein, Mirko (Einl.): *Thuis. Inkeer en de vorming van het geweten* (Middeleeuwse Monastieke Teksten 11). Eindhoven 2020.

Philipp der Kanzler: *Summa super Psalterium.* Hrsg. von Martin Morard. In: Glossae Scripturae Sacrae-electronicae (Gloss-e), https://gloss-e.irht.cnrs.fr/php/page.php?id [letzter Zugriff: 14.03.2024].

Sekundärliteratur

Breitenstein, Mirko: Das ‚Buch des Gewissens‘. Zum Gebrauch einer Metapher in Mittelalter und Früher Neuzeit. In: *Revue d'Histoire Ecclésiastique* 14 (2019), S. 150–223.

Breitenstein, Mirko: Das Haus des Gewissens. Zur Konstruktion und Bedeutung innerer Räume im Mönchtum des Hohen Mittelalters. In: Sonntag, Jörg (Hrsg.)/Bsteh, Petrus/Proksch, Brigitte/Melville, Gert (Mitw.): *Geist und Gestalt. Monastische Raumkonzepte als Ausdrucksformen religiöser Leitideen* (Vita regularis. Abhandlungen 69). Berlin 2016, S. 17–52.

Breitenstein, Mirko: *Das Noviziat im hohen Mittelalter. Zur Organisation des Eintrittes bei den Cluniazensern, Cisterziensern und Franziskanern* (Vita regularis. Abhandlungen 38). Berlin 2008.

Breitenstein, Mirko: ‚*Vier Arten des Gewissens*‘. *Spuren eines Ordnungsschemas vom Mittelalter bis in die Moderne: mit Edition des Traktats ‚De quattuor modis conscientiarum*‘ (Klöster als Innovationslabore. Studien und Texte 4). Regensburg 2017.

Chenu, Marie-Dominique: *L'éveil de la conscience dans la civilisation médiévale* (Conference Albert-le-Grand 1968). Montréal/Paris 1969.

---

cunctisque malis ab ea exclusis, omnibus bonis impleatur, ne sit nobis necesse foras aliquid querere, qui omnia forinseca reliquimus."

Connolly, Margaret/Radulescu, Raluca Luria: Introduction. In: Connolly, Margaret/Radulescu, Raluca Luria (Hrsg.): *Insular Books. Vernacular Manuscript Miscellanies in Late Medieval Britain* (Proceedings of the British Academy 201). Oxford 2015, S. 1–29.

Corbellini, Sabrina/Murano, Giovanna/Signore, Giacomo (Hrsg.): *Collecting, Organizing and Transmitting Knowledge. Miscellanies in Late Medieval Europe* (Bibliologia 49). Turnhout 2018.

Courcelle, Pierre: *Connais-toi toi-même de Socrate à Saint Bernard.* 3 Bde. Paris 1974–1975.

Dinzelbacher, Peter: *Structures and Origins of the Twelfth-Century ‚Renaissance'* (Monographien zur Geschichte des Mittelalters 63). Stuttgart 2017.

Elias, Norbert: *Über den Prozeß der Zivilisation. Soziogenetische und psychogenetische Untersuchungen.* 2 Bde. Frankfurt am Main 1997.

Gilson, Étienne: *L'esprit de la philosophie médiévale* (Études de Philosophie Médiévale 33). Paris [2]1948.

Grabes, Herbert: *Speculum, mirror und looking-glass: Kontinuität und Originalität der Spiegelmetapher in den Buchtiteln des Mittelalters und der englischen Literatur des 13. bis 17. Jahrhunderts* (Buchreihe der Anglia 16). Tübingen 1973.

Haas, Alois Maria: Christliche Aspekte des ‚Gnothi Seauton'. Selbsterkenntnis und Mystik. In: Ders.: *Geistliches Mittelalter* (Dokimion 8). Freiburg, Schweiz 1984, S. 45–71 [zuerst 1981].

Hamm, Berndt: Wollen und Nicht-Können in der spätmittelalterlichen Bußseelsorge. In: Hamm, Berndt: *Religiosität im späten Mittelalter. Spannungspole, Neuaufbrüche, Normierungen.* Hrsg. von Friedrich, Reinhold/Simon, Wolfgang (Spätmittelalter, Humanismus, Reformation 54). Tübingen 2011, S. 355–390 [zuerst 2001].

Hanna, Ralph III: *Pursuing History. Middle English Manuscripts and their Texts* (Figurae. Reading Medieval Culture). Stanford 1996.

Hennig, Boris: ‚Conscientia' bei Descartes (Symposion 127). Freiburg im Breisgau/München 2006.

Hugede, Norbert: *La métaphore du miroir dans les épitres de Saint Paul aux Corinthiens* (Université Genève. Faculté des Lettres. Thèse 157). Neuchâtel 1957.

Johnston, Michael/Van Dussen, Michael (Hrsg.): *The Medieval Manuscript Book Cultural Approaches* (Cambridge Studies in Medieval Literature). Cambridge 2015.

Kellner, Beate/Reichlin, Susanne: Wachsame Selbst- und Fremdbeobachtung im Rahmen von Sündenbekenntnis, Reue und Beichte. Eine Einleitung. In: Butz, Magdalena/Kellner, Beate/Reichlin, Susanne/Rugel, Agnes (Hrsg.): *Sündenbekenntnis, Reue und Beichte. Konstellationen der Selbstbeobachtung und Fremdbeobachtung in der mittelalterlichen volkssprachlichen Literatur* (Zeitschrift für deutsche Philologie. Sonderheft 141). Berlin 2022, S. 1–50.

Maniaci, Marilena: The Medieval Codex as a Complex Container: The Greek and Latin Traditions. In: Friedrich, Michael/Schwarke, Cosima (Hrsg.): *One-Volume Libraries: Composite and Multiple-Text Manuscripts* (Studies in Manuscript Cultures 9). Berlin/Boston 2016, S. 27–46.

Melville, Gert/Mixson, James D. (Hrsg.): *Virtuosos of Faith. Monks, Nuns, Canons, and Friars as Elites of Medieval Culture* (Vita regularis. Abhandlungen 78). Münster 2020.

Morris, Colin: *The Discovery of the Individual, 1050–1200* (Church History Outlines 5). London 1972.

Thesaurus linguae latinae editus iussu et auctoritate consilio academiarum quinque Germanicarum: Berolinensis, Gottingensis, Lipsiensis, Monacensis, Vindobonensis. Bd. 4: *Con–Cyvlvs.* Leipzig 1906–1909.

Von Moos, Peter: *Attentio est quaedam sollicitudo.* Die religiöse, ethische und politische Dimension der Aufmerksamkeit im Mittelalter. In: Ders.: *Gesammelte Studien zum Mittelalter.* Hrsg. von Melville, Gert. Bd. 2: *Rhetorik, Kommunikation und Medialität* (Geschichte: Forschung und Wissenschaft 15). Berlin 2006, S. 265–306.

Magdalena Butz

Ermahnung zur Wachsamkeit – Anleitung zur Unterscheidungsfähigkeit. Zu Bertholds von Regensburg Predigt *Von der ûzsetzikeit*

In Michel Beheims Lied über die Beichte gibt das Sprecher-Ich seinen Rezipierenden sieben Stücke an die Hand, die einen heilsamen Umgang mit dem Bußsakrament erleichtern sollen. Dazu zählt – neben der Selbsterforschung im Vorfeld der Beichte, einer aufrichtigen Reue und dem Sündenbekenntnis – auch die Wahl eines geeigneten Beichtvaters, zu der das Sprecher-Ich die Beichtwilligen explizit auffordert:

> wiltu von sunden werden quit,
> sa such dir und er wel dir unde pit
> ainn peichtiger nach weisem sit,
> daz er dein sund ab glit. (V. 42–45)[1]

Begründet wird diese Empfehlung mit der Schlüsselgewalt des Priesters, durch die allein die Fesseln der Sünde gelöst werden könnten. Diese bestehe aus zwei Schlüsseln, zwei Komponenten: einerseits „gewalt", verstanden als Macht, die Absolution zu erteilen bzw. zu verweigern sowie Bußleistungen aufzuerlegen (*clavis potestatis*); andererseits aber „kunst und weisshait" (*clavis scientiae*), die den Seelsorger dazu befähigen, die Sünden des Menschen im Kontext des Beichtgesprächs zu ermitteln und nach ihrem Schweregrad zu unterscheiden:[2]

---

1 Text nach der Ausgabe Gille/Spriewald (Hrsg.), *Gedichte des Michel Beheim*, Bd. III/1, S. 112–115 [Nr. 389]; entspricht ¹Beh/389 nach Brunner/Wachinger (Hrsg.), *RSM*, Bd. 3, S. 174f. Bei diesem in Beheims *Slegweise* verfassten fünfstrophigen Lied handelt es sich, worauf bereits Wachinger, Michel Beheim, S. 64f., hinwies, um eine Versifikation einer Passage aus Marquards von Lindau *Dekalogerklärung*. Grundlage ist der Abschnitt *Uon der peicht* aus dem 4. Gebot, vgl. Marquard von Lindau, *Buch der Zehn Gebote*, S. 50, Z. 30–S. 51, Z. 32. Zu Beheim vgl. den konzisen Überblick von Bulang, Michel Beheim, zu den Versifikationen bes. S. 453f.
2 Die Deutung der kirchlichen Schlüsselgewalt als Macht einerseits und Unterscheidungswissen andererseits findet sich bereits bei Beda Venerabilis und anderen frühmittelalterlichen Theologen. Demgegenüber sind Bußtheoretiker des Hoch- und Spätmittelalters um eine theoretische Durchdringung der Schlüsselgewalt, ihrer Funktion und Wirkweise bemüht. Als strittig erweisen sich dabei nicht zuletzt die Anzahl der Schlüssel sowie der Status und der Erwerb der *scientia discretionis*. Zu den unterschiedlichen Positionen maßgeblich Hödl, *Theologie der Schlüsselgewalt*; Hödl, Schlüsselgewalt; Lerg, *Beichtbefugnis*, bes. S. 84–101.

> Wann man die pant nit mag enpinden sunst,
> denn mit den slusseln zwaine, [...]
> und ist gewalt der aine,
> kunst und weisshait
> der zwait. (V. 49–54)

Nur ein Priester, der über diese beiden Schlüssel verfüge, sei imstande, den Sünder zu absolvieren. Im Umkehrschluss, so das Sprecher-Ich, könne ein unzureichend gebildeter Seelsorger den Sünder ebenso wenig von seinen Sünden lossprechen wie ein Ungeweihter, der nicht über den ersten der beiden Schlüssel verfüge:

> darumb ain briester tabe,
> Der nit waiss kunst und under schaid der sünd,
> mocht dich als klain enpinde,
> recht sam ain *ungeweihter*[3] künd. (V. 55–58)

Vergleichbare Empfehlungen an Beichtwillige, bei der Wahl ihres Beichtvaters auf dessen Fähigkeiten zu achten, finden sich in der Beichtliteratur des späten Mittelalters an zahlreichen Stellen.[4] Dabei wird zum einen auf der institutionellen Eignung des Seelsorgers qua Amt und Weihe insistiert – insbesondere dort, wo es die Beichte vor einem Priester gegenüber anderen Formen des Bekenntnisses, etwa gegen die Laienbeichte, abzugrenzen gilt. Zum anderen heben die Texte immer

---

3 Gegenüber der Edition von Gille/Spriewald geändert. Im Gegensatz zu der von Gille/Spriewald als Leithandschrift herangezogenen Handschrift Heidelberg, Universitätsbibliothek, Cpg 334, hier fol. 387ra, die an dieser Stelle „ungelerter" bietet, haben die beiden anderen Handschriften „ungeweihter" (Heidelberg, Universitätsbibliothek, Cpg 312, fol. 272[v]) bzw. „vngeweichter" (München, Bayerische Staatsbibliothek, Cgm 291, fol. 339vb). Dem entspricht auch die Stelle bei Marquard (etwa im Druck von 1483), siehe Marquard von Lindau, *Buch der Zehn Gebote*, S. 51, Z. 6: „vngeweichter mensch".

4 Etwa in Heinrichs von Burgeis *Der Seele Rat:* „Dew wunde sele suechen sol | Einen arczt der da chunne wol | Binden und enbinden | Und wol chunne vinden | Dy wunden und auch ersuechen; | Der mach sy wol beruchen: | Im sint der seln wunden chunt, | Er macht sy schier gesunt. | Wil sy aver suechen einen blinden | Der selbe nicht chan vinden | Seinew wunden noch erchennen, | Der man vil mochte nennen, | Das mag ir ze unstaten chemen. | Du hast ofte wol vernomen: | Da der blinde den blinden weisen sol, | Sy mugen beidew vallen wol | In dew gruebe dew vor im stat. | Einen weisen suche, das ist mein rat". Text nach Heinrich von Burgus, *Der Seele Rat*, S. 18 f., V. 887–904; zu dieser Stelle Kellner, Erforschung der Seele, S. 207; Butz, Pastorales Handeln, Abschnitt 3.2. Vgl. auch den vielzitierten Passus im pseudo-augustinischen Bußtraktat *De vera et falsa poenitentia*, cap. X,25 (Text bei Costanzo, *De vera et falsa poenitentia*, S. 268); exemplarisch auch Abaelard, *Ethica*, I,69 (*Scito te ipsum*, S. 294–296); sowie das bei Weidenhiller, *Katechetische Literatur*, S. 196–200, hier S. 197, teilweise abgedruckte *Peniteas cito*-Gedicht nach der Handschrift München, Bayerische Staatsbibliothek, Clm 5629.

wieder auf die persönliche Eignung des Seelsorgers ab.[5] Auf diese Weise beziehen sie auch Position in der vieldiskutierten Frage, ob und unter welchen Umständen Beichtwillige ihren Beichtvater wechseln bzw. frei wählen können – was vor allem dann geboten scheint, wenn der *sacerdos proprius* sich als unfähig erweist.[6] Damit einhergehend formulieren und reflektieren die Texte das Ideal des heilsvermittelnden Seelsorgers, das in gelehrt-lateinischen wie auch volkssprachlichen Traktaten und Merkversen mit Beichtthematik ausgehandelt wird:[7] Neben einer vor-

---

5 Zum frühmittelalterlichen Diskurs um die notwendigen Qualitäten des (Seelen-)Führers umfassend Suchan, *Mahnen und Regieren.*

6 Spätestens mit den Bestimmungen des Kanon 21 (*Omnis utriusque sexus fidelis*) des IV. Laterankonzils ist jede und jeder Gläubige zur jährlichen Beichte vor dem eigenen Priester (*sacerdos proprius*) verpflichtet. Die Beichte vor einem anderen Priester ist nur mit Erlaubnis des eigenen Priesters möglich: „Si quis autem alieno sacerdoti voluerit iusta de causa sua confiteri peccata, licentiam prius postulet et obtineat a proprio sacerdote, cum aliter ille ipsum non possit solvere vel ligare." [„Möchte jemand aus gerechtem Grund einem fremden Priester seine Sünden beichten, erbittet und empfängt er zuerst die Erlaubnis des eigenen Priesters. Andernfalls ist der fremde Priester nicht dazu in der Lage, ihn zu lösen oder zu binden."] Text und Übersetzung nach der kritischen Ausgabe von Wohlmuth (Hrsg.), *Dekrete*, S. 245f., c. 21. Allerdings schränkt etwa das *Decretum Gratiani* den Pfarrzwang in Anlehnung an besagte Stelle in *De vera et falsa poenitentia* (s. oben, Anm. 4) dahingehend ein, dass dem eigenen Priester nicht gebeichtet werden muss bzw. sollte, wenn dieser ‚blind‘ sei: „Sed aliud est fauore uel odio proprium sacerdotem contempnere, quod sacris canonibus prohibetur; aliud cecum uitare, quod hac auctoritate quisque facere monetur, ne, si cecus ceco ducatum prestet, ambo in foueam cadant." [„Aber es ist das eine, aus Sympathie oder Abneigung den eigenen Priester zu verschmähen, was vom heiligen Kirchenrecht untersagt wird; etwas anderes ist es, einen Blinden zu meiden, wozu jeder von eben dieser Autorität angehalten ist (wörtlich: was von genau dieser Autorität jeder zu tun gemahnt wird), damit nicht, wenn ein Blinder einen Blinden führt (wörtlich: wenn ein Blinder für einen Blinden die Führung leistet), beide in eine Grube fallen."; M.B.] Text nach Richter/Friedberg (Hrsg.), *Decretum Gratiani*, Sp. 1244, *De penitentia*, dict. post D.6 c.2. Vgl. zur (früh-)scholastischen Diskussion um die Beichtvaterwahl Lerg, *Beichtbefugnis*, S. 56–62, S. 101–118, zur Position Gratians bes. S. 57–59; sowie Hödl, *Theologie der Schlüsselgewalt*, S. 155–175, hier S. 166. Mit dem Eintritt der Mendikantenorden in die Bußpraxis und der Konkurrenz zwischen Ordens- und Weltklerus musste die Frage nach dem *sacerdos proprius* wiederholt neu ausgehandelt werden. Dazu bes. Lerg, *Beichtbefugnis*, S. 109–112.

7 Exemplarisch etwa in Jean Gersons Traktat *De arte audiendi confessiones*, vgl. Gerson, *L'Œuvre spirituelle et pastorale*, S. 10–17 [Nr. 401]. Zur Diskussion um den idealen Beichtvater im hohen und späten Mittelalter Tentler, *Sin and Confession*, S. 95–104. Dabei kann die Auswahl und Hierarchisierung der geforderten Eigenschaften als Indikator für das Bußverständnis des jeweiligen Verfassers gelten bzw. dafür, welche Rolle dem Priester im Beichtgeschehen und bei der Spendung des Bußsakraments zugemessen wird. Vgl. hierzu die differenzierten Einzelanalysen zu den Positionen von Abaelard, Alanus ab Insulis, Robert von Flamborough u.a. sowie zur *Summa Angelica* bei Ohst, *Pflichtbeichte*. Komplementär zu den Diskussionen um den idealen Beichtvater setzen zahllose Lieder, Sprüche und Kurzerzählungen – gewissermaßen als Negativexempel – den ungeeigneten, weil ungelehrten, geldgierigen, lüsternen, ungeduldigen oder unaufmerksamen Priester ins Bild,

bildlichen Lebensführung sowie Geduld und Einfühlsamkeit im Umgang mit dem Konfitenten fordern diese vom Beichtvater ein Mindestmaß an ‚Gelehrsamkeit‘ – genauer: Expertise im Bereich der Sündenkasuistik –, um das Beichtgespräch kompetent durchzuführen, die Vergehen der Konfitenten in mortale und veniale Sünden zu unterteilen und entsprechende Satisfaktionsleistungen zu bestimmen.

Inwiefern Wissen und Unterscheidungsfähigkeit wenn nicht heils*notwendig*, so doch zumindest heils*förderlich* sind, erörtert exemplarisch ein auf Nikolaus’ von Dinkelsbühl *De tribus partibus poenitentiae* fußender volkssprachlicher Traktat des 15. Jahrhunderts.[8] Zwar versichert der anonym überlieferte Text, dass gültig absolviert sei, wer reuevoll seinem eigenen Priester beichte, auch wenn dieser jeglicher Unterscheidungsfähigkeit entbehre. Daher sei es in einem solchen Fall nicht erforderlich, sich für die Beichte an einen anderen zu wenden (vgl. Z. 2–12). Die *scientia discretionis* wird hier also nicht explizit als Teil der Schlüsselgewalt beziehungsweise nicht als für die Spendung des Bußsakraments notwendig angesehen. Dennoch, so der Traktat, mangle es besagten Beichtwilligen an den Vorzügen, die eine Beichte vor einem gelehrten Priester biete, denn nur ein solcher könne den Sünder zu wahrer Reue anleiten (vgl. Z. 12–30) sowie ihn an vergessene oder zu gering eingeschätzte Sünden erinnern (vgl. Z. 32–39). Zudem wisse er, unter welchen Umständen eine Sünde zur Todsünde werde und auch, woraus sie entspringe, sodass er dem Beichtwilligen Ratschläge geben könne, wie er diese künftig vermeiden solle (vgl. Z. 40–47). Auch sei nur ein gelehrter Priester imstande, angemessene Bußleistungen aufzulegen, mithilfe derer der Konfitent seine Sündenschuld abbüßen und sich zugleich prospektiv vor Sünden bewahren könne (vgl. Z. 48–51). Demgegenüber sei derjenige Konfitent, „der aim aynualtigen priester peicht“, ganz auf sich gestellt und müsse all diese potenziell heilsrelevanten Informationen „geraten“ (vgl. Z. 51 f.). Aus diesem Grund, so der anonyme Verfasser, sei es „gar nucz, das der mensch suecht ain weysen, peschaiden vnd wolgelerten peichtuater“ (Z. 53 f.).

Zwar fokussiert der Text hauptsächlich auf die zahlreichen Vorteile eines kompetenten Beichtvaters. Im letzten Abschnitt seiner Ausführungen bringt der Anonymus jedoch auf den Punkt, welche Konsequenzen ein Mangel an Unterscheidungsfähigkeit in Sachen Sünde, mithin ein unfähiger Seelsorger zeitigen kann – und zwar sowohl für den Konfitenten als auch für den Beichtvater selbst. In einem solchen Fall nämlich „füert ayn plynter den andern vnd vallen paid in ain

---

exemplarisch etwa die sogenannte *Missverständliche Beichte* des Hans Folz, vgl. Folz, *Reimpaarsprüche*, S. 124–130.

8 Incipit: *Das ain mensch genueg thue für sein sünd, da gehort zwe rechte peicht vnd pues.* Text im Folgenden nach dem Teilabdruck bei Ruh, *Franziskanisches Schrifttum*, Bd. I, S. 198 f. Zu diesem Traktat und seinen Quellen bes. Berg, *Der tugenden buch*, S. 41–52.

grueb das ist in dy verdamnus"[9]. Wo Führender und Geführter blind und also nicht imstande sind, drohende Gefahren rechtzeitig zu erkennen und abzuwenden, erwächst beiden gleichermaßen Schaden daraus. Sie fallen in eine Grube – oder vielmehr: Sie verfehlen ihr Heil. Der Rückgriff auf das im pastoraltheologischen Diskurs vielfach zitierte Gleichnis vom blinden Blindenführer (Mt 15,14; Lc 6,39)[10] verdeutlicht *in nuce* die Notwendigkeit eines vorausschauend handelnden ‚Seelenführers', eines Priesters, der um die Gefahren für die menschliche Seele ebenso weiß wie um die göttlichen Gesetze und den Weg zum Heil. Seine Aufgabe ist es, auf die ihm Anvertrauten achtzugeben und sie vor Fallstricken und Irrwegen zu bewahren.

Um dieser Verantwortung gerecht zu werden, bedarf es jedoch nicht allein der *scientia discretionis*, sondern auch einer spezifischen Wachsamkeit des Priesters gegenüber dem Beichtwilligen und seinen Anfechtungen. Erst durch ein gezieltes Achten auf Anzeichen potenziell sündhaften Handelns, die am Lebenswandel oder an den verbalen wie nonverbalen Äußerungen des Konfitenten manifest werden, kann der Priester Verstöße gegen göttliches bzw. kirchliches Gesetz identifizieren, nach ihrem Schweregrad klassifizieren und heilsame Gegenmaßnahmen treffen. Die Unterscheidungsfähigkeit des Beichtvaters, der traditionell die Position des

---

9 Im Ruh'schen Teilabdruck sind die letzten Sätze des Passus zum Beichtvater nicht enthalten, daher hier zitiert nach der Handschrift München, Bayerische Staatsbibliothek, Cgm 1151, S. 81 f. (paginiert). Kürzungszeichen sind aufgelöst, verschiedene *s*-Formen vereinheitlicht.

10 So etwa zieht bereits Gregors des Großen *Regula pastoralis*, I,1, die für die mittelalterliche Pastoraltheologie von kaum zu überschätzender Bedeutung ist, das Gleichnis heran, um zu verdeutlichen, dass Unwissende kein Lehr- und Hirtenamt übernehmen sollten. Vgl. Grégoire le Grande, *Règle pastorale*, Bd. 1, S. 132, Z. 44 f. Zur Metapher der Blindheit und anderer Gebrechen bei Gregor vgl. Hack, *Gregor der Große*, bes. S. 176–180. Unter Rückgriff auf ebendieses Kapitel der *Regula* und Mt 15,14 formuliert auch der Kanon 27 des IV. Laterankonzils die Pflicht der Bischöfe, eine angemessene Ausbildung künftiger Kandidaten für das Priesteramt sicherzustellen, vgl. Wohlmuth (Hrsg.), *Dekrete*, S. 248, c. 27. Auch Abaelard rekurriert auf dieses Gleichnis, um für die Beichtvaterwahl zu plädieren: „Nemo enim ducem sibi ab aliquo commissum, si eum cecum deprehenderit, in foueam sequi debet, et melius est eligere eum uidentem, ut, quo tendat, perueniat, quam male sibi traditum male sequi ad precipicium." [„Denn niemand muss einem Führer, der ihm von jemand anderem gegeben wurde, bis in die Grube folgen, wenn er ihn als blind erkannt hat. Es ist besser, dass er einen Sehenden auswählt, um sein Ziel zu erreichen, als einem Führer, den man ihm schlecht zur Seite gegeben hat, auf schlechte Weise in den Abgrund zu folgen."] Text und Übersetzung nach Abaelard, *Scito te ipsum*, S. 296 f., I,69.7. Exemplarisch auch Heinrichs von Burgeis *Der Seele Rat*, V. 895–903 (s. oben, Anm. 4); sowie die in Anm. 6 zitierte Passage aus dem *Decretum Gratiani*. Auch das eingangs zitierte Lied des Michel Beheim beendet die Ausführungen zur Beichtvaterwahl – im Anschluss an seine Vorlage – mit diesem Gleichnis: „das merkend, wann ain plinde | den andern lait, | albait | vallen sie in ainn grabe." (V. 59–62) Vgl. die entsprechende Passage bei Marquard von Lindau, *Buch der Zehn Gebote*, S. 51, Z. 6 f.

Seelen- bzw. Blindenführers einnimmt, wird dadurch aufs Engste mit seiner Aufgabe, zu wachen und den rechten Weg zu weisen, verschränkt.

Wie eng die Wachsamkeit des Seelsorgers und sein Unterscheidungswissen idealiter aufeinander bezogen sind, lässt sich etwa anhand der Predigt *Von der ûzsetzikeit* zeigen, die in der Überlieferung Berthold von Regensburg zugeschrieben wird. An ihr wird im Folgenden exemplarisch analysiert, wie die Notwendigkeit von Wissen respektive Unterscheidungsfähigkeit mit Blick auf die Priester thematisiert und mit spezifischen Wachsamkeitsappellen verbunden wird, um Seelsorger in die Lage zu versetzen und zu ermahnen, qua Sündenerforschung die Seelen der Gläubigen zu schützen. In einem weiteren Schritt wird gezeigt, wie sich der Text an verschiedenste Adressaten, besonders an potenzielle Sünder, wendet und diese zu Wachsamkeit gegenüber sich selbst und anderen anleitet.

1 *Inter lepram et lepram discernere*

Die unter Bertholds von Regensburg Namen überlieferten deutschsprachigen Predigten sind, so die *opinio communis* der neueren Forschung, weder als ‚authentische‘ Werke des berühmten Franziskanerpredigers anzusehen noch als Mit- oder Nachschriften der von Berthold tatsächlich gehaltenen Kanzelpredigten.[11] Zwar fußen die Texte stellenweise auf lateinischen Predigten aus Bertholds von Regensburg *Rusticani*-Sammlungen;[12] die Autorschaft an den Aus- und Umarbeitungen in

---

11 Zur Überlieferung Richter, *Deutsche Überlieferung*; Ruh, Überlieferung, S. 700–712; Banta, *Predigten*, S. xi–xxii; sowie die noch immer grundlegenden Untersuchungen Anton Schönbachs, im vorliegenden Zusammenhang bes. Schönbach, *Studien VI*. Zur Problematik von Mit- bzw. Nachschrift und anderen Überlieferungsformen volkssprachlicher Predigten vgl. bes. Völker, Überlieferungsformen; Schiewer/Schiewer, Predigt im Spätmittelalter, S. 727, S. 734f.; Schiewer, Spuren von Mündlichkeit; sowie Richter, *Deutsche Überlieferung*, S. 227–229. Das Corpus der deutschsprachigen ‚Berthold‘-Predigten wurde bislang vorwiegend unter überlieferungs- und gattungsgeschichtlichen Gesichtspunkten behandelt, wobei insbesondere Fragen nach dem Verhältnis der deutschen Texte zu den lateinischen *Rusticani* (s. Anm. 12), von Mündlichkeit und Schriftlichkeit sowie von ‚Authentizität‘ und Bearbeitung im Vordergrund standen. Zu Bertholds Leben und Wirken vgl. etwa Mader, *untriuwe* und *gîtekeit*; Röcke, Nachwort; Banta, Berthold von Regensburg; zur Forschungsdiskussion vgl. auch die zahlreichen Vorarbeiten von Dagmar Neuendorff zur von ihr geplanten, jedoch noch nicht erschienenen Neuausgabe der ‚bertholdischen‘ Predigten, programmatisch etwa Neuendorff, Textgeschichte und Edition.

12 Bertholds lateinische (Modell-)Predigten – Neuendorff, *Si vis exponere*, S. 348 u. ö., spricht von „Sermoneskondensaten“ – lassen sich in fünf Sammlungen unterscheiden, von denen lediglich die drei *Rusticani*-Sammlungen (*Rusticanus de Sanctis*, *de Dominicis* und *de Communi*) als authentisch angesehen werden. Eine Ausgabe der *Rusticani* sowie eine systematische Untersuchung zum Verhältnis der lateinischen und deutschen ‚Berthold‘-Predigten ist bis heute Desiderat. Einen vorläu-

volkssprachliche Lesepredigten, in „Traktat[e] in Predigtform"[13], wird Berthold heute jedoch abgesprochen.

Der im Folgenden im Zentrum stehende Text *Von der ûzsetzikeit* ist in zwei Fassungen überliefert. Die erste – und hier hauptsächlich untersuchte – lässt sich der Teilsammlung X[I] zuordnen,[14] die zweite gehört Y[II] an.[15] Beide Teilsammlungen dürften noch vor dem 14. Jahrhundert in Augsburg und sehr wahrscheinlich im dortigen Minoritenkonvent entstanden sein, auf dessen „überragende Bedeutung [...] für die Ausbildung der franziskanischen Literatur in der zweiten Hälfte des 13. Jahrhunderts"[16] wiederholt hingewiesen wurde.[17]

Am Beginn der Predigt wird die Aufmerksamkeit der Rezipierenden mit einer rhetorischen Frage danach geweckt, wer der weise und treue Knecht sei, der mit dem ihm anvertrauten Gut erfolgreich gewirtschaftet habe und dafür von seinem Herrn reich belohnt werde. Nach dieser Allusion auf das Gleichnis von den anvertrauten Talenten Silbergeld (Mt 25,14–30) lässt die Antwort nicht lange auf sich warten: Der *wîse kneht* aus dem neutestamentlichen Gleichnis wird mit dem Hl. Ulrich von Augsburg identifiziert, dessen Festtag die Predigt gewidmet ist. Der Verfasser fingiert so einen Aktualitätsbezug der Lesepredigt (vgl. etwa „des tac wir

---

figen Überblick bieten Richter, *Deutsche Überlieferung*, S. 236–239; Neuendorff, *Si vis exponere*; Depnering, Stil und Struktur, mit älterer Literatur.

13 Völker, Überlieferungsformen, S. 224. Zur Problematik einer Abgrenzung zwischen Traktat und (Lese-)Predigt vgl. Störmer, Gattungsprobleme; Schiewer/Schiewer, Predigt im Spätmittelalter, S. 728 u. ö.

14 Text bei Pfeiffer (Hrsg.), *Predigten*, Bd. 1, S. 110–123 [PS 8; entspricht X 8 der *X-Gruppe]. Zur handschriftlichen Überlieferung, an der sich auch der Pfeiffer'sche Titel der Predigt orientiert, vgl. die Konkordanz-Tabelle bei Richter, *Deutsche Überlieferung*, S. 39–41, hier S. 39.

15 Text bei Pfeiffer/Strobl (Hrsg.), *Predigten*, Bd. 2, S. 114–123 [PS 48; entspricht Y 26 der *Y-Gruppe]. Zur handschriftlichen Überlieferung vgl. die Konkordanz-Tabelle bei Richter, *Deutsche Überlieferung*, S. 121–126, hier S. 122. Dass die Sammlung Y[II] Parallelfassungen einzelner Predigten aus der Sammlung X[I] enthält, stellen auch Richter, *Deutsche Überlieferung*, S. 140, und Pfeiffer/Strobl (Hrsg.), *Predigten*, Bd. 2, S. 18, fest, ihr Verhältnis ist jedoch bis heute nicht abschließend geklärt. Vgl. dazu Neuendorff, Predigt als Gebrauchstext. Beide Predigtfassungen teilen überdies das Incipit *Wer ist der wîse kneht, der getriuwe kneht* mit einer dritten Predigt – Pfeiffer (Hrsg.), *Predigten*, Bd. 1, S. 11–28 [*Von den fünf Pfunden* = PS 2; X 2] –, die zwar ebenfalls vom Gleichnis von den anvertrauten Talenten Silbergeld ausgeht, den *wîsen kneht* aber nicht wie die hier behandelte Predigt mit dem Hl. Ulrich von Augsburg, sondern mit dem Hl. Alexius identifiziert und von dort aus eine andere thematische Richtung einschlägt.

16 Richter, *Deutsche Überlieferung*, S. 77.

17 Vgl. bereits Schönbach, *Studien VI*, S. 96–102; Ruh, David von Augsburg. Zur Datierung sowie zu den Entstehungskontexten umfassend Richter, *Deutsche Überlieferung*, pointiert S. 76–78, S. 142f. Beiden Gruppen gemein ist überdies die häufige rhetorische Selbstapostrophierung Bertholds – die allerdings in der *Y-Fassung der Predigt *Von der ûzsetzikeit* fehlt. Zu den sprachlichen Merkmalen vgl. unten, Abschnitt 3.

hiute begên", S. 110, Z. 7 f.; „hie ze Augesburc", S. 110, Z. 8, Z. 12)[18] und verortet sie im Kirchenjahr (4. Juli), zugleich benennt er mit dem Hl. Ulrich eine exzeptionelle Figur, die zur Explikation gottgefälligen Verhaltens und den Rezipierenden als Vorbild dienen kann.

Im Anschluss daran führt der Text aus, inwiefern der Augsburger Lokalheilige ein exemplarischer Diener Gottes sei: Gott habe Ulrich als „pfleger" (S. 110, Z. 13) über Augsburg gesetzt und damit alle Menschen und Güter des Bistums in seine Obhut gegeben. Dieser Aufsichtspflicht sei der Bischof in jeglicher Hinsicht gerecht geworden: Er habe sein Amt niemals missbraucht, sondern sich stets für Frieden, Gerechtigkeit sowie die christliche Lehre eingesetzt. Auf die gleiche Weise, so die mehrfach wiederholte Mahnung, müssten sich all diejenigen verhalten, die für das Wohl der Christenheit – und damit für Gottes kostbarsten Schatz, die menschlichen Seelen – zuständig seien (vgl. S. 110, Z. 21 f; S. 111, Z. 7–11); dann würden auch sie von Gott mit jenseitigem Heil belohnt werden (vgl. S. 111, Z. 2–7).

Zwar habe Gott den Schutz und die Leitung der Gläubigen primär in die Hände des Papstes gelegt, doch „mac der bâbest in allen landen niht gesîn" (S. 111, Z. 11 f.), weswegen er die Aufsicht über die Seelen zusammen mit Amt und Lehre an weitere Instanzen der kirchlichen Hierarchie delegiert habe: „Unde dâ von hât der bâbest bischöve und ander pfaffeheit gesetzet unde in geistlîche lêre verlihen, daz sie den gewalt haben ze binden unde ze enbinden." (S. 111, Z. 14–17) Die hier angesprochene Binde- und Lösegewalt nimmt der Verfasser zum Ausgangspunkt, um näher auf die konkreten Aufgaben der ‚Knechte Gottes', ihre heilsvermittelnde Funktion und die für deren Ausübung nötigen Kompetenzen einzugehen. Da den Priestern von Gott respektive dem Papst aufgetragen ist, die Seelen der Menschen zu behüten, diese aber von „maniger leie gebreste" (S. 111, Z. 19) befallen seien, gehöre es zur Pflicht der Priester, besagte Mängel im Kontext der Beichte zu erkennen und zu klassifizieren: „Sie sullent ze rehte kiesen in der bîhte, welher hande gebreste der mensche habe." (S. 111, Z. 19–21) Zum Amt des Seelsorgers zähle es auch, die Konfitenten über die Beschaffenheit und die Folgen ihrer Sünden zu belehren („berihten", S. 111, Z. 22) sowie durch das Auflegen von Bußleistungen oder den Ausschluss aus der Kirchengemeinde angemessene Konsequenzen aus dem Befund zu ziehen und so für die Disziplinierung und Heilung der Seelen Sorge zu tragen. Daher sei es für Priester unabdingbar, „daz si wol gelernet haben von guoter kunst unde von guoter wîsheit" (S. 111, Z. 17 f., vgl. auch S. 111, Z. 39), denn erst durch den Erwerb und die korrekte Anwendung der *scientia discretionis* sowie von Kunstfertigkeit im Umgang mit den

---

18 Im Folgenden wird, wo nicht anders angegeben, nach dem Text der *X-Fassung zitiert, s. oben, Anm. 14.

Konfitenten kann die Binde- und Lösegewalt heilswirksam ausgeübt und der Aufsichtspflicht über die Seelen Genüge getan werden.

Entsprechend dieser Maxime gibt der Text seinen Adressaten, die wiederholt als junge, wohl noch in Ausbildung oder am Beginn ihrer Karriere begriffenen Priester angesprochen werden – „Ir jungen priester (die alten wizzent ez selbe wol)" (S. 111, Z. 21) –, nützliche Informationen über die Mängel der Menschen und wie sie zu beheben seien an die Hand. Dabei werden die *gebreste* der Gläubigen durchgehend mithilfe medizinischer Termini umschrieben und als körperliche Gebrechen vor Augen gestellt, wiewohl die Predigt, wie im weiteren Textverlauf deutlich wird, auf die ‚Krankheiten' der Seele, also auf die Sünden der Menschen abzielt. Die Verhandlung der Thematik im Rekurs auf Begriffe und Vorstellungen aus dem Bereich von Krankheit und Heilung gründet dabei einerseits in den für die Predigt herangezogenen Reinheitsvorschriften aus Levitikus und ihrer Auslegung (s. u.). Sie lässt sich andererseits zurückführen auf die im mittelalterlichen Buß- und Beichtdiskurs omnipräsente medizinale Metaphorik, mit der die Sünden als Krankheiten (meist Wunden oder Aussatz), der Sünder als Patient und der Priester als *medicus animarum* umschrieben werden. Letzterer müsse analog zu den Ärzten des Leibes für die Seelen der ihm Anvertrauten sorgen, Art, Ursache und Ausprägung ihrer Krankheiten ermitteln – im lateinischen Bereich häufig umschrieben als *inter lepram et lepram discernere*[19] – und eine fallspezifische Therapie ersinnen.[20] Eine solche „Parallelisierung des ärztlichen Dienstes mit dem seelsorglichen Dienst"[21], für die insbesondere Gregors des Großen *Regula pastoralis* als prägend gelten kann,[22] lässt sich in zahlreichen pastoraltheologischen Schriften des Mittelalters feststellen. Sie findet sich schließlich auch im aus dem IV. Laterankonzil hervorgegangenen Kanon 21, der einerseits alle Gläubigen zur jährlichen Beichte vor dem *sacerdos proprius* verpflichtet, andererseits aber die Befugnisse und Aufgaben des

---

19 Exemplarisch etwa in einer Predigt des Alanus ab Insulis über die beiden *claves*: „altera clavis est officium discernendi et lepram et lepram, id est peccatum et peccatum." [„Der andere Schlüssel ist das Amt des Unterscheidens von einerseits Lepra, andererseits Lepra, das ist Sünde und Sünde."; M.B.] Text nach Hödl, Predigtsammlung, S. 524, Z. 15 f. Vgl. auch die Stelle bei Gratian: Richter/ Friedberg (Hrsg.), *Decretum Gratiani*, Sp. 65, Introd. ad D.20 c.1 pars II, § 1; dazu Hödl, *Theologie der Schlüsselgewalt*, S. 174 f. u. ö.; sowie die Überlegungen zum Rückgriff auf das levitische Priestertum im Diskurs um die Schlüsselgewalt bei Châtillon, *Inter lepram et lepram discernere*.
20 Dazu Lutterbach, Intentions- oder Tathaftung; Büttner, Sünde als Krankheit; Ohst, *Pflichtbeichte*, S. 63–85, u.ö; Dörnemann, *Krankheit und Heilung*; sowie Butz, Pastorales Handeln, mit Beispielen und weiterer Literatur.
21 Dörnemann, *Krankheit und Heilung*, S. 229, hier in Bezug auf Gregor von Nazianz.
22 Dazu umfassend Hack, *Gregor der Große*; vgl. auch die Einleitung von Fiedrowicz in: Gregor der Große, *Regula pastoralis*, bes. S. 55–82; sowie Suchan, *Mahnen und Regieren*, S. 83 f.

Priesters im Bußverfahren regelt.[23] Dort wird der Priester im Rekurs auf Lc 10,34 ermahnt, die Wunden der Verletzten wie ein erfahrener Arzt mit Öl und Wein zu behandeln, eine differenzierte Diagnose zu erstellen und auf dieser Basis ein Mittel zu finden, um den Kranken zu heilen.[24] Durch die prominente Platzierung dieses Bildes in einem offiziellen Konzilsbeschluss – und, daran anschließend, im *Liber Extra*[25] – kann die weitere Verbreitung der Metapher auch und gerade in den spätmittelalterlichen Pastoralia kaum verwundern.

Der Rückgriff auf das medizinale Bildfeld ist jedoch längst nicht auf den gelehrt-lateinischen Bereich beschränkt. Auch der Verfasser der deutschen ‚bertholdischen' Predigen zieht mehrfach Parallelen zwischen ärztlichem Handeln und pastoraler Fürsorge und fordert die Seelenärzte zu einer entsprechend aufmerksamen Beobachtung und Deutung von Krankheitssymptomen auf, die denen profaner Ärzte in nichts nachstehe:

> Rehte ze glîcher wîse, alse des lîbes arzât diu zeichen sol versuochen an dem siechen, ob er lebelich oder tœtlich sî, alsô sol der sêle arzât ouch daz selbe tuon, swenne der sieche für in kümet, der an der sêle siech ist. Der sêle arzât daz ist ein ieglich priester, dem der almehtige got daz amt verlihen hât, daz er messe singen unde lesen sol unde bîhte hœren sol: der sol dirre zeichen aller war nemen.[26]

---

23 Vgl. zu Kanon 21 bes. Ohst, *Pflichtbeichte*; vgl. auch die Forschungsdiskussion bei Kellner/ Reichlin, Wachsame Selbst- und Fremdbeobachtung, S. 16–19.

24 Wohlmuth (Hrsg.), *Dekrete*, S. 245 f., c. 21: „Sacerdos autem sit discretus et cautus, ut more periti medici superinfundat vinum et oleum vulneribus sauciati, diligenter inquirens et peccatoris circumstantias et peccati, per quas prudenter intelligat, quale illi consilium debeat exhibere et cuiusmodi remedium adhibere, diversis experimentis utendo ad sanandum aegrotum." [„Der Priester, der die Beichte hört, ist besonnen und vorsichtig und gießt so nach Art eines erfahrenen Arztes Wein und Öl auf die Wunden des Verletzten; er erforscht mit Sorgfalt die Umstände des Sünders und der Sünde. Daraus erkennt er mit Klugheit, welchen Rat er dem Beichtenden geben und welches Heilmittel er anwenden soll, wobei er sich zur Heilung des Kranken zahlreicher Heilmethoden bediene."] Empfehlungen, die Wunden der Gläubigen durch die Kombination milder und strenger Mittel wie Öl und Wein zu behandeln, finden sich u. a. bereits bei Gregor dem Großen. Vgl. Grégoire le Grande, *Règle pastorale*, Bd. 1, S. 214, Z. 176–S. 216, Z. 201 [II,6]. Vgl. dazu Hack, *Gregor der Große*, S. 168–171.

25 Der aus dem Kanon 21 in Gregors IX. Dekretalensammlung übernommene Text findet sich in X V,38,12; vgl. Richter/Friedberg (Hrsg.), *Decretalium collectiones*, Sp. 887 f.

26 Pfeiffer (Hrsg.), *Predigten*, Bd. 1, S. 510, Z. 20–27 [*Von des lîbes siechtuom unde der sêle tôde* = PS 32; X 32]. Vgl. dazu Butz, Pastorales Handeln, mit weiteren Beispielen aus dem volkssprachlichen Bereich. Die *Y-Fassung der Predigt *Von der ûzsetzikeit* macht diese Analogie wesentlich expliziter als die hier behandelte Fassung. So etwa leitet der Text aus der Gelehrsamkeit der leiblichen Ärzte die Notwendigkeit einer Gelehrsamkeit der diesen aufgrund ihres superioren Gegenstandes überlegenen Seelsorger ab. Vgl. Pfeiffer/Strobl (Hrsg.), *Predigten*, Bd. 2, S. 115, Z. 5–8: „die priester müezent der sêle arzete sîn. Nû seht ir wol, der halt des lîbes arzet ist, im ist nôt grôzer wîsheit. Dâ von ist den wîsheit michel nœter, die der sêle arzete sint." – Ganz ähnlich begründete bereits Gregor der Große,

In ähnlicher Weise gilt dies für die in *Von der ûzsetzikeit* adressierten jungen Priester, die sich jedoch weniger an den ihnen zeitgenössischen Ärzten des Leibes als am Handeln levitischer Priester und an deren Vorschriften zur Feststellung und Behandlung von Aussatz orientieren sollen.

Wo ein Seelsorger im Zuge des Beichtgesprächs auf eine Erkrankung der Seele aufmerksam wird, muss er in einem ersten Schritt deren Schweregrad ermitteln und sie dahingehend untersuchen, „ob ez ûzsetzic oder ûzgebrosten sî" (S. 111, Z. 23), ob es sich also um Lepra (*ûzsetzikeit*) oder lediglich um Ausschlag (*ûzgebrostenheit*) handle. Dabei sei die Lepra mit einer Todsünde gleichzusetzen, während die mildere Form der Hautkrankheit für lässliche Sünden stehe: „tœtlîchiu sünde daz ist ûzsetzikeit; sô sint die tegelîchen sünde ûzgebrochenheit" (S. 112, Z. 24–26).[27]

Im zweiten Schritt sei die von der Krankheit befallene Stelle – „wâ ez ûzgebrosten sî oder wâ ez ûzsetzic sî" (S. 111, Z. 23 f.) –, also die Art der Erkrankung zu ermitteln. Um den angehenden Seelsorgern Einblicke in die verschiedenen Sündenkrankheiten zu geben, orientiert der Text sich an den levitischen Reinheitsvorschriften[28] und erläutert, was Gott „in der alten ê" „erzöuget" habe (S. 111, Z. 36).[29]

----

weshalb Ungelehrte kein Lehr- und Seelsorgeamt übernehmen sollten, vgl. Grégoire le Grande, *Règle pastorale*, Bd. 1, S. 128, Z. 2–9 [I,1]. – Überdies werden die Maßnahmen zur Heilung der Gebrechen in der *Y-Fassung stärker und in deutlicherer Anlehnung an die biblischen Maßnahmen zur kultischen Wiedereingliederung (hier bes. Lv 14,1–31) thematisiert, wobei die Waschung des Befallenen als wahre Reue, das Abscheren der Haare als vollständige Beichte und die Opfergabe als Bußleistungen gedeutet werden. Vgl. Pfeiffer/Strobl (Hrsg.), *Predigten*, Bd. 2, S. 121, Z. 32–S. 122, Z. 34. Hieran und an anderen Stellen der *Y-Fassung zeigt sich auch, dass es sich – trotz ähnlichen Aufbaus und stellenweise fast wörtlicher Übereinstimmung – nicht lediglich um eine Kurzfassung handelt, sondern um verschiedene Ausarbeitungen der gleichen (lateinischen) Vorlage(n) mit je unterschiedlichen Akzentsetzungen. Vgl. zu den verschiedenen Bearbeitungsformen ‚bertholdischer' Predigten auch die Überlegungen von Neuendorff, Predigt als Gebrauchstext.

27 Zu dieser Unterscheidung vgl. auch Vollmer, Sünde, S. 274 f.

28 Vgl. zu den levitischen Reinheitsvorschriften überblicksweise Seybold/Müller, *Krankheit und Heilung*, S. 57–60; sowie Podella, Reinheit II. Zur Unreinheit als Metapher sündhaften Verhaltens, die zahlreiche Überschneidungen mit der Krankheitsmetaphorik zeigt, umfassend Schumacher, *Sündenschmutz und Herzensreinheit*. Bezugnahmen auf Levitikus finden sich im Kontext von Buße und Beichte, Krankheit und Heilung immer wieder. Vgl. etwa Predigt Nr. 16 aus dem *Predigtbuch Priester Konrads* bei Schönbach (Hrsg.), *Altdeutsche Predigten*, Bd. 3, S. 36–38; dazu knapp Schiewer, *Die deutsche Predigt um 1200*, S. 171–173.

29 Das Verhältnis zwischen Altem und Neuem Bund bzw. zwischen beiden Testamenten wird in der hier behandelten Predigt nicht näher thematisiert, abgesehen von gelegentlichen ausdeutenden Formeln wie „daz sint" (S. 115, Z. 38) oder „Dâ ist uns bî bezeichnet" (S. 122, Z. 24). Anders hingegen in der *Y-Fassung, in der die Auslegung etwa von körperlichen auf seelische Gebrechen näher begründet wird: „Wan swaz uns endehafter dinge künftic was in der niuwen ê an unsern sêlen, daz hât uns got allez erzeict in der alten ê an der liute leben." Pfeiffer/Strobl (Hrsg.), *Predigten*, Bd. 2, S. 117,

Hierfür werden die von den levitischen Priestern zu differenzierenden Gebrechen metaphorisiert, wobei die Thematisierung der einzelnen befallenen Stellen respektive Sünden sich als strukturgebend für die weitere Predigt erweist.[30] In fünf Schritten werden die in Levitikus (bes. Lv 13 und 14) beschriebenen Krankheiten an Haar, Haut, Bart, Gewand und Haus angeführt und auf je unterschiedliche Formen sündhaften Verhaltens ausgelegt.[31] So etwa sei die *ûzsetzikeit* am Haar als „hôhvart", „lôsheit" (beide S. 114, Z. 21) und „îtelkeit" (S. 114, Z. 34) zu deuten, die sowohl Kleriker als auch Laien und insbesondere Frauen befallen könne. Während sie sich bei Ersteren durch unziemlich langes Haar äußere (vgl. S. 114, Z. 19–21), sei sie bei Letzteren besonders an aufwendigen Frisuren sowie an übermäßigem oder sogar gegen Kleiderordnungen verstoßendem Kopfputz, an Schleiern und Bändern zu erkennen (vgl. S. 114, Z. 24–S. 115, Z. 4).

Als am Bart erkrankt gelten hingegen diejenigen, „die dâ übel zungen tragent" (S. 115, Z. 38 f.), was verschiedenste Formen der sündhaften Rede wie Meineid, falschen Rat, Lügen, Schimpfen, Fluchen und Spotten umfasst (vgl. S. 115, Z. 37–S. 118, Z. 2). Allerdings wöge nicht jeder sündhafte Gebrauch des Mundes gleich schwer, weswegen die Priester wiederholt belehrt werden, die Umstände von Sünder und Sünde genau zu begutachten und fallspezifisch zu entscheiden, ob es sich um eine veniale oder eine mortale Sünde handle.[32] Im Falle des Lügens sei etwa zu ermitteln, in welcher Situation gelogen wurde, gegenüber wem und wer dadurch auf welche Weise beleidigt worden oder zu Schaden gekommen sei:

> Unde liegen in der bîhte ist gar ein argiu vinne, unde dâ einer dem andern sîn guot abe erliuget. Dâ sult ir gar wol drûf sehen, ir jungen priester. Sô ist diu lügen aber gar vil ûzsetziger, dâ man einen menschen von sînen êren liuget. Sô ist diu aber vil græzer, dâ man einen menschen von

Z. 9–11. Zu ähnlichen Passagen in weiteren Predigten vgl. Neuendorff/Szurawitzki, Sprachliche Bildlichkeit, S. 282–285.

30 Zur „Metapher als strukturbildendes Prinzip" in den deutschsprachigen ‚bertholdischen' Predigten vgl. Neuendorff/Szurawitzki, Sprachliche Bildlichkeit, hier S. 282.

31 In diesem Kontext kann die wiederholte Aufforderung an den Priester, sich Wissen anzueignen und dieses korrekt anzuwenden, zusätzlich auch auf seine exegetischen Kompetenzen bezogen werden, mithilfe derer er Verhaltensnormen für sich und die Gläubigen aus der Heiligen Schrift ableiten soll.

32 Um die Sünden und deren Umstände in der Beichtsituation zu ermitteln, kann der Priester gemeinhin auf spezifische Fragetechniken zurückgreifen. Vgl. dazu exemplarisch Tentler, *Sin and Confession*, S. 116–120; Kellner/Reichlin, Wachsame Selbst- und Fremdbeobachtung, S. 32; sowie die Quellenbelege bei Butz, Pastorales Handeln, Anm. 45. Zugleich ist er angehalten, die körperlichen Zeichen des Konfitenten – etwa Erröten, Niederschlagen der Augen, Weinen – zu beobachten und daraus Rückschlüsse auf den Seelenzustand des Menschen, etwa auf seine Ehrlichkeit oder das Maß seiner Reue, zu ziehen. Dazu bes. Freimuth, Körper und Selbstthematisierung; vgl. auch von Moos, Herzensgeheimnisse.

sînen friunden liuget, der einem menschen sînen lîp mit lügen nimet. Sô ist diu aller lügen grœstiu unde wirstiu, diu dâ wider den heiligen geist ist, als die heiden, juden unde ketzer, die liegent aller lügen wirste, die diu werlt ie gewan oder iemer mêr gewinnen mac. Daz sult ir jungen priester allez gar wol besehen unde wîslîche in der bîhte, welher leie ein ieglîchiu ûzsetzikeit sî, an dem barte und anderswâ; und under den sibenzehenen [d. i. den Unterarten des Aussatzes am Bart], welhe swære oder ringe sî, unde wie vil einiu grœzer und schedelîcher sî danne die andern. (S. 116, Z. 27–S. 117, Z. 2)

Die übrigen Formen von Aussatz respektive Sündenkrankheiten traktiert der Text in ähnlicher Weise: Neben leprosem Haar und Bart werden der Aussatz der Haut (vgl. S. 115, Z. 15–37), der Kleidung (vgl. S. 118, Z. 3–S. 121, Z. 6) sowie der Häuser (vgl. S. 121, Z. 7–S. 122, Z. 39) ausgedeutet. Der Aussatz der Haut liege insbesondere bei geschminkten Frauen vor, die dadurch ihre Gottesebenbildlichkeit entstellen. Damit weist diese Form des Aussatzes in eine ähnliche Richtung wie derjenige am Haar (Hoffart, Eitelkeit). Mit dem Aussatz an der Kleidung sei einerseits der hoffärtige, törichte, aufreizende Schnitt des Gewandes sowie das eitle Zurschautragen desselben bezeichnet, andererseits dasjenige Gewand (hier wohl metonymisch für sämtliche Besitztümer), das man unrechtmäßig – etwa durch Raub, Übervorteilung, Geiz oder Wucher – erworben habe. Letzteres nimmt der Text zum Anlass, um die Besitzer unrechten Gutes anzuprangern und sie mit Nachdruck zur Restitution zu ermahnen sowie Erben und sonstige Nutznießer unrechten Gutes dazu aufzufordern, dieses abzulehnen, ja zu fliehen, um sich nicht an der Sünde anderer ‚anzustecken‘ (s. u.). Der Aussatz am Haus wiederum sei einerseits zu deuten als ein Beherbergen von bzw. ein Umgang mit sündigen Menschen, andererseits aber als ein Haus, das mit unlauteren Mitteln errichtet worden sei. Auch hieran knüpfen sich Aufforderungen zur Restitution.

Stets erfolgt die Auslegung der durch den Ort des Befalls charakterisierten Krankheit auf ein spezifisches sündhaftes Verhalten – wobei die bezeichneten Sünden teils noch weiter nach Ausprägung und Schweregrad untergliedert werden –, gepaart mit der Ermahnung, wachsam gegenüber den Merkmalen dieses Vergehens zu sein. Illustriert werden die Sünden bisweilen durch biblische Exempla[33] oder alltägliche Beispiele aus der Lebenswelt der Adressaten, an die sich nicht selten Invektiven gegen und Appelle an entsprechende Sünderinnen und Sünder anlagern (s. Abschnitt 3).

Auffällig ist, dass die Ausführungen zu den einzelnen Sünden bisweilen eine Sichtbarkeit und Äußerlichkeit des zu Identifizierenden suggerieren. Zwar lassen sich in zahlreichen Pastoralia Anweisungen für Priester finden, im Zuge des

---

33 Etwa dient „Achitoffel" (Ahitophel) dazu, die Sünde des untreuen Ratgebens vor Augen zu führen, vgl. S. 116, Z. 4–6.

Beichtgesprächs auch auf äußerliche Anzeichen wie Tränen oder Erröten zu achten, die wiederum Aufschluss über das Innen des Sünders, sein quälendes Gewissen oder seine Reue, geben können.[34] Im Kontext der Predigt *Von der ûzsetzikeit* werden die angehenden Priester jedoch in erster Linie zu einer Erforschung des Außen, des Leibes oder der Habseligkeiten der Menschen, aufgefordert – und dies in doppeltem Sinne: Zum einen lenken die durch Levitikus vorgeprägten Orte des Krankheitsbefalls die Aufmerksamkeit auf das Äußere des Menschen. Zum anderen wird auch das Bezeichnete selbst als etwas zumindest partiell Sichtbares aufgefasst, wo das ‚Krankheitssymptom', also die Manifestation sündhaften Verhaltens (etwa die Frisur) mit der Sünde selbst (etwa der Eitelkeit) kurzgeschlossen wird. Durch das Achten auf äußere Zeichen werden die eigentlich nicht sichtbaren, weil abstrakten, innerlichen Vergehen der Menschen wahrnehmbar, was eine Entsprechung in den Bemühungen der Predigt um Anschaulichkeit und Konkretion findet sowie in den Appellen zur (auch) visuellen Untersuchung der Konfitenten, etwa: „Dâ sult ir gar wol drûf sehen, ir jungen priester" (S. 116, Z. 29; vgl. auch „gar wol besehen", S. 116, Z. 37). Die geforderte Wachsamkeit und Fürsorge versteht sich damit als Überwachung des Gläubigen als eines integralen Ganzen, als (potenziell sündenbehaftete) Einheit von Leib und Seele.

2 Ermahnung zur Wachsamkeit

Auch wenn die Predigt an einzelnen Stellen Ansätze einer Sündenkasuistik zeigt – etwa dort, wo zwischen unterschiedlich schwerwiegenden Lügen differenziert wird –, scheint der Verfasser nicht darauf abzuzielen, die Sünden der Menschen möglichst vollständig abzubilden oder den Seelsorgern ein fundiertes Nachschlagewerk zur Feststellung der Sündenschuld, wie es etwa die *Summae Confessorum* bieten, an die Hand zu geben. Vielmehr dienen die im Text thematisierten Beispiele dazu, den Rezipierenden die mannigfaltigen Fallstricke und die prinzipielle Sündhaftigkeit des Menschen, mithin die Vulnerabilität der Seelen vor Augen zu führen – und hieraus wiederum die Notwendigkeit einer auf Amt und Wissen gestützten Kontrolle und Fürsorge durch den Priester abzuleiten.

Deutlich wird dies an den zahlreichen Appellen, die quer zu den Erläuterungen der einzelnen Krankheits- bzw. Sünden(unter)arten liegen und die Auslegung zusätzlich strukturieren. Durch sie werden die angehenden Priester wiederholt an ihren göttlichen (bzw. päpstlichen) Auftrag erinnert, auf die Seelen der Gläubigen achtzugeben und zu erkennen, ob und wodurch sie in Gefahr sind. Konkret wird

---

34 Dazu bes. Freimuth, Körper und Selbstthematisierung; vgl. auch oben, Anm. 32.

daher eine beständige Wachsamkeit gegenüber potenziellen Anzeichen sündhaften Handelns eingefordert – und dies längst nicht nur „in der bîhte", sondern auch „âne bîhte" (vgl. S. 114, Z. 18) – sowie ein Bemühen darum, möglichst viele Informationen über die Art und Umstände der Sünden in Erfahrung zu bringen.

Verbunden damit dringt das Prediger-Ich auf die Aneignung desjenigen Wissens, das für eine rasche Identifikation sündhaften Verhaltens und dessen Klassifikation erforderlich ist, sowie auf den zielgerichteten Einsatz der *scientia discretionis*.[35] Dies geschieht mehrfach auch im Rekurs auf die Weisheit und Unterscheidungsfähigkeit des Hl. Ulrich wie auch auf das Gleichnis von den anvertrauten Talenten (vgl. etwa S. 114, Z. 6–14; S. 122, Z. 39–S. 123, Z. 6), wodurch nicht nur der Tagesheilige, sondern auch die übergeordneten Ziele[36] – die Bewachung der Seelen und der damit verbundene jenseitige Lohn – über den gesamten Text hinweg präsent gehalten werden.

Seine paränetische Unterweisung versieht das Prediger-Ich häufig mit Drohungen, welche Konsequenzen aus einem mangelnden Unterscheidungswissen für die schutzbedürftigen Seelen erwachsen können, sowie mit Erläuterungen zu dessen heilsamer Anwendung. Denn die pathologische Erfassung der Sünden und die kunstvolle Anwendung der *scientia discretionis* sollen dem Priester letztlich nicht nur Aufschluss darüber geben, dass, warum und woran genau der Sünder leide beziehungsweise welcher Vergehen er sich schuldig gemacht habe, sondern auch, wie weiter mit ihm zu verfahren sei. Nur mithilfe einer korrekten Klassifikation der Sündenkrankheit kann der Priester entscheiden, ob der Konfitent zu binden oder zu lösen ist, also ob und womit der geheilt werden kann und welche Maßnahmen zur Abwehr weiterer Gefahren für die Seelen geboten sind. Ein besonderer Fokus muss dabei, wie mehrfach betont wird, auf der Unterscheidung zwischen venialen und mortalen Sünden liegen, denn erstens bergen insbesondere Todsünden die Gefahr einer Ansteckung. Deutlich wird dies, wenn das Prediger-Ich erläutert, dass

---

35 Exemplarisch etwa S. 117, Z. 26–32: „Unde dar umbe, ir jungen priester, ir sult gar wol wizzen in der bîhte, welher leie schelten oder fluochen ez sî gewesen. [...] Dar umb ist der pfaffeheit gar nôt guoter künste und guoter wîsheit." Vgl. auch S. 114, Z. 17 f.: „Die sult ir gar wol bekennen [d. i. erkennen], ir gelêrten liute, die, den ez bevolhen ist, in der bîhte und âne bîhte." Zudem S. 114, Z. 35: „Und alsô ir jungen priester sullet gar wol bekennen die miselsuht an dem hâre, daz ir wizzet, wer an dem hâre ûzsetzic sî und wer ûzgebrochen sî an der tinnen." Vergleichbare Stellen finden sich bei allen angeführten Sünden(unter)arten.

36 In der Terminologie des SFB 1369 spielen die übergeordneten, überindividuellen Ziele eine maßgebliche Rolle: Erst durch eine „Koppelung von individueller Aufmerksamkeit [...] mit kulturell vermittelten, überindividuellen Zielsetzungen" wird Aufmerksamkeit – hier etwa gegenüber den potenziell sündhaften Menschen – zu Vigilanz. Programmatisch dazu Brendecke, Vigilanzkulturen, Zitat S. 16; sowie Brendecke, Attention and Vigilance.

etwa Löhne und Geschenke, die mit unrechtem Gut finanziert sind, ebenfalls leprös seien und die Begünstigten mit *ûzsetzikeit* infizieren könnten:[37]

> swaz sie [d. i. die Geizigen, Wucherer etc.] iu gebent daz ist eht allez vinnic, und allez daz ir lebet daz wirt vinnic, und allez daz ir habet daz wirt vinnic, und allez daz ir ezzet unde trinket daz wirt allez vinnic in iuwerm lîbe und iuwer sêle, ob irz wizzentlîche mit in niezet. (S. 120, Z. 37–S. 121, Z. 2)[38]

Um Ansteckungen zu vermeiden, müssten die Priester sich daher bemühen, die mit Todsünde Behafteten von der Gemeinschaft abzusondern – während ihren Mitmenschen geraten wird, aktiv Abstand zu nehmen, die Aussätzigen sowie ihre Besitztümer zu fliehen und notfalls sogar auf ein Erbe zu verzichten: „Ir süne und ir töhter, ir sult sie fliehen, daz ir des vinnigen guotes iht erbet. Unde tuot ir des niht, sô sît ir als vinnic als sie an lîbe und an sêle." (S. 121, Z. 2–4; vgl. auch S. 119, Z. 33–37) Dabei wird der Ausschluss der Sündenbehafteten aus der Gemeinschaft je nach Adressat der Rede mal als Strafe für den Sünder, mal als Schutz für seine Nächsten akzentuiert.

Zweitens können Todsünden, so das Prediger-Ich, ausschließlich durch die Kombination bestimmter Gegenmittel geheilt werden. Neben dem Bekenntnis sind dies „wâre riuwe" und „lûterlîche buoze" (S. 112, Z. 23), wobei es dem Priester obliegt, den Grad der Reue zu beurteilen und über das rechte Maß der Buße zu entscheiden. Da jedoch verschiedene Vergehen unterschiedlich schwere Bußleistungen erfordern, ist auch hier die wissensbasierte Expertise des Seelsorgers vonnöten:

---

37 Die Auffassung findet nicht zuletzt Rückhalt in Kanon 39 des IV. Lateranense. Vgl. Wohlmuth (Hrsg.), *Dekrete*, S. 252 f., c. 39: „Unde non obstante civilis iuris rigore sancimus ut, si quis de caetero scienter rem talem acceperit, cum spoliatori quasi succedat in vitium, eo quod non multum intersit, praesertim quoad periculum animae, detinere iniuste ac invadere alienum, contra possessorem huiusmodi spoliato per restitutionis beneficium succurratur." [„Deshalb bestimmen wir trotz der Strenge des bürgerlichen Rechts: Nimmt jemand in Zukunft ein solches Raubgut wissentlich an, so wird dem Beraubten gegen einen solchen Besitzer durch die Gunst der Restitution geholfen. Der Besitzer tritt ja gleichsam in das Verbrechen des Räubers ein; denn zumal im Hinblick auf die Gefahr für die Seele ist es kein großer Unterschied, ob man fremdes Gut unrechtmäßig besitzt oder an sich reißt."] Zur Thematisierung von und Kritik an kaufmännischen Praktiken in den ‚bertholdischen' Predigten im Kontext der franziskanischen Bußpredigt vgl. Oberste, Geld und Gewissen.
38 Ähnliches gilt für den Umgang mit bzw. für Schutz und Beherbergung von sündhaften Menschen wie Ehebrechern und Brandstiftern (vgl. S. 121, Z. 9–S. 122, Z. 4). Zudem wird hier deutlich, dass die Mitwisserschaft (etwa „mit sîner wizzende", S. 121, Z. 39), das Wissen von der Sündhaftigkeit des Anderen, entscheidendes Kriterium für die Ansteckung ist. Dadurch wird auch ein Punkt markiert, an dem der Vergleich zwischen körperlicher Erkrankung und Sündhaftigkeit der Seele an seine Grenzen stößt.

> Daz sult ir jungen priester gar wol wizzen, waz ir in dar umbe ze buoze gebet. Wan als vil ein
> ûzsetzigez harter zervallen ist danne daz ander, als vil ist ein ûzsetzigiu houbetsünde vil
> ûzsetziger danne diu ander unde martelhafter dâ ze helle und ouch ze büezen. (S. 115, Z. 32–37)

Im Falle von unrecht – etwa durch Wucher, Fürkauf oder Raub – gewonnenem Gut
tritt als vierte Voraussetzung für die Heilung der Seele die Restitution hinzu,[39] deren
Erfüllung einmal jährlich im Rahmen der Beichte genauestens kontrolliert werden
müsse: „ir jungen priester [sullet] alliu jâr in der bîhte besehen [...], ob der wuo-
cheræere oder der fürköufer iendert kein pfunt unrehtes guotes habe, daz er daz
gelte unde widergebe." (S. 122, Z. 24–27) Solange der Sünder diese drei bzw. vier
Schritte nicht vollzogen hat, gilt er als *ûzsetzic*, weswegen der Priester ihm unter
allen Umständen die Kommunion verweigern (vgl. S. 119, Z. 4–7 u. ö.), ihn aus der
christlichen Gemeinschaft absondern (vgl. S. 111, Z. 29 f. u. ö.) und ihn keinesfalls in
geweihter Erde bestatten solle (vgl. S. 119, Z. 13–33).[40]

Daran wird deutlich, wie groß einerseits die Macht, andererseits aber auch die
Verantwortung ist, die dem Priester in diesem System zugeschrieben wird: Die
Heilung der Seelen wird untrennbar mit der Institution der Beichte, mithin mit dem
Seelsorger, seinem Amt und seiner Sündenexpertise verbunden. Nur er, der von Gott
bzw. dem Papst eingesetzt wurde und über die Schlüsselgewalt verfügt, gewährt
Zugang zu jenseitigem Heil.[41] Umgekehrt haben eventuelle Fehleinschätzungen
fatale Konsequenzen für die Seelen, denn eine durch Nachlässigkeit und man-
gelndes Unterscheidungswissen übersehene oder falsch klassifizierte Sünde schä-
digt sowohl den Sünder (indem dieser entweder zu Unrecht aus Kirche und Sozi-
alleben ausgeschlossen oder mangels zu geringer Bußleistungen nicht geheilt wird)

---

39 Den systematischen Unterschied zwischen der *avaritia* (und Benachbartem) und den anderen
Sünden durch die zusätzliche Notwendigkeit der Restitution hebt die *Y-Fassung der Predigt – die
generell mehr auf die Bedingungen der Heilung kranker Seelen fokussiert – wesentlich stärker
hervor und leitet daraus ab, Geiz sei als die schlimmste aller Sünden anzusehen. Vgl. Pfeiffer/Strobl
(Hrsg.), *Predigten*, Bd. 2, S. 122, Z. 3–7, sowie S. 122, Z. 34–S. 123, Z. 15. Ähnlich auch in der Predigt *Von
den fünf Sünden der Sintflut* (Text bei Richter, *Deutsche Überlieferung*, S. 247–252, hier S. 251, Z. 163 f.).
Zur Problematik der Restitution vgl. auch Tentler, *Sin and Confession*, S. 340–343, mit weiteren
Beispielen.
40 Das Ablegen der Beichte als Voraussetzung für den Empfang des Altarsakraments sowie Kirchenausschluss und Begräbnisverweigerung als Konsequenzen für Verstöße gegen die Beichtpflicht
oder für nicht erfüllte Bußauflagen gehören zu denjenigen Punkten, die mit dem IV. Laterankonzil
für alle Christen verbindlich festgeschrieben wurden. Vgl. Wohlmuth (Hrsg.), *Dekrete*, S. 244, c. 21;
dazu Ohst, *Pflichtbeichte*, S. 33 f.
41 Dazu Hahn, Soziologie der Beichte, S. 409–413; Tentler, Summa for Confessors; Butz/Kellner,
Sündenerkenntnis, S. 152–154.

als auch seine Mitmenschen (die sich durch den Umgang mit ihm und seinem Besitz ‚infizieren‘, also selbst in Sünde verstricken können).[42]

Darüber hinaus ist auch das Heil des Priesters selbst aufs Engste mit dem Zustand der ihm anvertrauten Seelen verbunden, insofern es am Erfolg seiner Wachsamkeit und Fürsorge bemessen wird. Während ein gutes Wirtschaften mit dem ‚Schatz Gottes‘ dem Seelsorger jenseitigen Lohn einbringt, muss er für Versäumnisse im Umgang mit den Objekten seiner Aufsichtspflicht am Jüngsten Tag Rechenschaft ablegen:[43] „alle die sêle die sie alsô versûmen, dâ müezen sie gote an dem jungesten tage umbe antwürten." (S. 112, Z. 5–7) Durch das wiederholte Ausstellen dieses Zusammenhangs auch und gerade in Hinwendungen an die angehenden Seelsorger[44] werden diese nachdrücklich ermahnt, dem Rat des Prediger-Ichs Folge zu leisten und ihr Wissen sowie ihre Wachsamkeit in den Dienst der schutzbedürftigen Seelen – und damit ihrer eigenen – zu stellen.

3 Literarische Faktur im Dienst von Wachsamkeitsappellen

Neben der Funktion, die jungen Priester zum Erwerb der *scientia discretionis* und zu beständiger Wachsamkeit gegenüber den Gläubigen zu motivieren, drängt sich,

---

42 Wie schädlich eine falsche Klassifikation ist, betont der Text bereits am Beginn und noch vor Auslegung der einzelnen Erkrankungen. Vgl. S. 111, Z. 24–30: „Ez wære gar ein schedelich dinc ob man einen menschen zige daz er ûzsetzic wære und in hin ûz von den liuten setzte, und ez aller ûzsetzikeit unschuldic wære unde niuwen ûzgebrosten wære: ez wære gar übel getân. Sô wære daz noch alse schedelîcher, daz man bî den liuten lieze der ûzsetzic wære: man sol die ûzsetzigen von den liuten tuon unde die ûzgebrosten bî den liuten lâzen." Dadurch wird die Aufmerksamkeit der Rezipierenden zusätzlich auf die nachfolgende exemplarische Unterscheidung verschiedener Sünden gelenkt. Vgl. auch S. 112, Z. 26–29: „swer in der bîhte daz übersæhe, daz er eine tegelîche sünde zuo einer tœtlîchen machte oder eine tœtlîche für eine tegelîche machte in der bîhte: daz wære gar ein schedelich dinc". Dies gilt umso mehr, wenn Sünden absichtlich nicht korrekt klassifiziert und mit entsprechenden Bußstrafen geahndet werden. So etwa bezichtigt das Prediger-Ich den „pfennincprediger" (S. 117, Z. 2), der selbst die schwersten Sünden um des Geldes Willen vergibt, ohne dem Sünder eine angemessene Buße aufzuerlegen, er verdürbe die ihm anvertrauten Seelen (vgl. S. 117, Z. 6 f.) und bringe ihnen sogar den ewigen Tod ein: „Dû morder gotes unde der werlte unde maniger kristensêle, die dû ermodest mit dînem valschen trôste, daz ir niemer mêr rât wirt!" (S. 117, Z. 11–13).
43 Zur Entwicklung sowie zu den Dynamiken der ‚Pastoralmacht‘ vgl. Foucault, *Sicherheit, Territorium, Bevölkerung*, S. 239–277 (dazu Gehring, Staat/Gouvernementalität, S. 154); sowie, mit differenzierterem Blick auf die Quellen, Suchan, *Mahnen und Regieren*.
44 Vgl. auch die positiver formulierte Ermahnung, wer Wert auf das jenseitige Heil lege, solle die Anweisungen zum Schutz der Seelen befolgen: „und alse liep iu himelrîche sî, sô sult ir [...]" (S. 119, Z. 5).

gerade mit Blick auf die zahlreichen Hinwendungen an potenzielle Sünder, eine
weitere Dimension des Textes auf. Sie betrifft auch Laien sowie diejenigen Kleriker,
die für die Ausbildung der Priester zuständig sind, und verstrickt sie in ein System
von Wachsamkeit gegenüber sich selbst und anderen.

Eine erste Gruppe solcher Apostrophen findet sich am Beginn der Predigt, wo
es primär um die Aufgaben, die Eignung und die Ausbildung der Seelsorger geht.
Neben den angehenden Priestern selbst werden hier auch deren Eltern, *herren* und
frouwen, angesprochen und ermahnt, auf die Eignung ihrer Söhne für eine klerikale
Laufbahn zu achten. Wo sich der Nachkomme als intellektuell oder moralisch ungeeignet für das Priesteramt erweist, müssten die Eltern entsprechende Konsequenzen ziehen und – um des Seelenheils aller Beteiligten Willen – einen anderen,
weltlichen Beruf für ihr Kind wählen:

> Unde dar umb, ir herren und ir frouwen, ir sult iuwer kinder niht harte twingen zuo lernunge.
> Sô ir seht, daz sie ungerne lernen, sô sult ir sie dâ von lân; als ir seht, daz sie trügener und
> lügener sîn wellen, sô sult ir iuch der sünden erlâzen, wan alle die sêle die sie alsô versûmen,
> dâ müezen sie gote an dem jungesten tage umbe antwürten. [...] Ir sult einen leien ûz im
> machen, einen krâmer oder einen schuochsuter oder swaz ez danne sî. Daz ist wæger danne
> daz der schatz unsers herren versûmet werde. (S. 112, Z. 1–13)

In ähnlicher Weise müssten geistliche Statthalter die Eignung derjenigen berücksichtigen, die sie zur Weihe weisen.[45] Wer jedoch wissentlich einen Ungeeigneten
zur Weihe zulässt, werde von Gott dafür zur Rechenschaft gezogen:

> Und ir, her vitzduom, ir sult gar wol wizzen, swenne ir sie zuo der wîhe leitet, wer der wîhe
> wert sî. Unde wîhet ir durch liebe oder durch bete ieman, der ungelêret ist unde der wîhe niht
> wert ist, dâ müezet ir gote umbe antwürten an dem jungesten tage, wan sie sullen gar wol
> wizzen, wer ûzgebrosten ist oder wer ûzsetzic ist. (S. 112, Z. 13–18)

Auffällig ist, dass den (laikalen!) Eltern ebenso wie dem Vitztum die Verantwortung
zugewiesen wird, durch das Achten auf bestimmte Zeichen (Neigung zum Lernen,
mangelnde Bildung, Tendenz zu Betrug, Sündhaftigkeit) die Eignung des Priester-
amtskandidaten festzustellen und so zum Schutz des göttlichen Schatzes beizutra-
gen. Das Ausmaß dieser Verantwortung wird unterstrichen durch die Andeutung
der Konsequenzen, die mit einer falschen Entscheidung, einer absichtlichen Zu-
widerhandlung einhergehen – für Eltern und Vitztum selbst, für den Kandidaten

---

45 In der Mahnung an Kirchenobere, nur entsprechend ausgebildete Priester zu weihen, mag man
ebenso wie in den an Priester gerichteten Ermahnungen, sich das nötige Wissen anzueignen, einen
Reflex der Pastoralbeschlüsse des IV. Laterankonzils sehen, insbesondere von Kanon 10, 27 und 30.
Zu diesen vgl. Oberste, Pastoralbeschlüsse.

wie auch für die später in seine Obhut gestellten Seelen. Über derartige appellative Passagen werden verschiedene Zuständigkeiten an die je Angesprochenen verteilt, um insgesamt die Stabilisierung des Seelsorgesystems zu gewährleisten.[46]

Gehäuft finden sich solche Apostrophen in den die einzelnen Krankheiten auslegenden Passagen der Predigt. Sie folgen der gleichen Struktur wie die Hinwendungen an junge Priester, richten sich aber gerade nicht an diejenigen, denen der Schutz der Seelen aufgetragen ist, sondern an die Schutzbedürftigen, die Objekte priesterlicher Überwachung und Fürsorge selbst – und damit an jene, deren Seelen bereits aussätzig sind oder als besonders anfällig für Aussatz gelten. Dabei wechselt die Anrede häufig, mitunter auch mitten im Satz, zwischen der Plural- und der Singularform, zwischen dem Kollektiv und dem potenziell sündhaften Einzelnen.[47]

Die Ausrufe und Hinwendungen an verschiedene Adressaten fungieren dabei in doppelter Hinsicht als Aufmerksamkeitsmarker: als Methode, die Aufmerksamkeit eines gedanklich abschweifenden Lesers oder Hörers zurück auf die Predigtinhalte zu lenken,[48] aber auch als ein rhetorisches Mittel, um die Rezipierenden zu involvieren und ihnen die Notwendigkeit einer Wachsamkeit gegenüber den eige-

---

46 Die Notwendigkeit einer guten Aus- und beständigen Fortbildung des Klerus nutzt der Verfasser für einen langen Exkurs über den Zehnt. Dabei wird nicht nur ausgeführt, was denen drohe, die keine oder ungenügende Abgaben leisten, und wie genau der Zehnt zu berechnen sei (die Ermahnung, den zehnten Teil nicht vom ‚Netto‘-, sondern vom ‚Brutto‘-Ertrag zu leisten [vgl. bes. S. 113, Z. 35–39], dürfte dabei wohl auf Kanon 54 des IV. Laterankonzils zurückgehen; vgl. die entsprechende Stelle bei Wohlmuth [Hrsg.], *Dekrete*, S. 260, c. 54). Es wird auch argumentiert, der Zehnt sei eine regelrechte Investition in das Seelenheil: „Sît diu kristenheit sô gar wol guoter lêre bedarf unde wîser pfaffeheit, sô hât man daz nû von der kristenheit ûf gesetzet, daz man in der pfaffeheit geben sol, daz sie deste baz grôze wîsheit unde grôze kunst gelêren mügen, daz sie dem almehtigen gote sînen lieben schatz wol behüeten künnen, des rehten kristenmenschen sêle, als der guote sant Uolrîch“ (S. 114, Z. 6–11). Auch auf diese Weise können und müssen all diejenigen, die nicht selbst behüten, sondern behütet werden, ihren Beitrag zur Pflege des göttlichen Schatzes, zum Schutz der Seelen leisten.

47 Einige wenige Beispiele solcher Apostrophen mögen genügen: „Pfî dich, Adelheit, mit dînem langen hâre“ (S. 114, Z. 30 f.); „Ir verwerinne, pfî!“ (S. 115, Z. 26 f.); „Her Meineider, ir sît gar vinnic über iuwern bart und ir kumet niemer in daz rîche unsers herren.“ (S. 116, Z. 1 f.); „Jâ dû ungetriuwer râtgebe, dû kanst ez niemer mêr gebüezen!“ (S. 116, Z. 13 f.); „Unde dû, schelter, dû bist eht ouch gar zervallen umbe dînen bart.“ (S. 117, Z. 13 f.); „Ir herren, daz gêt iuch aber an, ir ritter, daz ir als gerne hiuser bûwet mit armer liute schaden.“ (S. 122, Z. 6–8). Zu den verschiedenen ‚Publikumsansprachen‘ in den unter Bertholds von Regensburg Namen überlieferten Predigten vgl. bes. Suerbaum, Publikumsansprache.

48 Im mündlichen Vortrag bzw. im Kontext lauten Vorlesens des Predigttextes kann dieser Effekt durch entsprechende Stimmmodulation, durch Blicke oder Gesten zusätzlich verstärkt werden.

nen Sünden und denjenigen anderer[49] mit aller Deutlichkeit vor Augen zu stellen: Die Rezipierenden sollen sich ertappt oder zumindest einer ständigen Beobachtung ausgesetzt fühlen, sie müssen sich fragen, ob sie etwa selbst Adressat der Apostrophe sind (‚Bin ich gemeint?‘), ob sie die eben thematisierte Sünde selbst begangen haben, und wenn ja, ob sie in den Bereich der lässlichen oder der tödlichen Sünden fällt. Kurz: Jeder und jede Einzelne soll zur Beobachtung und Kontrolle des Selbst motiviert werden, um die angeprangerten Sünden zu vermeiden oder zumindest rechtzeitig zu identifizieren und in der Beichte vor den Priester zu bringen.

Zwar „[erfolgt] [d]ie Erziehung zur Selbstsorge und Verantwortung für das eigene Leben [...] weitgehend negativ, in Form von Schelt- und Lasterreden.“[50] Es findet sich jedoch auch eine Reihe von Formulierungen, die den Rezipierenden deutliche Handlungsanweisungen zum Schutz ihrer Seele bieten.[51] Dazu zählen auch Aufforderungen, sündige Menschen zu meiden beziehungsweise sich nur mit rechtschaffenen Menschen zu umgeben – „dû solt reine gesinde haben“[52] –, wodurch implizit eine Wachsamkeit des Einzelnen gegenüber seinem Nächsten und dessen Lebenswandel eingefordert wird. Nur derjenige, der selbst seine engsten Angehörigen hinsichtlich Anzeichen von Sündhaftigkeit beobachtet, kann sich vor einer Ansteckung mit der Sünde anderer schützen. Auch hier spielt die (vermeintliche) Sichtbarkeit von Sünde eine nicht unerhebliche Rolle, denn gerade das Anprangern hoffärtiger Frisuren und Kleider lädt regelrecht dazu ein, die Menschen der eigenen Umgebung visuell auf Manifestationen sündhaften Verhaltens zu prüfen.

Ein zentrales Mittel, über das die Wachsamkeit der Rezipierenden mobilisiert wird, ist die (fingierte) Mündlichkeit[53] des Textes: die vielen, an unterschiedliche Gruppen gerichteten Zuhörerapostrophen; zahlreiche aufrüttelnde Ausrufe; das wortgewaltige Prediger-Ich, das mit Mahnungen, Drohungen und Scheltreden nicht

---

49 Zu den verschiedenen Konstellationen von Selbst- und Fremdbeobachtung im Kontext des Beichtgeschehens vgl. Kellner/Reichlin, Wachsame Selbst- und Fremdbeobachtung, bes. S. 1–12.

50 Klein, Geistliche Diätetik, S. 134, allgemein in Bezug auf ‚bertholdische‘ Predigten.

51 Etwa S. 120, Z. 14–16: „Unde dâ von gewinnet alle samt wâren riuwen unde geltet unde gebet wider durch die liebe unsers herren, daz ir iht ûzsetzic werdet“.

52 Die ganze Passage lautet: „Dû solt reiniu hiuser haben, dû solt reine gesinde haben, dû solt rehte mâze und rehte wâge in dînem hûse haben: sô wirt dir got wegende mit der rehten mâze unde mit der rehten wâge. Dar umbe sult ir rehte liute in iuwern hiusern haben, die dâ lebent mit der rehten mâze, die niht mit unkiuschem leben umbe gênt noch mit êbrechen noch mit roube noch mit brande, noch die in der âhte noch in dem banne niht ensint.“ (S. 121, Z. 16–23) In die gleiche Kategorie gehören auch die Anweisungen, Besitzer unrechten Gutes – selbst die nächsten Verwandten – zu fliehen; s. o.

53 Dazu allgemein Schiewer/Schiewer, Predigt im Spätmittelalter, S. 729 u. ö.; Schiewer, Spuren von Mündlichkeit.

spart, aber auch positive Handlungsanweisungen bietet; sowie die Aktualitätsbezüge, die an mehreren Stellen hergestellt werden. Dabei dürften diese sprachlichen Merkmale weniger als ein Beleg zu werten sein, „daß der Verfasser dieser Predigten [d. i. der Sammlung X[I]] unter dem unmittelbaren, lebendigen Eindruck der Reden Bertholds stand."[54] Vielmehr handelt es sich hier – ebenso wie bei den ‚typisch bertholdischen' Selbstapostrophierungen sowie den Gegenreden und Rückfragen von Zuhörern[55] – um (schrift-)literarische Mittel, mithilfe derer Mündlichkeit und Unmittelbarkeit fingiert und die zu vermittelnden Inhalte dramatisiert werden.[56] Damit dient die literarische Faktur des Textes auch dem Einschärfen der Notwendigkeit, sich vor Sünden in Acht zu nehmen, kurz: der Mobilisierung von Wachsamkeit.

Angesichts der zahlreichen Apostrophen an vielfach wechselnde Adressaten, an Angehörige verschiedenster Stände und gesellschaftlicher Gruppen ist abschließend die Frage zu stellen, wer die intendierten Adressaten der Predigt sind. Zwar ist die Hinwendung an verschiedene Adressatenkreise innerhalb einer Predigt für die ‚bertholdischen' Predigten, im Gegensatz zu den *ad status*-Predigten,[57] keine Seltenheit.[58] Jedoch sind die häufigen Appelle an Seelsorger, an die eine volkssprachliche *ad populum*-Predigt wie *Von der ûzsetzikeit* sich nicht oder zumindest nicht in erster Linie wendet,[59] zumindest erklärungsbedürftig. Daher scheint es,

---

54 Richter, *Deutsche Überlieferung*, S. 240. In ähnlichem Sinne auch Ruh, Predigtbücher, S. 17. Dagegen bes. Schiewer, Spuren von Mündlichkeit.

55 Vgl. etwa im Kontext der Ausführungen zur Bestattung von Aussätzigen S. 119, Z. 15: „Bruoder Berhtolt, war suln wir in danne tuon?"' Sowie S. 119, Z. 25–27: „Bruoder Berhtolt, ob diu swelle danne hôch ist unde wirn an die swellen bringen, sô müezen wir in dannoch an grîfen."' Zur Funktion solcher Selbstapostrophierungen vgl. Suerbaum, Publikumsansprache, S. 31–33.

56 Dies in Anlehnung an Völker, Überlieferungsformen, S. 224: „Predigt- und Briefform nicht als Realität, sondern als literarische Fiktion, um den Schein einer inneren Verbindung des Verfassers und Lesers herzustellen und dem Traktat ein festes Ordnungsgefüge in Anlehnung an den realen Brief und die reale Predigt zu geben." Vgl. dazu auch Schiewer, Spuren von Mündlichkeit, bes. S. 65.

57 Dazu Oberste, Gesellschaft und Individuum, mit weiterer Literatur.

58 Abgesehen von den für die *cura monialium* bestimmten Predigten der *Z-Gruppe wenden sich die unter Bertholds Namen überlieferten volkssprachlichen Predigten fast immer an verschiedene Bevölkerungsgruppen. Diese müssen jedoch, gerade im Falle der angesprochenen Kleriker, keineswegs mit den intendierten oder tatsächlichen Rezipierenden deckungsgleich sein. Zur überaus komplexen Inszenierung verschiedener Sünder- und Rezipierendenrollen detailliert Mertens, Der implizite Sünder.

59 Die Frage nach den intendierten Adressaten ist nicht abschließend geklärt. Suerbaum, Publikumsansprache, S. 25, und Mertens, Der implizite Sünder, S. 84–86, schließen Kleriker als (intendierte) Adressaten aus, wohingegen es sich nach Oberste, Geld und Gewissen, S. 132, der diese Predigt allerdings nur streift, um eine „Predigt vor Augsburger Klerikern" handelt. Aufs Ganze gesehen bietet die Predigt jedoch Anschlussmöglichkeiten für beide Adressatengruppen, Kleriker wie Laien.

als sollten diese Passagen primär dazu dienen, den eigentlich intendierten Adressaten, den ‚einfachen‘ Laien, die Mechanismen der Seelsorge, die fatalen Folgen der Sündhaftigkeit und die Notwendigkeit von Reue, Beichte, Buße und Restitution einsichtig zu machen. Unter dieser Voraussetzung können die Einblicke in die Arbeitsweise der Priester und die Beispiele von Machtmissbrauch und Kompetenzüber- bzw. -unterschreitung (vgl. etwa die Invektive gegen die „pfennincprediger“, S. 117, Z. 2–13) auch als eine Strategie gewertet werden, die Rezipierenden zur Wachsamkeit gegenüber Priestern aufzufordern – und dies nicht nur mit Blick auf die Eignung des eigenen Nachwuchses zum Priesteramt, sondern auch mit Blick auf den je eigenen Beichtvater, den *sacerdos proprius*.[60]

Die zahlreichen Appelle an Priester, die Gläubigen genau zu beobachten und durch Kirchenausschluss und Sakramentverweigerung zu disziplinieren, wären dann implizit auch an die Gläubigen selbst gerichtet: Sie sollen die Fremdbeobachtung des Priesters antizipieren und zugleich wissen, was ihnen droht, wenn sie sich in Sünde verstricken. Als zentrale Strategie, um derartigen Szenarien entgegenzuwirken und die eigene Seele zu schützen, empfiehlt der Text seinen Rezipierenden das heilsame Beichtgespräch mit einem durch Amt und Wissen ausgewiesenen Seelsorger – gepaart mit einer beständigen Wachsamkeit gegenüber dem Selbst wie auch gegenüber den Nächsten.

Literaturverzeichnis

Primärliteratur

Abaelardus, Petrus: *Scito te ipsum. Erkenne dich selbst. Einleitung, Edition, Übersetzung.* Hrsg. von Rainer M. Ilgner (Fontes Christiani 44). Turnhout 2011.

Banta, Frank G.: *Predigten und Stücke aus dem Kreise Bertholds von Regensburg (Teilsammlung Y^{III})* (Göppinger Arbeiten zur Germanistik 621). Göppingen 1995.

Costanzo, Alessandra: *Il trattato* De vera et falsa poenitentia: *verso una nuova confessione. Guida alla lettura, testo e traduzione* (Sacramentum 14 / Studia Anselmiana 154). Rom 2011.

Folz, Hans: *Die Reimpaarsprüche.* Hrsg. von Hanns Fischer (Münchener Texte und Untersuchungen zur deutschen Literatur des Mittelalters 1). München 1961.

---

60 Letzteres wäre allerdings weniger im Sinne einer ‚Erziehung zu religiöser Selbstbestimmtheit‘ zu deuten, insofern die Sorge um das Selbst, das Heil des Einzelnen, nach wie vor eng an die institutionell gerahmte Beichte gebunden ist, sondern primär vor dem Hintergrund der Konkurrenz zwischen Mendikanten und Säkularklerus zu verstehen. In ähnlichem Sinne interpretiert Mertens, Der implizite Sünder, S. 84–87, die Klerikerkritik in den unter Bertholds Namen überlieferten ‚Volkspredigten‘. Zum Kontext vgl. Lerg, *Beichtbefugnis*, S. 101–114.

Gerson, Jean: *Œuvres Complètes.* Vol. VIII: *L'Œuvre spirituelle et pastorale (399–422).* Hrsg. von Palémon Glorieux. Paris 1971.

Gille, Hans/Spriewald, Ingeborg (Hrsg.): *Die Gedichte des Michel Beheim. Nach der Heidelberger Hs. cpg 334 unter Heranziehung der Heidelberger Hs. cpg 312 und der Münchener Hs. cgm 291 sowie sämtlicher Teilhandschriften. Bd. III/1: Gedichte Nr. 358–453. Die Melodien* (Deutsche Texte des Mittelalters 65/1). Berlin 1971.

Grégoire le Grande: *Règle pastorale.* Bd. 1. Introduction, notes et index par Bruno Judic, texte critique par Floribert Rommel, traduction par Charles Morel. Hrsg. von Bruno Judic, Floribert Rommel und Charles Morel (Sources Chrétiennes 381). Paris 1992.

Gregor der Große: *Regula pastoralis – Pastoralregel. Mit einer Studie zu Werk und Bischofsamt.* Hrsg. und komm. von Michael Fiedrowicz. Übers. von Claudia Barthold. Fohren-Linden 2022.

Heinrich von Burgus: *Der Seele Rat. Aus der Brixener Handschrift. Mit einer Tafel in Lichtdruck.* Hrsg. von Hans-Friedrich Rosenfeld (Deutsche Texte des Mittelalters 37). Berlin 1932.

Marquard von Lindau, O.F.M.: *Das Buch der Zehn Gebote (Venedig 1483). Textausgabe mit Einleitung und Glossar.* Hrsg. von Jacobus Willem van Maren (Quellen und Forschungen zur Erbauungsliteratur des späten Mittelalters und der frühen Neuzeit 7). Amsterdam 1984.

Pfeiffer, Franz (Hrsg.): Berthold von Regensburg: *Vollständige Ausgabe seiner Predigten mit Anmerkungen und Wörterbuch.* Bd. 1. Wien 1862.

Pfeiffer, Franz/Strobl, Joseph (Hrsg.): Berthold von Regensburg: *Vollständige Ausgabe seiner deutschen Predigten mit Einleitungen und Anmerkungen.* Bd. 2: *Predigten XXXVII–LXXI* nebst Einleitung, Lesarten und Anmerkungen von Joseph Strobl. Wien 1880.

Richter, Emil Ludwig/Friedberg, Emil (Hrsg.): *Corpus iuris canonici. Editio Lipsiensis secunda.* Pars prior: *Decretum magistri Gratiani.* Leipzig 1879 [Nachdruck Graz 1955].

Richter, Emil Ludwig/Friedberg, Emil (Hrsg.): *Corpus iuris canonici. Editio Lipsiensis secunda.* Pars secunda: *Decretalium collectiones.* Leipzig 1881.

Ruh, Kurt: *Franziskanisches Schrifttum im deutschen Mittelalter.* Bd. I: *Texte* (Münchener Texte und Untersuchungen zur deutschen Literatur des Mittelalters 11). München 1965.

Schönbach, Anton E. (Hrsg.): *Altdeutsche Predigten.* Bd. 3: *Texte.* Graz 1891.

Wohlmuth, Josef (Hrsg.): *Konzilien des Mittelalters. Vom Ersten Laterankonzil (1123) bis zum Fünften Laterankonzil (1512–1517).* Im Auftrag der Görres-Gesellschaft ins Deutsche übertragen und hrsg. (Dekrete der ökumenischen Konzilien 2). Paderborn u. a. 2000.

Sekundärliteratur

Banta, Frank G.: Berthold von Regensburg. In: Ruh, Kurt u. a. (Hrsg.): *Die deutsche Literatur des Mittelalters. Verfasserlexikon.* 2., völlig neu bearb. Auflage. Bd. 1. Berlin 1978, Sp. 817–823.

Berg, Klaus: *Der tugenden bůch. Untersuchungen zu mittelhochdeutschen Prosatexten nach Werken des Thomas von Aquin* (Münchener Texte und Untersuchungen zur deutschen Literatur des Mittelalters 7). München 1964.

Brendecke, Arndt: Attention and Vigilance as Subjects of Historiography. An Introductory Essay. In: *Storia della Storiografia* 74.2 (2018), S. 17–27.

Brendecke, Arndt: Warum Vigilanzkulturen? Grundlagen, Herausforderungen und Ziele eines neuen Forschungsansatzes. In: *Mitteilungen des Sonderforschungsbereiches 1369* 1.1 (2020), S. 11–17.

Brunner, Horst/Wachinger, Burghart (Hrsg.): *Repertorium der Sangsprüche und Meisterlieder des 12. bis 18. Jahrhunderts* [RSM]. Bd. 3: *Katalog der Texte. Älterer Teil: A–F.* Tübingen 1986.

Bulang, Tobias: Michel Beheim. In: Klein, Dorothea/Haustein, Jens/Brunner, Horst (Hrsg.): *Sangspruch / Spruchsang. Ein Handbuch.* Berlin/Boston 2019, S. 448–455.

Büttner, Jan Ulrich: Sünde als Krankheit – Buße als Heilung in den Bußbüchern des frühen Mittelalters. In: Nolte, Cordula (Hrsg.): *Homo debilis. Behinderte – Kranke – Versehrte in der Gesellschaft des Mittelalters* (Studien und Texte zur Geistes- und Sozialgeschichte des Mittelalters 3). Korb 2009, S. 57–78.

Butz, Magdalena: Pastorales Handeln als ärztliches Handeln. Zur Funktionalisierung des Bildfelds vom Priester als *medicus animarum* im spätmittelalterlichen Buß- und Beichtdiskurs. In: Lerch, Lea/Kranemann, Benedikt/Winter, Stephan (Hrsg.): *Liturgie und Pastoral im Kontext von Pandemien und Epidemien. Vom Spätmittelalter bis zur Gegenwart* (Liturgiewissenschaftliche Quellen und Forschungen 117). Münster [im Druck].

Butz, Magdalena/Kellner, Beate: Sündenerkenntnis und Heilsgewinn. Heinrichs von Langenstein *Erchantnuzz der sund* und Stephans von Landskron *Hymelstrasz* vor dem Hintergrund der mittelalterlichen Beichtsummen. In: Butz, Magdalena/Kellner, Beate/Reichlin, Susanne/Rugel, Agnes (Hrsg.): *Sündenerkenntnis, Reue und Beichte. Konstellationen der Selbstbeobachtung und Fremdbeobachtung in der mittelalterlichen volkssprachlichen Literatur* (Zeitschrift für deutsche Philologie. Sonderheft 141). Berlin 2022, S. 151–194.

Châtillon, François: *Inter lepram et lepram discernere* (Jacques de Vitry, Lettres, II, 122). In: *Revue du Moyen Âge latin* 21 (1965), S. 21–30.

Depnering, Johannes M.: Stil und Struktur. Die Literarisierung der Predigten Bertholds von Regensburg und ihre materielle Reflexion in den Handschriften. In: Andersen, Elizabeth/Bauschke-Hartung, Ricarda/McLelland, Nicola/Reuvekamp, Silvia (Hrsg.): *Literarischer Stil. Mittelalterliche Dichtung zwischen Konvention und Innovation. XXII. Anglo-German Colloquium Düsseldorf.* Berlin/Boston 2015, S. 471–487.

Dörnemann, Michael: *Krankheit und Heilung in der Theologie der frühen Kirchenväter* (Studien und Texte zu Antike und Christentum / Studies and Texts in Antiquity and Christianity 20). Tübingen 2020.

Foucault, Michel: Sicherheit, Territorium, Bevölkerung. Geschichte der Gouvernementalität 1. Vorlesung am Collège de France 1977–1978. Aus dem Französischen von Claudia Brede-Konersmann und Jürgen Schröder (suhrkamp taschenbuch wissenschaft 1808). Frankfurt am Main [5]2017.

Freimuth, Torsten: Körper und Selbstthematisierung in der mittelalterlichen Beichtpraxis. In: Bielefelder Graduiertenkolleg Sozialgeschichte (Hrsg.): *Körper Macht Geschichte – Geschichte Macht Körper. Körpergeschichte als Sozialgeschichte.* Bielefeld 1999, S. 166–190.

Gehring, Petra: Vorlesungen zu Staat/Gouvernementalität. In: Kammler, Clemens/Parr, Rolf/Schneider, Ulrich Johannes (Hrsg.): *Foucault-Handbuch. Leben – Werk – Wirkung.* Berlin [2]2020, S. 154–161.

Hack, Achim Thomas: *Gregor der Große und die Krankheit* (Päpste und Papsttum 41). Stuttgart 2012.

Hahn, Alois: Zur Soziologie der Beichte und anderer Formen institutionalisierter Bekenntnisse: Selbstthematisierung und Zivilisationsprozeß. In: *Kölner Zeitschrift für Soziologie und Sozialpsychologie* 34 (1982), 407–434.

Hödl, Ludwig: Eine unbekannte Predigtsammlung des Alanus von Lille in Münchener Handschriften. In: *Zeitschrift für katholische Theologie* 80.4 (1958), S. 516–527.

Hödl, Ludwig: *Die Geschichte der scholastischen Literatur und der Theologie der Schlüsselgewalt.* Tl. 1: *Die scholastische Literatur und die Theologie der Schlüsselgewalt von ihren Anfängen an bis zur Summa Aurea des Wilhelm von Auxerre* (Beiträge zur Geschichte der Philosophie und Theologie des Mittelalters. Texte und Untersuchungen 38.4). Münster 1960.

Hödl, Ludwig: Schlüsselgewalt. In: Bautier, Robert-Henri u. a. (Hrsg.): *Lexikon des Mittelalters*. Bd. 7. München 1995, Sp. 1494–1496.

Kellner, Beate: Erforschung der Seele. Anleitung zur Beichte und Buße in einem volkssprachlichen Seelenratgeber des späten Mittelalters. In: Butz, Magdalena/Kellner, Beate/Reichlin, Susanne/Rugel, Agnes (Hrsg.): *Sündenerkenntnis, Reue und Beichte. Konstellationen der Selbstbeobachtung und Fremdbeobachtung in der mittelalterlichen volkssprachlichen Literatur* (Zeitschrift für deutsche Philologie. Sonderheft 141). Berlin 2022, S. 195–228.

Kellner, Beate/Reichlin, Susanne: Wachsame Selbst- und Fremdbeobachtung im Rahmen von Sündenerkenntnis, Reue und Beichte. Eine Einleitung. In: Butz, Magdalena/Kellner, Beate/Reichlin, Susanne/Rugel, Agnes (Hrsg.): *Sündenerkenntnis, Reue und Beichte. Konstellationen der Selbstbeobachtung und Fremdbeobachtung in der mittelalterlichen volkssprachlichen Literatur* (Zeitschrift für deutsche Philologie. Sonderheft 141). Berlin 2022, S. 1–50.

Klein, Dorothea: Geistliche Diätetik. Erziehung zur Selbstsorge in Predigten Bertholds von Regensburg und Johannes Geilers von Kaysersberg. In: Bulang, Tobias/Toepfer, Regina (Hrsg.): *Heil und Heilung. Die Kultur der Selbstsorge in der Kunst und Literatur des Mittelalters und der frühen Neuzeit* (Germanisch-Romanische Monatschrift. Beiheft 95). Heidelberg 2020, S. 129–145.

Lerg, Christoph: *Die Beichtbefugnis. Ihre historische Entwicklung von den ersten Anfängen bis zur Hochscholastik auf dem Hintergrund der jeweiligen Erkenntnisse der Bußtheologie* (Dissertationen: Kanonistische Reihe 10). St. Ottilien 1994.

Lutterbach, Hubertus: Intentions- oder Tathaftung? Zum Bußverständnis in den frühmittelalterlichen Bußbüchern. In: *Frühmittelalterliche Studien* 29 (1995), S. 120–143.

Mader, Andrea: Von *untriuwe* und *gîtekeit*. Die Predigten des Berthold von Regensburg. In: Barbey, Rainer/Petzi, Erwin (Hrsg.): *Kleine Regensburger Literaturgeschichte*. Regensburg 2014, S. 63–70.

Mertens, Volker: ‚Der implizite Sünder‘. Prediger, Hörer und Leser in Predigten des 14. Jahrhunderts. Mit einer Textpublikation aus den ‚Berliner Predigten‘. In: Haug, Walter/Jackson, Timothy R./Janota, Johannes (Hrsg.): *Zur deutschen Literatur und Sprache des 14. Jahrhunderts. Dubliner Colloquium 1981* (Publications of the Institute of Germanic Studies 29). Heidelberg 1983, S. 76–114.

Neuendorff, Dagmar: Predigt als Gebrauchstext. Überlegungen zu einer deutschen Berthold von Regensburg zugeschriebenen Predigt. In: Mertens, Volker/Schiewer, Hans-Jochen (Hrsg.): *Die deutsche Predigt im Mittelalter. Internationales Symposium am Fachbereich Germanistik der Freien Universität Berlin vom 3.–6. Oktober 1989*. Tübingen 1992, S. 1–17.

Neuendorff, Dagmar: Überlegungen zur Textgeschichte und Edition Berthold von Regensburg zugeschriebener deutscher Predigten. In: Luff, Robert/Weigand, Rudolf Kilian (Hrsg.): *Mystik – Überlieferung – Naturkunde. Gegenstände und Methoden mediävistischer Forschungspraxis*. Tagung in Eichstätt am 16. und 17. April 1999, anläßlich der Begründung der „Forschungsstelle für Geistliche Literatur des Mittelalters" an der Katholischen Universität Eichstätt (Germanistische Texte und Studien 70). Hildesheim/Zürich/New York 2002, S. 125–178.

Neuendorff, Dagmar: *Si vis exponere, hoc fac*. Zu deutschen Berthold von Regensburg zugeschriebenen deutschen Predigten und ihren lateinischen Vorlagen. In: *Neuphilologische Mitteilungen* 107.3 (2006), S. 347–359.

Neuendorff, Dagmar/Szurawitzki, Michael: Sprachliche Bildlichkeit in den Predigten des Franziskaners Berthold von Regensburg. In: Wagner, Doris/Fonsén, Tuomo/Nikula, Henrik (Hrsg.): *Germanistik zwischen Baum und Borke. Festschrift für Kari Keinäströ zum 60. Geburtstag* (Mémoires de la Société Néophilologique de Helsinki 76). Helsinki 2009, S. 259–288.

Oberste, Jörg: Gesellschaft und Individuum in der Seelsorge der Mendikanten. Die Predigten Humberts de Romanis († 1277) an städtische Oberschichten. In: Melville, Gert/Schürer, Markus (Hrsg.): *Das Eigene und das Ganze. Zum Individuellen im mittelalterlichen Religiosentum* (Vita regularis. Ordnungen und Deutungen religiosen Lebens im Mittelalter 16). Münster 2002, S. 497–527.

Oberste, Jörg: Geld und Gewissen. Soziale Mobilität von Kaufleuten und normativer Wandel in den Predigten Bertholds von Regensburg. In: Oberste, Jörg/Ehrich, Susanne (Hrsg.): *Die bewegte Stadt. Migration, soziale Mobilität und Innovation in vormodernen Großstädten* (Forum Mittelalter · Studien 10). Regensburg 2015, S. 113–149.

Oberste, Jörg: Die Pastoralbeschlüsse des IV. Lateranums und die europäische Ketzerfrage. In: Ferrari, Michele C./Herbers, Klaus/Witthöft, Christiane (Hrsg.): *Europa 1215. Politik, Kultur und Literatur zur Zeit des IV. Laterankonzils* (Archiv für Kulturgeschichte. Beiheft 79). Wien/Köln/Weimar 2018, S. 109–122.

Ohst, Martin: *Pflichtbeichte. Untersuchungen zum Bußwesen im Hohen und Späten Mittelalter* (Beiträge zur historischen Theologie 89). Tübingen 1995.

Podella, Thomas: Reinheit II. Altes Testament. In: Balz, Horst u. a. (Hrsg.): *Theologische Realenzyklopädie*. Bd. 28. Berlin/New York 1997, S. 477–483.

Richter, Dieter: *Die deutsche Überlieferung der Predigten Bertholds von Regensburg. Untersuchungen zur geistlichen Literatur des Spätmittelalters* (Münchener Texte und Untersuchungen zur deutschen Literatur des Mittelalters 21). München 1969.

Röcke, Werner: Nachwort. Berthold von Regensburg: Leben und Werk. In: Berthold von Regensburg: *Vier Predigten. Mittelhochdeutsch / Neuhochdeutsch*. Übers. und hrsg. von Werner Röcke (Universal-Bibliothek 7974). Stuttgart 1983, S. 235–254.

Ruh, Kurt: David von Augsburg und die Entstehung eines franziskanischen Schrifttums in deutscher Sprache. In: Rinn, Hermann (Hrsg.): *Augusta 955–1955. Forschungen und Studien zur Kultur- und Wirtschaftsgeschichte Augsburgs*. Augsburg 1955, S. 71–82.

Ruh, Kurt: Zur handschriftlichen Überlieferung. In: Berthold von Regensburg: *Vollständige Ausgabe seiner deutschen Predigten mit Einleitungen und Anmerkungen von Franz Pfeiffer und Joseph Strobl* [Nachdruck der Ausgabe Wien 1880]. Mit einer Bibliographie und einem überlieferungsgeschichtlichen Beitrag von Kurt Ruh. Bd. 2. Berlin 1965, S. 700–712.

Ruh, Kurt: Deutsche Predigtbücher des Mittelalters. In: Reinitzer, Heimo (Hrsg.): *Beiträge zur Geschichte der Predigt. Vorträge und Abhandlungen* (Jahresgabe für die Mitglieder der Gemeinschaft der Freunde des Deutschen Bibel-Archivs e.V. 1981). Hamburg 1981, S. 11–30.

Schiewer, Hans-Jochen: Spuren von Mündlichkeit in der mittelalterlichen Predigtüberlieferung. Ein Plädoyer für exemplarisches und beschreibend-interpretierendes Edieren. In: *editio* 6 (1992), S. 64–79.

Schiewer, Regina D.: *Die deutsche Predigt um 1200. Ein Handbuch*. Berlin/New York 2008.

Schiewer, Regina D./Schiewer, Hans-Jochen: Predigt im Spätmittelalter. In: Schwarz, Alexander/Simmler, Franz/Wich-Reif, Claudia (Hrsg.): *Textsorten und Textallianzen um 1500*. Handbuch Tl. 1: *Literarische und religiöse Textsorten und Textallianzen um 1500* (Berliner sprachwissenschaftliche Studien 20). Berlin 2009, S. 727–771.

Schönbach, Anton E.: *Studien zur Geschichte der altdeutschen Predigt. Sechstes Stück: Die Überlieferung der Werke Bertholds von Regensburg III* (Akademie der Wissenschaften in Wien. Phil.-hist. Klasse. Sitzungsberichte 153.4). Wien 1906.

Schumacher, Meinolf: *Sündenschmutz und Herzensreinheit. Studien zur Metaphorik der Sünde in lateinischer und deutscher Literatur des Mittelalters* (Münstersche Mittelalter-Schriften 73). München 1996.

Seybold, Klaus/Müller, Ulrich: *Krankheit und Heilung* (Biblische Konfrontationen). Stuttgart u. a. 1978.

Störmer, Uta: Zu Gattungsproblemen der spätmittelalterlichen Erbauungsliteratur am Beispiel der Dekalogerklärung. In: Heimann, Sabine u. a. (Hrsg.): *Soziokulturelle Kontexte der Sprach- und Literaturentwicklung. Festschrift für Rudolf Große zum 65. Geburtstag* (Stuttgarter Arbeiten zur Germanistik 231). Stuttgart 1989, S. 481–492.

Suchan, Monika: *Mahnen und Regieren. Die Metapher des Hirten im früheren Mittelalter* (Millennium-Studien 56). Berlin/Boston 2015.

Suerbaum, Almut: Formen der Publikumsansprache bei Berthold von Regensburg und ihr literarischer Kontext. In: Mertens, Volker/Schiewer, Hans-Jochen/Schiewer, Regina D./Schneider-Lastin, Wolfram (Hrsg.): *Predigt im Kontext*. Berlin/Boston 2013, S. 21–33.

Tentler, Thomas N.: The Summa for Confessors as an Instrument of Social Control. In: Trinkaus, Charles (Hrsg.): *The Pursuit of Holiness in Late Medieval and Renaissance Religion. Papers from the University of Michigan Conference* (Studies in Medieval and Reformation Thought 10). Leiden 1974, S. 103–126.

Tentler, Thomas N.: *Sin and Confession on the Eve of the Reformation*. Princeton, NJ 1977.

Völker, Paul-Gerhard: Die Überlieferungsformen mittelalterlicher deutscher Predigten. In: *Zeitschrift für deutsches Altertum und deutsche Literatur* 93.3 (1963), S. 212–227.

Vollmer, Matthias: Sünde – Krankheit – „väterliche Züchtigung". Sünden als Ursache von Krankheiten vom Mittelalter bis in die Frühe Neuzeit. In: Classen, Albrecht (Hrsg.): *Religion und Gesundheit. Der heilkundliche Diskurs im 16. Jahrhundert* (Theophrastus Paracelsus Studien 3). Berlin/Boston 2011, S. 261–286.

Von Moos, Peter: ‚Herzensgeheimnisse' (*occulta cordis*). Selbstbewahrung und Selbstentblößung im Mittelalter. In: Assmann, Aleida/Assmann, Jan (Hrsg.): *Schleier und Schwelle*. Bd. 1: *Geheimnis und Öffentlichkeit* (Archäologie der literarischen Kommunikation 5,1). München 1997, S. 89–109.

Wachinger, Burghart: Michel Beheim. Prosabuchquellen – Liedvortrag – Buchüberlieferung. In: Honemann, Volker/Ruh, Kurt/Schnell, Bernhard/Wegstein, Werner (Hrsg.): *Poesie und Gebrauchsliteratur im deutschen Mittelalter. Würzburger Colloquium 1978*. Tübingen 1979, S. 37–74.

Weidenhiller, P. Egino: *Untersuchungen zur deutschsprachigen katechetischen Literatur des späten Mittelalters. Nach den Handschriften der Bayerischen Staatsbibliothek* (Münchener Texte und Untersuchungen zur deutschen Literatur des Mittelalters 10). München 1965.

Uta Störmer-Caysa

Wachsam oder gelassen. Ein mystisches Gedicht vor prosaischem Hintergrund

1 Frage und Text

Der Gegenstand dieses Aufsatzes ist das Verhältnis von Wachsamkeit und mystischer Haltung; zum einen interessiert er sich in systematischer Absicht dafür, in welchem Maße Wachsamkeitsaufrufe sich mit mystischen Anleitungen vertragen; zum anderen ringt er um das Verständnis eines mystischen Verstextes, der möglicherweise einmal ein Lied war.[1] In dem Text, den ich vorstellen werde, kommt das Motiv des Aufmerkens und der Wachsamkeit immerhin vor, wogegen es sonst im mystischen Lied und in der mystischen Reimrede eher selten zu sein scheint.[2]

Der zu befragende Text, den ich für eine mystische Meditation halte, von deren ursprünglich wahrscheinlich formbewusster Gestaltung noch eine Auffassungsmöglichkeit als Gedicht in 40 nicht sehr regelmäßigen, überwiegend vierhebigen und unregelmäßig gereimten Verse übrig blieb,[3] ist unikal in der Stadtbibliothek Mainz überliefert, Hs. I 221, fol. 48[r/v]. Judith Theben hat in ihrer wegweisenden Arbeit einen diplomatischen Abdruck vorgelegt.[4] Hier folgt ein in Einzelheiten

---

1 Die Gattungsfrage ist schwierig. Die (produktionsästhetisch gedachte) Liedauffassung vertritt Theben (Hrsg.), *Mystische Lyrik*. Burghart Wachinger hatte in der Rezension zu diesem Buch grundsätzlich darauf hingewiesen, dass der Gattungscharakter der von Theben als Lieder bezeichneten Texte im Einzelnen zu überprüfen sei, vgl. Wachinger, Rezension, S. 402. Kurt Ruh erwähnt den hier behandelten Text in einem 1973 erschienenen Aufsatz, vgl. Ruh, Mystische Spekulation, S. 208; er gebraucht für die 24 Texte, die er S. 207 f. auflistet, in beschreibenden Kontexten ‚Gedicht' (S. 205, S. 212, S. 218). Aus der Überlieferung schließt er zusammenfassend: „einzelne Strophen oder Verspartien werden durch Zweithände zu neuen Einheiten ergänzt oder aufgefüllt" (ebd., S. 228); er folgert weiter, dass das wirkliche mystische Lied in der Überlieferung eine Ausnahmeerscheinung bleibe; indessen seien die von ihm vorgestellten Texte „weder Lieder, noch lassen sie sich einer irgendwie gearteten Liedtradition zuordnen" (ebd., S. 229).

2 Der Eindruck stammt aus vorläufiger Beschäftigung mit dem Corpus Thebens, vgl. Theben (Hrsg.), *Mystische Lyrik*.

3 In der überlieferten Gestalt ergeben die Verse kaum, man muss eventuell sagen: kaum noch, ein Lied. Der Versuch, zehn einfache Strophen zu je vier Versen zu bilden, ist nicht von vornherein unmöglich, wird aber im Gedankengang nicht gestützt und bleibt daher rein mechanisch.

4 Vgl. Theben (Hrsg.), *Mystische Lyrik*, S. 418 f.

abweichender, normalisierter und modern interpungierter Text, hergestellt nach dem Digitalisat.[5]

Von der tiefen minne

Wer kan got minnen von tiefen sinnen
und von sînes herzen grunt?
Dâ wart ich gelart von der minnen grunt,
nâhe in sîn selbesheit.

5 Tiefe sinne*n*[6] die gotheit von minnen!   *Hs.* Sinne
ich wil mich in gote erkennen
und wil daz durch niemen lân,
ich wil mich vürbaz mê erkennen,   *Hs.: über* me (*in glossierender Absicht?*) baz[7]
ob ich von ûzen gelâzen sî,

10 ûzen und innen an allen dingen.
Ich wil mich hôhe in go*t*[8] erswingen,   *Hs.* gote
in die gotlîchen art.
Ich wil mich in die gotheit bes*l*iezen,   *Hs.* beslezen
ich wil mîn selbes nemen war,

15 daz ich ein, abe gescheiden, habe
verklârte sinne, verwenete minne.
Ich wil mich in gote vinden.
Diu wârheit, diu ist mir gegeben,
ein götlîchez lieht ist mir entworfen.   *Hs:* eyn *aus* een. *Der Reim riete:* entweben,
     PPP von entweben

20 Ich hân eine zuo cleine getân.
Diu sêle ie ûz der gotheit vlôz.
Got *s*chouwen und niezen, in êwecheit vliezen   *Hs.:* schauuen, *über dem zweiten*
     u: v (*Korrektur?*)

in blôzez niht,[9] ist mir gegeben.   *Hs.:* nit
Diu gotheit hât mich undergraben.

25 Si leit mich in der minnen bant.
Diu sêle singet süezen sanc.
Darumbe hât si cleine pîn.

---

5 Vgl. Das rheinland-pfälzische Digitalisierungsportal – *dilibri* (2023): *Orationes et exercitia spiritualia*, https://www.dilibri.de/stbmz/content/pageview/1144351 [letzter Zugriff: 16.08.2022].

6 Die Konjektur entspringt der Vermutung, dass Vers 5 den ersten Vers spiegelt, auch im Binnenreim.

7 *Me* und *baz* liest auch Burghart Wachinger in einer Liste von Transkriptionsmonita in seiner Rezension zu Judith Theben, vgl. Wachinger, Rezension, S. 406.

8 Der Akkusativ wird hergestellt, weil die Anreihung eines eindeutigen Akkusativs in Vers 12 ihn fordert.

9 In dem Vers möchte Wachinger, Rezension, S. 406, einen neuen Satz beginnen und *in*, handschriftlich *jn*, zu *ein* konjizieren. Der überlieferte Text ist aber auch in sich sinnvoll, vgl. den Vorschlag der Textgestaltung und die Übersetzung.

    Si wil gruntlôs eine sîn.
    Diu sêle ertet in den adel   *Hs.:* abel; ertet: *über* ertit *der Hs. (als Ersetzungsvorschlag?)*
                                           caffit[10]
30 dâ si ûz gevlozzen ist.
    Si minnet got und gotheit.
    Ungeschaffenheit ist ir gegeben,
    diu minne ist in mir verborgen.
    Diu gotheit ist mir worden kunt.
35 Si machet mir die sêle gesunt
    unverstandes. Wesen ist ir
    gegeben, alle bilde sint abe geleit.
    Ich stên in einer verlorenheit.
    Ich habe mîne sêle verlorn,
40 ich sie im êwigen leben wider vinde.[11]   vinde *fehlt*, vinden *am Rand nachgetragen*

[Wer kann Gott aus tiefen Gedanken und aus dem Grund seines Herzens lieben? Dort wurde ich vom Grund der Liebe belehrt, nahe an seinem Selbstsein.

(5) Aus Liebe die Gottheit tief denken! Ich will mich in Gott erkennen und will das um niemandes willen lassen. Künftig will ich mich besser erforschen, auch wenn ich von außen gelassen bin –

(10) außen und innen, gegenüber allem. Ich will mich hoch in Gott aufschwingen, in das göttliche Wesen. Ich will mich in die Gottheit einschließen, ich will auf mein Selbst achten,

(15) damit ich allein, abgeschieden, verklärte Sinne habe und erlesene Liebe. Ich will mich in Gott auffinden. Diese Wahrheit, die ist mir gegeben, ein göttliches Licht ist für mich entworfen.[12]

(20) Allein habe ich zu wenig getan. Die Seele floss seit jeher aus der Gottheit. Gott zu schauen und zu genießen, in Ewigkeit in reines Nichts zu fließen ist mir gegeben. Die Gottheit hat mich untergraben.

(25) Sie legt mich in die Fessel der Liebe. Die Seele singt süßen Gesang, dabei tut ihr nichts weh. Sie will bodenlos allein sein. Die Seele artet nach dem Adel,

(30) aus dem sie geflossen ist. Sie liebt Gott und Gottheit. Ungeschaffenheit ist ihr gegeben. Die Liebe ist in mir verborgen. Die Gottheit ist mir nun bekannt.

(35) Sie heilt mir die Seele vom Nichtverstehen. Das Sein ist ihr gegeben, alle Bilder sind abgelegt. Ich stehe in Verlorenheit. Ich habe meine Seele verloren.

(40) Im ewigen Leben finde ich sie wieder.]

Wie in jeder Übersetzung steckt auch in dieser schon ein Vorverständnis; darüber wird im Rahmen der Gesamtinterpretation am Ende des Beitrags noch einmal nachzudenken sein. Denn dieses Gesamtverständnis setzt voraus, zuvor verstanden zu haben, wie das Wachsamkeitsproblem in diesem Text gedacht ist, gerade des-

---

10 Die 3. Pers. Sg. von mhd. *arten* und die Glossierung *caffit* liest auch Wachinger, Rezension, S. 406.
11 Wachinger, Rezension, S. 407, möchte offenbar bei *vinden* bleiben.
12 Falls der Text jemals an dieser Stelle das Reimwort *entweben* enthielt, wäre die Bedeutung: ‚herausgelöst'.

halb, weil das Motiv in mystischer Lyrik nicht zum Standardinventar gehört. Wenn hingegen hier eine Schlüsselvokabel der Selbstkontrolle vorkommt, nämlich *sîn selbes war nemen*, was nicht ‚sich wahrnehmen' heißt, sondern ‚sich selbst in Acht nehmen, sich selbst beobachten'; wenn zugleich das Schlüsselwort *abegescheiden* erwähnt wird, so rückt als theoretischer Umkreis die Nachfolge Meister Eckharts in den Blick. Mit Eckharts Einfluss ist auch insofern zu rechnen, als es sich bei der Mainzer Handschrift um eine schon lange bekannte (von Quint gefundene[13]) Eckhart-Handschrift handelt. Diese Mitüberlieferung könnte den Text in zweierlei Hinsicht bei der Abschrift modifiziert haben: Zum einen kann man damit rechnen, dass die artifiziellen Momente den Schreiber einer so theologisch-theorielastigen Handschrift weniger interessierten als einen hypothetischen anderen, der mit einer Liederhandschrift befasst gewesen wäre. Zum anderen könnte es sein, dass in einem lexikalischen oder syntaktischen Zweifelsfall die eckhartnahe Lesart mehr Wahrscheinlichkeit für sich beanspruchen kann als die eckhartferne (so ist oben auch entschieden worden).

Mit diesen beiden Rücksichten kann sehr sinnvoll nach der Art und der Wichtigkeit des Sich-in-Acht-Nehmens in dem Gedicht gefragt werden, denn damit ist der Traditionsbezug des kurzen Textes in einem wesentlichen Punkt erfasst: zum einen, weil, wie unten näher erläutert werden wird, die tägliche Wachsamkeit gegenüber der Sünde im deutschen Werk Eckharts zwar vorkommt, aber doch eher randständig und in bestimmten Kontexten; zum anderen, weil es in der Logik anderer mystischer Lebenslehren liegt, den Anfang bei der Wachsamkeit gegenüber der Sünde zu erwähnen und von dort mit unterschiedlichen Vorbildern und Schwerpunkten (zum Beispiel nach Dionysius Areopagita oder nach Richard von St. Viktor) den Aufstieg in die Nähe des Göttlichen zu erklären.

Um also zu verstehen, wie das Sich-selbst-Beobachten in diesen Versen gedacht sein könnte, beginnt nun ein weiter Umweg über verschiedene thematisch verwandte Prosatexte und Meister Eckharts Lehren, um am Ende zu dem mystischen Gedicht zurückzukommen.

---

13 Vgl. Quint, *Neue Handschriftenfunde*, S. 134 f.; zu Text und Handschrift auch Ruh, Mystische Spekulationen, bes. S. 208, S. 210. Über die Handschrift handelt auch Werner Williams-Krapp in seiner Edition von *Christus und die minnende Seele*. Er hebt hervor, dass die Handschrift mehrere Texte enthält, die „das Hohe Lied, den mystischen Aufstieg bzw. die minnende Seele und ihr Verhältnis zu Gott behandeln." Williams-Krapp, Bilderbogen-Mystik, S. 352.

2 Wie steht es mit dem Wachsein im erbaulichen Umfeld?

Auf das Wachsein, das bewusste Sein, setzen viele Anweisungen zu vorbildlichem Leben. Es kommt in verschiedenen Zusammenhängen vor und gehört in der Regel zu einer ausgefalteten Reihe von Empfehlungen. Im *bůch der tugenden*, einer deutschsprachigen Kompilation des 14. Jahrhunderts über moralische und juristische Normen, dessen Hauptquelle das Buch II–II der theologischen Summe des Thomas von Aquin ist, wird in der Vorrede das Unternehmen, ein deutsches Anweisungsbuch zu schaffen, damit begründet, dass nur die kenntnisgeleitete Bewusstheit helfe, die Sünde zu vermeiden:

> Vnd wan sich der mensche nu nút wol vor súnden gehůten enmag, er erkenne denne dise schedeliche súnde die da der mensche rechte fliehen sol als ein giftige slange, har vmbe so gibe ich an disem bůche ze erkennenne *vnd zu verstene*, was vnd wie gros si ein iekliche súnde, vnd wenne si ein tegliche oder tötliche súnde si, vnd tůn das alles dar vmbe, das sich der mensche deste bas kúnne vnd můge gehůten vor diesen schedelichen súnden, wan also spricht ein meister, das man das vnerkande v̊bel nút wol enmag verhůten [...].[14]

> [Und weil sich der Mensch nun nicht gut vor Sunden hüten kann, wenn er diese schädliche Sünde nicht erkennt, die der Mensch da richtigerweise fliehen soll wie eine giftige Schlange, darum gebe ich in diesem Buch zu erkennen und zu verstehen, was und wie groß eine jegliche Sünde sei, und ob sie eine lässliche oder Todsünde sei, und ich tue das alles darum, dass sich der Mensch umso besser vor diesen schädlichen Sünden zu hüten verstände und vermöchte; denn ein Meister spricht, dass man das unerkannte Übel nicht gut verhüten könne ...].

Die ganze Argumentation ruht auf Wissen und Bewusstsein, die wiederum zum Beachten von Vorschriften benutzt werden; das Sich-vor-Sünden-Hüten wird als die zentrale Aufgabe des moralischen Menschen vorausgesetzt.

Im *Baumgarten geistlicher Herzen*, einer die franziskanische, tendenziell mystische Spiritualität des späten 13. Jahrhunderts widerspiegelnden deutschsprachigen Sammlung von Auszügen aus den Schriften Davids von Augsburg mit thematischen Ergänzungen aus anderen Quellen,[15] ist die Wachsamkeit gegenüber dem Einbruch des Bösen und der Sünde ebenfalls etwas Elementares, sodass sie – in unterschied-

---

14 Berg/Kasper (Hrsg.), *Das bůch der tugenden*, Bd. 1, S. 35. Umfassende Charakteristik des Textes: Berg, *Untersuchungen*, S. 79–96. Bei Berg, *Untersuchungen*, S. 94, findet sich die Einschätzung: „Der tugenden bůch ist weniger dies als ein Buch der Laster und Gesetze".

15 Zur Entstehungszeit und dem Wirkungsraum des *Baumgartens geistlicher Herzen* vgl. Unger (Hrsg.), *Geistlicher Herzen Bavngart*, S. 181–183. Alle folgenden *Baumgarten*-Zitate beziehen sich auf die Ausgabe von Unger in diesem Band.

lichen Varianten – am ehesten als Kennzeichen des Beginns eines geistlichen Weges besprochen wird.

Das Kapitel XIV des *Baumgarten*[16] schließt an eine klassische biblische Wachsamkeitsstelle (I Pt 5,9[17]), die vorausgesetzt und nur verkürzt anzitiert wird, an: „Vns lert sant Peter vnd sprichet: Widerstet dem vinde von ernst, so vlivht er von iv mit einem willen, daz dv im niht volgen wilde. Da mit læt er vberwinden. Din swert daz sei daz gotes wort."[18] [Der heilige Petrus belehrt uns und sagt: Widersteht dem Feinde ernstlich, dann flieht er bewusst von euch, weil du ihm nicht folgen willst. Damit erlitt er das Überwinden. Dein Schwert, das sei das Wort Gottes.]

Hier werden die biblischen Aufmerksamkeits- und Wachsamkeitsvorstellungen vom Nüchternsein und Wachbleiben in eine Kampfmetaphorik übertragen, die den Kämpfenden auch noch mit einer edlen Waffe ausstattet. Auf diese Weise, in der Umwandlung in Kampfbildlichkeit, wird das Thema der beständigen Verteidigung gegen das Böse auch im nächsten (XV.) Kapitel weitergeführt. Dort wird aus der alltäglichen Gefährdung auf die erworbene Fertigkeit, sich zu verteidigen, geschlossen und die neue Gefahr im daraus resultierenden Selbstvertrauen gesehen:

> Swenne aber wir also bederbe werden, daz wir gelern striten, daz wir im widersten chunnen von der gewonheit des strites vnd von der manichfalticheit der bechorvnge, so hat der nidige vint aber den list, daz er denne lange entwalt, e er vns an veht, biz wir des strites entwonen, daz er vns de*nn* aber deste leihter an gesigen trvwet, er daz wir gewonen und gelernen. Da von ist vns not, daz wir alle zit gewarnet sind und beræt [...]. [19]

> [Wenn wir aber so tüchtig werden, dass wir das Kämpfen lernen, sodass wir ihm widerstehen können, weil wir das Kämpfen gewohnt sind und die Versuchung vielfältig ist, dann wiederum hat der böse Feind die Hinterlist, dass er dann lange abgewartet hat,[20] bevor er uns anficht –

---

16 Kapitelzählung des edierten Textes, Unger (Hrsg.), *Geistlicher Herzen Bavngart*, S. 202.

17 In der Vulgata heißt die Stelle I Pt 5,8 f. so: „sobriii estote vigilate/ quia adversarius vester diabolus/ tamquam leo rugiens circuit/ quaerens quem devoret/ cui resistite fortes fide/ scientes eadem passionum ei quae in mundo est vestrae fraternitate fieri." Die *Lutherbibel* in der revidierten Fassung von 1984 gibt die Stelle so wieder (I Pt 5,8 f.): „Seid nüchtern und wacht; denn euer Widersacher, der Teufel, geht umher wie ein brüllender Löwe und sucht, wen er verschlinge. Dem widersteht, fest im Glauben, und wißt, daß ebendieselben Leiden über eure Brüder in der Welt gehen."

18 Unger (Hrsg.), *Geistlicher Herzen Bavngart*, S. 202, Z. 2 f. Die Konjektur *vberwunden* für handschriftlich *vber winden*, vgl. Apparat zur Stelle, scheint mir grammatisch problematisch und wird rückgängig gemacht, weil *læt* eher als *leit* denn als *lât* zu lesen ist: Die Leithandschrift schreibt offenbar öfter *œ* für mhd. *ei*, z.B. in *beræt* für mhd. *bereit* (Unger [Hrsg.], *Geistlicher Herzen Bavngart*, S. 202, Z. 8), *berætet sich* (ebd., S. 203, Z. 23); daher kann auch die Form *læt* am ehesten mhd. *leit* (Prät. Sg. von *lîden*) meinen.

19 Unger (Hrsg.), *Geistlicher Herzen Bavngart*, S. 204, Z. 3–8.

20 Ich verstehe die Form *entwalte* als Prät. von *en-twellen* swv., intransitiv: ‚zögern', vgl. Lexer, *Mittelhochdeutsches Handwörterbuch*, Bd. I, Sp. 595.

bis wir uns das Kämpfen abgewöhnen,[21] sodass er sich wiederum zutraut, uns umso leichter zu besiegen, ehe wir uns [wieder] gewöhnen und lernen. Daher müssen wir zu jeder Zeit gewarnt und bereit sein ...]

Für sittlich Fortgeschrittene wird also die Sicherheit, die Versuchung erfolgreich bekämpfen zu können, zur Gefahr. Die Wachsamkeit, die schon die Menschen in den ersten geistlichen Anfängen betrifft, erscheint dadurch als weiterzuführende Daueraufgabe, wobei für deren sprachliche Entfaltung die früher eingeführte Kampfmetaphorik weiterverwendet wird: Das edle Wie des Ankämpfens gegen die Sünde steckt in dem Bild (daher wird der nach vorbildlichem Leben strebende Mensch am Ende des Kapitels auch „vil zarter riter gotes" genannt[22]); diese Auffassung vom (auch ständisch) qualifizierten Widerstand gegen das Böse aus früherer Bekanntschaft mit dieser Aufgabe wird nun vorausgesetzt.

Die Einbindung des Konzepts ‚Wachsein' in eine übergreifende Vorstellung geistlichen Fortschritts dokumentiert auch das noch an den Anfang des 14. Jahrhunderts gehörende *Buch der Vollkommenheit*,[23] eine Sammlung kurzer geistlicher Anweisungen mit Auszügen aus zur Übersetzungszeit noch zeitgenössischen Autoren.[24] Hier steht im zweiten, in der Auswahl der Lehren minder mystischen Teil folgender kurze Text (als 200. Stück):

Geistlichú und gutú rede wirken siben nútzú ding an dem menschen. Das erste ist, daz si ez weckent. Der ander, daz si ez erlühten. Das dritte, daz ez si waffent. Der vierde, daz si es trostent. Der funfte, daz si es gereinigent. Der sehste, daz si ez sússe machent. Der sibende, daz si úppekeit nement ûz dem hertzen.[25]

[Geistliche und gute Texte bewirken am Menschen siebenerlei Nützliches. Das erste ist, dass sie ihn wecken. Das zweite, dass sie ihn erleuchten. Das dritte, dass sie ihn wappnen. Das vierte, dass sie ihn trösten. Das fünfte, dass sie ihn reinigen. Das sechste, dass sie ihn süß[26] machen. Das siebte, dass sie Überheblichkeit aus dem Herzen entfernen.]

---

21 Zur Rundung in mhd. *gewenen* (analog: *entwenen*), vgl. Paul, *Mittelhochdeutsche Grammatik*, § L24.

22 Unger (Hrsg.), *Geistlicher Herzen Bavngart*, S. 206, Z. 17.

23 Schneider (Hrsg.), *Buch der Vollkommenheit*.

24 Karin Schneider, die das Buch ediert hat, stellt an der Überlieferung eine Zweiteilung fest: Der vordere Teil (bis Abschnitt 143) schöpft vor allem aus mystischen Autoren; Eckhart, Seuse und Mechthild von Magdeburg sind darunter. Der zweite Teil beruft sich unter anderem auf die *Vitaspatrum* und das *Compendium theologicae veritatis* des Hugo Ripelin von Straßburg, ein volkssprachliches theologisches Lehrbuch mit ausgearbeiteten praktisch-theologischen und moraldidaktischen Anteilen. Vgl. Schneider (Hrsg.), *Buch der Vollkommenheit*, S. X.

25 Schneider (Hrsg.), *Buch der Vollkommenheit*, S. 89.

26 Das Wort ‚süß' gehört lateinisch und deutsch zu den häufig für Jesus verwendeten Attributen; der Satz zielt also auf eine entstehende Ähnlichkeit mit diesem.

Dieses Stückchen Text hat interessante Züge: Das Aufwecken steht ganz am Anfang, das Bewaffnen kommt später an die Reihe. Die Metaphorik des Reinigens und Erleuchtens, die auf Pseudo-Dionysius Areopagitas Schrift über die himmlische Hierarchie zurückgeht,[27] wird aufgenommen, aber die Reihenfolge von Reinigung und Erleuchtung zugunsten einer gleichberechtigten Darstellung aufgehoben, wodurch die Vollkommenheit, die bei Dionysius den Zielzustand bietet, nicht anvisiert wird. Die Wachheit am Anfang ist offenbar so zu verstehen, dass sie die ständige Voraussetzung weiteren geistlichen Fortschrittes sei – immerhin geht die Skala der vorausgesagten Wirkungen bis zur Erleuchtung.

Von den erhaltenen Schriften her anscheinend erst im 15. Jahrhundert ins Deutsche übersetzt, aber den Theologen und Predigern aus dem lateinischen Werk des Bonaventura bekannt ist dessen Überzeugung, dass die Auseinandersetzung mit der Anfechtung auch bei weiterem Fortschritt im geistlichen Leben nicht aufhört. Er schreibt in einem Brief, der eine Anweisung zu geistlichem Leben enthält: „Vigesimum tertium, ut super custodiam tuam vigilans, omni tempore ab antiqui hostis fraudibus, qui, saepe se in angelum lucis transfigurans, in omni via laqueos tendit et retia.“[28] In dem späten deutschen Übersetzungstext liest man: „[...] so ist dir not, daz du in hût standest vnd wachest alle zit vor der betrüglicheit des allten vigentz, der sich dick vnd vil in einen engel des liechttes verwandlet, in alle weg und wandel der mönschen sin strick vnd netz leit [...].“[29] Es ist klar – wie im *Baumgarten geistlicher Herzen* –, dass damit eine auf verschiedenen Stufen geistlicher Vollkommenheit gleichermaßen zu bewältigende, aber von allem Anfang vorfindliche Aufgabe gemeint ist; Waffenmetaphorik fehlt hier ganz. Angeredet wird in dem lateinischen Brief ein Mönch, der idealtypisch für seinen Stand steht.[30]

Exkurs zur metaphorischen Ausstattung

Zur Beurteilung der großen Unterschiede in der metaphorischen Ausstattung solcher Wachsamkeitsaufrufe (der Wachsame ist ein Ritter, ein Leser, ein Mönch) ist ein Blick zurück zu den biblischen Vorbildern nützlich. Die neutestamentlichen Stellen, die vom Wachsein und Wachbleiben sprechen, stehen ursprünglich in

---

27 Stiglmayr (Hrsg. und Übers.), *Dionysius Areopagita*, S. 20 f.

28 Bonaventura, *Epistola*, S. 496. Den Hinweis auf den Text verdanke ich Ruh, *Bonaventura deutsch*, S. 254.

29 Text: Ruh, *Bonaventura deutsch*, S. 359. Übersetzung: „also ist es für dich notwendig, dass du auf der Hut bleibst und alle Zeit wachsam bist gegenüber der Betrügerei des alten Feindes, der sich oft und häufig in einen Engel des Lichtes verwandelt“.

30 Bonaventura, *Epistola*, S. 491.

unterschiedlichen Kontexten, in denen man die Metapher daher auch unterschiedlich ausphantasieren muss: Die Jünger und alle Menschen sollen in der richtigen Haltung das nahe Weltende erwarten (Lc 21,36[31]; Mt 24,42[32]), wodurch Wachsein als Dauerzustand der Wachsamkeit auf die Lebenszeit bezogen wird; die Jünger sollen in Gethsemane die Gefangennahme Jesu bewusst erwarten und damit ein Zeichen ihrer moralischen Stärke geben (Mt 26,41[33]) – hier wird der Litteralsinn schon im Schrifttext auf Moral hin ausgelegt, aber das Bild bleibt im Bezugsfeld des biologischen Schlaf-Wach-Wechsels; mehrfach verwendet wird das Gleichnis vom Herrn, der bis zu seiner Rückkehr das Haus seinen Dienern anvertraut, die für vorbildlich gehalten werden, wenn sie bei unvermuteter Rückkehr des Herrn wach gefunden werden (Mt 24,45f.; Lc 12,37); die Kontexte legen nahe, den Vergleich hauptsächlich eschatologisch aufzufassen. Die Ermahnungen der Apostelbriefe (I Cor 16,13; I Th 5,6; I Pt 5,8) richten sich vor allem auf den bewussten Zustand sittlicher Selbstkontrolle, sie sind in erster Linie subjektzentriert, wodurch in diesem Kontext zugleich für die Gemeinde eine Vorstellung von sittlicher Vorbildlichkeit entwickelt wird: Der Einzelne geht in der Gemeinde auf, aber er repräsentiert sie auch, denn sie ist als Gemeinschaft der Vorbildlichen projiziert. Die Wachheits- und Wachsamkeitsstellen des Neuen Testaments rechnen mit dem erlebbaren Verlauf von Heilsgeschichte, insbesondere mit dem nahen Weltende, und sie stellen das Nicht-Schlafen im Sinne des Bewusstseins vom sittlichen Verhalten und der Aufmerksamkeit dafür als nicht nur individuell heilsnotwendig, sondern auch als gemeinschaftlich heilsgeschichtsnotwendig dar. Soziale Verknüpfungen der handelnden oder angesprochenen Figuren werden überall vorausgesetzt; es scheint an den angeführten neutestamentlichen Stellen nicht denkmöglich, aus ihnen völlig oder überwiegend herauszutreten, sondern nur, aus der einen in die andere zu wechseln. So wird die Wahlmöglichkeit ‚Familie oder Jüngerschaft' als etwas Einzigartiges, die Entstehung der sozialen Struktur ‚Gemeinde' als etwas historisch Neues herausgehoben: Der durch die neue Religion besondere und erhobene Mensch kann soziale Strukturen so umformen, dass sie dem einzelnen den

---

31 Vulgatatext Lc 21,36: „Vigilate itaque omnis tempore orantes/ ut digni habeamini fugere ista omnis qui futura sunt/ et stare ante Filium hominis." Die *Lutherbibel* in der revidierten Fassung von 1984 gibt die Stelle Lc 21,36 so wieder: „So seid allezeit wach und betet, daß ihr stark werdet, zu entfliehen diesem allen, was geschehen soll, und zu stehen vor dem Menschensohn."
32 Vulgatatext Mt 24,42: „Vigilate ergo quia nescitis qua hora Dominus vester venturus sit." *Lutherbibel* 1984: Mt 24,42: „Darum wachet; denn ihr wißt nicht, an welchem Tag euer Herr kommt."
33 Vulgatatext Mt 26,41: „vigilate et orate ut non intretis in temptationem/ Spititus quidem promptus est/ caro autem infirma." *Lutherbibel* 1984: Mt 26,41: „Wachet und betet, daß ihr nicht in Anfechtung fallt! Der Geist ist willig; aber das Fleisch ist schwach."

Übergang in die ewige Welt erleichtern, denn das ist der ganze Sinn der Umformung.

In der mittelalterlichen Rezeption spielen, jedenfalls in den betrachteten Texten, eschatologische Vorstellungen keine Rolle mehr; auch Gemeinschaftsvorstellungen kommen nur beiläufig vor; der Fokus liegt auf dem gottgefälligen Leben, das unter dem Gesichtspunkt des individuellen Seelenheils und unter dem zweiten Gesichtspunkt der Nähe zu Gott, also einerseits normativ, andererseits mystisch, konstruiert wird. Die Abwesenheit des Erlebnishorizonts ‚Heilsgeschichte' lässt das Thema ‚geschichtliches Handeln', das in der Legende immer lebendig geblieben ist, beinahe verschwinden, was auch Bilder des Erwartens zurücktreten lässt. Die Kampf- und Waffenmetaphorik mag von Fall zu Fall aus der wirkmächtigen *Psychomachia* des Prudentius eingekreuzt sein.

3 *abegescheidenheit, lâzen* und Selbstkontrolle bei Eckhart

Die beiden Leitwörter, die *abegescheidenheit* und das *lâzen,* die in dem mystischen Gedicht vorkommen, entstammen einer dezidiert mystischen und an die Theologie rückgebundenen Tradition, die auf Meister Eckhart zurückgeht, und sie erweisen sich auch bei einigen nachfolgenden gelehrten zweisprachigen Autoren, vor allem bei Seuse und Tauler, als sehr wirkmächtig.[34] Auch das *sîn selbes war nemen* kommt bei Eckhart vor, der Selbsterkenntnis und Selbstkontrolle in verschiedenen Schriften unter verschiedenen Gesichtspunkten bedenkt.

3.1 *abegescheidenheit*

Den Begriff der *abegescheidenheit* führt Eckhart in der Predigt Q 53 über *Misit dominus manum suam* ein, an deren Anfang er seine Hauptpositionen zusam-

---

34 Zur inhaltlichen Begründung dieses Metaphern- und Vorstellungsschubes vgl. Egerding, *Metaphorik,* Bd. 1, S. 102–114; zur Metapher des *abescheidens* bei Eckhart, Tauler und Seuse vgl. Egerding, *Metaphorik,* Bd. 2, S. 24–32. Das *lâzen* und *gelâzen*-Sein, das eher einen Vorstellungskomplex als einen Metaphernkomplex bildet, kommt bei Eckhart im Umkreis des Frei-Seins auf, vgl. unten, wird aber im eigentlichen Sinn erst bei Seuse (im *Büchlein der Wahrheit*) leitbildlich und begrifflich; vgl. Sturlese, Einleitung zu: Seuse, *Buch der Wahrheit,* S. XXV–XXVIII. Zur systematischen und begriffsgeschichtlichen Entwicklung vgl. Hasebrink/Bernhard/Imke, Einleitung, bes. S. 16–27. Zur Verwandtheit der hinter beiden Vorstellungen stehenden theologischen Ideen vgl. Panzig, *gelâzenheit,* S. 335–355.

menfasst, wobei *abgescheidenheit* als das Leitwort für die erste von vier wichtigen Lehren benutzt wird: „Swenne ich predige, sô pflige ich ze sprechenne von abegescheidenheit und daz der mensch ledic werde sîn selbes und aller dinge."[35] Es handelt sich für Eckhart um zwei eng verwandte Dinge: *abegescheidenheit* meint die Abwendung von der Welt, wobei die innerliche Loslösung wichtiger ist als die äußere Isolation; ‚Abgelöstheit' scheint mir daher wegen der starken räumlichen Konnotation des neuhochdeutschen ‚Abgeschiedenheit' eine bessere Übersetzung. Durch diese Abwendung wird der Mensch gegenüber der Dingwelt in hohem Maße frei, wiederum innerlich stärker als äußerlich, denn er kann die lebensnotwendige Bindung an die Dingwelt durchaus verachten lernen; er wird auch gegenüber sich selbst frei, indem er seinen eigenen Willen, zum Beispiel einen Gestaltungsvorsatz für das eigene Leben, zugunsten des göttlichen Willens, den es zu ergründen gilt, aufgibt. Eckhart behandelt diese Themen in mehreren Schriften. Das Ablegen des Eigenwillens und der Bindungen an die geschöpfliche Welt gehören auch zu dem Begriff der Armut im Geist, den Eckhart in der Predigt Q 52 über *Beati pauperes spiritu* erläutert (der aber noch reicher ist als der der Abgelöstheit[36]). Das Befreien von der eigenen Menschennatur und dem Ich wird auch in Predigt Q 24 über Rm 13,14[37] besprochen. Vorsichtig sein muss man mit dem Traktat *Von abegescheidenheit*, dessen Zuweisung an Eckhart unsicher ist, wenngleich er mit Eckhartschen Denkmustern und Vorstellungen arbeitet.[38] In diesem Text wird die Abgelöstheit als

---

35 Eckhart, *DW*, Bd. 2, S. 528, Z. 5 f. Übersetzung: „Wenn immer ich predige, dann pflege ich von Abgelöstheit zu sprechen und davon, dass der Mensch von sich selbst und von allen Dingen frei werden möge."

36 Burkhard Hasebrink hat in einem Beitrag die Berührungen des Eckhartschen Armutsbegriffs mit Gedanken und geistigen Bewegungen der Zeit herausgearbeitet und zugleich die Stellung der Armutspredigt in Eckharts Werk umrissen. Er kennzeichnet deren Armutsbegriff als „eine Intensivierung in der Neubestimmung von ‚Abgeschiedenheit', wobei die Intensivierung in bedeutendem Maße von der Ablösung vom Wollen und Streben gesehen wird." Hasebrink, Selbstüberschreitung, S. 457.

37 Der Predigttext beginnt in der bei Quint edierten Version (Eckhart, *DW*, Bd. 1, S. 414, Z. 1) ohne die Angabe des lateinischen Wortlautes der auszulegenden Stelle. Vulgatatext Rm 13,14: „sed induite Dominum Iesum Christum et carnis curam ne feceritis in desideriis". Eckhart übersetzt mit *intuot iu* und erklärt sofort *innigent iu Kristu*m.

38 Vgl. die Einschätzung bei Ruh, *Mystik*, Bd. 3, S. 350: „Der *abegescheidenheit*-Traktat ist immer nur unter der Voraussetzung betrachtet worden, daß er Eckharts Schrift ist. Er müßte einmal in der Perspektive eines anonymen Traktats (der er ist), das heißt ohne vorgefaßte Meinung, analysiert werden. Das Resultat würde sich voraussichtlich stark von den vorliegenden Interpretationen unterscheiden." In diese Richtung argumentiert auch Largier (Hrsg.), *Werke*, Bd. 2, S. 803. Die Echtheitsfrage wird sowohl vor diesen Stellungnahmen als auch danach unterschiedlich beantwortet. Nachdem Schäfer (Hrsg.), *Abegescheidenheit*, S. 147, zu dem Ergebnis gekommen war, der Traktat müsse Eckhart zugeschrieben werden, Quint den Traktat in die deutschen Werke [*DW*] aufge-

eine Tugend dargestellt und hinsichtlich ihrer Fähigkeit, Nähe zu Gott herzustellen, mit anderen Tugenden verglichen; dabei heißt es, „daz in gote ist abegescheidenheit und dêmüeticheit, als verre wir tugende von gote gesprechen mügen"[39] [dass in Gott Abgelöstheit von der Welt und Demut sind, sofern wir Tugenden von Gott aussagen können]. Der Zusatz könnte unter Umständen für Eckhart schwer vorstellbar sein, weil Gott im wörtlichen Sinn keine Tugenden haben kann.[40] Andererseits wird in dem Traktat die ‚Abgelöstheit' auch als das Resultat der geistigen Abstraktion gefasst und in der Konsequenz bis zum Nichtmehrbetrachten des Nichts geführt.[41]

3.2 *lâzen* und *gelâzen* haben oder sein

Das *lâzen* ist für Eckhart noch am ehesten eine Tätigkeit, während Seuse *gelâzen* und *gelâzenheit* vor allem als Eigenschaften auf den Menschen beziehen wird.[42] Das

---

nommen hatte, hält Enders, Abgeschiedenheit des Geistes, S. 99 f., den Traktat auf dieser Grundlage für echt, während Panzig, *Einführung*, S. 155, sich eher an Ruhs Position hält. So verfährt auch Fischer, *underscheidunge*, S. 184.

39 Eckhart, *DW*, Bd. 5, S. 407, Z. 7–9.

40 Largier (Hrsg.), *Werke*, Bd. 2, S. 808–810, führt in seinem Kommentar aus, dass die Stelle von dem Gedanken der parallelen Negativität her gedacht sein muss – Demut beziehe sich auf die Welt, Abgeschiedenheit auf das Innere, das kein Ich mehr geltend macht. Enders, Abgeschiedenheit des Geistes, S. 99–128, geht, falls ich nichts übersehen habe, auf die Stelle nicht ein.

41 Vgl. dazu *Von abegescheidenheit*, Eckhart, *DW*, Bd. 5, S. 423, Z. 1–5: „Nû vrâge ich hie, waz der lûtern abegescheidenheit gegenwurf sî? Dar zuo antwurt ich alsô und spriche, daz weder diz noch daz ist der lûtern abegescheidenheit gegenwurf. Si stât ûf einem blôzen nihte, und sage dir, war umbe daz ist: diu lûteriu abegescheidenheit stât ûf dem hœhsten. Nû stât der ûf dem hœhsten, in dem got nâch allem sînem willen gewürken mac." [Nun frage ich hier, was das Objekt der reinen Abstraktion (*abegescheidenheit*) sei. Darauf antworte ich, indem ich sage, dass weder dies noch das das Objekt der reinen Abstraktion (*abegescheidenheit*) sei. Sie beruht auf dem bloßen Nichts, und ich sage dir, warum das so ist: Die reine Abstraktion (*abegescheidenheit*) beruht auf dem Höchsten. Nun beruht der auf dem Höchsten, in dem Gott ganz nach seinem Willen wirken kann.] – Die Metaphorik des Stehens auf etwas könnte die Substanz- und die (vormoderne) Subjekt-Begrifflichkeit nachahmen, dann ist das Beruhen im Sinne einer Seinsgrundlage gemeint. Zum mittelalterlichen Subjektbegriff vgl. Vollmann, Wiederentdeckung, S. 380–393.

42 Die überwiegend verbale Verwendung bei Eckhart kann man im Belegarchiv des Mittelhochdeutschen Wörterbuchs überprüfen: http://www.mhdwb-online.de/konkordanz.php?lid=100122000 &seite=5 (die Eckhart-Belege reichen bis S. 7). Die attributive Verwendung des Partizips kommt seltener vor, eine prominente Stelle sind die *Reden der Unterweisung*, in deren Überschrift zu Kapitel 3 Menschen mit kräftigem Eigenwillen *ungelâzen* genannt werden. Überschriftstexte sind allerdings in der Autorschaft grundsätzlich immer etwas unsicherer als Stellen aus dem Textkorpus – im Text des Kapitels kommt das Wort nicht vor. Die Stelle: Eckhart, *DW*, Bd. 5, S. 191, Z. 5. Die Einführung des Zentralbegriffs ‚Gelassenheit' ist bei Seuse, *Buch der Wahrheit*, Kap. 1, S. 2 (ed. Sturlese/

lâzen ist schwer übersetzbar, es umfasst zum mindesten das Etwas-oder-jemanden-Loslassen, das Ablassen von einer Tätigkeit oder Bestrebung, das Zurücklassen von etwas (zum Beispiel von Bindungen) auf dem Weg zu Gott. Zum Leitwort wird das *lâzen* in den frühen (in die Erfurter Werkphase gehörigen) *Reden der Unterweisung*[43]. Dort erklärt Eckhart in Kapitel 3 und mithilfe einer Auslegung von Mt 19,27[44], wo Petrus im Hinblick auf die Jünger, die ihr früheres Leben zurückgelassen haben, im Vulgatatext das Verbum *relinquere*[45] benutzt, das Folgende:

> Die liute, die vride suochent in ûzwendigen dingen, ez sî an steten oder an wîsen oder an liuten oder an werken oder daz ellende oder die armuot oder smâcheit, swie grôz diu sî oder swaz daz sî, daz ist dennoch allez nihtes noch engibet keinen vride. Sie suochent allez unrechte [...] Sie gânt als einer, der eines weges vermisset: ie verrer er gât, ie mêr er irret. Mêr: Waz sol er tuon? Er sol sich selber lâzen ze dem êrsten, sô hât er alliu dinc gelâzen. [...] Ez sprichet ein heilige ûf daz wort, daz sant Pêter sprach: ‚sich, herre, wi hân alliu dinc gelâzen‘ – und er enhâte doch niht mêr gelâzen dan ein blôz netze und sîn schiffelîn [...].[46]

> [Die Menschen, die in den äußeren Dingen Frieden suchen, sei es bei Gelegenheiten oder bei Verfahrensweisen oder gegenüber Menschen oder im Tun – oder die Fremde (suchen) oder die Armut oder Schmach: wie groß die auch sei oder was es sei, das ist doch alles nichts und gibt keinen Frieden. Sie suchen ganz falsch [...] Sie gehen wie einer, der den einen Weg verpasst – je weiter er geht, desto mehr geht er irr. Wie weiter? Was soll er tun? Er soll sich in erster Linie selbst zurücklassen, dann hat er alle Dinge zurückgelassen. [...] Ein Heiliger kommentiert das Wort, das St. Petrus sprach: ‚sieh, Herr, wir haben alle Dinge zurückgelassen‘, und er hatte doch nicht mehr zurückgelassen als ein nacktes Netz und sein Schifflein [...].]

Das Ablegen des eigenen Ich ist offenbar eine Grundbedingung für das Loslassen der Welt.[47] An anderer Stelle weitet Eckhart das Ablassen von eigenem Streben auch auf das Streben nach Gott aus. Das erklärt er in der Paradisus[48]-Predigt Q 12 (*Qui audit me*): „Daz hœhste und daz næhste, daz der mensche gelâzen mac, daz ist, daz er got durch got lâze" [Das Höchste und das Nächstliegende, wovon der Mensch

---

Blumrich), zu verfolgen. In der Edition von Bihlmeyer (Seuse, *Deutsche Schriften*) ist das Kapitel 1 der Prolog.

43 Zum Programm der *Reden* vgl. Hasebrink, *Sich erbilden*, S. 122–136, bes. S. 124–127.

44 Vulgatatext Mt 19,27: „tunc respondens Petrus dixit ei/ ecce nos reliquimus omnis et secuti sumus te [...]."

45 Weitere neutestamentliche *relinquere*-Belege zur Grundierung des Eckhartschen *lâzens* vgl. Panzig, *gelâzenheit*, S. 339 f. Panzig, *gelâzenheit*, S. 341, weist darauf hin, dass Eckhart auch die Formel *abnegare se ipsum* in Lc 9,23 (Jesu Bedingung für die, die sich zur Nachfolge entschließen) als *sich selben lâzen* wiedergibt, denn er übersetzt die Stelle im Lukasevangelium in Q 10 „wer mîn jünger wil werden, der muoz sich selben lâzen", Eckhart, *DW*, Bd. 1, S. 170, Z. 1.

46 Eckhart, *DW*, Bd. 5, S. 193, Z. 5 bis S. 194, Z. 1; S. 194, Z. 2–5; S. 194, Z. 9 bis S. 195, Z. 2.

47 Vgl. Langer, *Sich lâzen*, S. 318–346.

48 Über die Sammlung: Steer, Dominikanische Predigtsammlung, S. 17–67.

ablassen kann, das ist, dass er um Gottes willen von Gott ablasse].[49] Die Stelle zielt auf die Aufhebung des Subjekt-Objekt-Verhältnisses, die mit dem göttlichen Etwas in der Seele, dessen Metaphern Eckhart in der Predigt Q 2 nebeneinanderstellt,[50] begründet wird. Sie variiert außerdem den in den Erklärungen zur *abegescheidenheit* entwickelten Gedanken, dass auch das Streben hin zu Gott ein dem einzelnen Menschen zuzurechnender Eigenimpuls sei, der wie alle anderen eigenwilligen Antriebe und nachfolgenden Akte abgelegt werden müsse.

Es ist auffällig, dass die Leitwörter *abegescheiden* und *lâzen* vom (vernünftigen, das heißt auf die Vernunftseele zentrierten)[51] Menschen her gedacht sind und überwiegend von ihm ausgesagt werden, und zwar als negative Beschreibungen (es geht darum, etwas nicht zu sein oder nicht zu tun). Die dahinterstehenden Vorstellungen von Gottnähe und Vereinigung mit Gott sind im Gegensatz dazu von Gott her gedacht, denn eine Annäherung an Gott, die ihn zum Objekt machte und nach seiner Zustimmung nicht fragte, wäre nicht vorstellbar und würde mit keiner möglichen Konzeption Gottes vereinbar sein; also ist stets Gott der Handelnde, wenn eine Menschenseele zu ihm erhöht wird. Mechthild nutzt dafür die auf das Hohelied und Bernhards von Clairvaux Hoheliedauslegung bauende Metaphorik der Brautmystik. Für Eckhart kennzeichnend ist die Vorstellung der Gottesgeburt

---

49 Eckhart, *DW*, Bd. 1, S. 196, Z. 6 f.

50 Die Predigt liegt in einer neuen Edition vor: Steer/Vogl (Hrsg.), Die *bürgelîn*-Predigt Meister Eckharts, S. 139–259, Text S. 219–259. Ich zitiere nach dieser Neuedition, als Steer/Vogl (Hrsg.), S. 235, Z. 120 bis S. 236, Z. 128 (entsprechend Q 2, Eckhart, *DW*, Bd. 1, S. 39, Z. 1 bis S. 40, Z. 3): „Ich hân underwîlen gesprochen, ez sî ein kraft in dem geiste, diu sî aleine vrî. Underwîlen hân ich gesprochen, ez sî ein huote des geistes; underwîlen hân ich gesprochen, ez sî ein lieht des geistes; underwîlen hân ich gesprochen, ez sî ein vünkelîn. Ich spriche aber nû: ez enist weder diz noch daz; nochdenne ist ez ein waz, daz ist hœher boben diz und daz dan der himel ob der erde. Dar umbe nenne ich ez nû in einer edelern wîse dan ich ez ie genante, und ez lougent der edelkeit und ouch der wîse und ist dar enboben. Ez ist von allen namen vrî und von allen formen blôz, ledic und vrî zemâle, als got ledic und vrî ist in im selber." [Ich habe bisweilen gesagt, es sei im Geist eine Kraft, die als einzige frei sei. Bisweilen habe ich gesagt, es sei eine Hüterin des Geistes, bisweilen habe ich gesagt, es sei ein Licht des Geistes, bisweilen habe ich gesagt, es sei ein Fünklein. Ich sage aber jetzt: Es ist weder dies noch das, aber es ist ein Was – das ist höher über ‚dies und das‘ als der Himmel über der Erde. Darum benenne ich es jetzt in edlerer Weise, als ich es je benannte, aber es verleugnet das Edele und die Weise und ist darüber. Es ist frei von allen Benennungen und von allen Formen entblößt, zugleich ledig und frei, wie Gott in sich selbst ledig und frei ist].

51 Daher benutzt Eckhart *abegescheiden* auch in Bezug auf Seele und Geist, vgl. Egerding, *Metaphorik*, Bd. 2, S. 27 f. Die frühere Liste der einschlägigen Stellen bei Völker, *Terminologie*, S. 19–29, ist durchaus noch mit Nutzen zu konsultieren, weil sie auch auf die Wortbildungsmuster eingeht. Völker beschäftigt sich – anders, als man dem Titel der Studie nach vermuten könnte – nicht mit der Konstellation der Bereitschaft im Sinne der Wachsamkeit, sondern mit spezifisch mystischem Wortschatz.

in der Seele (in der *bürgelîn*-Predigt Q 2); öfter verwendet er auch die neuplatonischen Bilder der Emanation als Gießen und Fließen (aus Sap 1,7 hergeleitet in der Predigt Q 47).[52] Diese grundsätzliche Rollenverteilung – der Mensch kann nur die Möglichkeit sichern, nicht die Einheit herstellen – gilt auch im theoretischen Rahmen der negativen Theologie und lässt sich auch in deren Metaphern ausdrücken: Gottnähe und -einheit sind, wie Eckhart oder ein Eckhartist im Traktat *Von abegescheidenheit* (über das der *abegescheidenheit* Vorgelagerte und das Nichts[53]) auch ausdrücklich sagt, von Gott her gedacht, Gott ist es, der die Einigung der Seele mit dem Einen in Gott herstellen kann, nicht die Seele selbst. Der Mensch ist *abegescheiden*, losgelöst von der Welt, um dafür frei zu sein, von Gott erfüllt zu werden; er *lâzet* alle Bindungen an die Welt, damit die Seele mit nichts anderem beschäftigt ist als mit ihrem göttlichen Etwas, wie es in Q 12 heißt ‚etwas in der Seele'[54], und durch das Gott in der Seele anwesend sein (in der *bürgelîn*-Predigt Q 2 heißt es: geboren werden) kann. Die Initiative zur Gotteinigung geht von Gott aus, der Mensch kann nur die Bedingungen schaffen (oder eben nicht – und sie damit verhindern).

Zweiter Exkurs zu Vorbildern und Traditionen

Auch zu dieser Denk- und Redeweise gibt es vorausliegende Traditionen. Das *lâzen* verweist, wie Panzig gezeigt hat,[55] immer wieder auf das Vorbild der Jünger Jesu; die ursprünglich räumlich codierte Vorstellung von *abegescheidenheit* ruft außerdem die Parallelen in der Legendenliteratur auf, die von Wüstenvätern berichtet, insbesondere den Vergleich mit den *Vitaspatrum*.[56] Eckhart hat seine Leitwörter

---

52 Vgl. Eckhart, *DW*, Bd. 2, S. 389–409, z. B. S. 394, Z. 3–5: „Ein meister sprichet, alle crêatûren tragent an in ein urkünde götlîcher natûre, von der sie sich entgiezent alsô, daz sie wölten würken nâch götlîcher natûre, von der sie gevlozzen sint." Vgl. auch Egerding, *Metaphorik*, Bd. 2, S. 258–262 und S. 633–643.

53 Eckhart, *DW*, Bd. 5, S. 423, Z. 1–3. Vgl. vorne, Anm. 41.

54 Vgl. Q 12, Eckhart, *DW*, Bd. 1, S. 197, Z. 8 f.: „als ich mêr gesprochen hân, daz etwaz in der sêle ist, daz gote alsô sippe ist, daz ez ein ist und niht vereinet." Eine Gesamtinterpretation von Q 12 bietet Haas, Predigt 12, S. 25–41.

55 Panzig, *gelâzenheit*, bes. S. 339–341.

56 Es ist sicher kein Zufall, sondern mit dieser motivischen Engführung zu begründen, dass die alemannische Fassung der *Vitaspatrum*, überliefert ab Anfang des 14. Jahrhunderts, vom Wirkungskreis der Dominikanermystik, besonders Seuses, miterfasst und anscheinend mitgeprägt wurde. Zum Wirkungsraum und der Entstehung der Teilkorpora vgl. Williams (Hrsg.), *Vitaspatrum*, S. 6*–18*. Die *Vitaspatrum* führen Vorbilder vollkommenen Lebens in Viten und Exempla vor, die von unterschiedlichen Personen aus überwiegend lateinischen Quellen in deutsche Prosa übersetzt wurden. Vgl. Williams (Hrsg.), *Vitaspatrum*, bes. S. 13*–16*.

aber von diesen Traditionen weggebogen: Das Zurücklassen des alten Lebens zugunsten des neuen im Matthäus- und Lukasevangelium (Mt 19,27; Lc 9,23)[57] tauscht einen sozialen Zusammenhang gegen den anderen, weil nur der zweite transzendent bedeutsam und mit Heilsgeschichte aufgeladen ist; Eckharts *lâzen* setzt keinen neuen religiös-sozialen Bezug oder Zusammenhang an die Stelle eines aufgegebenen, sondern orientiert auf das Absolute als Fluchtpunkt der suchenden Seele, bleibt also auf der Ebene des Einzelnen, der auch für die Gattung steht, nicht für eine besondere Gruppe, und konsequent in der Innenwelt. Immer wieder betont Eckhart, dass auch das eigene Ich mit allen seinen Zielen, Vorstellungen und Strategien zurückgelassen werden muss. Dieses selbstreflexive Verständnis von Zurücklassen ist dann widerspruchsfrei einzubetten, wenn das Irreduzible, das übrig bleibt, entweder als die reine (vorsündliche) Menschennatur oder als Teilhabe an Gottes Denken seiner selbst begriffen wird. Beide Varianten werden getragen von der den Zeitgenossen geläufigen Gleichsetzung des Sohnes mit dem Wort (dem Logos) und der Auffassung der Menschennatur Jesu als rein und dem vorsündlichen Zustand entsprechend.

Eckharts *abegescheidenheit* ist nur noch über die Bezeichnung (das aber immerhin) an eine räumliche Vorstellung angebunden. Hier ist der Fluchtpunkt des Einzelnen nicht die Heiligung eines menschlichen Subjektes (wie in den *Vitaspatrum*), sondern das Heraustreten aus dem Subjektstatus, das Aufgehen im Einen und Einzigen; der gesamte äußere Lebensweg wird gleichsam ausgespart und für minder wichtig erklärt. Diese Konzeption wird bei Eckhart auf der Grundlage ontologischer und metaphysischer Argumente punktuell mit Überlegungen zum Verhältnis von *vita activa* und *vita contemplativa* verknüpft.[58]

---

57 Vgl. Panzig, *gelâzenheit*, bes. S. 339–341.

58 Die berühmtesten Stellen sind die Predigten Q 2 und Q 86, in denen die biblische Konstellation von Maria und Martha verhandelt wird (vgl. Lc 10,42). Die Hochschätzung der *vita activa* wird, besonders in Q 86, aus dem Verhältnis des Vielen oder des Teils zum Einen entwickelt. Vgl. Mieth, *Einheit*, S. 186–214 (die ab S. 186 nach der älteren Pfeiffer-Edition interpretierte Predigt entspricht Q 86); Langer, *Mystische Erfahrung*, S. 225–230. Langer, Seelengrund, S. 100 f., hat erklärt, wie Eckharts Rezeption der aristotelischen Seelenlehre und sein darauf fußendes Intellektverständnis in der Predigt 104 auf anderem Weg zu derselben Hochschätzung des Dienstes am Nächsten führen. – Zu Q 2, wo das Thema unter den Leitworten *juncvrouwe* und *wîp* abgehandelt wird, vgl. Steer/Vogl (Hrsg.), Die *bürgelîn*-Predigt Meister Eckharts, S. 148 f., S. 157. Zu Q 86 vgl. Mieth, Predigt 86, S. 139–175.

3.3 Arten und Stellenwert der Selbstbeobachtung und -steuerung bei Eckhart

Ein zentraler Begriff für Eckharts Vorstellung von sittlicher Selbstkontrolle ist die in der Predigt Q 2 erwähnte *huote*,[59] eine Hüterin oder Aufpasserin des Geistes, die bei ihm identisch ist mit dem Edelsten in der Seele, denn die *huote* ist eine der verschiedenen Benennungen des Seelenfunkens. Eckhart interpretiert hier einen zentralen Begriff der Ethik um, die *synderesis.* Das Wort ist in der Bibelkommentierung durch einen Fehler im Griechischen entstanden und schwer übersetzbar; es meint in etwa: ‚Naturanlage zur Orientierung am Guten und Richtigen' oder ‚Gewissensgrund'.[60] In der scholastischen Theologie ist diese Eckhartsche Hüterin (*huote*) auch die Instanz, die das natürlich Richtige – tendenziell: das Naturrecht – trägt und auf die sich Entscheidungen der praktischen Vernunft über Gut und Böse jeweils gründen.[61] So erklärt auch Eckhart in der Predigt Q 20a die Grundlage für die menschlichen sittlichen Entscheidungen. Er verwendet dort die Metapher des Fünkleins der Seele und setzt dieses mit der *synderesis* gleich.[62] Durch das zweimalige, weitgehend übereinstimmende Vorkommen in voneinander unabhängigen Predigten kann es als relativ sicher gelten, dass Eckhart der Auffassung war, der Mensch könne für seine sittlichen Urteile auf die *huote* bzw. den Funken der *synderesis* zurückgreifen, also auf die anthropologisch vorauszusetzende Ausstattung der Seele mit Göttlichem.[63]

---

59 Q 2 Steer/Vogl (Hrsg.), Die *bürgelîn*-Predigt Meister Eckharts, S. 235, Z. 122.

60 Zur mittelalterlichen Begriffsgeschichte vgl. Störmer-Caysa, *Gewissen und Buch*, S. 58–160.

61 Eine kurze Einführung in die Begriffsgeschichte und eine diachrone Textsammlung: Störmer-Caysa (Hrsg. und Übers.)/Märker (Übers.), *Über das Gewissen.*

62 Eckhart legt in dieser Predigt Lc 14,16 „Homo quidam fecit cenam magnam" aus. Der Seelenfunke, der zugleich als Gewissensgrund fungiert, wird als eine der möglichen Bedeutungen des im Evangelientext ausgeschickten Knechtes erörtert. Vgl. Störmer-Caysa, *Gewissen und Buch*, S. 128–136.

63 Es ist sehr wahrscheinlich, wird in diesen Predigten aber nicht selbst besprochen, dass er wie Thomas von Aquin der Ansicht war, jene angeborene Instanz präge vor allem die Vernunft durch dem Menschen natürliche Prinzipien. Bei Thomas wird nach *De veritate* (q. 16 a.1. co) das Wort *synderesis* auf zwei Sachverhalte angewendet: auf einen natürlichen Habitus, der der praktischen Vernunft Prinzipien sittlichen Urteils vorgibt, und auf die Seelenpotenz ‚Vernunft' (*ratio*), insofern sie von einem solchen Habitus geprägt ist. Vgl. Störmer-Caysa, *Gewissen und Buch*, S. 79–87, bes. S. 80 und Anm. 73. Bei Bonaventura, dem einflussreichen Theologen der Franziskaner zur Lebenszeit des Thomas, hängt die *synderesis* eher am Affekt und am Willen, sie macht zu Entscheidungen für das Gute aus Liebe zum Guten geneigt. Vgl. Bonaventura, *In Sententias Petri Lombardi*, In II. Sent., dist. XXXIX, art. 2, q. 1., S. 908–911. Übersetzung vgl. Störmer-Caysa (Hrsg. und Übers.)/Märker (Übers.), *Über das Gewissen*, S. 87–96. Das könnte man ebenfalls ein Fünklein nennen (Bonaventura tut das ebd. auch, weil die exegetische Tradition der Hieronymus-Auslegung das Bild vorgibt, vgl. Störmer-Caysa, *Gewissen und Buch*, S. 58f.), aber man würde nicht das Wort *huote* oder eine lateinische

Während diese Steuerungsinstanz zur Ausstattung des Menschen gehört und daher gewissermaßen von Gott, nicht vom Menschen selbst ausgeht (der sich eine solche *huote* nicht selbst schaffen könnte), lehrt Eckhart in anderen Texten, wie der Mensch sich selbst kontrolliert und auf sich selbst achtet. Dazu stehen die wichtigsten Stellen in den *Reden der Unterweisung.* Hier unterstellt Eckhart dasjenige, das bei der Selbstüberprüfung herauskommen muss, als den noch vorhandenen Umriss eines individuellen Selbst, den es abzulegen gelte: „Nim dîn selbes war, und swâ dû dich vindest, dâ lâz dich; daz ist daz aller beste.“[64] Das angeredete Du muss mehrere Ich-Instanzen haben, denn was das suchende Selbstbewusstsein, in der Handlung ein aktives Ich, findet, ist in jedem Fall ein Abbild, ein Objekt-Ich, sonst könnte es nicht erkannt werden; und jenes Gedanken-Ich – ein Abbild des eigenen Selbst – ist nach Eckhart ebenso abzulegen wie alle anderen Erkenntnisbilder (wie Eckhart in der Predigt Q 16b über *Quasi vas auri* erklärt hat[65]). Mit dem gefundenen Ich erlischt nach Eckharts Aufforderung auch das Suchende, denn beide sind das Ich des angesprochenen Du.

Für das Verständnis des mystischen Gedichts könnte es wichtig sein, dass Eckharts Sprache für jede dieser Ich-Instanzen des mit Du angesprochenen Menschen das ganze, ungeteilte Du ansetzt: Wo du dich findest, dort lass dich – jedes dieser Du oder Dich hat unterschiedlichen Umfang.

Selbstkontrolle im Sinne der täglichen Entscheidungen der praktischen Vernunft und des Gewissens behandelt Eckhart im 7. Kapitel der *Reden der Unterweisung*, einem Kapitel über das richtige Tun, und bindet dabei die Selbstbeobachtung, die darin nötig ist, an die biblische Wachsamkeitsstelle Lc 12,36. Er nennt die Tätigkeit des Selbstüberwachens und die Fähigkeit dazu mit einer Lehnübersetzung für *conscientia* ein *mitewizzen:* „Und der mensche sol ze allen sînen werken und bî allen dingen sîner vernunft merklîchen gebruchen und in allen dingen ein vernünftigez mitewizzen haben sîn selbes und sîner inwendicheit und nemen in allen dingen got in der hœhsten wîse, als ez mügelich ist.“[66] Neben diesen positiven Anschluss an die Wachsamkeitsforderungen der Evangelien, die er auf die *vita activa* bezieht, stellt Eckhart eine in der Bildlehre begründete Selbstverleugnung, eine Ablehnung allen borniert Einzelmenschlichen, das am intellektiven Weg zu Gott hindert. Die Brücke zwischen beiden Arten, Selbstkontrolle zu denken, ist die Vernunft, die einerseits (als praktische Vernunft) handlungsleitend wirkt, ande-

---

Entsprechung verwenden; Eckharts Metapher weist in die Richtung des Thomas, weil eine *huote* Grenzen setzt und überwacht.

64 Eckhart, *Reden der Unterweisung*, Kap. 3, vgl. Eckhart, *DW*, Bd. 5, S. 196, Z. 3 f.

65 Zur Bildlehre vgl. Köbele, *Predigt Q 16b*, S. 43–74.

66 Eckhart, *Reden der Unterweisung*, Kap. 7, vgl. Eckhart, *DW*, Bd. 5, S. 210, Z. 1–4. Zur Spannung zwischen den beiden Ansätzen der Selbstführung vgl. Haas, *Nim din selbes war*, S. 20 f.

rerseits (als spekulative Vernunft) eine Geistform auf dem Weg zum absoluten und selbstreflexiven Geist ist.

Der Gedanke des Sich-Hütens und Auf-sich-Achtens taucht also in drei Varianten auf. Die erste ist die randständige, hier zuletzt behandelte alltägliche Wachsamkeit, die bei Eckhart mit bewusstem Sein (*conscientia*) zusammenfällt. Zwei weitere werden in Eckharts deutschen Texten öfter und breiter besprochen. Beide haben mit der alltäglichen Tat und ihrer Bewertung durch die praktische Vernunft allenfalls mittelbar zu tun.

Eckhart verwendet, wie gezeigt, den Begriff *huote*, der ja das Aufpassen beschreibt. Er versteht darunter aber nicht die Selbstkontrolle des Menschen aus eigener Macht, sondern die *synderesis*, also die Ausstattung, die Gott dem Menschen in der Schöpfung mitgegeben hat, damit er auch auf dem Feld der Moral denken könnte, wozu er allerdings heilsgeschichtlich auch verpflichtet ist.

Zuletzt ist es nach Eckharts *Reden* nützlich, wenn der Mensch sich daraufhin beobachtet, ob er sich Einzelnes als ihm zugehörig zuschreibt (Eckhart nennt das: *eigenschaft*). Alle diese Zuschreibungen und die Abbilder, die sich daraus bilden, entstehen im Menschen nicht um die göttliche, sondern um die irdische Mitte der singulären Existenz; daher sind sie falsch und zu meiden. Auf sich zu achten und sich zu erkennen (*nim dîn selbes war!*) bedeutet also für Eckhart: zu verhüten, dass das Ich sich ein Selbst konstruiert, denn das würde die Seele an der Öffnung zum immer unbekannten und überraschenden Gott hindern.

4 Zurück zum mystischen Gedicht

4.1 Liebe und Nachdenken: Weichenstellung für die Anknüpfung an Eckhart

Im ersten Reim des mystischen Gedichts sind Nachdenken (*sinne*) und Liebe (*minne*) miteinander verklammert. Eckhart berichtet aber in der Paradisus-Predigt Q 9, dass es zu seiner Zeit eine Meinungsverschiedenheit unter Theologen darüber gegeben habe, ob der Verstand oder die Liebe die menschliche Gabe sei, die am weitesten zu Gott hinreiche.[67] Eckhart ergreift in dieser Predigt Partei und spricht sich für den

---

67 Eckhart berichtet von der schulmäßigen Meinungsverschiedenheit in der (Paradisus-)Predigt Q 9 (*Quasi stella Matutina*), in der es auch um den Begriff von Gott geht. Eckhart, *DW*, Bd. 1, S. 152, Z. 9 bis S. 153, Z. 1: „Ich sprach in der schuole, daz vernünfticheit edeler wære dan wille, und gehœrent doch beidiu in diz lieht. Dô sprach ein meister in einer andern schuole, wille wære edeler dan ver-

Vorrang der Vernunft aus; jedoch gibt es auch Stellen in seinem Werk, an denen sich – vielleicht in einem zeitlichen Nacheinander? – das Verhältnis anders darstellt.[68]

Das mystische Gedicht könnte, durchaus im Sinne des Eckhartschen Gesamtwerkes, wie ein Vermittlungsvorschlag im Streit um Vernunft oder Liebe gehört oder gelesen werden: Das höchste Ziel ist die richtige Liebe zu Gott („wer kan got minnen", V. 1), ebenso wie bei Bernhard und ebenso wie in der Franziskanerschule.[69] Der Grund der Liebe belehrt die suchende Seele („Dâ wart ich gelart von der minnen grunt", V. 3). Lehre erscheint damit als aus der Spitzenstellung der Liebe begründbar, aber das Verhältnis ist reziprok, denn die Liebe speist sich wiederum aus tiefem Nachdenken („minnen von tiefen sinnen", V. 1), und die Selbsterkenntnis ist gerahmt von dazu notwendiger Gotteserkenntnis („wil mich in gote erkennen", V. 6), sodass beide untrennbar erscheinen.

Sollte hier eine gegenüber einem Schulstreit neutrale oder eine vermittelnde Position gestaltet werden, die andererseits immer den Kontakt zu Eckhart hält, dann wäre nach den Diskursregeln der Zeit am ehesten zu erwarten: Dergleichen unternimmt man im Rückgriff auf allseits anerkannte ältere Autoritäten. Und wirklich sind beide Theoreme, die im Anfang des mystischen Gedichts stecken – die enge Verknüpfung von Gottes- und Seelenerkenntnis und die Kreisbewegung zwischen Liebe und Erkennen –, gut an vielzitierte und hoch angesehene Autoritäten anschließbar.

Bei dem Augustin der *Selbstgespräche* wird die Augustin-Figur nach ihrem Eingangsgebet, das Gott in vielen Aspekten pries, von der Vernunft befragt, und es ergibt sich der folgende kleine Dialog: „V.: Was willst du also wissen? A.: All das, was ich im Gebet gesagt habe. V.: Faß es kurz zusammen. A.: Gott und die Seele will ich erkennen. V.: Weiter nichts? A.: Gar nichts"[70]. Es geht um Selbsterkenntnis im

---

nünfticheit, wan wille nimet diu dinc, als si in in selben sint, und vernünfticheit nimet diu dinc, als sie in ir sint."

68 Freimut Löser und Burkhard Hasebrink haben (unter anderem an den Fassungen der Predigt Q 60: *In omnibus requiem quaesivi*) darauf aufmerksam gemacht, dass die Rigorosität der Lehre vom klaren Vorrang der Vernunft entweder im Werk von Eckhart abnehmen oder stark von Redaktoren abhängig sein könnte: Löser, Einzelpredigt und Gesamtwerk, bes. S. 58 f.; Hasebrink, Dialog der Varianten, zur Predigt Q 60 S. 169.

69 Eckhart meint an der in Anm. 67 zitierten Stelle der Predigt Q 9 über *Quasi stella matutina* wohl Gonsalvus Hispanus, vgl. Largier (Hrsg.), *Werke*, Bd. 1, S. 854, und Flasch, Predigt 9, S. 27. In der intellektuellen Auseinandersetzung um Vernunft und Willen, die seit dem letzten Viertel des 13. Jahrhunderts geführt wurde und an der nicht nur Ordensgeistliche beteiligt waren, ging es auch um den Begriff der Freiheit, vgl. Goris, Freiheit des Denkens, bes. S. 286–289.

70 Die Übersetzung stammt von Hanspeter Müller, sie gehört zu der Stelle und Edition: „Ratio: quid ergo scire vis? A. Haec ipsa omnia quae oravi. R. Breviter ea collige. A. Deum et animam scire cupio.

Sinne der Kenntnis der menschlichen Seele, nicht des spezifischen Ich; und die enge Verknüpfung dieser Selbsterkenntnis der Seele mit der Gotteserkenntnis gilt als gesetzt. Gegenüber diesem Vorbild ist freilich die Erkenntnis der Seele in Gott, nicht Gottes und der Seele, eine spezifische, mystische Verschiebung, deren Bildlichkeit des In-Seins neuplatonischen Einfluss verrät und die auch in anderen Texten begegnet.[71]

Den Gedanken, dass die Liebe die (ohnehin begrenzte) Erkenntnis Gottes bedinge, könnte man zum Beispiel bei Hugo von St. Viktor finden, der in seiner Auslegung der Schrift des Pseudo-Dionysius Areopagita über die himmlische Hierarchie christologisch argumentiert: Alle Lehre setze bei der Belehrung durch Christus, den Logos, an; man müsse die Worte des Wortes (also Christi als des Logos) lieben, sonst könne man sie nicht verstehen.[72]

Interessanterweise ist die Liebe, als im Gedicht die Beschenkung mit göttlichem Wissen einsetzt (eine Zeitachse des Gesprochenen gibt es ja, auch wenn es nicht als ausgemacht gelten kann, ob das Besprochene einer Zeitachse aufliegt), im Menschen verborgen („in mir verborgen", V. 33). Das Verborgensein selbst liefert noch kein Argument, weil wie bei Tauler Gott ja zugleich das reine Nichts ist[73] („in êwecheit vliezen in blôzez niht, ist mir gegeben", V. 22). Aber es ist hier noch nicht vom Verborgensein in Gott die Rede (das kommt später), sondern die Liebe ist im Ich verborgen („in mir verborgen", V. 33). Ist das metonymisch gedacht, heißt es auch und insbesondere: in der Seele? Unterschiedliche, metonymisch verknüpfte Begriffsumfänge von ‚Ich' fanden sich auch bei Eckhart in den *Reden* (Kapitel 3, oben wurde darauf hingewiesen). Bis Vers 24 scheinen ‚Ich' und ‚gottsuchende Seele'

R. Nihilne plus? A. Nihil omnino." Augustinus, *Soliloquia*, S. 18 f. – Bei Ruh, *Mystik*, Bd. 1, S. 85, steht diese Stelle ganz am Anfang des Augustinus-Kapitels; Ruh schließt den ersten Absatz mit dem Satz „[s]chon deshalb ist Augustinus ein Vater der Mystik, ohne ein Mystiker zu sein".

71 Eine ähnliche Vorstellung des In-Seins findet sich auch im franziskanischen *Baumgarten geistlicher Herzen*, vgl. Unger (Hrsg.), *Geistlicher Herzen Bavngart*, S. 194 (Kap. VII). Hier heißt es von der Gottsuche: „Waz aber ditz svchen si? Daz ist, so der heilige geist der sel bescheidenheit, rationem, also enzvndet, daz si begernt wirt, zů wissen, waz got můge gesin an dem menschen, vnd waz der mensche muge werden in got [...]".

72 Hugo von St. Viktor, *Commentaria*, Sp. 1036: „[B] Primus enim discipulus Verbi verba audivit a Verbo, et ille verbis aliis doctor factus discipulum habuit, et doctorem fecit. [... C] Et erunt tunc verba ipsa dulcia non solum miranda, sed amanda, cum coeperint audiri et sciri, si tamen ad ipsa gratiosi fuerimus. [D] Si enim non diliguntur, non intelliguntur [...]."

73 Am Ende der Predigt 45 über *Beati oculi* (Vetter [Hrsg.], *Predigten Taulers*, S. 201, Z. 1–7) setzt Tauler die Abgrund-Metapher, die er häufiger benutzt, in einer negativen *unio*-Phantasie mit dem Nichts gleich: „Abyssus abyssum invocat, das abgrůnde das in leitet das abgrůnde'. Das geschaffen abgrůnde das in leitet von siner tieffe wegen. Sin tieffe und sin bekant nicht das zůhet das ungeschaffen offen abgrůnde in sich, und do flůsset das ein abgrůnde in das ander abgrůnde und wirt do ein einig ein, ein nicht in das ander nicht." Zu der Stelle vgl. Ruh, *Mystik*, Bd. 3, S. 508 f.

(diese Einengung gegenüber dem breiten aristotelischen Seelenbegriff gibt der Kontext zwingend vor) immer austauschbar: Das Ich bzw. die Seele schwingt sich in Gott auf, das Ich bzw. die Seele schließt sich in Gott ein – die Seele ist eine Ich-Instanz und das Ich eine Funktion der Seele, die beiden Namen bezeichnen kontextuell dasselbe, aber je unter unterschiedlichem Gesichtspunkt.

Die Verborgenheit gehört zur Bildfamilie des Augustinischen (in *De trinitate* besprochenen)[74] *abditum mentis*; das ist der immer schon wollende, wissende und sich erinnernde Quellgrund allen höheren Seelenvermögens, auch aller intellektueller Tätigkeit, also ein so vornehmes Vermögen wie Eckharts Seelenfunke[75] und Eckharts, Taulers und Seuses Seelengrund[76] und diesen systematisch verwandt.[77] Was im Ich verborgen ist und zu Gott hingeführt hat, die Liebe als initialer Antrieb, könnte als im *abditum mentis* beheimatet gedacht sein; dann würde die Dichterin oder der Dichter das *abditum mentis* verstehen wie Eckhart.[78] Von der Seele, die mit dem Zustand der Ungeschaffenheit und mit Wesenseinsicht beschenkt wurde (V. 33; V. 36 f.), die also gnadenhaft im Göttlichen entgrenzt ist, wird nichts von Verborgenheit gesagt. Aber natürlich gehört das *abditum mentis* grundsätzlich in die Seele. Auf diesem Umweg erschließt sich: Auch hier noch werden Ich und gottsuchende Seele als austauschbar gedacht, ineinander gespiegelt; eine systematische Trennung und ein Prozess, der dorthin führte, sind nicht zu unterstellen.

---

74 Augustinus, *De trinitate*, Bd. 2, S. 433 f.: „Hinc admonemur esse nobis in abdito mentis quarundam rerum quasdam notitias, et tunc quodam modo procedere in medium atque in conspectu mentis uelut apertius constitui quando cogitantur; tunc enim se ipsa mens et meminisse et intellegere et amare inuenit etiam unde non cogitabat quando aliunde cogitabat."
75 Vgl. Anm. 50. Eine verwandte Metaphernliste gibt es auch in Predigt Q 37, wo die Funkenmetapher aber mit anderen Bezugswörtern kombiniert wird. Vgl. dazu Langer, Seelengrund, S. 90.
76 Stellen bei Egerding, *Metaphorik*, Bd. 2, S. 283, 289, 302. Wie unterschiedlich das Augustinische Traditionsgut auch innerhalb des Dominikanerordens aufgenommen werden kann, erklärt Sturlese, Tauler im Kontext, S. 390–426, Ergebnisse zum Begriff des Seelengrundes bes. S. 422–426. Über Seuse, bei dem die Metapher des Seelengrundes eher randständig ist, obgleich er (besonders im *Buch der Wahrheit*) eine je ähnliche Position zum Vorgängigen in der Seele vertritt wie Eckhart und wie Tauler, vgl. Enders, Selbsterkenntnis, S. 203–229. Zu Eckhart vgl. Langer, Seelengrund, mit Reflexionen über Eckharts Intellektbegriff in deutschen Predigten.
77 Das ist insofern eine vereinfachende und vom 14. Jahrhundert und von Eckhart aus gedachte Redeweise, als Andreas Speer entwickelt hat, dass das Verständnis des Augustinischen *abditum mentis* als Instanz des Geistes nicht auf Augustin selbst zurückgehe, wo die Wortgruppe im Gegenteil singulär und nichtterminologisch vorkomme, sondern als mittelalterliches Rezeptionsphänomen entstehe und sich bei Dietrich von Freiberg wie bei Eckhart finde: Speer, *Abditum mentis*, S. 447–474.
78 Vgl. Speer, *Abditum mentis*, S. 460–474.

4.2 Selbstreflexion und die Eckhartschen Stichwörter *lâzen* und *abegescheiden*-Sein

Klar erläutert wird das Verhältnis von eigenem Tun und aus der Eckhart-Tradition übernommenem Zielzustand hinsichtlich der *abegescheidenheit:* Sie gibt oder bedeutet nach Vers 14–16 („ich wil mîn selbes nemen war, daz ich ein, abegescheiden, habe verklârte sinne, verwenete minne") verklärtes Denken und erlesene Liebe. Ob das Ich oder seine Seele so weit ist, sich, wie in den vorausgehenden Versen 11–13 gesagt wird, in Gott zu befinden („Ich wil mich hôhe in got erswingen, in die gotlîchen art. ich wil mich in die gotheit besliezen"), kann es nach der Logik des Textes selbst prüfen: „ich wil mîn selbes nemen war, daz ich ein, abegescheiden, habe [...]" (V. 14–16). Das ist eine noch recht irdische Logik: Wenn das Aufschwingen in Gott und in seine Seinsform („in die gotlîchen art", V. 12) und das Einschließen in Gott („ich wil mich in die gotheit besliezen", V. 13) erfolgreich waren, dann kann das Ich durch Selbstbeobachtung, zum Beispiel hinsichtlich der Veränderungen seines Denkens und seiner Liebe, auch Göttliches erkennen. Selbstbeobachtung behält also ihren positiven Wert selbst in unmittelbarer Nähe des Göttlichen und sie liefert auch dort vernünftige Daten. Es handelt sich also nicht um die nach Eckharts *Reden* in der *vita activa* anzuwendende *conscientia,* denn in dem Gedicht befindet sich das Ich schon im Bereich des Göttlichen, wo sie keine Rolle mehr spielen dürfte. Für den Weg dorthin hatte Eckhart, wie vorne erklärt, gelehrt: „Nim dîn selbes war, und swâ dû dich vindest, dâ lâz dich."[79]

In ganz ähnlicher Weise wird das Thema der Selbstbeobachtung und -erkenntnis im Gedicht auch mit dem zweiten Eckhartschen Schlagwort, dem Gelassen-Sein, verknüpft. Die Selbstbeobachtung wird (auch wenn sich das Subjekt selbst zum Objekt wird) als ein Subjekt-Objekt-Verhältnis ausgesprochen („ich wil mich vürbaz mê erkennen", V. 8). In dieser Weise der Selbstreflexion scheint es erreichbar, zu sehen, „ob ich von ûzen gelâzen sî, ûzen und innen an allen dingen" (V. 9f.). Gelassenheit von außen – das ist als Anverwandlung Eckhartscher Ausdrucksweise erschließbar: die Ablösung von der Welt, ihr Zurücklassen. Gelassenheit von innen muss dann die Innenwelt betreffen, das Loslassen von positivem Wissen, eigenem Wollen und spezifischen Erinnerungsbildern. Das ist nahe bei Eckhart, aber es vereinfacht die Konzeption des *lâzens* auch: Selbstbilder aus verschiedener Perspektive gehören zu dem, was der Mensch nach Eckhart zurücklassen muss, um von Gott erfüllt zu werden; hier gehören sie zur Kontrolle des eigenen Fortschritts auf dem geistigen Weg, sie stören nicht, scheinen sogar nützlich. Innerlich abgelassen zu haben würde bei Eckhart gerade ausschließen, dass sich das

---

79 Vgl. Köbele, Predigt Q 16b, S. 43–74.

Ich zur gleichen Zeit selbst kontrolliert, ob es auch gelassen sei; denn diese Kontrolle setzt eine Handlungsabsicht und einen Willen zum geistigen Fortschritt und zur Vollkommenheit voraus, den Eckhart als von Gott ablenkende Machbarkeitsphantasie ablehnen müsste.

Es ist offensichtlich, dass die Dichterin oder der Dichter die Eckhartschen Vorstellungen von *abegescheidenheit* und von *lâzen* aufweicht. Die Art dieser Aufweichung ist aber zweimal dieselbe, und sie hat selbst wiederum eine theoretische Komponente: An beiden besprochenen Stellen gelten Selbstbeobachtung und Selbstkontrolle keinesfalls als ablegenswert, sondern als wertvolle Instrumente der eigenen Ortung auf dem Weg zu Gott. Aber nicht nur das: Es heißt von der Selbsterkenntnis und Selbstkontrolle auch regelmäßig: „ich wil; so in ich wil mich in gote erkennen" (V. 6); „ich wil mich vürbaz mê erkennen" (V. 8); „ich wil mîn selbes nemen war" (V. 14). In Vers 28 will auch die Seele etwas, nämlich „gruntlôs eine sîn"; hier taucht die Seele offenbar wieder als Ich-Instanz auf.

Zwar hat mhd. *wellen* auch die Funktion einer Zukunftsbeschreibung, aber die voluntative Bedeutung überwiegt.[80] So werden in der wiederkehrenden Formulierung *ich wil* zwei Dinge ausgedrückt: Zum einen zeigen diese Stellen über den Willen zur Selbsterkenntnis und zur Einigung mit Gott, wie der Weg zur Verschmelzung gedacht ist: Das Wollen ist ein tragender Impuls für den Weg zu Gott, und der besondere Wille zur Selbsterkenntnis und Selbstkontrolle wird als wichtiges Hilfsmittel der Selbstausrichtung auf Gott dargestellt. Das passt zu allen Lehrtraditionen, die der Liebe und dem Willen im sittlichen Leben und beim Streben nach Gott besonderes Gewicht geben, wofür paradigmatisch Bonaventura steht, dessen *Itinerarium mentis in Deum* volkssprachlich breit rezipiert worden ist.[81] Eckhart dagegen lehrt, zum Beispiel in den *Reden* im vorn besprochenen Kapitel 3, dass es eine Verkürzung sei, etwas zu wollen, und sei es Gott.

Zum anderen stützen die *Ich wil*-Stellen im mystischen Gedicht eine Vorhernachher-Vorstellung, die den Selbsterkenntnisformeln ebenso unterlegt wird wie dem Weg zu Gott, über den das Ich sagt, es wolle sich „in got erswingen" (V. 11) und „in die gotheit besliezen" (V. 13). Solche Vorher-nachher-Vorstellungen sind an die Zeitlichkeit menschlichen Lebens gebunden, sie kennzeichnen alle Konzeptionen geistlichen Fortschreitens und akzentuieren den Weg, nicht die *unio*, wie man es

---

80 Vgl. Paul, *Mittelhochdeutsche Grammatik*, § M 102, Anm. 7.
81 Vgl. Ruh, Bonaventura, Sp. 937–947. Stufenlehren wie die des Bonaventura machen den Weg zum Transzendenten, der ein innerer Weg bleibt, aber doch in gewisser Weise operationalisierbar; es gibt notwendige Bedingungen und nächste Ziele, die man anstreben muss, vgl. z.B. Bonaventura, *Itinerarium mentis in Deum*, Prolog Abschnitt 3, S. 295; Kap. 1, Abschnitt 2, S. 297.

beispielsweise wiederum an Bonaventuras *Itinerarium mentis in Deum* studieren kann.[82]

4.3 Erkenntnis und *visio beatifica*

Keineswegs trivial sind die Erkenntnisstellen am Schluss des mystischen Gedichtes, wo es um übernatürliche Einsicht und das Sich-selbst-Verlieren in Gott geht. Die Gottheit von V. 34 muss der Seele die Wesenserkenntnis schenken („wesen ist ir gegeben", V. 36 f.) und sie damit vom Nichtverstehen, also dem Ungenügen der menschlichen Geisttätigkeit, heilen („si machet mir die sêle gesunt unverstandes", V. 35 f.). Das geht nur, wenn der Mensch nicht auf seinem Wissen und auf seinen mentalen Abbildern besteht; das ist der Kern der Eckhartschen Bildlehre[83] und wird hier aufgenommen, steht aber systematisch in einem gewissen Spannungsverhältnis zu den Aussagen über Selbstkontrolle. Kurz zuvor wird gesagt, dass die Seele mit etwas Ungeschaffenem[84] beschenkt wurde („ungeschaffenheit ist ir gegeben", V. 32 f.); so beschreibt Eckhart den Seelenfunken,[85] der allerdings immer schon da ist, den Eckhart also eher zur anthropologischen Ausstattung des Menschen rechnet; die mystischen Verse verrücken die Erfüllung mit der göttlichen Geistform durch die Vorstellung der Gabe dagegen in die Richtung des Gnadenhaften.

Wenn das Ich am Ende seine Seele verliert, die Seele sich selbst in Gott verliert, dann wird die bis Vers 24 durchgehaltene metonymische Nähe von Ich und Seele aufgehoben, und das Ich hat ausdrücklich seine Seele verloren, es ist also als Sprechinstanz von seiner Seele, die bisher ebenfalls eine Ich-Instanz war (und umgekehrt), getrennt. In der neuplatonischen Metaphorik des Fließens, die in den Versen 21 und 22 aufgerufen wird, lässt sich das gut ausphantasieren: Die Seele ist nicht mehr konturiert, sie hat sich in Gott verloren. Dieser widersprüchliche Zustand des beobachteten Ichverlusts ist für den lebenden, gottsuchenden Menschen ein kognitives Problem, weil das Ich seine Seele, man darf angesichts des Gebrauchs

---

82 Bonaventura, *Itinerarium mentis in Deum*, S. 295–313.

83 Vgl. Köbele, Predigt Q 16a; Largier (Hrsg.), *Werke*, Bd. 1, S. 905–912; Haas, Mystische Bildlehre, S. 209–237; Sturlese, Mystik und Philosophie, S. 349–361.

84 Es ist lexikalisch interessant, dass *ungeschaffen* und *ungeschaffenheit* nur bei den Mystikern und bei Frauenlob in der schöpfungstheologischen Bedeutung vorkommt, während die weltlichen Belege in die Richtung von Formlosigkeit und Hässlichkeit weisen. Vgl. die Beleglisten des MWB: http://www.mhdwb-online.de/konkordanz.php?lid=187329000&seite=1 [letzter Zugriff: 24.08.2022] und http://www.mhdwb-online.de/konkordanz.php?lid=187332000&seite=1 [letzter Zugriff: 24.08. 2022].

85 Vgl. vorne, Anm. 50.

von *ich* und *sêle* auch denken: sich selbst, in der überlegenen Umgebung nicht mehr herausfindet, nicht mehr abgrenzen kann; diese kognitive Fehlleistung wird einer Ich-Instanz zugeordnet, die sich außerhalb Gottes befindet, denn sie schaut auf die Seele bzw. auf eine andere Ich-Instanz in Gott und erkennt sie nicht.

Offenbar wird das Verhältnis des Sprecher-Ichs zur Seele in zwei Varianten dargestellt, die nebeneinander her zu bestehen scheinen, obgleich sie einander widersprechen: Die Seele ist in taulerisch anmutenden Grund- und Fließmetaphern („gruntlôs", V. 28; „ûz gevlozzen", V. 30)[86] in Gott aufgegangen und ist in übernatürliche Vernunft eingebettet; und das Ich sucht seine Seele, hat sie ausdrücklich verloren. Suchen ist eine intellektuelle Tätigkeit, das Ich reflektiert und spricht, ist also nicht in Ununterschiedenheit eingehüllt. Wie auf einem Tafelgemälde werden zwei in ihrer zeitlichen Verfasstheit nur unterschieden zu denkende Zustände, die zeitlose Gottverschmelzung und die in der Zeit stattfindende Gottferne des Sprecher-Ich, das an das Verfließen mit Gott nicht heranreicht, als simultan präsentiert. Die Seele geht einerseits in Gott auf und ist nicht mehr abgrenzbar; das ist *unio*, Eckhart würde sagen: das *einic ein*.[87] Zugleich schaut in einer Art misslingender *visio beatifica*[88] ein sprechendes, suchendes und denkendes Ich auf seine eigene, in Gott verlorene Seele, die offenbar am Ziel ihrer Suche ist – diese Außenperspektive erzeugt ein Subjekt-Objekt-Verhältnis mit Erkenntnisgrenze, das es auf der Ebene der mit Gott verschmolzenen Seele offenbar gerade nicht gibt.

---

86 Mhd. *grunt* und seine Präfigierungen und Ableitungen sind bei Tauler außerordentlich häufig und sowohl mit der Vorstellung eines Seelengrundes als auch mit der des göttlichen Abgrundes, einer Taulerschen Leitmetapher für den Grundgedanken der negativen Theologie, verknüpft. Belege und Erklärungen bei Egerding, *Metaphorik*, Bd. 2, S. 289–302. Fließmetaphern schließen an neuplatonische Emanationsvorstellungen an, es gibt sie bei vielen Mystikern, vgl. Egerding, *Metaphorik*, S. 624–658. Tauler verknüpft das Fließen einerseits mit den Vorstellungen von Quelle und Trinken (z. B. in Predigt Vetter 11 über „Si quis sitit, veniat et bibit", Vetter [Hrsg.], *Predigten Taulers*, S. 50–56); andererseits mit der Erfahrung der natürlichen Fließrichtung und darüber mit der Vorstellung des Abgrundes (z. B. in der Predigt 45 über „Beati oculi qui vident quod vos videtis", Vetter [Hrsg.], *Predigten Taulers*, S. 195–201), vgl. die Belege und Erklärungen zu Tauler bei Egerding, *Metaphorik*, Bd. 2, S. 643–648.

87 In der Predigt Q 2 wird der Zustand der Einheit des Höchsten in der Seele mit Gott, wofür Eckhart in dieser Predigt die *bürgelîn*-Metapher entfaltet hatte, so beschrieben: „sô einvaltic und sô ein und sô rehte hôhe boben alle krefte und boben alle wîse ist diz einic ein, daz in niemer kraft noch wîse zuo geluogen mac noch got selber." Q 2 Steer/Vogl (Hrsg.), Die *bürgelîn*-Predigt Meister Eckharts, S. 238, Z. 143–145; entsprechend Eckhart, *DW*, Bd. 1, S. 42, Z. 6 bis S. 43, Z. 3 mit relativ weit abweichendem Text.

88 Zur *unio*- und *visio*-Konzeption Eckharts vgl. den Kommentar von Largier (Hrsg.), *Werke*, Bd. 1, S. 763–772. Wouter Goris zeigt an mehreren Stellen des lateinischen Werks, dass auch Eckhart für die *visio* das Wirken der Gnade voraussetzt. Vgl. Goris, *Einheit als Prinzip und Ziel*, S. 330–372, bes. S. 362 f.

Die Liebe war am Anfang des Gedichts eng mit dem Erkennen verschränkt. Liebe ist es auch, die die *unio*-Erfahrung einleitet: „Diu gotheit hât mich under-graben. Sie leit mich in der minnen bant" (V. 24 f.). Diejenige Ich-Instanz, die beim Suchen und Daraufschauen bleibt, in der intellektuellen Sphäre, sieht sich am Ende ausgesperrt. Das könnte eine Relativierung der intellektiven Annäherung an Gott bedeuten und zugleich eine skeptische Position zur *visio beatifica* bei Lebzeiten anzeigen, weil die Zusammenführung von Ich und gottdurchdrungener Seele erst im anderen Leben erwartet wird. Im Unterschied dazu musste bei Eckhart an der behandelten Stelle der *Reden* das Ich im Lassen seiner selbst, im Abschied des Ich vom Eigen-Ich, kollabieren, wodurch die ganze Seele vom Höheren erfüllt werden könnte und kein Teil betrachtend zurückbliebe.

Im Gedicht kann man die Zeitebene der Vereinigung mit Gott nicht angeben – wird sie in einer Vision vorweggenommen und gehört eigentlich in das Leben der abgetrennten Seele nach dem Tode? Oder wird ein *unio*-Erlebnis durch Liebe und Erkenntnis im Leben für möglich gehalten, seine Beschreibung (für die das Ich seine eigene Seele wiederfinden, in Gott erkennen können müsste) aber für unmöglich? Das bleibt offen und soll offenbleiben.

5 Ergebnisse

Nach den bisherigen Überlegungen vermischt das Gedicht *Von der tiefen Minne* nicht etwa aus ungenügendem Verständnis mehr oder weniger beliebige mystische Motive. Systematisch gesehen gehören die Mahnung zur Selbstbeobachtung einer-seits, die Vorstellungen von *abegescheidenheit* und *lâzen* andererseits im 14. Jahr-hundert bei vielen Autoren in verschiedene theologische Zusammenhänge. Eine grobe Orientierung auf dem Feld der mystischen Erbauungsliteratur und eine Er-kundung der jeweiligen Kontexte bei Eckhart bestätigte das: Für mystische Auf-stiegslehren, die es in vielen Varianten gibt, stehen die Selbstbeobachtung und Selbstkontrolle am Anfang des Stufenweges, auch wenn sie als bleibende Aufgaben beschrieben werden. Wo mit Eckhart *abegescheidenheit* und *lâzen* als Wege zu Gott erklärt werden, geht es um einen anderen Aspekt, um die Abwendung von der Welt. Es war daran erinnert worden, dass für Eckhart in den *Reden* das Aufmerken auf das eigene Selbst Anlass gibt, dieses Selbst abzulegen, es handelt sich also gerade nicht um eine fortlaufende Handlungskontrolle.

Das untersuchte mystische Gedicht war innerhalb von Thebens Corpus dadurch aufgefallen, dass es den Vorsatz *ich wil mîn selbes nemen war* mit Leitwörtern Ec-khartscher Mystik zusammenfügte. An der Analyse des Gedichts über die tiefe Liebe hat sich nun gezeigt, dass dem Aufmerken und der Selbstkontrolle auf eine Weise Raum gegeben wird, die sich von der Eckharts stark unterscheidet. Der Gedanke, dass es zur Abgeschiedenheit und zur Öffnung für Gott gehört, alle Selbstbilder fallen zu lassen, ist dem Gedicht völlig fremd, im Gegenteil behält das Selbst-Besehen bis zur Gotteinung sein Recht, und es hört auch nach der Trennung von Ich und gotteiniger Seele nicht auf.

Der Text ging ursprünglich sicher auf eine gut informierte Dichterin oder einen gut informierten Dichter zurück. An keiner einzigen Stelle radikalisieren Verssprache und Metaphorik das Eckhartsche Denken, das in Leitwörtern aufgerufen wird. Die Überblendungen und Vagheiten wirken vielmehr regelmäßig relativierend, indem sie mehrere mögliche Perspektiven anbieten (auf das Ich; auf die Seele in Gott; auf das Wissen über die eigene Gottnähe). Dazu gehört im vorliegenden Fall, dass die Wachsamkeit und Selbstbeobachtung in Würde bis zur Gottnähe verlängert werden. Dadurch wird die auf Dionysius fußende, aus dem 12. Jahrhundert in Eckharts Gegenwart hineinreichende Stufenvorstellung, die der Art geistigen Fortschreitens großen Raum gibt und Modelle des Zählens und Intensivierens anbietet, mit Eckhartschen Sonderworten, aber nicht mit Eckhartschen Sonderlehren angereichert.

Daraus könnte man nun vermuten, und das wäre an einem größeren Corpus mystischer Lieder und Versreden zu überprüfen: Da mystische Verse im 14. Jahrhundert in Klosterkulturen entstehen, in denen alltägliche Wachsamkeit gegenüber sich selbst und anderen schon durch die Regelobservanz nötig und selbstverständlich ist, strahlt diese Überwachungsfreundlichkeit in die Rezeption der anders gedachten Dominikanermystik hinein. Eckhart hat durchaus für diese Klöster gepredigt, und seine konsequente Orientierung auf Transzendenz ist ja auch eine Warnung vor der Selbstgenügsamkeit im Zählen und der Selbstgefälligkeit im Erfüllen. Von der anderen Seite aus, als Rezeptionsform, vielleicht, um das Annehmbare gegenüber seinen radikalen Forderungen zu umreißen, entstehen Gedichte, die radikalere Bilder oder Leitwörter in schlichtere Gedanken- und Bilderfolgen einbauen; vielleicht verhält es sich noch öfter so, dass Eckhartsche Leitwörter sehenden Auges ins tendenziell Atheoretische und Nichtmetaphysische, aber zugleich ins Alltagsverträgliche transformiert werden, durch eine Person, die zuvor verstanden haben muss, was sie abbiegt und durch andere Traditionen stützt.

Literaturverzeichnis

Primärliteratur

Aurelius Augustinus: *De trinitate.* Hrsg. von William John Mountain. 2 Bde. (Corpus Christianorum. Series Latina 50 / Aurelii Augustini Opera 16). Turnhout 1968.

Aurelius Augustinus: *Soliloquia. Selbstgespräche. Von der Unsterblichkeit der Seele. Lateinisch und deutsch.* Gestaltung des lateinischen Textes von Harald Fuchs. Einführung, Übertragung, Erläuterungen und Anmerkungen von Hanspeter Müller (Sammlung Tusculum). Düsseldorf/Zürich ³2002.

Berg, Klaus/Kasper, Monika (Hrsg.): Das bůch der tugenden. *Ein Compendium des 14. Jahrhunderts über Moral und Recht nach der* Summa theologiae *II–II des Thomas von Aquin und anderen Werken der Scholastik und Kanonistik.* 2 Bde. (Texte und Textgeschichte 7–8). Tübingen 1984.

Bonaventura: *Doctoris Seraphici S. Bonaventurae Opera omnia* edita studio et cura PP. Collegii a S. Bonaventura. Ad Claras Aquas, Quaracchi 1882–1902. Bd. 2: *Commentaria in quatuor libros sententiarum Magistri Petri Lombardi; in secundum librum sententiarum.* Quaracchi 1885.

Bonaventura: *Epistola continens viginti quinque memorabilia.* In: *Doctoris Seraphici S. Bonaventurae Opera omnia* edita studio et cura PP. Collegii a S. Bonaventura. Ad Claras Aquas, Quaracchi 1882–1902. Bd. 8: *Opuscula varia ad theologiam mysticam et res Ordinis Fratrum Minorum spectantia.* Quaracchi 1898, S. 491–498.

Bonaventura: *Itinerarium mentis in Deum.* In: *Doctoris Seraphici S. Bonaventurae Opera omnia* edita studio et cura PP. Collegii a S. Bonaventura. Ad Claras Aquas, Quaracchi 1882–1902. Bd. 5: *Opuscula varia theologica.* Quaracchi 1891, S. 295–313.

Heinrich Seuse: *Das Buch der Wahrheit. Daz bůchli der warheit.* Kritisch hrsg. von Loris Sturlese und Rüdiger Blumrich. Mit einer Einleitung von Loris Sturlese. Übers. von Rüdiger Blumrich. Mittelhochdeutsch-Deutsch (Philosophische Bibliothek 458). Hamburg 1993.

Heinrich Seuse: *Deutsche Schriften.* Im Auftrag der Württembergischen Kommission für Landesgeschichte hrsg. von Karl Bihlmeyer. Stuttgart 1907 [Reprint Frankfurt am Main 1996].

Hugo von St. Viktor: *Commentaria in Hierarchiam coelestem S. Dionysii Areopagitae.* In: Migne, Jacques-Paul (Hrsg.): *Hugonis de S. Victore Opera omnia.* Bd. 1 (Patrologia Latina 175). Paris 1854, Sp. 923–1154.

Largier, Niklas (Hrsg.): Meister Eckhart: *Werke.* Komm. von Niklas Largier. Texte und Übersetzungen von Ernst Benz u.a. 2 Bde. (Bibliothek des Mittelalters 20–21 / Bibliothek deutscher Klassiker 91–92). Frankfurt 1993.

Lutherbibel: Die Bibel. Nach der Übersetzung Martin Luthers. Bibeltext in der revidierten Fassung von 1984. Hrsg. von der Evangelischen Kirche in Deutschland und vom Bund der Evangelischen Kirchen in der DDR. Stuttgart 1985.

Meister Eckhart: *Die deutschen und lateinischen Werke.* Hrsg. im Auftrag der Deutschen Forschungsgemeinschaft. *Abt. I: Die deutschen Werke.* Bde. 1, 2, 3, 5 hrsg. und übers. von Josef Quint. Bd. 4 hrsg. und übers. von Georg Steer. Stuttgart 1936 ff. [kurz: *DW*].

Schäfer, Eduard (Hrsg.): *Meister Eckeharts Traktat von Abegescheidenheit. Untersuchung und Textneuausgabe.* Bonn 1956.

Schneider, Karin (Hrsg.): *Pseudo-Engelhart von Ebrach: Das Buch der Vollkommenheit* (Deutsche Texte des Mittelalters 86). Berlin 2006.

Steer, Georg/Vogl, Heidemarie: Die *bürgelîn*-Predigt Meister Eckharts. Mutmaßungen zur Entstehung der Predigt und ihrer Beziehung zu Nikolaus von Kues. Neue textgeschichtliche Ausgabe der Predigt und der lateinischen Übersetzung aus der Koblenzer Handschrift. In: Schwaetzer, Harald/Steer, Georg (Hrsg.): *Meister Eckhart und Nikolaus von Kues* (Meister Eckhart Jahrbuch 4). Stuttgart 2011, S. 139–259.

Stiglmayr, Josef (Hrsg.): *Des heiligen Dionysus Areopagita angebliche Schriften über die beiden Hierarchien.* Aus dem Griechischen übers. (Bibliothek der Kirchenväter 1.2). München 1911.

Störmer-Caysa, Uta (Hrsg. und Übers.)/Märker, Almuth (Übers.): *Über das Gewissen. Texte zur Begründung der neuzeitlichen Subjektivität* (Bibliothek Albatros. Philosophie 31). Weinheim 1995.

Theben, Judith: *Die mystische Lyrik des 14. und 15. Jahrhunderts. – Untersuchungen – Texte – Repertorium* (Kulturtopographie des alemannischen Raums 2). Berlin/New York 2010.

Unger, Helga: *Geistlicher Herzen Bavngart. Ein mittelhochdeutsches Buch religiöser Unterweisung aus dem Augsburger Franziskanerkreis des 13. Jahrhunderts. Untersuchungen und Text* (Münchener Texte und Untersuchungen zur deutschen Literatur des Mittelalters 24). München 1969.

Vetter, Ferdinand (Hrsg.): *Die Predigten Taulers. Aus der Engelberger und der Freiburger Handschrift sowie aus Schmidts Abschriften der ehemaligen Straßburger Handschriften* (Deutsche Texte des Mittelalters 11). Berlin 1910.

[*Vulgata*] *Biblia Sacra iuxta vulgatam versionem.* 2 Bde. Hrsg. von Robert Weber. Stuttgart 1969.

Williams, Ulla: *Die ‚Alemannischen Vitaspatrum'. Untersuchungen und Edition* (Texte und Textgeschichte 45). Tübingen 1996.

Sekundärliteratur

Belegarchiv / *Konkordanz des Mittelhochdeutschen Wörterbuchs*, s.v. *lâȝen* (starkes Verb), http://www. mhdwb-online.de/konkordanz.php?lid=100122000&seite=5 [letzter Zugriff: 08. 08. 2023].

Belegarchiv / *Konkordanz des Mittelhochdeutschen Wörterbuchs*, s.v. *ungeschaffen* (Part.-Adj.), http:// www.mhdwb-online.de/konkordanz.php?lid=187329000&seite=1 [letzter Zugriff: 08. 08. 2023].

Berg, Klaus: *Der tugenden bůch. Untersuchungen zu diesen und anderen mittelhochdeutschen Prosatexten nach Werken des Thomas von Aquin* (Münchener Texte und Untersuchungen zur deutschen Literatur des Mittelalters 7). München 1964, S. 79–96.

Das rheinland-pfälzische Digitalisierungsportal – *dilibri* (2023): *Orationes et exercitia spiritualia*, https:// www.dilibri.de/stbmz/content/pageview/1144351 [letzter Zugriff: 16. 08. 2022].

Egerding, Michael: *Die Metaphorik der spätmittelalterlichen Mystik.* 2 Bde. Paderborn 1997.

Enders, Markus: Abgeschiedenheit des Geistes – höchste „Tugend" des Menschen und fundamentale Seinsweise Gottes. In: Ders.: *Gelassenheit und Abgeschiedenheit. Studien zur Deutschen Mystik* (Schriftenreihe Boethiana 82). Hamburg 2008, S. 99–128.

Enders, Markus: Selbsterkenntnis im ‚Seelengrund'. Zur Gotteserkenntnis bei Heinrich Seuse. In: Kobusch, Theo/Mojsisch, Burkhard/Summerell, Orrin F. (Hrsg.): *Selbst – Singularität – Subjektivität. Vom Neuplatonismus zum deutschen Idealismu*s. Amsterdam 2002, S. 203–229.

Fischer, Norbert: ‚Die rede der underscheidunge' als Eckharts ‚Orientierung im Denken'. In: Erb, Wolfgang/Fischer, Norbert (Hrsg.): *Meister Eckhart als Denker* (Meister Eckhart Jahrbuch. Beihefte 4). Stuttgart 2018, S. 185–198.

Flasch, Kurt: Predigt 9: Quasi stella matutina. In: Steer, Georg/Sturlese, Loris (Hrsg.): *Lectura Eckhardi IV. Predigten Meister Eckharts von Fachgelehrten gelesen und gedeutet.* Bearb. von Gottschall, Dagmar. Stuttgart 2017, S. 1–28.

Goris, Wouter: *Einheit als Prinzip und Ziel. Versuch über die Einheitsmetaphysik des Opus tripartitum Meister Eckharts* (Studien und Texte zur Geistesgeschichte des Mittelalters 59). Leiden 1997.

Goris, Wouter: Die Freiheit des Denkens. Meister Eckhart und die Pariser Tradition. In: Speer, Andreas/Wegener, Lydia (Hrsg.): *Meister Eckhart in Erfurt* (Miscellanea mediaevalia 32). Berlin/New York 2005, S. 283–297.

Haas, Alois Maria: Meister Eckhart. Mystische Bildlehre. In: Ders.: *Sermo mysticus. Studien zu Theologie und Sprache der deutschen Mystik* (Dokimion 4). Freiburg, Schweiz 1979, S. 209–237.

Haas, Alois Maria: *Nim din selbes war. Studien zur Lehre von der Selbsterkenntnis bei Meister Eckhart, Johannes Tauler und Heinrich Seuse* (Dokimion 3). Freiburg, Schweiz 1971.

Haas, Alois Maria: Predigt 12: Qui audit me. In: Steer, Georg/Sturlese, Loris (Hrsg.): *Lectura Eckhardi I: Predigten Meister Eckharts von Fachgelehrten gelesen und gedeutet.* Stuttgart 1998, S. 25–41.

Hasebrink, Burkhard: Dialog der Varianten. Untersuchungen zur Textdifferenz der Eckhart-Predigten aus dem ‚Paradisus anime intelligentis‘. In: Hasebrink, Burkhard/Palmer, Nigel F./Schiewer, Hans-Jochen (Hrsg.): *‚Paradisus anime intelligentis‘. Studien zu einer dominikanischen Predigtsammlung aus dem Umkreis Meister Eckharts.* Tübingen 2009, S. 133–182.

Hasebrink, Burkhard: Selbstüberschreitung der Religion in der Mystik. ‚Höchste Armut‘ bei Meister Eckhart. In: *Beiträge zur Geschichte der deutschen Sprache und Literatur* 137 (2015), S. 446–460.

Hasebrink, Burkhard: *Sich erbilden.* Überlegungen zur Semantik der Habitualisierung in den ‚Rede[n] der unterscheidunge‘. In: Speer, Andreas/Wegener, Lydia (Hrsg.): *Meister Eckhart in Erfurt* (Miscellanea mediaevalia 32). Berlin/New York 2005, S. 122–136.

Hasebrink, Burkhard/Bernhard, Susanne/Früh, Imke: Einleitung. In: Dies. (Hrsg.): *Semantik der Gelassenheit. Generierung, Etablierung, Transformation* (Historische Semantik 17). Göttingen 2012, S. 9–30.

Köbele, Susanne: Meister Eckhart, Predigt Q 16b: *Quasi vas auri solidum.* In: Steer, Georg/Sturlese, Loris (Hrsg.): *Lectura Eckhardi I: Predigten Meister Eckharts von Fachgelehrten gelesen und gedeutet.* Stuttgart 1998, S. 43–74.

Langer, Otto: *Mystische Erfahrung und spirituelle Theologie. Zu Meister Eckharts Auseinandersetzung mit der Frauenfrömmigkeit seiner Zeit* (Münchener Texte und Untersuchungen zur deutschen Literatur des Mittelalters 91). München/Zürich 1987.

Langer, Otto: Seelengrund. Meister Eckharts mystische Interpretation der aristotelisch-thomasischen Lehre von der Seele. In: Erb, Wolfgang/Fischer, Norbert (Hrsg.): *Meister Eckhart als Denker* (Meister-Eckhart-Jahrbuch. Beihefte 4). Stuttgart 2018, S. 73–104.

Langer, Otto: *Sich lâzen, sîn selbes vernihten.* Negation und ‚Ich-Theorie‘ bei Meister Eckhart. In: Haug, Walter/Schneider-Lastin, Wolfram (Hrsg.): *Deutsche Mystik im abendländischen Zusammenhang. Neu erschlossene Texte, neue methodische Ansätze, neue theoretische Konzepte.* Kolloquium Fischingen 1998. Tübingen 2000, S. 318–346.

Lexer, Matthias: *Mittelhochdeutsches Handwörterbuch: zugleich als Supplement und alphabetischer Index zum mittelhochdeutschen Wörterbuche von Benecke-Müller-Zarncke.* 3 Bde. Leipzig 1872–1878.

Löser, Freimut: Einzelpredigt und Gesamtwerk. Autor- und Redaktortext bei Meister Eckhart. In: *Editio* 6 (1992), S. 46–63.

Mieth, Dietmar: *Die Einheit von* vita activa *und* vita contemplativa *in den deutschen Predigten und Traktaten Meister Eckharts und bei Johannes Tauler. Untersuchungen zur Struktur des christlichen Lebens* (Studien zur Geschichte der katholischen Moraltheologie 15). Regensburg 1969.

Mieth, Dietmar: Predigt 86: Intravit Iesus in quoddam castellum. In: Steer, Georg/Sturlese, Loris (Hrsg.): *Lectura Eckhardi II: Predigten Meister Eckharts von Fachgelehrten gelesen und gedeutet.* Stuttgart 2003, S. 139–175.

Mittelhochdeutsches Wörterbuch. Bd. 1 hrsg. von Gärtner, Kurt/Grubmüller, Klaus/Stackmann, Karl. Ab Bd. 2 hrsg. von Gärtner, Kurt/Grubmüller, Klaus/Haustein, Jens. Stuttgart 2013 ff.

Panzig, Erik Alexander: *gelâzenheit* und *abegescheidenheit* – zur Verwurzelung beider Theoreme im theologischen Denken Meister Eckharts. In: Speer, Andreas/Wegener, Lydia (Hrsg.): *Meister Eckhart in Erfurt* (Miscellanea mediaevalia 32). Berlin/New York 2005, S. 335–355.

Panzig, Erik Alexander: Gelâzenheit *und* abegescheidenheit. *Eine Einführung in das theologische Denken Meister Eckharts.* Leipzig 2005.

Paul, Hermann: *Mittelhochdeutsche Grammatik.* 25. Aufl. bearb. von Klein, Klaus/Solms,
Hans-Joachim/Wegera, Klaus-Peter/Schröbler, Ingeborg/Prell, Heinz-Peter. Tübingen 2007.

Quint, Josef: *Neue Handschriftenfunde zur Überlieferung der deutschen Werke Meister Eckharts und seiner
Schule* (Meister Eckhart. Untersuchungen I). Stuttgart/Berlin 1940.

Ruh, Kurt: Bonaventura (Johannes Fidanza). In: Ruh, Kurt u. a. (Hrsg.): *Die deutsche Literatur des
Mittelalters. Verfasserlexikon.* 2., völlig neu bearb. Auflage. Bd. 1. Berlin/New York 1978, Sp. 937–
947.

Ruh, Kurt: *Bonaventura deutsch. Ein Beitrag zur deutschen Franziskaner-Mystik und -Scholastik* (Bibliotheca
Germanica 7). Bern 1956.

Ruh, Kurt: *Geschichte der abendländischen Mystik.* Bd. 1: *Die Grundlegung durch die Kirchenväter und die
Mönchstheologie des 12. Jahrhunderts.* München 1990.

Ruh, Kurt: *Geschichte der abendländischen Mystik.* Bd. 3: *Die Mystik des deutschen Predigerordens und
ihre Grundlegung durch die Hochscholastik.* München 1996.

Ruh, Kurt: Mystische Spekulation in Reimversen des 14. Jahrhunderts. In: Ruh, Kurt/Schröder, Werner
(Hrsg.): *Beiträge zur weltlichen und geistlichen Lyrik des 13. bis 15. Jahrhunderts.* Würzburger
Colloquium 1970. Berlin 1973, S. 205–230.

Speer, Andreas: *Abditum mentis.* In: Beccarisi, Alessandra/Imbach, Ruedi/Porro, Pasquale (Hrsg.): *Per
perscrutationem philosophicam. Neue Perspektiven der mittelalterlichen Forschung. Per
perscrutationem philosophicam. Loris Sturlese zum 60. Geburtstag gewidmet* (Corpus
philosophorum Teutonicorum medii aevi. Beihefte 4). Hamburg 2008, S. 447–474.

Steer, Georg: Die dominikanische Predigtsammlung ‚*Paradisus anime intelligentis*' – Überlieferung,
Werkform und Textgestalt. In: Hasebrink, Burkhard/Palmer, Nigel F./Schiewer, Hans-Jochen
(Hrsg.): ‚*Paradisus anime intelligentis*'. *Studien zu einer dominikanischen Predigtsammlung aus dem
Umkreis Meister Eckharts.* Tübingen 2009, S. 17–67.

Störmer-Caysa, Uta: *Gewissen und Buch. Über den Weg eines Begriffes in die deutsche Literatur des
Mittelalters* (Quellen und Forschungen zur Literatur- und Kulturgeschichte 14 [248]). Berlin/New
York 1998.

Sturlese, Loris: Mystik und Philosophie in der Bildlehre Meister Eckharts. Eine Lektüre von Predigt 16a
Quint. In: Janota, Johannes/Sappler, Paul/Schanze, Frieder (Hrsg.): *Festschrift Walter Haug und
Burghart Wachinger.* 2 Bde. Tübingen 1992, Bd. 1, S. 349–361.

Sturlese, Loris: Tauler im Kontext. Die philosophischen Voraussetzungen des ‚Seelengrundes' in der
Lehre des deutschen Neuplatonikers Berthold von Moosburg. In: *Beiträge zur Geschichte der
deutschen Sprache und Literatur* 109 (1987), S. 390–426.

Völker, Ludwig: *Die Terminologie der mystischen Bereitschaft in Meister Eckharts deutschen Predigten und
Traktaten.* Tübingen 1965.

Vollmann, Benedikt Konrad: Die Wiederentdeckung des Subjekts im Hochmittelalter. In: Fetz, Reto
Luzius/Hagenbüchle, Roland/Schulz, Peter (Hrsg.): *Geschichte und Vorgeschichte der modernen
Subjektivität.* 2 Bde. (European cultures 11). Berlin/New York 1998, Bd. 1, S. 380–393.

Wachinger, Burghart: Judith Theben, Die mystische Lyrik des 14. und 15. Jahrhunderts [...] [Rezension].
In: *Zeitschrift für deutsches Altertum und deutsche Literatur* 140 (2011), S. 402–409.

Williams-Krapp, Werner: Bilderbogen-Mystik. Zu ‚Christus und die minnende Seele'. Mit Edition der
Mainzer Überlieferung. In: Kunze, Konrad/Mayer, Johannes G./Schnell, Bernhard (Hrsg.):
*Überlieferungsgeschichtliche Editionen und Studien zur deutschen Literatur des Mittelalters. Kurt Ruh
zum 75. Geburtstag* (Texte und Textgeschichte 31). Tübingen 1989, S. 350–364.

Christian Schmidt

Schnelles Beten, langsames Beten. Über Aufmerksamkeit in Heinrich Wittenwilers *Ring* und in der Frömmigkeitskultur des 14. und 15. Jahrhunderts

1 Einleitung

Die Handlung von Heinrich Wittenwilers satirischer Verserzählung *Der Ring*, entstanden wohl in den Jahren um 1400,[1] ist in einem fiktiven Bauerndorf namens Lappenhausen angesiedelt. Dort wirbt der Bauernjunge Bertschi Triefnas um das sagenhaft hässliche Bauernmädchen Mätzli Rüerenzumph. Ihre Hochzeit eskaliert in eine Prügelei und die Prügelei in einen Krieg mit dem Nachbardorf Nissingen, der zeitweise weltpolitisches Aufsehen erregt und schließlich zur vollständigen Zerstörung des Dorfes Lappenhausen führt. In den Rahmen dieses hier nur grob skizzierten Handlungsgerüstes sind umfangreiche Lehrpartien eingearbeitet, die von den Bauernfiguren vorgetragen werden und dem *Ring* den Charakter einer ‚enzyklopädischen Dichtung‘ verleihen.[2] Sie rufen ein breites Spektrum zeitgenössischer Wissensbereiche auf, von Tugend- über Haushaltslehren und Diätetik bis hin zu Theorien der Kriegsführung.[3] Die Lehrpartien stehen in einem Spannungsverhältnis zum dargestellten Verhalten der Bauern, die zwar theoretisch über das referierte Wissen zu verfügen scheinen, an seiner praktischen Umsetzung hingegen spektakulär scheitern. Die einzige überlieferte *Ring*-Handschrift hält dieses Spannungsverhältnis auch graphisch sichtbar: Sie verfügt über ein vieldiskutiertes System roter und grüner Linien, die dem Prolog zufolge dazu dienen sollen, ernste von unernsten Abschnitten, „[e]rnſtleich sach" von „ſchympfes ſage" (vgl. *Ring*, V. 34),[4]

---

1 Zur Datierungsdiskussion vgl. Brunner, Wittenwiler, Sp. 1283; Fürbeth, Forschung, S. 358; Händl, Wittenwiler; Zapf, Wittenwiler, Sp. 1302 f.

2 Vgl. Bulang, *Enzyklopädische Dichtungen*, S. 13 f.; S. 189–336.

3 Für den Forschungsstand zum Verhältnis von Literatur und Wissen im *Ring* vgl. zuletzt Goldenbaum, *Krisenexperiment*, S. 26–36.

4 Der *Ring* wird zitiert nach dem handschriftennahen Abdruck der Ausgabe Wittenwiler, *Ring*. Um die Lesbarkeit zu verbessern, werden Abbreviaturen aufgelöst.

unterscheidbar zu machen:[5] „Die rot die ift dem ernft gemåyn, / Die grün erczaẙgt
vns frȯlichleben" (*Ring*, V. 40 f.).[6]

Die Frage nach dem Verhältnis von Lehre und Handlung im *Ring* wurde lange
als Frage nach dem Vorrang von *ernft* oder *fchymph* behandelt und hat die Forschung zeitweise so stark polarisiert, dass diametral entgegengesetzte Interpretationen entstanden sind. Der Höhepunkt dieser Entwicklung war in den 1990er
Jahren erreicht. Zwei Monographien, die inzwischen als Klassiker der *Ring*-For-
schung gelten können, standen sich gegenüber: Eckart Conrad Lutz' *Spiritualis
fornicatio. Heinrich Wittenwiler, seine Welt und sein* Ring (1990) und Hans-Jürgen
Bachorskis *Irrsinn und Kolportage. Studien zum* Ring, *zum* Lalebuch *und zur* Geschichtklitterung (1992/2006).[7] Wäre die *Ring*-Forschung ein Staat, so verkörperte
Lutz das Gesetz, während Bachorski die Barrikaden erklomm. Lutz unterstellte dem
Ring einen elaborierten allegorischen Plan und hob die überschießende Komik und

---

5 Vgl. Putzo, Farblinien, bes. S. 23–25, mit Aufarbeitung der Forschungsdiskussionen bis 2009. 2017
hat Frank Fürbeth versucht, die Frage nach den Farblinien dadurch zu umgehen, den Prolog als
unauthentisch zurückzuweisen. Es werde bislang „auf der Grundlage von zwei Präsuppositionen
argumentiert, die in der Forschung noch nie eingehender diskutiert und auf ihre Stichhaltigkeit
untersucht worden sind: dass nämlich erstens der Prolog und die Farbmarkierungen genuine und
integrale Bestandteile des *Ring* sind, und zweitens, dass der *Ring*, weil er nur in einer einzigen Hs.,
dem heute in der Bayerischen Staatsbibliothek befindlichen Cgm 9300, überliefert ist, zu seiner Zeit
keine größere Wirkung gehabt habe und dass deshalb davon auszugehen sei, dass diese Hs. noch von
Heinrich Wittenwiler selbst verantwortet wurde" (Fürbeth, Urfassung, S. 202). Alle „Fragen und
Folgerungen zur Rätselhaftigkeit des *Ring*" seien „zuallererst Fragen zur Authentizität von Prolog
und Farbmarkierungen [...]; deren Authentizität aber hängt davon ab, ob die Hs. tatsächlich unter
den Augen des Dichters entstanden ist" (S. 203). Zu den Voraussetzungen dieser Argumentation hat
Annika Goldenbaum das Nötige gesagt: Ein von Prolog und Farblinien „unvoreingenommener Re-
zipient", wie Fürbeth ihn fordert, bleibe, „– solange keine weitere Handschrift ohne Prolog und
Linien auftaucht – das virtuelle Konstrukt einer Literaturwissenschaft, die der Vorstellung anhängt,
es gebe ein Werk unabhängig von seinen Textzeugen"; Fürbeth eskamotiere „kurzerhand die
Widrigkeiten der historischen Überlieferung" (Goldenbaum, *Krisenexperiment*, S. 15 f.).
6 Das Wort *frȯlichleben* ist in der Handschrift „im Nachhinein aus *törpelleben* korrigiert worden"
(Röcke, Kommentar, S. 442). Wie Röcke folge ich hier der korrigierten Lesart, da diese für die historische Rezeption als verbindlich gelten darf. Die Variante *törpelleben* ist aufschlussreich, weil sie
die ‚bäurische' Bedeutung und damit den Bezug der grünen Linie auf die Handlungsebene nahelegt.
In diesem Sinne behauptet auch der Prologsprecher, er habe „der gpauren gschrai / Gemischet unter
diseu ler" (*Ring*, V. 36 f.).
7 Vgl. Lutz, *Spiritualis fornicatio*; Bachorski, *Irrsinn und Kolportage*. Bachorskis Monographie
wurde 1992 als Habilitationsschrift an der Universität Bayreuth eingereicht und konnte erst post-
hum im Jahr 2006 veröffentlicht werden (vgl. Röcke/Klinger, Vorbemerkung). Seine Positionen zum
Ring publizierte er seit den späten 1980er Jahren in zwei Aufsätzen, vgl. Bachorski, System der
Negationen (1988); Bachorski, Dialogisierung (1994/1995).

Brutalität des Textes auf höheren Deutungsebenen auf.[8] Bachorski sah in diesem Ansatz eines von vielen Beispielen für die germanistische Zähmung und Stillstellung eines zutiefst verunsichernden Textes, der jede Sinnzuschreibung unterläuft.[9] Es war Gert Hübner, der darauf hingewiesen hat, dass diese Deutungsmodelle trotz ihrer Gegensätzlichkeit in einem entscheidenden Punkt zusammentreffen. Sie konstituieren, so Hübner, den Sinn der erzählten Handlung nach demselben Grundmuster:

> Beide leiten ihn aus der Relation der Handlung zum kulturellen Wissen ab, das in den Lehrpartien referiert wird. Der Unterschied zwischen beiden Modellen besteht auf dieser prinzipiellen Ebene nur darin, daß die Relation in einem Fall als affirmativ und im anderen als subversiv verstanden wird. Den Geltungsanspruch des kulturellen Wissens entweder zu bestätigen oder zu bestreiten, *ist* dann der historische Sinn der erzählten Handlung.[10]

Demgegenüber schlägt Hübner vor, das Verhältnis von dargestellter Handlung und diskursiven Lehrpartien im *Ring* neu zu perspektivieren: Die Handlung ist demnach nicht affirmativ oder subversiv auf das von den Bauern referierte Theoriewissen bezogen, sondern Trägerin eines Wissens *sui generis:* eines praktischen Wissens bzw. eines Wissens vom Habitus, das nur in der erzählerischen Darstellung von Praxis, nur in den gestalterisch konkretisierten Situationen der erzählten Welt zugänglich ist.[11] Diese Wissensform lässt sich also nicht restlos aus dem diskursiven Wissen der Lehrpartien ableiten, ist nicht auf dieses reduzierbar. Vor diesem Hintergrund betrachtet Hübner den *Ring* als Satire auf das Missverhältnis zwischen einem gelehrten Wissen und einem ‚bäurischen‘ Habitus, der es nicht erlaubt, das verfügbare Wissen in erfolgreiche Praxis zu überführen.[12]

---

8 Vgl. Lutz, *Spiritualis fornicatio*, bes. S. 297–350. Vgl. auch Fürbeth, Forschung, S. 377–380.

9 So lautet Bachorskis Urteil, Lutz' allegorische Deutung habe „das anarchische Potential des Textes hinreichend sediert" (Bachorski, Dialogisierung, S. 240). Bachorski stellt uns seinen Wittenwiler als ein Kind vor Augen, „das mit großem Ernst höchst konzentriert aus vielen vielen Bausteinen sorgfältig einen großen Turm baut – einzig aus dem Grunde, ihn dann mit ausgelassener Freude umzuhauen. Was ihn umtreibt, ist wohl die Lust am Verbrauch allen greifbaren Materials zur Veranstaltung einer großen Zerstörung – oder nennen wir es literaturwissenschaftlich seriöser: einer radikalen Dekonstruktion" (S. 258).

10 Hübner, Erzählung und praktischer Sinn, S. 221.

11 Zum Verhältnis von Hübners praxeologischer Narratologie zu Pierre Bourdieus Habituskonzept vgl. Hübner, Erzählung und praktischer Sinn, S. 230–239. Zum situativ-konkreten Charakter des Handlungswissens vgl. auch Hübner, Eulenspiegel, bes. S. 183.

12 „Erzählt wird in der satirischen Verkehrung vom praktischen Sinn, der adeliges und gelehrtes Anleitungswissen erst zu erfolgreichem Handeln macht" (Hübner, Erzählung und praktischer Sinn, S. 235).

Der vorliegende Beitrag lässt sich in methodischer Hinsicht von Hübners Überlegungen zur satirischen Habitus-Darstellung anregen, ohne allen Konsequenzen zu folgen, die er für die Gesamtdeutung des *Rings* aus ihnen zieht.[13] Er ergänzt seine Beobachtungen um Bezüge, die nicht aus dem Bereich des gelehrten Wissens, sondern aus dem der spätmittelalterlichen Frömmigkeitskultur stammen. Ausgangspunkt ist eine Episode, in der Bertschi Triefnas im Rahmen einer katechetischen Befragung das *Vater unser*, das *Ave Maria* und das *Glaubensbekenntnis* spricht. Es handelt sich auf den ersten Blick um eine der unauffälligsten Passagen des *Rings*, die lediglich drei wohlbekannte Basistexte der mittelalterlichen Religiosität in Erinnerung ruft. Bertschis Gebetsvortrag lässt sich jedoch als Teil eines

---

13 Hübners *Ring*-Interpretation führt zu einer seltsam einsinnigen Sichtweise zurück, die ihr Interesse lediglich von der Ebene des diskursiven auf die des praktischen Wissens verlagert. Der *Ring* erzähle „im Gewand einer Lehrdichtung davon, unter welchen Bedingungen Lehrdichtung töricht ist: Wenn sie das Wissen vom Bildungsgang ablöst, dessen Ergebnis der praktische Sinn des Gelehrten ist, dann macht sie es dadurch nutzlos" (Hübner, Erzählung und praktischer Sinn, S. 239). Und weiter: „Die Modelladressaten Wittenwilers sind Leute seines eigenen Schlags: Vornehmen Gelehrten bestätigt der *Ring*, daß nur sie mit höfischem und gelehrtem Wissen etwas anfangen können; sie bestärkt der *Ring* mit den Handlungs- und den Lehrpassagen in ihrem eigenen Selbstkonzept" (S. 241). Damit steht Hübner nicht außerhalb der von ihm eingangs thematisierten Dichotomien der Sinnbildung, sondern vertritt selbst eine jener affirmativen *Ring*-Deutungen, gegen die Bachorski einst zu Recht angetreten war. Hartmut Bleumer und Caroline Emmelius hatten kurz vor Hübner auf einer grundsätzlich dilemmatischen Anlage des *Rings* bestanden und eine Lesart entwickelt, die noch mit größerem Recht als diejenige Bachorskis für sich in Anspruch nehmen kann, als eine Dekonstruktion (nicht: Destruktion) zu gelten. Der Text etabliere „ein binär geordnetes, rationales System zur Präsentation von Wissen, das scheitert, weil sich eines der Textprinzipien, das *maere*, verselbständigt" (Bleumer/Emmelius, Vergebliche Rationalität, S. 201). Dieser Deutung zufolge artikuliert sich im *Ring* die Arbeit einer ordnenden Rationalität gegen ihr narrativ verfasstes Anderes, „das in der triebhaften Körperlichkeit der Bauern liegt" (ebd.). Dieses Andere kann nicht rational integriert, sondern nur als „irrationale[r] Normverstoß" (ebd.) aufgefasst und durch Strafe – letztlich durch die Vernichtung des Dorfes – bewältigt werden. Diese Strafe aber sei „ein sinnloses Eingeständnis rationaler Vergeblichkeit" (S. 204). Hübner hat diese Deutung zurückgewiesen, indem er ihr einen Anachronismus vorwarf: Sie ginge davon aus, „daß ästhetische Erfahrung und Rationalität a priori nicht zur Deckung zu bringen sind [...]. Ich halte das Apriori nicht für eine empirische Erkenntnis, sondern für ein Dogma der seit dem 18. Jahrhundert entstandenen Literarästhetik, das seine historisch spezifischen Gründe hat" (Hübner, Erzählung und praktischer Sinn, S. 221, Anm. 18). Diesem Einwand begegnen Bleumer/Emmelius allerdings bereits in ihrer Einleitung (vgl. Bleumer/Emmelius, Vergebliche Rationalität, S. 177). Eine detaillierte Auseinandersetzung und Kritik des Vorschlags von Bleumer/Emmelius steht m. E. noch aus. Goldenbaum hat eingewendet, er sei kein „überzeugender Ausweg aus dem ‚Dilemma‘ der einseitigen und einsinnigen Deutung", da Bleumer/Emmelius „wiederum von der binären Setzung ausgegangen sind, Literatur und Rationalität, Narration und Diskurs seien unvereinbar" (Goldenbaum, *Krisenexperiment*, S. 29). Dies trifft den Ansatz insofern nicht ganz, als er ja nicht darum bemüht ist, aus dem Dilemma hinaus-, sondern in es hineinzufinden.

thematischen Zusammenhangs lesen, der sich im *Ring* als Ganzem entfaltet. Im Gebetsvortrag verdichtet sich ein Problemkomplex, der für die Verfasstheit der Figur Bertschis von zentraler Bedeutung ist: Es geht um die Konkurrenz divergierender Formen von Aufmerksamkeit, um Möglichkeiten ihrer Disziplinierung und Steuerung, um das eingeübte, habitualisierte Haushalten mit der Aufmerksamkeit und um die Frage nach dem Umgang mit den Quellen, die Aufmerksamkeit binden, ablenken oder zerstreuen können. Um dies sichtbar zu machen, ist die Szene doppelt einzuordnen: Zum einen durch Quellen aus der Frömmigkeitskultur des 14. und 15. Jahrhunderts, in denen die Kategorie der ‚Andacht' als bevorzugte Form der Aufmerksamkeit gilt.[14] Zum anderen über ein Netz von Bezügen, die sich aus dem Text des *Rings* selbst ergeben und die Aufmerksameit des Bertschi Triefnas als notorisch besetzt erscheinen lassen.

2 Schnelles Beten

Nachdem Bertschis Verwandte in der sogenannten Ehedebatte ausufernd über das Für und Wider des Heiratens diskutiert haben, obwohl Bertschis Entscheidung niemals in Frage stand,[15] suchen zwei Brautwerber Mätzlis Vater Fritz auf und unterrichten ihn von den Heiratsabsichten. Bertschi wird daraufhin von Fritz einer kurzen katechetischen Prüfung unterzogen: Er soll das *Vater unser*, das *Ave Maria* und das *Glaubensbekenntnis* aufsagen. Bertschi steht dem Brautvater Fritz gegenüber, der ihn zum Niedersitzen auffordert, um mit dem Glaubensexamen zu beginnen:

> So ſicz da nider sprach do Fricz
> Vnd ſag vns etwas deiner wicz
> Chanst den paternoster ſo?
> Ja do åntwurt Perchi do
> Daz auemarj vnd de glauben
> Auch da mit an alles laugen
> So sag auf eben nicht enlach
> Triefnas hůb an vnd ſprach
> Pater noſter herrgot vatter vnſer der
> du piſt in dem hymel / gehaliget werd
> dein nam / zů chùm vns dein reich dein
> will werd hie in der erd sam in dem

---

14 Zum Themenfeld Andacht/*devotio* vgl. aus der jüngeren Forschung von Moos, *Attentio*, S. 271–281; Thali, andacht *und* betrachtung; Schmidt, Dispositiv der Andacht.

15 Vgl. hierzu Bleumer/Emmelius, Vergebliche Rationalität, S. 185–193, mit weiterer Literatur. Eine Interpretation der Ehedebatte aus politisch-oratorischer Sicht bietet jetzt Ratzke, *Erzählte Oratorik*, S. 217–231.

hymel / du verleich vns vnſer tågleich
prot / vnd vergib vns vnser ſchuld ſam
wir tůn ſchůllen vnſern ſchuldigern
vnd verlåſſ vns nicht in bőser versůch
ung / sunder lős vns von allem vbel amen
Aue Maria gegrusset ſeiſt du raineu
maget Maria / vol aller gnaden / got iſt
mit diͤr / du piſt geſegnet vber alleu
weib / geſegnet iſt der frucht deines
leibes vnſer herr Jheſus Criſtus amen
Credo in deum jch gelaub an einen
got vatter almåchigen der ſchepfer
iſt hymelrichs vnd ertreichs / vnd ge
laub an ſeinen eingepornen ſun vnſern
herren Jheſu Criſt / jch gelaub daz der
ſelbig gottes ſůn emphangen wart von
dem hailigen gaiſt vnd auch geporn
ward von der rainen mayt Marien vnd
gelaub daz er gemartrert ward vntter
dem richter Pylaten an dem hailigen cre
ucz der ſtarb dar zů auch begraben ward
jch gelaub daz ſein hailigeu ſel in die vor
helle fůr vnd nam alle die dar aus die
seinen willen hieten getan vnd daz er an
dem dritten tag erſtůnd von dem tod
gewarer got vnd gewarer menſch / vnd
gelaub daz er auf ze hymel fůr vnd
da siczet ze der rechten hand des almå
chigen gocz ſeines vatters jch glaub
daz er dar nach chůnftic iſt ze ric
then vber die toten vnd vber die lebentigen
jeden man nach ſeinen werchen / jch gelaub
auch an den hailigen gaſt / an die haiͤligen
kyrchen der cristenhåit / vnd
an die gemain aller haiͤligen // vnd gelaub
antlåſſ aller meiner ſůnden ze gewinnen
ob ſeu mich reuwent von ganczem herczen
meinem // jch gelaub an der toten vrstend
// vnd gelaub nach diſem leben daz ewig
leben ze beſiczend werden ob ich es verdient
han amen amen amen & amen
Horr auf lieber ſein iſt gnůg
Sprach do Fricz du piſt so chlůg
Daz mich des dunkt du ſeiſt geſtanden
Manich jar in frőmden landen
Pertſchi wand ym war alſo
Vnd hieſſ im Måczen geben do (*Ring*, V. 3810–3817; Z. 1–45; V. 3818–3823)

Die bisherige Forschung hat diese Passage bislang vor allem im Hinblick auf die Frage diskutiert, wie die Farblinien zu deuten seien, die den Gebeten zugeordnet sind.[16] Denn während die Gebetsinitien ebenso wie die einzelnen Glaubenssätze des *Credo* rot markiert sind, folgen jeweils grüne Linien, die doch den Prologaussagen zufolge auf *ſchymph* und *frólichleben*, also auf Komik oder Unernst abheben.[17] Wie ist die grüne Linie bei so verbindlichen Texten wie dem *Vater unser*, dem *Ave Maria* oder dem *Glaubensbekenntnis* zu erklären? Christine Putzo hat diese Diskussion zusammengefasst und systematisch drei Deutungsansätze unterschieden: Ein erster Ansatz geht von einem Rubrikationsfehler aus, demnach liegt schlicht ein Irrtum vor; ein zweiter Ansatz bevorzugt die Erklärung, es handele sich um einen Scherz, um ein planvolles Brechen der Rezeptionserwartung oder eine Verunsicherungsstrategie; ein dritter Ansatz schließlich geht von einer inhaltlichen Schlüssigkeit der Markierungen aus.[18] In dieser Gruppe von Interpretationen findet sich auch der Vorschlag, die grüne Markierung beziehe sich nicht auf die Gebetstexte selbst, sondern auf ihre Performanz durch die Figur Bertschis. Putzo selbst streitet die semantische Deutbarkeit der Farblinien ab und versteht sie als technisches Mittel der Textgliederung, das den Rezipierenden das Auffinden narrativer oder diskursiver Passagen erleichtert und für eine nichtlineare Lektüre des *Rings* spricht.[19]

Im Folgenden knüpfe ich an die Beobachtungen an, die sich auf den Charakter des Gebetsvollzugs durch die Figur Bertschis beziehen. Da die Erklärung der Farblinien bislang immer im Vordergrund stand, haben allerdings auch diese Beobachtungen nicht über die Gebetspassage selbst hinausgeführt. Frank Fürbeth etwa vertritt in einer Fußnote die Ansicht, die grünen Linien müssten sich nicht auf den Gehalt, sondern auf die Form beziehen und dies könne nur die Art des Vortrags durch Bertschi selbst meinen. Er fügt hinzu:

---

16 Vgl. Putzo, Farblinien, S. 24 f., mit Aufarbeitung der älteren Literatur.

17 Vgl. Putzo, Farblinien, S. 30–34.

18 Vgl. Putzo, Farblinien, S. 24.

19 Auf Grundlage von Gliederungsparallelen des *Pater noster*, *Ave Maria* und *Credo*, die im *Hausbuch* des Michael de Leone überliefert sind, kommt Putzo zu der Schlussfolgerung: „So markant auffällig die Signierung ist – so konventionell ist sie. Eine Originalität des *Ring* an dieser Stelle, und auch einen wie auch immer gelagerten, wie auch immer zu interpretierenden semantischen Aussagewert, insbesondere etwa eine Mischung aus ‚grüner‘ Komik und ‚rotem‘ Ernst, wird man der Farbsignierung der Gebetstexte in der *Ring*-Handschrift entschieden absprechen müssen" (Putzo, Farblinien, S. 36). Der Preis, den Putzo für diese Deutung zu zahlen bereit ist, beläuft sich darauf, die Texte „aus dem Bann des Prologs" (ebd.) zu lösen, das heißt, etwas trockener ausgedrückt, ihn zu ignorieren. Gleiches gilt unausgesprochen auch für die Eigenlogiken der Handlung und der handelnden Bauernfiguren.

> Ob man darunter nun die Tatsache, daß Bertschi seine Gebete überhaupt nicht in einer Ge
> betssituation vorträgt, verstehen will, oder sich eher eine unernste, ‚alberne' Performanz der
> Gebete durch Bertschi vorstellt, tut dabei nichts zur Sache [...].[20]

Einiges spricht dafür, dass es vor allem die Performanz des Gebetsvortrags ist, die
etwas zur Sache tut. Um dies zeigen zu können, ist die Gebetspassage ins Ganze der
Erzählung einzubetten, deren Teil sie ist. Welche Hinweise gibt der Text – und zwar
ganz unabhängig von seiner Farbmarkierung – auf Bertschis Vortragsstil? Bereits in
den 1960er Jahren sind Bernhard Sowinski und Winfried Schlaffke davon ausgegangen, es handele sich um eine ‚hastige', ‚aufgeregte' oder ‚übereifrige' Vortragsweise, wobei ihnen das vierfach wiederholte Amen am Schluss auffällig erschien.[21]
Es lässt sich als eine Art Kadenz auffassen, die die im atemlosen Vortrag entstehende Anspannung abbaut und deren Komik darauf beruht, dass sie weniger das
Gebet in seiner Bedeutung bekräftigt, als die Erleichterung darüber zum Ausdruck
bringt, endlich ins Ziel gekommen zu sein.[22] Für diese Deutung spricht die Reaktion
der übrigen Figuren, etwa das beschwichtigende „Horr auf lieber ſein iſt gnůg"
(*Ring*, V. 3818), mit dem der Brautvater Fritz Bertschis Vortrag quittiert und den
Eindruck erweckt, Bertschi könne die Fahrt, die er aufgenommen hat, noch steigern. Fritz jedoch ist schon nach dieser Probe überzeugt von Bertschis Fähigkeiten
und auch bereit, ihm seine Tochter zur Frau zu geben. Es kommt nicht sofort dazu,
weil die Figur Lastersak einen gewichtigen Einwand erhebt: „Secht daz wår do nicht
vermitten / Hiet es Laſterſak gelitten / Dem geuiel daz eyllen nicht" (*Ring*, V. 3824–
3826). Der Vers „Dem geuiel das eyllen nicht" lässt sich auf den Gesamtvorgang der
Eheschließung beziehen, denn Lastersak besteht darauf, Bertschi vorab noch weiter zu examinieren. Zugleich aber ist er als unmittelbare Reaktion auf den Gebetsvortrag zu lesen und hebt, so die These, die Geschwindigkeit hervor, mit der
Bertschi sich seinen Weg durch die Texte gebahnt hat.

Die komisierenden Effekte des Gebetsvortrags wurden in der jüngeren Forschung in Abrede gestellt. Dass das vierfache Amen als komikerzeugendes Mittel zu
verstehen sei, hat etwa Christine Putzo bestritten. Sie argumentiert, eine mehrfache
Wiederholung dieser Akklamation sei „weniger selten als es moderne Textausgaben

---

20 Fürbeth, *nutz*, S. 527, Anm. 128.

21 Vgl. Sowinski, *Der Sinn des Realismus*, S. 51 f.; Schlaffke, *Komposition und Gehalt*, S. 60 f.

22 Ähnlich Bulang, *Enzyklopädische Dichtungen*, S. 259: „Möglicherweise versucht Bertschi in dieser
Weise mit besonderem Nachdruck die Prüfung seinerseits zu beenden, da er ungeduldig ist und
nicht erwarten kann, sein Mätzli zu bekommen." Weniger einleuchtend scheint mir die Überlegung
zu sein, die Gebete würden „Prüfungsstoff und sind somit falsch kontextualisiert" (ebd.). Es handelt
sich schließlich um eine katechetische Prüfung, in der eben diese Texte erwartbar sind.

suggerieren"[23], wofür die Heidelberger *Flore und Blanscheflur*-Handschrift als Beleg dient. Dort ist in der Tat die mehrfache Wiederholung eines *Amen* zu beobachten, allerdings im Kontext eines Textschlussgebets.[24] Sie ist dort an die Erzählinstanz gebunden, nicht an die Rede einer Bauernfigur, die im Handlungsverlauf kaum durch ihr Streben nach geistlicher Vervollkommnung auffällt. Sie hat daher, trotz der vergleichbaren Mittel, einen völlig anderen Sinn. Die Beobachtung einer formalen Parallele kann aufschlussreich sein, ist aber für sich genommen noch kein interpretatorisches Argument.[25] Mit gleichem Recht ließe sich ansonsten auch vom *Ring* ausgehend eine anarchisch-humoristische Wirkung des Textschlussgebets von *Flore und Blanscheflur* unterstellen.

3 Langsames Beten

Mir geht es im Folgenden weniger darum, einfach ein weiteres Mal für die Komik der Szene zu plädieren, als darum, einige ihrer kulturellen Voraussetzungen aufzudecken und für die Interpretation des *Rings* fruchtbar zu machen. Bertschis Gebetsvortrag ist überraschend, ja geradezu verdächtig textsicher. Es liegt jedoch in der Logik seiner Figur, dass sie den Text dennoch verfehlen muss. Diese Verfehlung ist auf der Ebene der Performanz zu suchen. Auch wenn die Befragung Bertschis keine Gebetssituation im engeren Sinne herstellt, lässt sich die Komik seines schnellen Betens vor dem Hintergrund des Aufmerksamkeitsdiskurses in der zeitgenössischen Frömmigkeitskultur erhellen. Dieser ist im *Ring* über das Glaubensexamen hinaus von Bedeutung und formiert sich um den Begriff der Andacht:

---

23 Vgl. Putzo, Farblinien, S. 36, Anm. 40. Wie bei den Farblinien verfolgt dies die Strategie, der Schwierigkeit einer Stelle durch ihre Konventionalisierung zu begegnen.

24 Der Text lautet: „Das dis geschehen müsse / Das hilff vns maria süsse / Amen sy hie geton / Vnd ein ende hie verlon / Disem büche schone dz vns got iemer lone / In sins vatter riche Do ist men ewencliche / Nů begerent alle der worheit / Amen sy vch hier geseitt Amen Amen" (Heidelberg, Universitätsbibliothek, Cpg 362, Bl. 207ᵛ; https://doi.org/10.11588/diglit.2212#0432 [letzter Zugriff: 25.10. 2022]). Zur Praxis des Schlussgebets vgl. vor allem Thelen, *Dichtergebet*; zuletzt Schmidt, Zeilenfüllselgebete, S. 264 f.

25 Dies hat Peter Szondi festgehalten: „Ob eine Stelle als Parallelstelle anzusehen ist, kann darum nicht etwa der Gliederung des Textes, auch nicht einer anderen Faktizität, sondern ausschließlich dem Sinn der Stelle entnommen werden. Die Parallelstelle muß sich wie jeder andere Beleg über ihren Belegcharakter erst ausweisen. Das aber geschieht in der Interpretation. So wertvoll die Parallelstellen für die Deutung auch sind, sie darf sich auf sie nicht als auf von ihr unabhängige Beweise stützen, denn die Beweiskraft haben sie von ihr. Diese Interdependenz gehört zu den Grundtatsachen philologischer Erkenntnis, über die kein Wissenschaftsideal sich hinwegsetzen darf" (Szondi, Philologische Erkenntnis, S. 29).

Andacht lässt sich im religiösen Kontext als eine Form von gesammelter und auf Gott gerichteter Aufmerksamkeit beschreiben, der also eine Richtung zu eigen ist, die aus dem Diesseits ins Jenseits oder aus der Gegenwart in die heilsgeschichtliche Vergangenheit oder Zukunft führt.[26] Sie ist bis zu einem gewissen Grad intentional steuerbar und ab einem gewissen Grad subjektiv unverfügbar: Dass Andacht sich einstellt, kann durch aufmerksamkeitslenkende Techniken wahrscheinlicher gemacht werden, ist aber zugleich von einer erst zu erbittenden gnadenhaften Zuwendung Gottes abhängig und ohne diese nicht erreichbar.[27] Andacht lässt sich durch Einübung habitualisieren und bleibt doch gnadenhaftes Geschehen.[28] Ihr Charakter ist prekär: Sie unterliegt der ständigen Gefahr, durch Abschweifungen des Geistes gestört, zerstreut oder abgelenkt zu werden,[29] sodass der Gebetsvollzug das Heil gefährdet, das er doch vermitteln sollte.

Der Bildtyp vom guten und schlechten Gebet stellt das Thema der abschweifenden oder falsch gerichteten Aufmerksamkeit schematisch vor Augen.[30] Abbildung 1 zeigt einen Holzschnitt, der wohl aus der Zeit um 1430 stammt:[31]

Bei identischer Körperhaltung führen die die Aufmerksamkeit symbolisierenden Linien des linken Beters zu den Wunden Christi, während die Aufmerksamkeit des rechten Beters sich auf weltliche Genüsse und Reichtümer richtet. Die jen-

---

26 Zur Semantik von *andacht* vgl. Thali, *andacht* und *betrachtung*, S. 233–237; zur Verwendungsweise im Kontext der Gebetspraxis S. 240: „Die Verwendungsweise ist recht einheitlich: *mit andacht* oder *andächtiglich* erscheinen formelhaft in der Bedeutung ‚mit Aufmerksamkeit, mit Hingabe an Gott, fromm, mit innerer Sammlung der Gedanken'. Das Wort bildet offenbar in diesem Kontext das volkssprachige Pendant zum lateinischen Ausdruck *devotio*, der in lateinischen Gebetsanleitungen verwendet wird." Vgl. auch den Beitrag von Jens Haustein in diesem Band.

27 In diesem Sinne formuliert etwa das *Zeitglöcklein des Lebens und Leidens Christi:* „Denn gott der herr gibt gnad vnd andacht denen die darumb bittend mit demütigem hertzen" (*zitglóglyn*, a5ʳ). Abbreviaturen aufgelöst. Ein strukturell vergleichbares Verhältnis zwischen willentlich verfügbarer Aufmerksamkeit (*attentio*) und unverfügbarer Erfüllung ihres Begehrens beschreibt Peter von Moos mit Blick u. a. auf Augustinus: „*Attentio* bleibt [...] ein Willensakt; aber die Anstrengung ist weniger intellektuell als affektisch, ja erotisch; es ist die Erwartungshaltung des *desiderium*, das Liebesverlangen nach der Begegnung und Wiederbegegnung. Dessen Erfüllung hängt nicht vom Menschen, sondern von Gott ab. Trifft sie gnadenhaft ein, verbinden sich für einen Augenblick willentliche und spontane Aufmerksamkeit" (von Moos, *Attentio*, S. 273 f.).

28 Zur Habitualisierung vgl. auch Thali, *andacht* und *betrachtung*, S. 249 f.; Schmidt, Dispositiv der Andacht, S. 427 f., mit weiterer Literatur.

29 Zu diesem Themenkomplex vgl. von Moos, *Attentio*, bes. S. 276 f., mit einer Diskussion der *evagatio mentis* bei Thomas von Aquin. Vgl. auch Powell, Mind-Wandering; Schmidt, Dispositiv der Andacht, S. 427 mit Anm. 47.

30 Zum Bildtyp vgl. Thali, Strategien der Heilsvermittlung, S. 244–248; Lentes, Inneres Auge, S. 185 f.; Wildhaber, Das gute und das schlechte Gebet.

31 Bei dieser Datierung richtet sich die Forschung nach Halm, Ikonographische Studien, S. 17 f. Eine Begründung findet sich dort nicht.

Abb. 1: *Das gute und das schlechte Gebet.* München, Bayerische Staatsbibliothek, Clm 12714, Innenseite des Vorderdeckels.

seitsbezogenen Folgen dieser unterschiedlich gerichteten Aufmerksamkeit sind durch die Engelsfigur links und die Teufelsfigur rechts unzweideutig ins Bild gesetzt. So zeigt sich, dass die in der Frömmigkeitskultur normativ eingeforderte Form der Aufmerksamkeit unmittelbar an das Seelenheil angeschlossen ist: Die in Form von Andacht investierte Aufmerksamkeit kann gewissermaßen als Seelenheil kapitalisiert werden, während eine weltverfallene Aufmerksamkeit sich negativ auf die Heilsbilanz auswirkt.[32] Das Problem der abschweifenden, unnützen oder schädlichen Gedanken beim Beten ist daher alles andere als trivial.[33] Im kateche-

---

32 Zu ökonomischen Semantiken der Frömmigkeitspraxis im Spätmittelalter vgl. Angenendt u. a., Gezählte Frömmigkeit, bes. S. 41 f.

33 In einem Kapitel, das sich mit der Ruhe des Herzens und dem aufmerksamen Gebet (*oratio attenta*) befasst, warnt etwa das weitverbreitete pseudo-augustinische *Manuale* eindringlich davor, im Gebet abzuschweifen: „Idcirco non brevi crimine tenetur astrictus quisquis in oratione cum Deo loquitur, et subito abstrahitur ab ejus conspectu, quasi ab oculis non videntis nec audientis. Hoc autem fit, quando cogitationes suas malas et importunas sequitur, et aliquam vilissimam creaturam, ad quam mentis intuitus facile distrahitur, ei praefert" (*Manuale*, Sp. 964 [Cap. XXIX]). „Daher wird jeder von einer

tisch unterweisenden Schrifttum und in der Andachtsliteratur des 14. und 15. Jahrhunderts ist es allgegenwärtig. Eine der Techniken, die oftmals angeführt wird, um die Aufmerksamkeit zu disziplinieren und die Andacht zu fördern, ist die des langsamen Betens. Im gesamten deutschen Sprachraum finden sich in der Traktat- und in der Gebetsliteratur Belege für die Bedeutung dieser Technik, insbesondere auch mit Bezug auf die von Bertschi Triefnas gesprochenen Basisgebete wie das *Vater unser* oder das *Ave Maria*, die aufgrund ihrer Geläufigkeit für eine mechanische, innerlich unbeteiligte Performanz besonders anfällig sind. Ein gutes Beispiel bietet der niederdeutsche *Große Seelentrost* aus der zweiten Hälfte des 14. Jahrhunderts.[34] Im Abschnitt zum dritten Gebot, der in Form eines Lehrdialogs eine umfangreiche Gebetslehre vermittelt, beantwortet der geistliche Vater die Frage seines geistlichen Kindes, welche Gebete man sprechen soll:

> Kint leue, welk bet dat dijk aller mest innicheyt ghifft, dat schaltu aller leuest spreken, dat sij dat Pater noster, dat sij dat Aue Maria, dat sij eyn ander beth, vnde schalt dij yo dar an fliten, dat du innicheit hebbest, dat du myt guder andacht bedest, dat du dij nicht myt vnnuten danken bekummerest […].

> […] Kynt leue, wan du dyne tide lesest, so schaltu langseme spreken vnde de wort aldeger vt. Nutter ys dat, dat du eyn Pater noster langseme sprekst, dan twe yagende. Wente alle de wort, de du van yagende ouer slest in dynen tiden, de beholt de ouele geyst vnde wil se dij vorewerpen in deme jungesten rychte.[35]

Das langsame, bewusst artikulierende Gebet des *Vater unser*, das hier stellvertretend für vergleichbare Basisgebete steht, trägt dazu bei, die Aufmerksamkeit gegen unnütze Gedanken abzusichern und eine andächtige Gebetshaltung zu fördern. Ganz ähnlich heißt es auch in der um 1400 entstandenen *Laienregel* des Dietrich Engelhus:[36]

> Ock en saltu nicht ylende lesen vnde dat ene wort vppe dat ander werpen, wan du spreckest myt gode. Dar vmme spreck also dyn ghebet, dattu et horest vnde vorstaast in dynen herten. Wante also vele alse du et horest vnde vorstaest, also vele hort et ock god vnde vorsteit et, noch myn noch mer. […] Vnde komet dy ock ander dancken in, so wedersta se na alle dyner macht.[37]

---

großen Sünde in Fesseln gehalten, der im Gebet mit Gott spricht und sogleich von dessen Angesicht abgezogen wird, wie von den Augen derjenigen, die nicht sehen oder hören. Dies aber geschieht, wenn er seinen schlechten und ungebührlichen Gedanken folgt und irgendeine geringe Kreatur, zu der der Blick des Geistes leicht abgelenkt wird, ihm (Gott) vorzieht" (Übersetzung C.S.).

34 Zu Text und Datierung vgl. Palmer, *Seelentrost*; Feistner, *Der Große Seelentrost*.

35 Schmitt (Hrsg.): *Seelentrost*, S. 79; S. 80.

36 Zum Text vgl. Worstbrock, Engelhus, Dietrich; Honemann, Der Laie als Leser.

37 Dietrich Engelhus, *Laienregel*, S. 85.

Für den *Ring* ist von Bedeutung, dass diese Passage ganz unmittelbar an die deutschsprachigen Texte des *Vater unser*, des *Ave Maria* und des *Credo* anschließt, die zuvor all denjenigen anempfohlen worden waren, „de dat latyn nicht vorstaen".[38] Die Vorrede eines populären Andachtsbuchs des späten 15. Jahrhunderts, des *Zeitglöckleins des Lebens und Leidens Christi*,[39] formuliert programmatisch: „DIs büchlin ist überall nit anders denn andechtig betrachtungen / dar zů sich der mensch mit allem flisz schicken sol / Nit ylends überlouffen / sunder senfftiglich / begirlich / gemechlich / vnd lieplich lesen / vnd hertzlich betrachten".[40] Und auch Stephan Fridolins *Schatzbehalter* (1491)[41] weist an, man solle, „ye ein stůckleyn zu einer zeit mit auffmerckung vberlese[n]. vnd vber ein zeit aber eins. vnd also nach einander mit gutter muß".[42] Weitere Beispiele ließen sich anführen.[43] Es gibt also einen Konsens, der sich in den voneinander unabhängigen und verschiedenartigen normativen und devotionalen Texten niederschlägt: Ihnen allen gefällt das Eilen nicht. Es ist Ausdruck mangelnder Aufmerksamkeit, es untergräbt das intellektuelle Textverständnis, verweigert den jenseitigen Adressaten die Ehre, verhindert die emotionale Involviertheit der Andacht und hat negative Konsequenzen für das Seelenheil. Bertschis Gebetsvortrag zeugt so, auch wenn er im Wortlaut fehlerfrei ist, von einer grundlegend verfehlten Haltung.[44] Dies dürfte auch gelten, obwohl die

---

38 Dietrich Engelhus, *Laienregel*, S. 85.

39 Zum Text vgl. Griese, Andachtsbuch.

40 *zitglöglyn*, a5ᵛ–a6ʳ.

41 Zum Text vgl. Seegets, Passionstheologie, S. 169–286.

42 Fridolin, *Schatzbehalter*, Ddvjʳ [Bl. 300ʳ]. Abbreviaturen wurden aufgelöst.

43 Im Kontext einer durch *actus conformationis* zu erregenden *compassio* thematisiert der Passionstraktat *Do der minnenklich got* den Gegensatz eines gründlichen und eines schnell überfliegenden Meditierens: „Vnd also würt das liden vnsers herren eime menschen berürlich das es sust nit endette so wir es also über loffent vnd es nit gruntlich ansehent wenne als oben hin geswintlich über loffent" (Beuron, Bibliothek der Erzabtei, 4° Ms. 1, Bl. lxxxxijʳᵃ–lxxxxijʳᵇ). Die Passage ist nicht in der Fassung enthalten, die der Edition von Schelb, *Do der minnenklich got*, zugrundeliegt. Ein vergleichbares Beispiel aus dem früheren höfischen Bereich führt Henrike Manuwald an, wenn sie zeigt, dass auch Thomasin von Zerklaere für seinen *Welschen Gast* eine „konzentrierte Rezeption ohne Hast" einfordert (Manuwald, *acedia*-Tradition, S. 37).

44 Reinhard Wittmann hat dies vor dem Hintergrund der Philosophie Wilhelms von Ockham zu erklären versucht und die mangelnde sittliche Qualität von Bertschis Beten aus einem intentionalen Defizit hergeleitet. Auch hier steht die Deutung der Farblinie im Vordergrund: „Unter diesem Aspekt wird die vielumstrittene Bedeutung der grünen Linie des Narrentums bei Bertschis Gebeten [...] neu faßbar: nicht, weil sie, wie bisher angenommen, landesüblich und bereits bekannt sind, sondern weil Bertschi sie ohne jegliche innere Beteiligung und ohne religiösen Willensakt herunterleiert, sind diese Gebete tölpelhaft" (Wittmann, Philosophie Wilhelms von Ockham, S. 83). Vgl. im Anschluss an Wittmann auch Tobler, Zitate, S. 125–131. Laut Tobler geht es allerdings „nicht darum, daß diese Gebete allgemein bekannt sind, oder darum, daß Bertschi sie lediglich herunterleiert. Er ist ja nicht aufgefordert zu beten, sondern er wird examiniert. Der Sinn dieser Gebete und ihrer Farbmar-

Gebetstexte nicht im engeren Rahmen einer Gebetssituation gesprochen werden, denn es ist nicht davon auszugehen, dass bei einer katechetischen Prüfung ausschließlich der Wortlaut von Bedeutung ist. Die Prüfungssituation führt als Situation eines öffentlichen Beobachtens und Wertens vielmehr dazu, dass die Kluft zwischen dogmatischem und praktischem Wissen, zwischen der Korrektheit der Texte und dem Defizit ihrer Performanz, besonders ausgestellt wird.

4 Aufmerksamkeitskonkurrenz

Wovon aber ist Bertschis Aufmerksamkeit besetzt? Welche Quelle bindet sie und verhindert ihre Disziplinierung? Es ist die Art von *minne*, die um die Erfüllung sexueller Begierde kreist und im Verhältnis von Bertschi und Mätzli klar den Ton angibt.[45] Dass Bertschis Aufmerksamkeit ganz von Mätzli okkupiert ist, dient bereits im ersten Teil des *Rings* als wiederkehrendes Motiv. Dort heißt es in unterschiedlichen Variationen, etwa über Bertschi: „Mit sinnen und gedenken / Von ir mocht er nicht wenken" (*Ring*, V. 1284 f.).[46] Der Dorfschreiber Nabelreiber fordert diesen Zustand sogar als Norm ein, wenn er Bertschi in Sachen der Minnewerbung unterweist: „Sey fchol auch wefen funderbar / Jn allen deinen finnen zwàr" (*Ring*, V. 1688 f.). Hier deutet sich an, dass zwei Aufmerksamkeitsformen im Spiel sind und miteinander konkurrieren: die einer von fleischlicher Begierde bestimmten *minne* und die einer religiösen *andacht*. Die minnebedingte Besetzung der Aufmerksamkeit ist im *Ring* bereits vor Bertschis Gebetsvortrag eng auf die Thematik des Betens bezogen, sodass Formen der Minnewerbung und Semantiken der Frömmigkeit miteinander interferieren. So findet sich in Nabelreibers Unterweisung die Aufforderung, Mätzli mit Anspielungen auf den englischen Gruß entgegenzutreten, das

---

kierung ist vielmehr der, den Leser auf die Möglichkeit einer religiösen Existenz *in bonam* oder *in malam partem* aufmerksam zu machen" (S. 129). Sie plädiert also für einen Primat des Dogmas gegenüber der Praxis. Ich hoffe in Abschnitt 4 dieses Beitrags plausibel machen zu können, dass der *Ring* Bertschis Gebetsvortrag in den Zusammenhang konkurrierender Aufmerksamkeitsformen stellt, wobei die Performanz der Gebetstexte auf das Vorherrschen triebhaft gesteuerter Aufmerksamkeit hinweist.

45 Vgl. Keller, Vorschule der Sexualität.

46 Bereits zu Beginn der Erzählung heißt es: „Vber all trůg sey den preis / Also daz der Triefnas / Mâczleins selten ie vergas" (*Ring*, V. 98–100). Zur beiderseitigen Okkupation der Aufmerksamkeit durch *minne*: „Die minn die ward feu reiten / Alfo fer daz feu vergaffen, / Was feu trunken oder assen" (*Ring*, V. 1621–1623); „jr finn vnd auch ir gdenke / Wàrend nach versunken" (*Ring*, V. 1633 f.).

heißt mit Bezug auf das „Ave gratia plena" aus Lc 1,28,[47] auf dem auch das später von Bertschi gesprochene Gebet des *Ave Maria* beruht:

> Dar nàch ſo macht du ſpiehen ſchier
> Hôchſter hord o maẏgen zyer
> Bgenad mich lieb der gnàden vol
> Zferhôrren tugentleichen wol (*Ring*, V. 1782–1785)[48]

Auch in dem rhetorisch genialen Liebesbrief, den Bertschi Nabelreiber diktiert, kommt ein marianisches Epitheton, das des Morgensterns,[49] zum Einsatz:

> Got grůſſ dich lindentolde
> Lieb ich pin dir holde
> Du biſt mein morgen ſterne
> Pey dir ſo ſchlieff ich gerne (*Ring*, V. 1860–1863)

In dieses Netz gehört bereits die fulminante Kuhstallszene, in der sich Bertschi Mätzli zum ersten Mal anzunähern versucht.[50] Lutz konnte zeigen, dass es sich hierbei um eine Travestie der Verkündigungsszene handelt.[51] Gebetsanspielungen und marianische Semantik sind im *Ring* schon früh von körperlicher Begierde überformt. Dies erzeugt eine entsprechende Erwartungshaltung für den späteren Gebetsvortrag Bertschis. Die Mechanik und das Tempo, mit denen er die Texte des *Vater unser*, des *Ave Maria* und des *Glaubensbekenntnisses* abarbeitet, verweisen darauf, dass seine Aufmerksamkeit von jenem Begehren deutlich stärker in Beschlag genommen ist als vom Gehalt der Gebetstexte. Aus dem 15. Jahrhundert sind eine Reihe von Gebetsparodien erhalten, die genau diesen Vorgang ins Zentrum stellen.[52] So überliefert der Codex 408 der Badischen Landesbibliothek unter dem

---

47 „et ingressus angelus ad eam dixit | have gratia plena Dominus tecum | benedicta tu in mulieribus"; „Und der Engel trat bei ihr ein und sagte: ‚Sei gegrüßt, ⟨du⟩ voll Gnade. Der Herr ist mit dir. Gesegnet bist du unter den Frauen" (zit. nach Hieronymus, *Biblia sacra vulgata*, S. 280 f.).
48 Der entsprechende Passus aus dem *Ave Maria* im *Ring* lautet: „Aue Maria gegrusset ſeiſt du raineu maget Maria / vol aller gnaden" (*Ring*, S. 174, Z. 21 f.).
49 Vgl. Salzer, Sinnbilder und Beiworte Mariens, S. 23 f.
50 Vgl. *Ring*, V. 1416–1433.
51 Vgl. Lutz, *Spiritualis fornicatio*, S. 322–327, zum „have gratia plena" S. 324: „Das *gratia plena/ benedicta tu* des Engels macht Maria wegen seines Inhalts betroffen und nachdenklich (*turbata est in sermone eius et cogitabat qualis esset ista salutatio*), dagegen löst Bertschis bloße Erscheinung bei Mätzli einen solchen Schrecken aus, daß auch sein *nim dir nit laid* und *ghab dich wol* nicht helfen – Mätzli hört die Freudenbotschaft gar nicht". In Anlehnung an das „gratia plena" hatte Bertschi zuvor angekündigt, er werde Mätzi „aller frôden vol" (*Ring*, V. 1425) machen.
52 Vgl. hierzu auch Matter, Gebetsparodien, bes. S. 376–384.

Titel *Der Spunziererin Gebet* eine Parodie des *Pater noster,* in der der lateinische Gebetstext zeilenweise von den abschweifenden Gedanken einer Frau an ihren Liebhaber durchbrochen ist. Der auswendig gesprochene Text kollidiert mit den sich im Herzen entfaltenden Gedanken:

> HJe mercket der spünzirerin gebett,
> Jr hercz zü dem gespünczen stett:
> So sie spricht: ‚pater noster‘,
> Jr herce gedencket: ‚wo ist er?
> Qui es in celis;
> Ich fürcht, daz ich jn verliese.
> Sanctificetur nomen tuum;
> So ich nü schierest zü ym küm! [...]‘[53]

Gegen Ende wendet sich die Sprecherinstanz an das Publikum: „Secht in semlicher andacht | Wirt der spünczererynne / Gebett volbracht. | ‚Amen‘, sprecht zü, | Es helff oder ez en tüwe".[54] Was hier ironisch als Andacht bezeichnet wird, ist offenkundig ihre Pervertierung: das auch im Bildtyp vom guten und schlechten Gebet dargestellte Auseinanderfallen von äußerem Akt und innerlich auf ein Objekt weltlicher Begierde gerichteter Aufmerksamkeit. Dass es sich im *Ring* ganz ähnlich verhält, zeigt sich am Ende der umfangreichen Belehrungen, denen Bertschi im Anschluss an seinen Gebetsvortrag beiwohnt. Mätzlis Vater Fritz stellt schließlich die entscheidende Frage, ob Bertschi den vermittelten Lehren entsprechend handeln wolle:

> Do nu der ler ein end ward
> Friczo der fprach an der vart
> Nu dar herr Perchtolt hȯrft du das
> Wilt es tůn vnd dannoht bas
> Das fag vns auf die treuwe dein
> So gib ich dir die tochter mein (*Ring*, V. 5201–5206)

Was folgt, ist eine lapidar formulierte Pointe, wie sie für den *Ring* typisch ist. Sie verwandelt mehr als tausend Verse an vorangegangener Unterweisung in diskursiven Feinstaub und wirft ihr zweifelhaftes Licht zurück auf die von Bertschi zu Beginn des Abschnitts vorgetragenen Gebete:

> Triefnaff andacht die was grȯff
> Gen feines lieben Måczleins fchoff

---

53 Schmid, *Codex Karlsruhe 408*, S. 188.
54 Ebd.

> Vnd tett recht ſam Fuchs Raynhart
> Der vmb die fayſſen hennen warb
> Vnd verhieſſ pey ſeinem åid
> Ze allen dingen ſein berayt
> Die ein fromer weiſer knecht
> Laysten ſcholt vnd tůn von recht (*Ring*, V. 5207–5214)

Die große Andacht Bertschis erweist sich, wie die der Liebhaberin aus der *Pater noster*-Parodie, als gedankliche Fixierung auf das Geschlecht Mätzlis, und lässt ihn unaufrichtig handeln wie den tierepischen Reinhart Fuchs.[55] Johanna Thali hat die zitierte *Ring*-Stelle in ihrem Beitrag zur historischen Semantik von *andacht* und *betrachtung* als Beispiel dafür herangezogen, wie schwierig es für moderne Sprecher sei, zwischen religiöser und nicht-religiöser Verwendungsweise des historischen Ausdrucks zu unterscheiden. Sie bemerkt, dass das *Frühneuhochdeutsche Wörterbuch* die Stelle als Beleg für eine nicht religiös denotierte Verwendungsweise von Andacht aufnimmt.[56]

Der hier vorgeschlagenen Deutung zufolge ist die ‚große Andacht‘ Bertschis durchaus als Ironisierung einer zentralen religiösen Form von Aufmerksamkeit zu verstehen, die sich die Ambiguität des Ausdrucks zunutze macht. Dies ergibt sich nicht zwingend aus dem unmittelbaren Kontext, wohl aber aus dem Netz von Sinnbezügen, das die übergreifende Handlung des *Rings* aufspannt, und aus den Diskussionen um Andacht, die in der zeitgenössischen Frömmigkeitskultur geführt werden. Das nachdrücklich betonte Okkupiertsein von Bertschis *sinnen* und *gedenken* durch Mätzli, die Anspielungen auf Gebete im Kontext sexueller Avancen, der hastige, ostentativ unandächtige Vortrag von *Vater unser*, *Ave Maria* und *Glaubensbekenntnis* und das Hintergrundwissen um die fleischliche Begierde als eine Hauptquelle der Zerstreuung von Andacht bilden die Voraussetzungen für die Pointe, dass der *Ring andacht* und *ſchoſſ* in einem Reimpaar aufeinander bezieht.

Vor dem Hintergrund dieser elaborierten Anordnung wird deutlich, dass es zu kurz greifen würde, Bertschis Version von *andacht* als bloßes Negativexempel aufzufassen, wie es in Teilen der *Ring*-Forschung üblich ist.[57] Annika Goldenbaum hat den *Ring* jüngst als einen „gelehrte[n] Text, der nicht belehrt"[58] bezeichnet und wie schon Tobias Bulang vor ihr seinen metadidaktischen Charakter hervorgehoben.[59] Sein Interesse besteht demnach weniger darin, Wissen zu vermitteln, als die Bedingungen, Möglichkeiten und Grenzen des Wissens in den unterschiedlichen Formen

---

55 Vgl. Röcke, Kommentar, S. 466.
56 Vgl. Thali, *andacht* und *betrachtung*, S. 236.
57 Vgl. aus jüngerer Zeit etwa Fürbeth, *nutz*, bes S. 510; S. 524.
58 Goldenbaum, *Krisenexperiment*, S. 11; vgl. auch S. 41–44.
59 Vgl. Bulang, *Enzyklopädische Dichtungen*, bes. S. 250; S. 257.

seiner Verkehrung und Krisenförmigkeit beobachtbar zu machen.[60] Diese Sichtweisen haben sich als weiterführend erwiesen und hebeln sowohl die seit Kurt Ruh in unterschiedlichen Varianten tradierte Auffassung aus, der *Ring* sei in Unterhaltung verpackte Belehrung, als auch die dem Negativexempel entgegengesetzte Sinnzerstörung, die Bachorski vorschwebte.[61] Bertschis Verkehrung der *andacht* zerstört zwar den ‚Sinn‘ der belehrenden Anstrengungen, die ihr vorangehen, in der Zerstörung aber treten, unter anderem, die miteinander konfligierenden Logiken der Aufmerksamkeit zum Vorschein. Dieses Verfahren ist weder negativ-exemplarisch noch sinnlos. Es ist erkenntnisfördernd mit den Mitteln einer anarchischen Komik, die einer Serie wie *Southpark* alle Ehre machen würde.

5 Schluss

> You know, I learned something today. (Kyle Broflovski)

Als mittelfristige Folge der eskalierenden Hochzeitsfeierlichkeiten von Bertschi und Mätzli liegt das Dorf Lappenhausen am Ende der Handlung in Schutt und Asche. Inmitten der Trümmer und der Berge von Leichen – auch Mätzli hat der Krieg das Leben gekostet – verliert Bertschi das Bewusstsein. Wieder zu sich gekommen, scheint er zur Einsicht gelangt zu sein. Er beklagt seine Unbelehrbarkeit, bedenkt die Vergänglichkeit alles Irdischen und macht sich auf den Weg in den Schwarzwald. Hier schließlich findet er, was im Dorf Lappenhausen nicht zu haben war: uneingeschränkte Andacht und das ewige Leben.

> Also für er hin ſo bald
> Enmitten in den Swarczwald.
> Da verdienet er vil gwår
> Jn ganczer andàcht àn gevår
> Nàch diſem layd das ewig leben
> Das well vns aùch der ſelbig geben
> Der wàſſer aus dem ſtåin beſchert
> Hàt vnd aùch ze wein bekert
>
> Amæn (*Ring*, V. 9692–9699)

---

60 Diese Grundhaltung teilen auch die Interpretationen von Ratzke, *Erzählte Oratorik*, S. 217–231; S. 242–249.

61 Vgl. Ruh, Laiendoktrinal; Bachorski, System der Negationen, bes. S. 482 f.

Läuft es am Ende des *Rings,* im Rahmen eines fünfzeiligen *moniage*-Schlusses, also auf eine vollständige Wiederherstellung religiöser *andacht* hinaus?[62] Eva Tobler hat die exegetische Tradition der anzitierten Bibelstellen aufgearbeitet und daraus eine buß- und gnadentheologische Lesart der Schlussverse des *Rings* entwickelt.[63] Auffällig bleibt aber doch das verspielte Enjambement der beiden Schlussverse und der Umstand, dass das letzte Substantiv des Textes ausgerechnet *wein* lautet. Bei aller theologischen Raffinesse, die dem *Ring* zuzutrauen ist, bleibt der Eindruck bestehen, dass hier ein Ironiker am Werk war, der selbst im würdevollen ‚*Amœn*‘ am Ende noch ein beseelendes ‚Prost!‘ mitschwingen lässt.

Literaturverzeichnis

Primärliteratur

Beuron, Bibliothek der Erzabtei, 4° Ms. 1.

Das andechtig zitglöglyn des lebens vnd lidens christi nach den xxiiij stunden vßgeteilt. Kirchheim: Reinhart [ca. 1491] [GW 4166]. Digitalisat: http://dlib.gnm.de/item/8Inc89356 [letzter Zugriff: 28.10.2022].

[Dietrich Engelhus]: Eine Laienregel des XV. Jahrhunderts. In: Langenberg, Rudolf: *Quellen und Forschungen zur Geschichte der deutschen Mystik.* Bonn 1902, S. 72–106.

Fridolin, Stephan: *Der Schatzbehalter oder schrein der waren reichtümer des heils und ewyger seligkeit.* Nürnberg: Koberger 1491 [GW 10329]. Digitalisat: urn:nbn:de:bsz:16-diglit-177262 [letzter Zugriff: 28.10.2022].

Heidelberg, Universitätsbibliothek, Cpg 362. Digitalisat: urn:nbn:de:bsz:16-diglit-22126 [letzter Zugriff: 28.10.2022].

Hieronymus: *Biblia sacra vulgata.* Lateinisch-deutsch. Hrsg. von Andreas Beriger, Widu-Wolfgang Ehlers und Michael Fieger. Bd. 5: *Evangelia – Actus Apostolorum – Epistulae Pauli – Epistulae Catholicae – Apocalypsis – Appendix* (Sammlung Tusculum). Berlin/Boston 2018.

[Ps.-Augustinus]: *Manuale,* liber unus. In: Migne, Jacques-Paul (Hrsg.): *Sancti Aurelii Augustini Opera Omnia.* Bd. 6 (Patrologia latina 40). Paris 1865, Sp. 951–968.

Schmitt, Margarete (Hrsg.): *Der große Seelentrost. Ein niederdeutsches Erbauungsbuch des vierzehnten Jahrhunderts* (Niederdeutsche Studien 5). Köln/Graz 1959.

Wittenwiler, Heinrich: Der Ring. *Text – Übersetzung – Kommentar.* Nach der Münchener Handschrift hrsg., übers. und erläutert von Werner Röcke. Unter Mitarbeit von Annika Goldenbaum. Mit einem Abdruck des Textes nach Edmund Wießner (De-Gruyter-Texte). Berlin/Boston 2012.

---

62 Corinna Biesterfeldt hat dies überzeugend zurückgewiesen. Der „abstrakt bleibende Rollenentwurf des Schwarzwald-Eremiten wird irritierend unterlaufen und in der Entfaltung seiner traditionsreichen Dignität blockiert" (Biesterfeldt, Das Schlußkonzept *moniage,* S. 230). Vgl. S. 229 f. mit Anm. 41–43 für weitere Literatur.

63 Vgl. Tobler, Zitate, S. 131–135.

Sekundärliteratur

Angenendt, Arnold u. a.: Gezählte Frömmigkeit. In: *Frühmittelalterliche Studien* 29 (1995), S. 1–71.

Bachorski, Hans-Jürgen: *Der Ring*. Dialogisierung, Entdifferenzierung, Karnevalisierung. In: *Jahrbuch der Oswald von Wolkenstein-Gesellschaft* 8 (1994/95), S. 239–258.

Bachorski, Hans-Jürgen: *Irrsinn und Kolportage. Studien zum* Ring, *zum* Lalebuch *und zur* Geschichtklitterung (Literatur, Imagination, Realität 39). Trier 2006.

Bachorski, Hans-Jürgen: „per antiffrasin". Das System der Negationen in Heinrich Wittenwilers *Ring*. In: *Monatshefte für deutschen Unterricht, deutsche Sprache und Literatur* 80 (1988), S. 469–487.

Biesterfeldt, Corinna: Das Schlußkonzept *moniage* in mittelhochdeutscher Epik als Ja zu Gott und der Welt. In: Haubrichs, Wolfgang/Lutz, Eckart Conrad/Ridder, Klaus (Hrsg.): *Erzähltechnik und Erzählstrategien in der deutschen Literatur des Mittelalters*. Saarbrücker Kolloquium 2002 (Wolfram-Studien 18). Berlin 2004, S. 211–231.

Bleumer, Hartmut/Emmelius, Caroline: Vergebliche Rationalität. Erzählen zwischen Kasus und Exempel in Wittenwilers *Ring*. In: Ridder, Klaus (Hrsg.) in Verbindung mit Haubrichs, Wolfgang/Lutz, Eckart Conrad: *Reflexion und Inszenierung von Rationalität in der mittelalterlichen Literatur*. Blaubeurer Kolloquium 2006 (Wolfram-Studien 20). Berlin 2008, S. 177–204.

Brunner, Horst: Heinrich Wittenwiler. In: Ruh, Kurt u. a. (Hrsg.): *Die deutsche Literatur des Mittelalters. Verfasserlexikon*. 2., völlig neu bearb. Auflage. Bd. 10. Berlin/New York 1999, Sp. 1281–1289.

Bulang, Tobias: *Enzyklopädische Dichtungen. Fallstudien zu Wissen und Literatur in Spätmittelalter und früher Neuzeit* (Deutsche Literatur 2). Berlin 2011.

Feistner, Edith: *Der Große Seelentrost*. In: Kühlmann, Wilhelm (Hrsg.): *Killy Literaturlexikon. Autoren und Werke des deutschsprachigen Kulturraumes*. Bd. 10. Berlin/Boston ²2011, S. 725 f.

Fürbeth, Frank: Die Forschung zu Heinrich Wittenwilers *Ring* seit 1988. In: *Archiv für das Studium der neueren Sprachen und Literaturen* 245 (2008), S. 350–390.

Fürbeth, Frank: *nutz, tagalt* oder *mär*. Das wissensorganisierende Paradigma der *philosophia practica* als literarisches Mittel der Sinnstiftung in Heinrich Wittenwilers *Ring*. In: *Deutsche Vierteljahrsschrift für Literaturwissenschaft und Geistesgeschichte* 76 (2002), S. 497–541.

Fürbeth, Frank: „unter den Augen des Dichters"? Überlegungen zur Rekonstruktion der Urfassung von Heinrich Wittenwilers *Ring* anhand seiner verlorenen Überlieferung. In: *Zeitschrift für deutsches Altertum* 146/2 (2017), S. 198–249.

Goldenbaum, Annika: *Heinrich Wittenwilers* Ring *als Krisenexperiment. Erwartung und Störung didaktischer Kommunikation* (Literatur – Theorie – Geschichte 18). Berlin/Boston 2020.

Griese, Sabine: Das Andachtsbuch als symbolische Form. Bertholds *Zeitglöcklein* und verwandte Texte als Laien-Gebetbücher und -Bilder. In: Suntrup, Rudolf/Veenstra, Jan R./Bollmann, Anne (Hrsg.): *The Mediation of Symbol in Late Medieval and Early Modern Times. Medien der Symbolik in Spätmittelalter und Früher Neuzeit* (Medieval to early modern culture 5). Frankfurt am Main u. a. 2005, S. 3–35.

Halm, Philipp Maria: Ikonographische Studien zum Armen Seelen-Kultus. In: *Münchner Jahrbuch der bildenden Kunst* 12 (1921/22), S. 1–24.

Händl, Claudia: Heinrich Wittenwiler. In: Kühlmann, Wilhelm (Hrsg.): *Killy-Literaturlexikon. Autoren und Werke des deutschsprachigen Kulturraumes*. Bd. 12. Berlin/Boston ²2011, S. 365–368.

Honemann, Volker: Der Laie als Leser. In: Schreiner, Klaus (Hrsg.): *Laienfrömmigkeit im späten Mittelalter. Formen, Funktionen, politisch-soziale Zusammenhänge* (Schriften des Historischen Kollegs. Kolloquien 20). München 1992, S. 241–251.

Hübner, Gert: Erzählung und praktischer Sinn. Heinrich Wittenwilers *Ring* als Gegenstand einer praxeologischen Narratologie. In: *Poetica* 42 (2010), S. 215–242.

Hübner, Gert: Eulenspiegel und historische Sinnordnungen. Plädoyer für eine praxeologische Narratologie. In: *Literaturwissenschaftliches Jahrbuch* 53 (2012), S. 175–206.

Keller, Johannes: Vorschule der Sexualität. Die Werbung Bertschis um Mätzli in Heinrich Wittenwilers *Ring*. In: Haas, Alois Maria/Kasten, Ingrid (Hrsg.): *Schwierige Frauen – schwierige Männer in der Literatur des Mittelalters.* Bern u. a. 1999, S. 153–174.

Lentes, Thomas: Inneres Auge, äußerer Blick und heilige Schau. Ein Diskussionsbeitrag zur visuellen Praxis in Frömmigkeit und Moraldidaxe des späten Mittelalters. In: Schreiner, Klaus (Hrsg.): *Frömmigkeit im Mittelalter. Politisch-soziale Kontexte, visuelle Praxis, körperliche Ausdrucksformen.* München 2002, S. 179–220.

Lutz, Eckart Conrad: Spiritualis fornicatio. *Heinrich Wittenwiler, seine Welt und sein* Ring (Konstanzer Geschichts- und Rechtsquellen 32). Sigmaringen 1990.

Manuwald, Henrike: „Ich hân gehôrt unde gelesen, / man sol ungerne müezec wesen". Spuren der *acedia*-Tradition im *Welschen Gast.* In: Schneider, Christian u. a. (Hrsg.): *Der* Welsche Gast *des Thomasin von Zerklaere. Neue Perspektiven auf eine alte Verhaltenslehre in Text und Bild* (Kulturelles Erbe: Materialität – Text – Edition 2). Heidelberg 2022, S. 23–53.

Matter, Stefan: Gebetsparodien des hohen und späten Mittelalters. In: Breitenstein, Mirko/Schmidt, Christian (Hrsg.): *Medialität und Praxis des Gebets* (Das Mittelalter 24/2). Berlin/Boston 2019, S. 370–389.

Palmer, Nigel: *Seelentrost.* In: Ruh, Kurt u. a. (Hrsg.): *Die deutsche Literatur des Mittelalters. Verfasserlexikon.* 2., völlig neu bearb. Auflage. Bd. 8. Berlin/New York 1992, Sp. 1030–1040.

Powell, Hilary: Demonic Daydreams. Mind-Wandering and Mental Imagery in the Medieval Hagiography of St Dunstan. In: *New Medieval Literatures* 18 (2018), S. 44–74.

Putzo, Christine: Komik, Ernst und *Mise en page.* Zum Problem der Farblinien in Wittenwilers *Der Ring.* In: *Archiv für das Studium der neueren Sprachen und Literaturen* 246 (2009), S. 21–49.

Ratzke, Malena: *Erzählte Oratorik. Politische Rede in der deutschsprachigen Literatur des Spätmittelalters* (Trends in Medieval Philology 42). Berlin/Boston 2022.

Röcke, Werner/Klinger, Judith: Vorbemerkung. In: Bachorski, Hans-Jürgen: *Irrsinn und Kolportage. Studien zum* Ring, *zum* Lalebuch *und zur* Geschichtklitterung (Literatur, Imagination, Realität 39). Trier 2006, o. S.

Röcke, Werner: Kommentar. In: Wittenwiler, Heinrich: *Der Ring.* Text – Übersetzung – Kommentar. Nach der Münchener Handschrift hrsg., übers. und erläutert von Röcke, Werner. Unter Mitarbeit von Goldenbaum, Annika. Mit einem Abdruck des Textes nach Wießner, Edmund (De-Gruyter-Texte). Berlin/Boston 2012, S. 441–481.

Ruh, Kurt: Ein Laiendoktrinal in Unterhaltung verpackt. Wittenwilers *Ring.* In: Grenzmann, Ludger/Stackmann, Karl (Hrsg.): *Literatur und Laienbildung im Spätmittelalter und in der Reformationszeit* (Germanistische Symposien-Berichtsbände 5). Stuttgart 1984, S. 344–355.

Salzer, Anselm: *Die Sinnbilder und Beiworte Mariens in der deutschen Literatur und lateinischen Hymnenpoesie des Mittelalters. Mit Berücksichtigung der patristischen Literatur. Eine literar-historische Studie.* Linz 1893.

Schelb, Albert Viktor: *Die Handschriftengruppe* Do der minnenklich got. *Ein Beitrag zur spätmittelalterlichen Passionsliteratur.* Freiburg im Breisgau 1972.

Schlaffke, Winfried: *Heinrich Wittenweilers* Ring. *Komposition und Gehalt* (Philologische Studien und Quellen 50). Berlin 1969.

Schmid, Ursula: *Codex Karlsruhe 408* (Bibliotheca Germanica 16). Bern/München 1974.

Schmidt, Christian: Das Dispositiv der Andacht. Eine theatergeschichtliche Perspektive? In: *Zeitschrift für Literaturwissenschaft und Linguistik* 50/3 (2020), S. 417–434.

Schmidt, Christian: Zeilenfüllselgebete. Materialphilologische Überlegungen zum Verhältnis von Legendarik, Liturgie und Andachtspraxis am Beispiel der Reimprosalegende *Sunte Elizabeten passie*. In: *Zeitschrift für Literaturwissenschaft und Linguistik* 52/2 (2022), S. 253–273.

Seegets, Petra: Passionstheologie und Passionsfrömmigkeit im ausgehenden Mittelalter. Der Nürnberger Franziskaner Stephan Fridolin (gest. 1498) zwischen Kloster und Stadt (Spätmittelalter und Reformation. N.R. 10). Tübingen 1998.

Sowinski, Bernhard: *Der Sinn des Realismus in Heinrich Wittenwilers* Ring. Köln 1960.

Szondi, Peter: Über philologische Erkenntnis. In: Ders.: *Hölderlin-Studien. Mit einem Traktat über philologische Erkenntnis* (edition suhrkamp 379). Frankfurt am Main 1970, S. 9–34.

Thali, Johanna: *andacht* und *betrachtung*. Zur Semantik zweier Leitvokabeln der spätmittelalterlichen Frömmigkeitskultur. In: Hasebrink, Burkhard/Bernhardt, Susanne/Früh, Imke (Hrsg.): *Semantik der Gelassenheit. Generierung, Etablierung, Transformation* (Historische Semantik 17). Göttingen 2012, S. 226–267.

Thali, Johanna: Strategien der Heilsvermittlung in der spätmittelalterlichen Gebetskultur. In: Dauven-van Knippenberg, Carla/Herberichs, Cornelia/Kiening, Christian (Hrsg.): *Medialität des Heils im späten Mittelalter* (Medienwandel – Medienwechsel – Medienwissen 10). Zürich 2009, S. 241–278.

Thelen, Christian: *Das Dichtergebet in der deutschen Literatur des Mittelalters* (Arbeiten zur Frühmittelalterforschung 18). Berlin/Boston 1989.

Tobler, Eva: Zitate aus Schrift und Lehre in Heinrich Wittenwilers *Ring*. In: *Jahrbuch der Oswald von Wolkenstein-Gesellschaft* 8 (1994/95), S. 125–140.

Von Moos, Peter: *Attentio est quaedam sollicitudo*. Die religiöse, ethische und politische Dimension der Aufmerksamkeit im Mittelalter. In: Ders.: *Gesammelte Studien zum Mittelalter.* Hrsg. von Melville, Gert. Bd. 2: *Rhetorik, Kommunikation und Medialität.* (Geschichte: Forschung und Wissenschaft 15). Berlin 2006, S. 265–306.

Wildhaber, Robert: Das gute und das schlechte Gebet. Ein Beitrag zum Thema der Mahnbilder. In: Heilfurth, Gerhard/Siuts, Hinrich (Hrsg.): *Europäische Kulturverflechtungen im Bereich der volkstümlichen Überlieferung.* Festschrift zum 65. Geburtstag Bruno Schiers (Veröffentlichungen des Instituts für Mitteleuropäische Volksforschung an der Philipps-Universität Marburg/Lahn. A. Allgemeine Reihe 5). Göttingen 1967, S. 63–72.

Wittmann, Reinhard: Heinrich Wittenwilers *Ring* und die Philosophie Wilhelms von Ockham. In: *Deutsche Vierteljahrsschrift für Literaturwissenschaft und Geistesgeschichte* 48 (1974), S. 72–92.

Worstbrock, Franz Josef: Engelhus, Dietrich. In: Ruh, Kurt u. a. (Hrsg.): *Die deutsche Literatur des Mittelalters. Verfasserlexikon.* 2., völlig neu bearb. Auflage. Bd. 2. Berlin/New York 1980, Sp. 556–561.

Zapf, Volker: Wittenwiler, Heinrich. In: Achnitz, Wolfgang (Hrsg.): *Deutsches Literatur-Lexikon. Das Mittelalter.* Bd. 5: *Epik (Vers – Strophe – Prosa) und Kleinformen.* Berlin/Boston 2013, Sp. 1302–1312.

Benedikt Kranemann

„Leiter, Führer und Dollmetscher" für die Liturgie. Praktiken der Aufmerksamkeit in kleinen Liturgiken des 19. Jahrhunderts

Aufmerksamkeit im Gottesdienst ist für die Kirche keine Nebensache, denn liturgische Feiern setzen innere und äußere Aufmerksamkeit voraus. Doch damit war es oftmals schlecht bestellt, wie viele Quellen erkennen lassen. Die Liturgiegeschichte ist reich an Beispielen, dass Gläubige sich im Gottesdienst ablenkten oder ablenken ließen, dass sie den Gottesdienst störten, ihn früh verließen oder gar nicht erst zur Liturgie kamen. Idealvorstellungen des gottesdienstlichen Lebens beispielsweise in der Zeit der Frühen und Alten Kirche werden gerade in jüngerer Zeit durch die Forschung in Frage gestellt.[1] Aber auch im Mittelalter und in der Neuzeit gibt es Klagen. 1494 liest man bei Sebastian Brant im *Narrenschiff* von einer alles andere als aufmerksamen Gemeinde im Gottesdienst: „Das ist ein Klappern und ein Schwätzen! Durchhecheln muss man alle Sachen / Und Schnippschnapp mit den Holzschuhn machen, / Und Unfug treiben mancherlei."[2] Solche Klagen findet man häufig und in unterschiedlichen Quellensorten quer durch die Jahrhunderte. Sie begegnen seitens der Kirchenleitung, die sich um das Seelenheil der Gläubigen und um Orthopraxie sorgt, die zugleich aus unterschiedlichen Gründen, und auch aus Erwägungen, die mit Macht und Autorität zusammenhängen, Menschen disziplinieren will. Der öffentliche Gottesdienst spielt dabei in der Kirche als Heilsanstalt eine besondere Rolle.

Gläubige bemühen sich zugleich um Aufmerksamkeit, um so dem Geschehen der Liturgie intensiver folgen und daraus für den eigenen Glauben und das eigene Heil Gewinn ziehen zu können. Vor dem Hintergrund eines Projekts zu kleinen Liturgiken des 19. Jahrhunderts, die aus der römisch-katholischen Kirche stammen,[3] soll im Folgenden anhand einiger Beispiele gezeigt werden, wie man in dieser Zeit, die in der Liturgiewissenschaft immer noch zu wenig Beachtung findet, versucht hat, Aufmerksamkeit in der Liturgie zu fördern. Diese Bücher sind Medien entsprechender Unterweisung. In ihnen geht es sowohl um die Momente, auf die sich

---

1 Vgl. dazu mit zahlreichen Literaturverweisen Rouwhorst, Frühe Christen. Rouwhorst setzt sich darin u. a. mit Thesen von MacMullen, *The Second Church*, auseinander, die zumindest uniforme Vorstellungen frühchristlicher Liturgie in Frage stellen.
2 Brant, *Narrenschiff*, S. 157.
3 Vgl. dazu Kranemann, Bildung; Bärsch, Priesterweihe. Einige Quellen werden bereits genannt bei Trapp, *Vorgeschichte*, S. 287, Anm. 44.

die Aufmerksamkeit konzentrieren soll, als unter anderem um Hinweise, wie man generell aufmerksam der Liturgie folgen kann. Manche Akzentsetzungen tauchen immer wieder auf, andere sind zeittypisch. ‚Aufmerksamkeit' ist eine Haltung, die die kleinen Liturgiken der Sache nach benennen, ohne dass der Begriff verwendet wird. Das Ziel dieser Liturgiken ist es, die Gläubigen in den Gottesdienst so zu involvieren, dass sie Handlungen äußerlich und innerlich konzentriert mitvollziehen, ohne dass diese Gläubigen die eigentlich Handelnden in der Liturgie sind. Liturgie dieser Zeit ist nach wie vor Klerikerliturgie. Das bedeutet, dass etwa in der Messfeier alle Texte und Riten dem Kleriker obliegen und die Gläubigen nur hinzutreten, ihre Anwesenheit aber entbehrlich ist.[4] Die Laien sollen sich der Liturgie des Priesters anschließen, um so an der Gnadenwirkung des Gottesdienstes Anteil zu erhalten.

1 Aufmerksamkeit als Thema der Liturgiegeschichte

Bevor näher auf die Liturgiken des 19. Jahrhunderts eingegangen wird, soll der Umgang mit ‚Aufmerksamkeit' in der Liturgiegeschichte kurz skizziert werden. Die Weckung und Bewahrung von ‚Aufmerksamkeit' ist ein Thema, das die Geschichte des Gottesdienstes begleitet. Es sind unterschiedliche Beweggründe im Spiel. Mal dient Aufmerksamkeit der Intensivierung des gläubigen Erlebnisses der Feier – so in postbaptismalen Predigten der Spätantike –, mal geht es um eine Disziplinierung der Gläubigen – auch, aber nicht nur in der Frühen Neuzeit. Dann wieder wird die aufmerksame Mitfeier notwendig, damit die Liturgie ihre erzieherische Wirkung entfalten kann – so in Liturgien der Aufklärung. Schließlich ist ein partizipatives Verständnis von Liturgie gefragt, das für eine gemeinschaftliche Feier das Zuhören, Mitsprechen, Mithandeln, innerlich und äußerlich waches Mittun erfordert – etwa in der Liturgischen Bewegung der 1920er und 1930er Jahre.

Aufmerksamkeit wurde nicht nur innerhalb, sondern bereits außerhalb der Liturgie erregt. Ein Beispiel sind die Glocken, die seit dem 7. Jahrhundert in Kirchen im Gebrauch sind, den Beginn des Gottesdienstes ankündigten, auf Gebetszeiten hinwiesen, aber beispielsweise auch am Freitag an die Todesstunde Jesu erinnerten. Glocken begegneten im Innenraum der Kirche, wenn zur Elevation in der Eucharistie geläutet wurde, zum Sanctus, zur Kommunion usw. Der Sonntag, die Feste, ebenso die (monastischen) Gebetszeiten wurden so angekündigt. Ein akustischer

---

4 Zum im Hintergrund stehenden Priesterbild und seiner Geschichte vgl. Lutterbach, Heilige Messen.

Raum der Kirche wurde geschaffen, der alle einbezog, die diese Signale decodieren konnten.[5]

Dieses Erregen von Aufmerksamkeit setzte sich innerhalb der Liturgie fort. Die Messfeier stellte das zentrale und die katholische Frömmigkeit am meisten prägende Sakrament dar, für sie wurde sicherlich die größte Aufmerksamkeit erzeugt. Das bezog sich insbesondere auf die Konsekration („Wandlung") und den entsprechenden Moment in der Messfeier und umfasste Priester wie andere Teilnehmende. Die Aufmerksamkeit für die über Jahrhunderte übliche Konzentration auf die sogenannten Einsetzungsworte wurde schon durch die typografische Hervorhebung der entsprechenden lateinischen Worte in Missalien oder auf den Canontafeln geweckt, die auf dem Altar standen.[6] Für die Gläubigen werden diese Worte gar nicht hörbar gewesen sein, denn der Canon, das Eucharistiegebet, wurde zumeist leise gesprochen, was die Bedeutung der Gebetshandlung unterstreichen konnte. Aufmerksamkeit für das Geschehen am Altar, das sich möglicherweise, aber nicht zwangsläufig von den anderen Gläubigen räumlich weit entfernt vollzog, erzeugte die Elevation,[7] das Erheben der konsekrierten Gaben. Dazu konnten sogenannte Elevationskerzen angezündet werden, die gleichsam Signalgeber waren, wohin jetzt zu schauen war und worauf sich die Aufmerksamkeit zu richten hatte. Es gab vereinzelt Vorrichtungen, an denen Engelfiguren mit brennenden Kerzen zur Elevation herabschweben konnten. Inszenatorische Elemente, die man heute unter ‚religiöses Event' fassen würde, spielten eine Rolle. Eigene Elevationsmusik unterstrich die Bedeutung des Moments. Die Gläubigen wollten die Hostie möglichst lange und oft anschauen, weshalb die Elevation entsprechend ausgeweitet werden konnte.[8]

Für die Eucharistie ließe sich weiteres nennen, wobei man zwar nach Jahrhunderten, Regionen, kirchlichen Kontexten usw. genauer differenzieren müsste, aber seit dem Frühmittelalter das Bemühen, Aufmerksamkeit zu erzeugen, nicht übersehen kann. Auf die Lichtführung ist gerade schon hingewiesen worden. Insbesondere barocke Kirchenräume waren so gebaut, dass auch jenseits der Messfeier der Blick auf den Tabernakel über dem Hauptaltar gelenkt wurde. Die Blickführung

---

5 Vgl. sehr knapp Meyer, Exkurs, S. 383 f.; immer noch relevant: Braun, *Altargerät*, S. 573–580, demzufolge durch die Glocke die Elevation dem Volk angezeigt wird, „damit es das heiligste Sakrament in Andacht anbete" (Braun, *Altargerät*, S. 574).
6 Vgl. Heinz, Kanontafel, Sp. 1198.
7 Nach wie vor aufgrund seiner Materialfülle bestechend ist der bereits 1931 erschienene Aufsatz von Browe, Elevation; vgl. aus jüngerer Zeit Heinz, Zeige- und Darbringungsgestus.
8 Vgl. Meyer, Elevation, S. 39–42.

im Raum soll für konzentriertes Schauen sorgen.[9] Man könnte beispielsweise die Messgewänder nennen, die in ihrer Geschichte viele Funktionen auf sich zogen – Festgewand, Bildträger, Ausweis klerikaler Funktion und entsprechender Ämter etc. –, aber optisch die Blicke auf den Ort und das Geschehen leiteten, der und das Aufmerksamkeit verlangte.[10]

Und wie zeigten die Gläubigen, dass sie aufmerksam waren, der heiligen Handlung am Altar folgten und sich das Gebetsgeschehen verinnerlichten? Äußerlich vor allem durch das Niederknien, möglicherweise mit beiden Knien, signalisierten sie die Haltung der Aufmerksamkeit, der innerlich die Disposition der Anbetung entsprechen sollte. Wer lesen konnte, war in der Lage, mit einem „Volksmissale" das, was der Priester leise am Altar betete und was er an Gesten vollzog, in einer Übersetzung mit- und nachzulesen.[11] So intensivierte man für sich die Teilnahme, ohne in das Geschehen direkt involviert zu sein, und steigerte seine Konzentration. Dem diente ebenfalls die vorausgeschickte Liturgiekatechese, möglicherweise die Predigt. Und die eucharistische Nüchternheit sollte letztlich helfen, sich körperlich auf das eucharistische Geschehen vorzubereiten und zu konzentrieren.[12]

Man könnte das, was jetzt genannt worden ist, weiter ausführen und mehr Details nennen, zum Beispiel auf Zeigegeräte, also auf die Monstranz hinweisen, die ebenfalls etwas mit Aufmerksamkeit zu tun hatte. Es wird deutlich, und das wird sich gleich in Büchern aus dem 19. Jahrhundert belegen lassen, dass Aufmerksamkeit verbal und nonverbal erzeugt wurde, dass die Körperpraxis und damit das Sehen, Hören, Riechen – Weihrauch – usw. eine wichtige Rolle spielten, zudem Raum und Zeit von Bedeutung waren. Es handelte sich um ein sehr komplexes Kommunikationsgeschehen, für das vielfältige Medien und der Mensch mit seinen Sinnen einbezogen wurden. Manches davon war kontrollierbar, so die Körperhaltung bei der Elevation, anderes – man könnte es die innere Aufmerksamkeit nennen – oblag ganz dem einzelnen Christen und der einzelnen Christin. Man darf nicht übersehen, dass die Gestalt des Gottesdienstes eine Faszination entwickeln konnte, also ästhetisch anzog, und sich dabei gegenüber der eigentlichen Intention

---

9 Zum entsprechenden Ausstattungsprogramm barocker Kirchen vgl. aus kunsthistorischer Perspektive Brossette, *Inszenierung*; aus liturgiewissenschaftlicher Sicht vgl. u. a. Bärsch, Thronsaal.

10 Vgl. Kranemann, Kleider.

11 Vgl. dazu Häußling, *Missale*; Henkel, *Messübersetzungen*.

12 Das Spielen von Liturgie durch Kinder, v. a. der Messe, kann möglicherweise ebenfalls unter dem Gesichtspunkt der Aufmerksamkeit diskutiert werden. Vgl. jetzt Bärsch/Köhle-Hezinger/Raschzok (Hrsg.), *Spiele*. Solchem Spiel wurde (zeitweise) eine erzieherische Funktion zugewiesen; vgl. Post, „Ein ausgezeichnetes Spiel …".

verselbstständigen konnte. Dem versuchte man durch Erziehung, Katechese, Ermahnung und Übung immer wieder vorzubeugen.

In diesem Zusammenhang ist nicht unwichtig, für wen Aufmerksamkeit erzeugt werden sollte. Liturgie wird primär als Geschehen zwischen Gott und den Gläubigen verstanden. In bestimmten Epochen und Zusammenhängen, auch noch im 19. Jahrhundert, galt allerdings die Verehrung verstärkt Maria und den Heiligen, sodass die Frage, auf wen sich die Aufmerksamkeit richtete, jeweils neu beantwortet werden müsste. Aber Aufmerksamkeit galt zugleich dem Klerus, der die liturgischen Handlungen durchführte. Besonders in feierlichen Liturgien stand die Relation Gott – Mensch theologisch im Mittelpunkt, doch durch die Art der Inszenierung erfuhr auch der Klerus in hohem Maße Beachtung, sodass für das 19. Jahrhundert von einer Sakralisierung des Klerus gesprochen werden kann. Kritik am Klerus, der die Aufmerksamkeit für sich beansprucht, ist kein Phänomen der Gegenwart. Zugleich variiert die Aufmerksamkeit mit verschiedenen Modellen des Gottesdienstes. Sobald – wie in der katholischen Aufklärung – Liturgie als ein Beitrag zur Belehrung des Menschen verstanden wird, ist die Aufmerksamkeit der Gläubigen stärker auf den Priester als ‚Lehrer' gerichtet. Wenn hingegen Liturgie als gemeinschaftliches Handeln begangen wird, ist das Miteinander aller Gläubigen, darunter auch der Priester, und die wechselseitige Aufmerksamkeit der Feiernden notwendig. Aufmerksamkeit bleibt eine Frage der Liturgie durch die Jahrhunderte, auch wenn sich die Perspektive auf das Wie und Wozu ändert. Sie ist nicht auf das Mentale begrenzt, sondern beansprucht den ganzen Menschen.

2 Kleine Liturgiken des 19. Jahrhunderts

Die Quellengruppe, aus der drei Beispiele aufgegriffen werden sollen, stammt aus der Mitte und der zweiten Hälfte des 19. Jahrhunderts. Die Bezeichnung „Populär-Liturgik" zeigt die Zielgruppe an: Liturgie soll erklärt und Aufmerksamkeit für den Gottesdienst bei den Gläubigen erzeugt werden. Zugleich soll auf das Verhalten und die Weise der Teilnahme im Gottesdienst Einfluss genommen werden. Blickt man im 19. Jahrhundert zurück, kann man Einflüsse der katholischen Spätaufklärung erkennen.[13] Diese, auch dem Umfang, aber vor allem der Tiefe der theologischen Darstellung nach „kleinen" Liturgiken unterscheiden sich von den umfangreichen Handbüchern zur Liturgie, die im 19. Jahrhundert durch Jakob Fluck,[14] Johann

---

13 Vgl. dazu Kranemann, Liturgie.
14 Vgl. Fluck, *Liturgik*.

Baptist Lüft[15] oder Valentin Thalhofer[16] veröffentlicht worden sind.[17] Sie setzen sich inhaltlich von einer noch deutlich der Aufklärung verpflichteten Liturgik wie der von Joseph Gehringer ab[18] und verwerfen insbesondere eine stark vernunftbezogene Erklärung der Liturgie, die letztere als Mittel aufgeklärter Belehrung interpretiert. Sie sind Teil der Geschichte liturgischer Bildung im 19. Jahrhundert[19] und in liturgiehistorischer Perspektive auf ihre Bedeutung im Vorfeld der Liturgischen Bewegung des 20. Jahrhunderts[20] zu untersuchen.

Diese Bücher, die kaum erforscht sind, wurden überwiegend von Priestern geschrieben. Ihr Ziel war die Unterweisung von Laien. Sie sollten entweder von Laien gelesen werden oder Priestern für die Predigt und Katechese zur Liturgie dienen. Die Autoren setzen inhaltlich unterschiedliche Schwerpunkte. Themen, die immer wieder behandelt werden, sind neben der Messfeier die Liturgien anderer Sakramente und Sakramentalien. Das Kirchenjahr und sogar das Breviergebet, in dieser Zeit klerikale Standesliturgie, finden Beachtung.

Während Theologen der Aufklärungszeit Veränderungen der Liturgie propagierten und praktizierten, gingen die Verfasser dieser Liturgiken vom bestehenden Ritus aus, den sie nicht in Frage stellten. Für die Autoren war die Liturgie in ihren Inhalten wie ihren Formen durch die Tradition bestimmt. Die kirchlichen Autoritäten, Papst und Bischöfe, blieben für Veränderungen und Reformen zuständig. Um die Liturgie als Gläubige verstehen und durchdringen zu können, um Aufmerksamkeit für das Geschehen der Liturgie zu intensivieren, bedurfte es der Erklärung.

Auffällig ist, dass in den Quellen Zeichen, Handlungen und Körper im Gottesdienst eine besondere Rolle spielten, es also nicht allein um Gebetstexte und Ähnliches ging. Außerdem stößt man immer wieder auf Beispiele, in denen die Entstehung einzelner Riten erklärt und dabei gezeigt wird, dass sich die Bedeutung dieser Riten grundlegend geändert hatte. Die Darstellung solcher Veränderungen trägt letztlich zu einer Relativierung der Riten bei.

---

15 Vgl. Lüft, *Liturgik.*
16 Thalhofer, *Handbuch.*
17 Vgl. dazu Kranemann, Geschichte, S. 329–344.
18 Vgl. Gehringer, *Liturgik.* Dazu jetzt Kranemann, „Freiheit und Gebundenheit in der Liturgie".
19 Vgl. Kluger, *Bildung.*
20 Vgl. die Überblicksdarstellung bei Haunerland, Bewegung; neue Perspektiven eröffnet Lerch, *Romano Guardini.*

2.1 Johannes Hepp: Körperhaltungen in der Liturgie

Johannes Hepp, Priester des Bistums Mainz,[21] hat 1852 ein entsprechendes Buch „für Haus und Schule" veröffentlicht. Sein Ziel: „Achtung und Ehrfurcht für die heiligen Handlungen unserer Kirche [zu] wecken, mit dem Lichte auch [zu] erwärmen und erbauen und die Anbetung Gottes im Geiste und der Wahrheit [zu] fördern!"[22] Es kann übergangen werden, dass Hepp noch Formulierungen der katholischen Aufklärung verwendet, die 1852 schon Geschichte ist. „Achtung" und „Ehrfurcht" sind zwei Schlüsselbegriffe, die man semantisch unter „Aufmerksamkeit" subsumieren kann. Warum bedarf es der Aufmerksamkeit in der Liturgie? Hepp nennt Erleuchtung, Gnade und Segen, die dem Gottesdienst zu eigen sind.[23] Es ist zu wenig, nur die ‚Oberfläche' der Liturgie wahrzunehmen, der Blick muss in die Tiefe gehen, damit der Mensch dem „Göttlichen und Ewigen"[24] begegnen kann. Für die Diskussion um Aufmerksamkeit ist eine Differenzierung interessant, die Hepp vornimmt: Der Wissende dringt in diese Tiefen vor, der Unwissende oder zur Kirche Distanzierte hält die Liturgie „für Ceremonienwerk und Prunk oder gar für Thorheit"[25]. Hier bietet sich nun das Buch von Hepp an, das „Leiter, Führer und Dollmetscher [sic!] auf diesem Gebiet"[26] sein soll. Hepp betont, dass eine Unterrichtung mit der gerade skizzierten Zielsetzung bereits in der Schule ansetzen muss, um „eine gründliche und tiefe Einführung in den Geist der kirchlichen Formen"[27] zu ermöglichen.

Wie gehen Autoren wie Hepp vor? Ein kurzes Kapitel über „Das äußere Benehmen beim Gottesdienste" soll herausgegriffen werden.[28] Hepp widmet sich Körpergesten wie dem Knien und Stehen, dem Falten der Hände, dem Handauflegen, dem Klopfen an die Brust, dem liturgischen Kuss, dem Entblößen und Neigen des Kopfes. Dass das Körperliche eine Rolle spielt, liegt von der Liturgie her nahe. Aber es ist doch auffällig, welch große Beachtung dem gewidmet wird. Ein bestimmtes ‚Benehmen' wird als wichtig erachtet, um sich auf das Geschehen der Liturgie konzentrieren zu können. Hepp gibt unterschiedlich umfängliche biblischhistorische Erläuterungen, unterstreicht damit die Kontinuität des jeweiligen Ritus und nimmt dann rasch Bedeutungszuschreibungen vor. Es geht ihm also nicht nur

---

21 1813–1863. Bio-bibliographische Daten vgl. bei Simon, *Katechetik*, S. 196 f.
22 Hepp, *Gottesdienst*, S. VI.
23 Vgl. Hepp, *Gottesdienst*, S. III.
24 Hepp, *Gottesdienst*, S. IIIf.
25 Hepp, *Gottesdienst*, S. IV.
26 Ebd.
27 Hepp, *Gottesdienst*, S. V.
28 Vgl. Hepp, *Gottesdienst*, S. 60–65.

um die Haltung, die beachtet werden soll, vielmehr verbindet sich mit der Haltung eine bestimmte Bedeutung. So interpretiert er das Knien als „demuthsvolle Selbsterniedrigung vor Gott"[29] und Ausdruck der Anbetung Gottes und des gegenwärtigen Christus. Dass dabei auf die Bibel verwiesen wird – Hepp spricht von einer „morgenländische[n] Sitte" und verweist auf das Alte Testament[30] –, wirkt wie ein Autoritätsargument. Das Stehen in der Liturgie und bei der Verkündigung des Evangeliums ist für Hepp Zeichen von Ehrfurcht und Freude, zugleich Zeichen der Bereitschaft, nach Gottes Wille zu leben.

Unter dem Aspekt der Aufmerksamkeit sind die Erläuterungen zum Abnehmen der Kopfbedeckung interessant: „Sobald wir in die Kirche treten, entblößen wir unser Haupt vor einem Orte, der uns ehrwürdig ist und geheiliget durch die sakramentale Gegenwart Christi."[31] Die Aufmerksamkeit soll sich auf den sakralen Ort richten. Dessen Sakralität leitet sich von der Gegenwart Christi ab, der gegenüber Ehrfurcht angezeigt ist. Der Zeitpunkt spielt eine Rolle: Die Konjunktion „sobald" schärft ein, dass im Moment des Betretens der Kirche zu handeln ist. Sie unterstreicht das Moment der Aufmerksamkeit. Dass in der „Wir"-Form gesprochen wird, stellt den Einzelnen in eine Gemeinschaft: So handeln alle, so handelt die Kirche. Dazu passt, dass in diesem Kapitel von „Mahnung des Apostels", „Sitte",[32] von vorgeschriebener Praxis, „apostolischer Vorschrift"[33] usw. die Rede ist. Das unterstreicht die Autorität, mit der hier geschrieben wird.

Dazu dient auch ein anderes Mittel. Hepp erklärt das Schlagen oder Klopfen an die Brust als „Ausdruck des Schuldgefühls, der Reue, der Buße".[34] Das Gewicht dieses Ritus verdeutlicht er mit biblischen Verweisen: „So schlägt der Zöllner im Evangelium im Gefühle seiner Schuld an die Brust und spricht: Herr, sei mir Sünder gnädig; so der Hauptmann unter den [sic!] Kreuze im Gefühle der Nähe des Gottessohnes."[35] Der Ritus wird mit biblischen Situationen zusammengeschaut.[36] Er gewinnt dadurch an Bedeutung und er gewinnt Aufmerksamkeit.

---

29 Hepp, *Gottesdienst*, S. 60.

30 Ebd.

31 Hepp, *Gottesdienst*, S. 61.

32 Vgl. Hepp, *Gottesdienst*, S. 60.

33 Vgl. Hepp, *Gottesdienst*, S. 61.

34 Hepp, *Gottesdienst*, S. 63.

35 Ebd.

36 Häußling, Liturgie, S. 6, hat solche Verfahren als „zitierende[...] Rollenidentifikation" bezeichnet und von ‚Rollenzitat' gesprochen und über Gläubige, die so in der Liturgie handeln, geschrieben, es gehe um „Selbstklärung in zitierender Übernahme der Rollen der geschichtlichen Leitgestalten der normativen Heilszeit aus situativer Identität" (*Liturgie*, S. 5). Hepp legt eine solche Rollenübernahme durchaus nahe, wenn er im Präsens schreibt „So schlägt [...] und spricht". In Anlehnung an Häußling

Wieder begegnet ein Beispiel für eine Erklärung, die zeigt, dass ein Ritus im Laufe der Geschichte die Bedeutung wechseln oder sogar untergehen kann. Gemeint ist der Friedenskuss vor der Kommunion, den es im 19. Jahrhundert nicht mehr gab und an dessen Stelle eine Umarmung der Geistlichen trat. Hepp erklärt, dieser Ritus sei im 14. Jahrhundert wegen der nachlassenden Kommunionspraxis der Laien außer Gebrauch geraten. Es stellt sich die Frage, was es für das Verständnis eines Ritus im 19. Jahrhundert bedeutet, wenn seine historische Bedingtheit offengelegt wird. Zumindest eröffnet das, wie bereits erwähnt, die Möglichkeit, eine kritische Distanz zum Ritus einzunehmen. Mit Blick auf ‚Aufmerksamkeit' kann man solche Passagen aber auch so lesen, dass mancher Ritus mehr, mancher weniger Aufmerksamkeit bedarf, also eine Gewichtung oder Fokussierung vorgenommen wird. Hepp qualifiziert die Umarmung der Geistlichen als „eine Reliquie dieser rührenden Sitte"[37] des Friedenskusses.

2.2 Leopold Kopp: Die Wandlung in der Messfeier

Am Beispiel eines Textes aus dem 1854 erschienenen Buch von Leopold Kopp, *Versuch einer allgemein-verständlichen (Liturgik) Abhandlung über die Gebräuche und Ceremonien der römisch-katholischen Kirche sammt ihrer tiefen Bedeutung*, soll gezeigt werden, wie Aufmerksamkeit in der Messfeier erzeugt oder verstärkt werden sollte. Kopp war Priester des oberösterreichischen Bistums Linz.[38] Ein kurzes Unterkapitel mit dem im Zusammenhang sprechenden Titel „Die wesentlichen äußeren Zeichen und Ceremonien bei der heil. Opferhandlung, so großtheils vom Herrn selbst unter Einem mit dem heil. Opfer eingesetzt worden, oder doch apostolischen Ursprunges sind"[39] wird exemplarisch herausgegriffen. Kopp fokussiert im Kapitel über „Das heilige Meßopfer"[40] als erstes auf die Wandlung, folgt also nicht dem Ablauf der Messe, was seinem Publikum vielleicht entgegengekommen wäre, sondern orientiert sich an zeitgenössischen theologischen Kriterien: Messfeier meint bei ihm im Kern die Wandlung von Brot und Wein in Leib und Blut Christi.[41] Er konzentriert sich dabei auf die Zeremonien der sogenannten Wandlung, das vorausgehende Offertorium und die folgende Brotbrechung und Kom-

---

(Liturgie, S. 5) kann man formulieren: ‚wie dieser, so auch wir'. Aufmerksamkeit in der Liturgie würde sich dann auch auf solche Momente situativer Identität richten.

37 Hepp, *Gottesdienst*, S. 64.

38 1809–1871. Biographische Angaben zu Kopp vgl. Kranemann, Bildung, S. 109, Anm. 21.

39 Kopp, *Versuch*, S. 22–24.

40 Kopp, *Versuch*, S. 21–28.

41 Vgl. Kopp, *Versuch*, S. 23.

munion. Im Zentrum steht zeittypisch ein Ausschnitt aus dem Canon Romanus, der als Wandlungsmoment verstanden wurde. Das Interesse richtet sich wesentlich auf die sogenannten Wandlungsworte, die er übersetzt „Dieses ist mein Leib [...] Dieß ist der Kelch"[42]. Die Verehrung der Eucharistie und die sogenannte Augenkommunion richten sich seit Jahrhunderten auf diesen Moment in der Messfeier. Deshalb wird hier die Aufmerksamkeit der Gläubigen entsprechend angeregt und gelenkt. In der Messfeier selbst korrespondieren dem das Läuten der Wandlungsglöckchen, die Elevation von Brot und Wein, Kniebeugen des Priesters usw. Instruktion und Ermahnung der Gläubigen und Ritus greifen fast schon idealtypisch Hand in Hand.

Kopp spricht vom „wichtigsten und ehrwürdigsten Theile der heil. Messe"[43]. Die Gläubigen müssen jetzt niederknien und sich im Moment der ‚Aufwandlung' an die Brust klopfen. Dem wird Nachdruck verliehen, wenn es heißt: Bei diesem Teil der Messe ‚haben wir' dies und das zu tun. Der Handlung mit und an dem Körper entspricht eine innere Haltung: Durch das Niederknien wird der gegenwärtig geglaubte Christus angebetet. Die kniende Körperhaltung ist bereits Anbetung. Das Klopfen an die Brust ist Bekenntnis der sündigen Menschen, dass sie Mitschuld tragen am Tode Christi. Zugleich machen sie sich damit „der Früchte seines Kreuzestodes würdig"[44]. Aufmerksamkeit und Wirkung der Liturgie greifen Hand in Hand. Aufmerksamkeit gilt keineswegs nur äußerlich dem Mitvollziehen von Riten, sondern schließt theologisch und spirituell das Bekenntnis zur eigenen Schuld am Tode Christi ein. Glaubensüberzeugung und Ritus greifen Hand in Hand. Dem Ritus wird eine klare Deutung zugeschrieben.

Die Brotbrechung wird genau erklärt. Sie wird aber für die Gläubigen nicht sichtbar, weil der Priester, der mit Rücken zum Volk zelebriert, sie vor sich auf dem Altar vornimmt. Es wird Aufmerksamkeit für einen Ritus erregt, der „Sinnbild des gewaltsamen Todes Christi"[45] ist. Die Erklärung der Messe richtet sich also nicht auf äußere Riten, sondern auf das Christusgeschehen, das den Gläubigen in der Liturgie begegnet. Kopp betont, dass man in der Eucharistie dem „wahrhaft und wirklich gegenwärtigen Gottmenschen"[46] begegnet.

Kopp erklärt eingangs, dass die „Ceremonien" des eucharistischen Opfers von „Christo dem Herrn" selbst eingesetzt worden seien oder aber auf die Apostel zurückgingen und spricht daneben von „göttlicher Einsetzung".[47] Das untersetzt er mit

---

42 Kopp, *Versuch*, S. 22.
43 Kopp, *Versuch*, S. 23.
44 Ebd.
45 Kopp, *Versuch*, S. 24.
46 Kopp, *Versuch*, S. 23.
47 Alle Zitate Kopp, *Versuch*, S. 22.

Lk 22,19 f., führt es dann aber weiter, wenn er auf die grundlegenden Handlungen Christi verweist, also das „Nehmen", „Darbringen", „Verwandeln", „Brechen", Genießen".[48] Das wiederum parallelisiert er mit Offertorium, Wandlung und Kommunion, also dem Ablauf der Messfeier. Leser und Leserin werden nicht auf Texte, sondern auf Handlungen in der Liturgie aufmerksam gemacht. Das bietet sich zum einen für eine lateinischsprachige Liturgie an, entspricht zum anderen der Liturgie als Zeichenhandlung und Ritual. Kopp verzichtet demgegenüber weitestgehend auf die Übersetzung oder Paraphrase und Erläuterung der Textabschnitte des Canon.

Eine besondere Bedeutung kommt dem Priester zu. Erneut wird deutlich, dass die Messfeier in dieser Zeit Klerikerliturgie ist. Kopp geht vor allem auf Handlungen und Gesten des Priesters ein. Dieser wendet die Augen zum Himmel, zeigt dem Volk die Hostie und den konsekrierten Wein, nimmt die Brotbrechung vor usw. Er handelt „an Christi Statt [...] bei der sogenannten heil. Wandlung"[49] und bringt das Opfer Gott dar. Dabei taucht eine Formulierung auf, die so oder ähnlich in der späteren Ökumene immer wieder für theologische Irritation gesorgt hat, weil der Eindruck einer Wiederholung des einmaligen Kreuzesopfers entstand: „hiemit nicht bloß erinnernd an's blutige Opfer Christi am Kreuze, sondern dasselbe zugleich unblutig wiederholend"[50]. Solche Liturgieerklärungen haben bisweilen problematische bzw. falsche theologische Aussagen weitergegeben und der Frömmigkeit eingeschrieben.

Erläuterungen ein und derselben Liturgie können in den verschiedenen Liturgiken durchaus unterschiedlich ausfallen. Das 19. Jahrhundert erweist sich als weniger uniform als erwartet.[51] So verfährt beispielsweise Hepp in seinem Buch anders und übersetzt insbesondere die Texte der Messfeier, um ein Mitlesen und damit eine bessere Konzentration und Aufmerksamkeit zu ermöglichen.[52]

---

48 Kopp, *Versuch*, S. 22 f.

49 Kopp, *Versuch*, S. 23.

50 Ebd.; vgl. aus der theologischen und insbesondere ökumenischen Literatur des 20. Jahrhunderts vor allem Lehmann/Schlink (Hrsg.), *Opfer*, sowie aus jüngster Zeit Leppin/Sattler (Hrsg.), *Gemeinsam/ Together*.

51 Das ist eine Schlussfolgerung der Studie von Eck, *Gebetbücher*, u. a. S. 296–299. Er sieht ein „Spannungsfeld von Homogenität und Heterogenität" (Eck, *Gebetbücher*, S. 296) und „eine Vielfalt von Frömmigkeitsangeboten" (Eck, *Gebetbücher*, S. 299). Franz, *Rolle*, S. 334 f., erkennt allerdings (mit Andreas Holzem) in dieser Vielfalt weniger eine Entfaltungsmöglichkeit für die Autonomie des Subjekts als die Begrenzung und Kontrolle eben dieser Autonomie. Vgl. auch Holzem, *Buch*.

52 Vgl. Hepp, *Gottesdienst*, S. 105–108.

2.3 Benedikt Mette: Aussegnung der Wöchnerin

Nach der Messfeier soll noch eine andere, ‚kleinere' Liturgie herausgegriffen werden, die historisch für das alltägliche Leben der Menschen große Bedeutung besaß: eine Benediktion oder Segnung. Sich selbst, seine Angehörigen, seine Lebensmittel, seine Umgebung, Vieh, Acker gesegnet zu wissen, diente der Vergewisserung der Nähe Gottes und dem Schutz des Menschen. Diese Praktiken gerieten in der Aufklärung unter den Verdacht des Aberglaubens,[53] ohne gänzlich unterbunden werden zu können, lebten aber offensichtlich im späteren 19. Jahrhundert wieder auf. Dazu ein Beispiel, die „Aussegnung einer Wöchnerin",[54] die auch als Muttersegnung bezeichnet wurde und 40 Tage nach der Geburt stattfand. Zwei Deutungsstränge überlappen sich. Der eine interpretierte diese Segnung der Mutter als Reinigungsritus der Frau nach der Geburt, nahm Vorstellungen sexueller Unreinheit auf und wurde zeitweise so verstanden, dass die Frau erst nach dieser Segnung den Kirchenraum wieder betreten durfte. Dem anderen Deutungsstrang zufolge dankte die Frau Gott für die Geburt und das Kind. Die liturgischen Texte betonen Letzteres, sind aber von der erstgenannten Deutung nicht frei.[55]

Ein entsprechender kurzer Text von Benedikt Mette, Priester des Bistums Paderborn,[56] wird dessen Buch *Katholische Populär-Liturgik*[57] entnommen, das unter anderem diesen Ritus darstellt. Dabei werden sowohl Altes wie Neues Testament berücksichtigt, denn Geschichte und Deutung dieser Benediktion wurden durch die Jahrhunderte biblisch untersetzt. Auf diesem Wege gelangte in die Interpretation des Segnungsritus die Vorstellung, eine Frau, die ein Kind zur Welt gebracht habe, sei kultisch unrein, weil sie unter der Geburt mit Blut in Kontakt gekommen sei. Diese Unreinheit erfordere eine Reinigung in Anlehnung an Lev 12,1–5.[58] Diese Interpretation spielt aber bei Mette keine Rolle. Er lenkt die Aufmerksamkeit auf einen anderen Zusammenhang und sorgt nicht nur für eine Sensibilisierung für den Ritus, sondern ebenso für eine bestimmte Interpretation. Mette verweist die Mutter,

---

53 Vgl. Goy, *Aufklärung*, S. 170–172, die auf S. 172 feststellt, dass sich Aufgeklärte keine Heilswirkung mehr von Benediktionen versprachen.

54 Vgl. Mette, *Populär-Liturgik*, S. 179 f.

55 Vgl. zur Geschichte und Deutung dieser Segnung Kohlschein, Vorstellung; Dannecker, Segnung, S. 225 f.; Winter, Biography (mit Literaturhinweisen); Roll, Ritus, S. 177, macht darauf aufmerksam, dass die Erfahrungen von Frauen mit diesem Ritus – Reinigung von der ‚Verschmutzung' durch die Geburt – der Deutung durch Theologen und Priester – Danksagung der Mutter für Geburt und Kind – „diametral entgegengesetzt" gewesen seien.

56 1833–1896. Biographische Angaben zu Benedikt Mette vgl. Kranemann, Bildung, S. 109, Anm. 22.

57 Vgl. Mette, *Populär-Liturgik*.

58 Ausführlicher zu diesen für die Rezeptionsgeschichte dieser Segnung wirksamen Zusammenhängen vgl. Kohlschein, Vorstellung, S. 271–273.

die sich segnen lässt, auf das Vorbild Mariens (vgl. Lk 2,22). „Auch im Neuen Bunde pflegen (christliche) Mütter ihren ersten Ausgang zur Kirche zu machen und die Segnung zu verlangen, theils um das Beispiel der Mutter Gottes nachzuahmen (Lk 2,22–25), theils um Gott zu danken und das Kind Gott darzubringen."[59] Dieser Satz ist mit Blick auf ‚Aufmerksamkeit' deshalb interessant, weil er die Initiative von Frauen unterstellt. Das aber wäre weiter zu klären: Wünschten Frauen im letzten Viertel des 19. Jahrhunderts diesen Ritus oder verlangte die Kirche (vor Ort) diesen Segen? So wie Mette es darstellt, weist er auf einen üblichen Ritus hin, der von Frauen gewünscht wird. Das ist eine implizite Mahnung für eine potenzielle Leserin, gegebenenfalls ebenso zu verfahren. Mette verstärkt das durch ein mimetisches Moment: Die Frau, die sich in dieser Situation segnen lässt, folgt dem Vorbild Mariens, was nach christlicher Lesart und, so darf vermutet werden, insbesondere im Kontext des sogenannten „marianischen Jahrhunderts"[60], dem Ritus und der Frau eine besondere Dignität verlieh. Solche Zusammenhänge werden übrigens nicht durch umfangreich argumentierende Texte hergestellt. Es reichen vielmehr Anspielungen und knappe Hinweise, weil vorausgesetzt werden kann, dass Leserinnen und Leser sie aufschlüsseln können. Die Weckung von Aufmerksamkeit setzt ein bestimmtes kulturell-religiöses Umfeld voraus, das hier offensichtlich gegeben ist.[61]

Von Lk 2,22–25, einem Textausschnitt aus der Perikope von der Darstellung Jesu im Tempel, werden einige Motive in die Segnung eingespielt. Dabei wird von Mette ausgeblendet, dass der biblische Text die Reinheit Mariens bereits voraussetzt, denn „für sie [hatten sich] die Tage der vom Gesetz des Mose vorgeschriebenen Reinigung [bereits] erfüllt" (Lk 2,22; Ergänzungen B.K.). Dank und Darbringung des Kindes vor Gott werden zu den dominierenden Motiven der Benediktion. Dadurch wird dem Ritus eine bestimmte Interpretation eingeschrieben. Die Wahrnehmung einer Frau, die diesen Text vor der Segnung gelesen hätte, wäre zumindest gelenkt worden. Es handelt sich also nicht lediglich um ein allgemeines Aufmerksamwerden für den Ritus, sondern eine Rezeptionsperspektive, die mitgegeben wird. Dabei muss man sich bewusst halten, dass die Liturgie in Latein begangen wurde, also auf der Textebene für viele nicht verständlich gewesen sein dürfte.

Zum Ablauf dieser Segnung gehörte es, dass die Mutter erst an der Kirchentüre kniete, dort mit Weihwasser besprengt und dann vom Priester in die Kirche ein-

---

59 Mette, *Populär-Liturgik*, S. 179 f.

60 Die zweite Hälfte des 19. Jahrhunderts erlebte eine wachsende Bedeutung von Marienfesten und der Marienverehrung. Eine Reihe neuer Marienwallfahrtsorte entstand. Am 8. Dezember 1854 wurde das Dogma der Unbefleckten Empfängnis verkündet. Vgl. Heinz, *Bücher*; ders., Maria.

61 Es darf nicht übersehen werden, dass hier ein Mann beschreibt, wie Frauen den Ritus der Muttersegnung zu deuten und wie sie aufmerksam zu sein haben. Er legt ihnen also eine bestimmte Deutung und Praxis dieses Ritus nahe.

geführt wurde, um schließlich wiederum am Altar niederzuknien. Von Beginn des Ritus an trug sie eine brennende Kerze. Die einzelnen Elemente und Zeichenhandlungen werden durch Mette im Detail vorgestellt. Dabei entsteht der Eindruck, nicht die Kirche deute den Ritus, sondern die Frau selbst. Die Mutter will durch die brennende Kerze in ihrer Hand „andeuten, daß sie ihr Kind im Lichte des wahren Glaubens zu erziehen und durch tugendhaftes Beispiel ihm vorzuleuchten entschlossen sei."[62] Der Frau wird unterstellt, dass sie sich mit diesem Ritus identifiziert („Durch die brennende Kerze will sie andeuten"), und der erklärende Text verstärkt diese unterstellte Identifikation. Für die Frau, die sich auf diese Hermeneutik des Ritus einließ und sie nicht als paternalistisch ablehnte, darf vermutet werden, dass so die Aufmerksamkeit für den Ritus verstärkt wurde. Zugleich wird über den Ritus hinaus auf eine christliche Erziehung hingewiesen, die dem Kind zugutekommen soll, wenngleich es darum im Ritus selbst, wenn man sich seinen Ablauf ansieht, gar nicht geht. Folglich wird ein Ritus erschlossen und soll die Teilnahme daran durch eine Erklärung intensiviert werden, um auf diese Weise auf den weiteren Weg des Kindes und seine Erziehung Einfluss zu nehmen. Das setzt wiederum das tugendhafte Leben der Mutter und dessen Vorbildfunktion voraus. Liturgie wird zu einem Mittel der Erziehung, und dementsprechend hat die Liturgieerklärung nicht nur den Gottesdienst selber im Blick.

Die Frau geht jetzt, nachdem Ps 20 rezitiert worden ist, nicht alleine in die Kirche, sondern sie greift ein Ende der Stola des Priesters und wird von diesem in die Kirche hineingeführt. Dieser Gang wird gedeutet, die Raumerfahrung spielt eine Rolle: Die Mutter lässt sich von Christus und der Kirche „leiten"[63]. Die körperliche Erfahrung des Gehens im Raum wird aufgegriffen. Die Erregung von Aufmerksamkeit geschieht nicht allein mental, sondern bezieht den Menschen mit allen Sinneswahrnehmungen ein.

Die Erklärung des Ritus endet damit, dass Mette ein Gebet übersetzt, das der Priester für die am Altar kniende Frau betet. Während sie für die „Wohlthaten", die ihr zuteil geworden sind, dankt, spricht der Priester: „Gott wolle ihr verleihen, daß sie nach diesem Leben durch die Verdienste und Fürbitte der seligsten Gottesmutter sammt ihrem Kinde zur ewigen Freude gelangen möge"[64]. Allerdings wird nur ein Teil des lateinischen Gebets wiedergegeben. Aus dem indikativisch formulierten Gebet ist zudem ein deprekatives geworden, was vermutlich dem literarischen Genus der Erklärung geschuldet ist. An dieser Stelle verbindet die In-

---

62 Mette, *Populär-Liturgik*, S. 180.
63 Ebd.
64 Ebd.

terpretation mit dem Segen endzeitliche Hoffnung und interpretiert ihn eschatologisch.

Auswertung

Drei kleine Liturgiken, drei Beispiele für Texte, die Aufmerksamkeit für den Gottesdienst erzeugen wollen – und bei allen Unterschieden fällt eine Reihe von Gemeinsamkeiten auf.

1. Alle Quellen gehen von einem Ineinander von äußerer und innerer Haltung aus. Das, was körperlich getan und vollzogen wird, soll einer inneren Haltung entsprechen. Außen und Innen sind eng miteinander verbunden. Deshalb sind Körper und Körperlichkeit, wenn es um Aufmerksamkeit geht, keine Nebensächlichkeiten, sondern für das religiöse Geschehen höchst bedeutsam. Aus diesem Grunde geben die Autoren klare Anweisungen, wie das „Wir" – dieser inkludierende Plural begegnet immer wieder – sich im Gottesdienst zu verhalten hat.

2. Solche Ermahnungen und Anweisungen werden mit Autoritätsargumenten und dem Verweis auf Traditionen untersetzt. Bibel, Kirchenväter, ‚die' Kirche sind die Instanzen, auf die man sich beruft, um ermahnend-erinnernd sprechen zu können und Tradition wie Kontinuität anzuzeigen. Es ist nicht der einzelne Autor, der zu einer verständigen Anwesenheit mahnt und hilft, sondern es ist die Glaubensgemeinschaft, die so sprechen lässt.

3. Mit dem Hinweis, sich so oder so in der Liturgie verhalten zu sollen, verbinden sich häufig Deutungen. Dann wird beispielsweise das Knien in der Liturgie erläutert. Es bleibt nicht beim Schlagen an die Brust, sondern dem Gestus wird eine Bedeutung beigelegt. Es wird erklärt, was der Wechsel von einer Raumzone in eine andere bedeutet. Aufmerksamkeit soll keine Äußerlichkeit sein, sondern sich auf Inhalte beziehen, die als Glaubensinhalte ausgegeben werden. Deshalb sind solche Deutungen oftmals nicht einfach Angebote, sondern Vereindeutigungen.[65] Die Liturgie, der Menschen aufmerksam folgen, soll eine Wirkung entfalten. Man kann ebenso formulieren: Sie soll mehr Wirkung entfalten. Dafür bedarf es der Interpretation. Wie weit solche Erklärungen dem Verlust von Aufmerksamkeitssignalen und damit der Langeweile in der Liturgie entgegenwirken sollten, lässt sich den Quellen nicht entnehmen.

---

65 Auch wenn es zwischen den verschiedenen Liturgiken bei vielen Übereinstimmungen Unterschiede in der Interpretation gibt, setzen die Autoren im jeweiligen Buch auf eindeutige Zuschreibungen.

4. Unter den Deutungsangeboten sind diejenigen besonders interessant, die einen Bibelbezug haben. Man kann sie so beschreiben: Es gibt Riten, die bereits neutestamentlich und in Situationen anzutreffen sind, in denen Menschen Jesus begegnen. Wer die Riten mit innerer Aufmerksamkeit, und das schließt offensichtlich die persönliche Überzeugung ein, so vollzieht wie beispielsweise der Zöllner oder der heidnische Hauptmann, verhält sich so, wie andere sich in der Begegnung mit Jesus verhalten haben. Eine Rollenidentifikation wird ermöglicht. Das unterstreicht noch einmal, warum Aufmerksamkeit in der Liturgie für wichtig erachtet wird.

Ließ sich Aufmerksamkeit, ließ sich Vigilanz in der Liturgie überhaupt beobachten und damit kontrollieren? Ließ sich eine Resonanz auf Bemühungen, wie sie in den kleinen Liturgiken zu beobachten sind, feststellen? Sicherlich, was das äußerliche Verhalten anging. Weniger, was die innere Wirkung betraf. Doch das ist ein Grund gewesen, warum immer wieder versucht worden ist, auf äußere wie innere Aufmerksamkeit im Gottesdienst Einfluss zu nehmen.

Literaturverzeichnis

Primärliteratur

Brant, Sebastian: *Das Narrenschiff.* Übertr. von Hermann August Junghans. Durchges. und mit Anmerkungen sowie einem Nachwort neu hrsg. von Hans-Joachim Mähl (Reclams Universal-Bibliothek 899). Stuttgart 1980.

Fluck, Jakob: *Katholische Liturgik. Erster Theil. Der sakramentale Kultus. Zweiter Theil. Erste Abtheilung. Der latreutische Kultus.* Regensburg 1853/1855.

Gehringer, Joseph: *Liturgik. Ein Leitfaden zu akademischen Vorträgen über die christliche Liturgie nach den Grundsätzen der katholischen Kirche.* Tübingen 1848.

Hepp, Johannes: *Der Gottesdienst der katholischen Kirche zur Belehrung und Erbauung für Haus und Schule.* Mainz 1852.

Kopp, Leopold: *Versuch einer allgemein-verständlichen (Liturgik) Abhandlung über die Gebräuche und Ceremonien der römisch-katholischen Kirche sammt ihrer tiefen Bedeutung.* Wels 1854.

Lüft, Johann Baptist: *Liturgik, oder wissenschaftliche Darstellung des katholischen Cultus. Erster Band: Allgemeine Liturgik. Zweiter Band.* Mainz 1844/1847.

Mette, Benedikt: *Katholische Populär-Liturgik, oder: Leichtfaßliche Darstellung und Erklärung der heiligen Orte, Geräthe, Handlungen und Zeiten der katholischen Kirche.* Regensburg 1874.

Thalhofer, Valentin: *Handbuch der katholischen Liturgik.* 2 Bde. (Theologische Bibliothek). Freiburg im Breisgau 1883/1893.

Sekundärliteratur

Bärsch, Jürgen: Im Thronsaal Gottes und seiner Heiligen. Katholischer Gottesdienst im Horizont barockzeitlicher Gesellschaft und Kultur. In: Brabant, Dominik/Liebermann, Marita (Hrsg.): *Barock. Epoche, ästhetisches Konzept, Denkform.* Würzburg 2017, S. 55–82.

Bärsch, Jürgen: Priesterweihe und Primiz in der Sicht von Hauspostillen und volkstümlichen Liturgieerklärungen des 18. und 19. Jahrhunderts. Ein exemplarischer Durchblick aus liturgiewissenschaftlicher Perspektive. In: Aka, Christine/Hänel, Dagmar (Hrsg.): *Prediger, Charismatiker, Berufene. Rolle und Einfluss religiöser Virtuosen.* Münster/New York 2018, S. 29–48 [zuerst 2017].

Bärsch, Jürgen/Köhle-Hezinger, Christel/Raschzok, Klaus (Hrsg.): *Heilige Spiele. Formen und Gestalten des spielerischen Umgangs mit dem Sakralen.* Regensburg 2022.

Braun, Joseph: *Das christliche Altargerät in seinem Sein und seiner Entwicklung.* München 1932.

Brossette, Ursula: *Die Inszenierung des Sakralen. Das theatralische Raum- und Ausstattungsprogramm süddeutscher Barockkirchen in seinem liturgischen und zeremoniellen Kontext. 2 Bde.: Textband u. Abbildungsband* (Marburger Studien zur Kunst- und Kulturgeschichte 4). Weimar 2002.

Browe, Peter: Die Elevation in der Messe. In: Lutterbach, Hubertus/Flammer, Thomas (Hrsg.): *Die Eucharistie im Mittelalter. Liturgiehistorische Forschungen in kulturwissenschaftlicher Absicht. Mit einer Einführung* (Vergessene Theologen 1). Münster/Hamburg/London 2003, S. 475–508.

Dannecker, Klaus Peter: Die Segnung der Mutter nach der Geburt in der ehemaligen Diözese Konstanz. In: Bärsch, Jürgen/Schneider, Bernhard (Hrsg.): *Liturgie und Lebenswelt. Studien zur Gottesdienst- und Frömmigkeitsgeschichte zwischen Tridentinum und Vatikanum II.* (Liturgiewissenschaftliche Quellen und Forschungen 95). Münster 2006, S. 205–226.

Eck, Sebastian: *Katholische Gebetbücher im Bistum Münster (1850–1914). Heilsmediale Analysen und historische Kontextualisierungen* (Liturgiewissenschaftliche Quellen und Forschungen 108). Münster 2018.

Franz, Ansgar: Die Rolle der Gläubigen im Spiegel der Messandachten privater Gebetbücher des 18. bis 20. Jahrhunderts. In: Bricout, Hélène/Kranemann, Benedikt/Pesenti, Davide (Hrsg.): *Die Dynamik der Liturgie im Spiegel ihrer Bücher. Festschrift für Martin Klöckener. La dynamique de la liturgie au miroir de ses livres. Mélanges offerts à Martin Klöckener* (Liturgiewissenschaftliche Quellen und Forschungen 110). Münster 2020, S. 313–337.

Goy, Barbara: *Aufklärung und Volksfrömmigkeit in den Bistümern Würzburg und Bamberg* (Quellen und Forschungen zur Geschichte des Bistums und Hochstifts Würzburg 21). Würzburg 1969.

Haunerland, Winfried: Liturgische Bewegung in der katholischen Kirche im 20. Jahrhundert. In: Bärsch, Jürgen/Kranemann, Benedikt in Verbindung mit Haunerland, Winfried/Klöckener, Martin (Hrsg.): *Geschichte der Liturgie in den Kirchen des Westens. Rituelle Entwicklungen, theologische Konzepte und kulturelle Kontexte. Bd. 2: Moderne und Gegenwart.* Münster 2018, S. 165–205.

Häußling, Angelus Albert: *Das Missale deutsch. Materialien zur Rezeptionsgeschichte der lateinischen Messliturgie im deutschen Sprachgebiet bis zum Zweiten Vatikanischen Konzil. Tl. 1: Bibliographie der Übersetzungen in Handschriften und Drucken* (Liturgiewissenschaftliche Quellen und Forschungen 66). Münster 1984.

Häußling, Angelus Albert: Liturgie. Gedächtnis eines Vergangenen und doch Befreiung in der Gegenwart. In: Ders.: *Christliche Identität aus der Liturgie. Theologische und historische Studien zum Gottesdienst der Kirche.* Hrsg. von Klöckener, Martin/Kranemann, Benedikt/Merz, Michael B. (Liturgiewissenschaftliche Quellen und Forschungen 79). Münster 1997, S. 2–10.

Heinz, Andreas: Kanontafel. In: Kasper, Walter u. a. (Hrsg.): *Lexikon für Theologie und Kirche.* Bd. 5. Freiburg im Breisgau u. a. ³1996, Sp. 1198.

Heinz, Andreas: *Die gedruckten liturgischen Bücher der Trierischen Kirche. Ein beschreibendes Verzeichnis mit einer Einführung in die Geschichte der Liturgie im Trierer Land. Professor Dr. Balthasar Fischer zum 85. Geburtstag am 3. September 1997* (Veröffentlichungen des Bistumsarchivs Trier 32). Trier 1997.

Heinz, Andreas: Maria in Liturgie und Frömmigkeit des Marianischen Jahrhunderts. In: Schneider, Bernhard (Hrsg.): *Maria und Lourdes. Wunder und Marienerscheinungen in theologischer und kulturwissenschaftlicher Perspektive.* Münster 2008, S. 56–85.

Heinz, Andreas: Zeige- und Darbringungsgestus. Zur Bedeutung der Elevation nach den Einsetzungsworten. In: Böntert, Stefan (Hrsg.): *Gemeinschaft im Danken. Grundfragen der Eucharistiefeier im ökumenischen Gespräch* (Studien zur Pastoralliturgie 40). Regensburg 2015, S. 126–146.

Henkel, Mathias: *Deutsche Messübersetzungen des Spätmittelalters. Untersuchungen auf der Grundlage ausgewählter Handschriften und vorreformatorischer Drucke* (Imagines Medii Aevi 27). Wiesbaden 2010.

Holzem, Andreas: Das Buch als Gegenstand und Quelle der Andacht. Beispiele literaler Religiosität in Westfalen 1600–1800. In: Holzem, Andreas (Hrsg.): *Normieren, Tradieren, Inszenieren. Das Christentum als Buchreligion.* Darmstadt 2004, S. 225–262.

Kluger, Florian: *Liturgische Bildung in der Neuzeit. Taufe, Firmung und Eucharistie bei P. Nikolaus Cusanus SJ, Bischof Joseph A. Gall und Pastor Konrad Jakobs* (Studien zur Pastoralliturgie 43). Regensburg 2019.

Kohlschein, Franz: Die Vorstellung von der kultischen Unreinheit der Frau. Das weiterwirkende Motiv für eine zwiespältige Situation? In: Berger, Teresa/Gerhards, Albert (Hrsg.): *Liturgie und Frauenfrage. Ein Beitrag zur Frauenforschung aus liturgiewissenschaftlicher Sicht* (Pietas liturgica 7). St. Ottilien 1990, S. 269–288.

Kranemann, Benedikt: Liturgische Bildung im Umbruch. „Populär-Liturgik" zwischen Aufklärung und Liturgischer Bewegung. In: Wildt, Kim de/Kranemann, Benedikt/Odenthal, Andreas (Hrsg.): *Zwischen-Raum Gottesdienst. Beiträge zu einer multiperspektivischen Liturgiewissenschaft* (Praktische Theologie heute 144). Stuttgart 2016, S. 103–117.

Kranemann, Benedikt: Katholische Liturgie der Aufklärungszeit. In: Bärsch, Jürgen/Kranemann, Benedikt in Verbindung mit Haunerland, Winfried/Klöckener, Martin (Hrsg.): *Geschichte der Liturgie in den Kirchen des Westens. Rituelle Entwicklungen, theologische Konzepte und kulturelle Kontexte 2: Moderne und Gegenwart.* Münster 2018, S. 51–82.

Kranemann, Benedikt: Kleider machen Leute. Liturgische Kleidung, Macht und Gemeindeliturgie. In: Hoff, Gregor Maria/Knop, Julia/Kranemann, Benedikt (Hrsg.): *Amt – Macht – Liturgie. Theologische Zwischenrufe für eine Kirche auf dem Synodalen Weg* (Quaestiones disputatae 308). Freiburg im Breisgau/Basel/Wien 2020, S. 41–56.

Kranemann, Benedikt: Geschichte, Stand und Aufgaben der Liturgiewissenschaft. In: Klöckener, Martin/Meßner, Reinhard (Hrsg.): *Wissenschaft der Liturgie I. Begriff, Geschichte, Konzepte* (Gottesdienst der Kirche. Handbuch der Liturgiewissenschaft 1.1). Regensburg 2022, S. 277–468.

Kranemann, Benedikt: „Freiheit und Gebundenheit in der Liturgie". Die Liturgik des Tübinger Theologen Joseph Gehringer. In: *Archiv für Liturgiewissenschaft* 65 (2023) [im Druck].

Lehmann, Karl/Schlink, Edmund (Hrsg.): *Das Opfer Jesu Christi und seine Gegenwart in der Kirche. Klärungen zum Opfercharakter des Herrenmahles* (Dialog der Kirchen 3). Freiburg im Breisgau/Göttingen 1983.

Leppin, Volker/Sattler, Dorothea (Hrsg.): *Gemeinsam am Tisch des Herrn/Together at the Lord's table. Ein Votum des Ökumenischen Arbeitskreises evangelischer und katholischer Theologen/A statement of the*

Ecumenical Study Group of Protestant and Catholic Theologians. Bd. 1 (Dialog der Kirchen 17). Freiburg im Breisgau u. a. 2020.

Lerch, Lea: *Romano Guardini und die Ambivalenz der Moderne: Liturgische Bewegung und Gesellschaftsreform in der Weimarer Republik* (Veröffentlichungen der Kommission für Zeitgeschichte, Reihe B: Forschungen 143). Paderborn 2023.

Lutterbach, Hubertus: Heilige Messen, heilige Altäre und heilige Priester. Historische Rekonstruktion eines folgenreichen Wechselverhältnisses. In: Hoff, Gregor Maria/Knop, Julia/Kranemann, Benedikt (Hrsg.): *Amt – Macht – Liturgie. Theologische Zwischenrufe für eine Kirche auf dem Synodalen Weg* (Quaestiones disputatae 308). Freiburg im Breisgau/Basel/Wien 2020, S. 216–236.

MacMullen, Ramsay: *The Second Church. Popular Christianity A.D. 200–400* (Writings from the Greco-Roman World Supplement Series 1). Atlanta 2009.

Meyer, Hans Bernhard: Exkurs ‚Türme und Glocken'. In: Berger, Rupert/Bieritz/Karl-Heinrich/Emminghaus, Johannes H. u. a. (Hrsg.): *Gestalt des Gottesdienstes. Sprachliche und nichtsprachliche Ausdrucksformen* (Gottesdienst der Kirche. Handbuch der Liturgiewissenschaft 3). Regensburg ²1990.

Meyer, Hans Bernhard: Die Elevation im deutschen Mittelalter und bei Luther. Eine Untersuchung zur Liturgie- und Frömmigkeitsgeschichte des späten Mittelalters. In: Ders.: *Zur Theologie und Spiritualität des christlichen Gottesdienstes. Ausgewählte Aufsätze.* Hrsg. von Meßner, Reinhard/Schöpf, Wolfgang G. (Liturgica Oenipontana 1). Münster 2000, S. 13–66.

Post, Paul: „Ein ausgezeichnetes Spiel ...". Über das Messe spielen. In: Bärsch, Jürgen/Köhle-Hezinger, Christel/Raschzok, Klaus (Hrsg.): *Heilige Spiele. Formen und Gestalten des spielerischen Umgangs mit dem Sakralen.* Regensburg 2022, S. 249–272.

Roll, Susan K.: Der alte Ritus des ersten Kirchgangs von Frauen nach der Geburt. In: Esser, Annette/Günter, Andrea/Scheepers, Rajah (Hrsg.): *Kinder haben – Kind sein – Geboren sein. Philosophische und theologische Beiträge zu Kindheit und Geburt.* Königstein im Taunus 2008, S. 176–194.

Rouwhorst, Gerard: Frühe Christen als Akteure liturgischer Rituale. In: Buchinger, Harald/Kranemann, Benedikt/Zerfaß, Alexander (Hrsg.): *Liturgie – „Werk des Volkes"? Gelebte Religiosität als Thema der Liturgiewissenschaft* (Quaestiones disputatae 324). Freiburg im Breisgau 2023, S. 98–115.

Simon, Werner: *Katholische Katechetik, Religionspädagogik und Pädagogik im deutschen Sprachgebiet 1740–1918. Ein biographisch-bibliographisches Lexikon.* Münster 2021.

Trapp, Waldemar: *Vorgeschichte und Ursprung der liturgischen Bewegung vorwiegend in Hinsicht auf das deutsche Sprachgebiet* [Nachdruck der Ausgabe Regensburg 1940]. Münster 1979.

Winter, Stephan: Biography and Liturgy. Reflections on Theological Hermeneutics of Christian Worship. In: Demmrich, Sarah/Riegel, Ulrich (Hrsg.): *Western and Eastern Perspectives on Religion and Religiosity* (Research on Religious and Spiritual Education 14). Münster 2021, S. 145–162.